U0790233

岩土工程数值计算方法

刘汉东 姜 彤 刘海宁 杨继红 编著

黄河水利出版社
·郑州·

内 容 提 要

本书主要包括四部分内容:岩土体的本构模型;岩土工程中常用的数值计算方法,主要介绍了有限差分法、有限单元法、边界单元法与离散单元法的概念与基本原理;岩土工程数值计算方法在边坡工程、地下工程和建筑基础工程中的应用;常用的 GeoStudio、ANSYS 和 FLAC3D 等岩土工程软件的应用方法和一些工程实例。

本书可作为地质工程、岩土工程、水利工程、土木工程等专业的本科生和研究生的教材或课外阅读材料,也可供从事相关专业的工程技术人员、管理人员和教师参考使用。

图书在版编目(CIP)数据

岩土工程数值计算方法/刘汉东等编著. —郑州:
黄河水利出版社,2011.10
ISBN 978-7-80734-900-6

Ⅰ.①岩… Ⅱ.①刘… Ⅲ.①岩土工程-数值计算-计算方法-高等学校-教材 Ⅳ.①TU4

中国版本图书馆 CIP 数据核字(2010)第 181108 号

出 版 社:黄河水利出版社
地址:河南省郑州市顺河路黄委会综合楼 14 层　　邮政编码:450003
发行单位:黄河水利出版社
发行部电话:0371-66026940、66020550、66028024、66022620(传真)
E-mail:hhslcbs@126.com
承印单位:河南省瑞光印务股份有限公司
开本:787 mm×1 092 mm 1/16
印张:15.75
字数:365 千字　　印数:1—2 000
版次:2011 年 10 月第 1 版　　印次:2011 年 10 月第 1 次印刷

定价:35.00 元

前 言

岩土工程数值计算方法随着计算机的普及而得到了工程界的广泛重视,已成为岩土工程分析、设计和监测中的强有力的计算工具。

本书是根据笔者多年来的教学和科研实践,在编写《工程地质数值法》和《岩土工程数值计算方法》的基础上扩充改编而成的,原教材在华北水利水电学院水文地质与工程地质专业本科生中先后用过24届。这次改编加入了笔者近年来的科研成果和大量反映目前国际先进水平的新内容。书中把岩土工程数值计算方法的基本原理、程序设计、本构关系和工程实际结合在一起,力图做到深入浅出、循序渐进、理论与实践操作相结合,达到学以致用的目的。

本书是在完成工程地质、岩石力学、土力学、基础工程学和弹塑性理论后的教程。全书共分十二章:第一章叙述了岩土工程与计算机科学、数学和力学的相关关系以及岩土工程数值计算方法基本原理,第二章详细介绍了岩土体的本构模型,第三章介绍了有限差分法,第四章介绍了有限单元法,第五章介绍了边界单元法、离散单元法、非连续变形分析及数值流形方法等其他数值计算方法,第六章、第七章和第八章介绍了岩土工程数值计算方法在边坡稳定分析、地下工程、建筑基础工程中的应用,第九章介绍了渗流理论及其在岩土工程中的应用,第十章、第十一章和第十二章介绍了 GeoStudio、ANSYS 和 FLAC3D 等几个常用的岩土工程软件的应用方法和一些工程实例。

参加本书编著的有华北水利水电学院的刘汉东(第一章和第三章)、姜彤(第二章和第四章)、刘海宁(第六章、第九章和第十章)、杨继红(第七章、第八章和第十二章)、王忠福(第五章和第十一章)。全书由刘汉东教授审查并负责统稿。

由于作者水平有限,不当之处在所难免,恳请广大读者批评指正。

编著者

2010 年 6 月

目　录

第一章　绪　论

岩土工程(Geotechnical Engineering)是以工程地质学、土力学、岩石力学及基础工程学为理论基础,解决和处理建设过程中出现的所有与岩体和土体相关的工程技术问题,是一门综合性的技术科学。岩土工程包括岩土工程勘察、设计、施工和监测。它不仅要反映出工程地质条件,提出问题,而且要提出解决问题的方法。同时,岩土工程勘察与设计、施工紧密结合,服务于工程建设的全过程,直到工程建设成后的监测工作,做到认识自然和改造自然的统一、技术可靠与经济合理的统一、岩土条件与建设要求的统一。在水电、能源、交通、矿山、房屋、市政、国防等各种工程建设中,都具有十分重要的意义。由于岩土工程与复杂多变的自然条件密切联系,往往成为工程建设的难点,成为保证工程质量、缩短工程周期、降低工程造价、提高工程经济效益和社会效益的关键。

岩土工程的研究对象是岩土体。岩土体是在地壳外力长期作用下形成的一种复杂的地质体。它在其赋存环境的影响下,是一种具有十分复杂力学性质的介质。由于地质体中展布着不同产状、不同力学性质的各种节理、断层、软弱夹层等结构面,在多次构造运动作用下,地质体内存在着初始应力场,从而表现在力学性质上具有弹性、非线性、弹塑性、黏性、流变性等。

岩土工程数值计算方法是应用工程地质学、岩土力学、基础工程学及数学、力学及计算机科学中的理论和方法研究岩土工程问题的。它包括岩土工程解析法和数值分析法。解析法只能求解介质力学性质、边界几何形状及作用荷载等较简单的问题,当介质为非线性、非均质、各向异性或者边界几何形状与荷载较复杂时,用解析法往往困难很大,甚至无能为力,这种情况下只能用数值分析法。20 世纪 60 年代以来,随着计算机科学的发展,数值分析法发展很快,目前已有很多理论和方法,本书主要介绍了有限差分法(FDM)、有限单元法(FEM)、边界单元法(BEM)、离散单元法(DEM)、拉格朗日元法(FLAC)理论、程序及在岩土工程中的基础、边坡、洞室等方面的应用,见图 1-1。

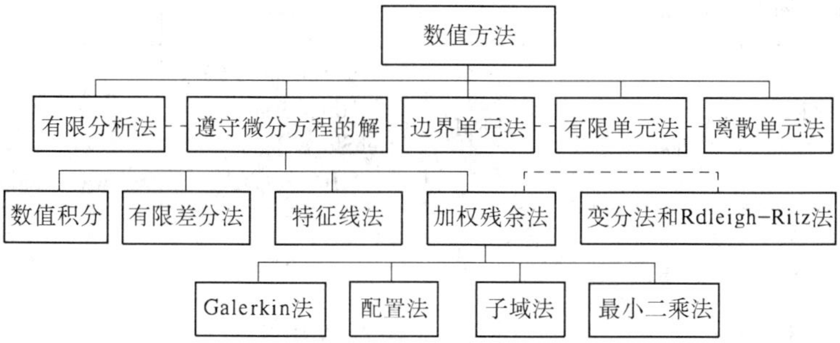

图 1-1　数值分析方法

第一节　岩土工程数值计算常用方法及软件

随着计算机技术的发展,数值分析方法在岩土工程的领域发展越来越快,从 20 世纪 40 年代开始,有限差分法(FDM)率先在岩土工程分析中得到应用,先是应用于渗流和固结问题的求解,后来推广应用于弹性地基梁和板以及桩基的求解。60 年代后,有限单元法(FEM)成为岩土工程数值计算的主要手段之一,由于它能较容易地处理分析领域的复杂形状及边界条件、材料的物理非线性和几何非线性性状,所以其应用发展很快,现已广泛应用于岩土工程的渗流、固结、稳定和变形等问题的研究及深基础、浅基础、桩基础、挡土墙、堤坝、边坡、基坑和隧道等各类岩土工程问题的分析。随着理论研究的深入,目前有限单元法不仅能解决常规静力分析,而且在动力分析、抗震分析及可靠性分析中也得到了广泛使用。

有限单元法(FEM)是建立在连续介质力学基础上的数值分析方法。在岩土工程分析中有时会遇到节理、层理及断层面等不连续问题,而且不少岩土材料在破坏前会产生裂缝、破裂带,呈不连续状态。为了能够处理非连续介质问题,发展了离散单元法(DEM)和非连续变形分析(DDA)。近年来还发展了流形元法(MEM),它建立在"流形"有限覆盖技术上,可统一处理连续和过渡到非连续问题。

为了减少计算工作量,将解析法和数值解法相结合发展了许多半解析法。有限层法、有限条法、有限元线法和边界元法均可认为是半解析法。采用半解析法可以达到降低维数、增加精度、加速运算和降低成本的效果。

在岩土工程问题中有时还会遇到大应变问题,拉格朗日元法(FLAC)是为处理连续介质非线性大变形问题而设计的。

近年来,计算机系统的迅速发展使计算成本日益降低,各种系统软件得到发展和应用,大大促进了数值计算方法在岩土工程中的应用。目前,常用的各种比较成熟而且应用较广的计算软件列于表 1-1。

表 1-1　常用岩土工程计算软件列表

方法	缩写	代表软件	网址
有限差分法 Finite Difference Method	FDM	WHI Visual Modflow GMS	www. ems-i. com
有限单元法 Finite Element Method	FEM	ANSYS + CivilFEM Adina System GeoSlope Sigma/W MIDAS/GTS	www. ansys. com. cn www. adina. com. cn www. geoslope. com www. midasuser. com
边界单元法 Boundary Element Method	BEM	Phase	www. rocscience. com
离散单元法 Discrete Element Method	DEM	UDEC 3DEC	www. itascacg. com

续表 1-1

方法	缩写	代表软件	网址
流形元法 Manifold Element Method	MEM		
拉格朗日元法 Fast Lagrangina Analysis of Continua	FLAC	FLAC FLAC3D FLAC/Slope	www. itascacg. com
非连续变形分析 Discontinuous Deformation Analysis	DDA		

第二节　岩土工程数值计算方法的发展趋势

近 40 年来，由于水电工程、采矿、交通和国防工程大规模展开，特别是电子计算机科学的迅速发展，使岩土工程的研究进入了一个新的阶段，而数值计算方法已成为解决难以用解析法表达的岩体工程问题的重要手段之一。当前，岩土工程数值计算方法正朝着图形化、智能化、专业化、不确定性、非线性的方向发展。

一、图形化与智能化

在计算机应用于工程的初级阶段，计算机在岩土工程中的应用也只是起到一个大型"计算器"的作用，但随着计算机的进步，数据库、专家系统、智能式计算机及 AutoCAD、GIS(Geographic Information System)等技术的发展，计算机在岩土工程中的应用也越来越活跃，它正在取代岩土工程师完成更多的工作，其中以数据库、专家系统及计算机编图发展最为迅速。岩土工程计算机应用的主要方向如图 1-2 所示。许多城市的工程地质数据库系统都已建成并逐步投入使用，各种专门的数据库，如隧道围岩分类的数据库、岩土体力学参数数据库、膨胀岩数据库等正在得到完善。各种新型实用的专家系统也开始在解决具体工程地质问题中发挥着一定作用，这方面的研究开发工作发展很快，可以预言，过不了几年很多岩土工程领域的问题都会出现相应的数据库及专家系统，并会逐步将多种分析、制图技术综合形成功能强大的岩土工程分析评价系统。

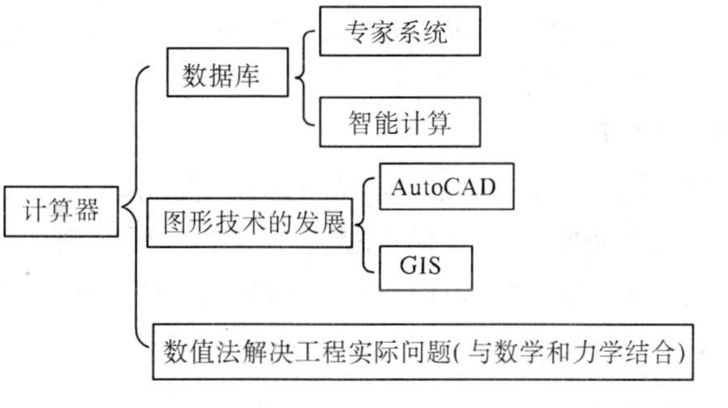

图 1-2　岩土工程计算机应用的主要方向

计算机制图在岩土工程中的应用在近年来得到了突飞猛进的发展，常规勘察的各种图件基本上都可以由计算机完成，其中应用最多的是工程地质勘察剖面图。目前，岩土工程中的各种综合图、平面图、剖面图、立体图、等值线图等均已实现计算机化，大多数是使用 AutoCAD 来实现的，进一步的发展是在三维图形的开发及自动化程度方面。近几年新发展起来的 GIS 编图技术则更具有生命力，它将数据库、专家系统、制图技术综合到一起，使得各种复杂的工程地质图及相关信息得到充分利用，同时使土建更符合用户的需要并便于图件的储存、更新和复制。现在在灾害地质图、厂矿现状图、城市规划图、土地利用图等方面的初步应用可以预言，在不远的将来，GIS 将成为岩土工程制图的重要手段之一。

近年来，针对多数岩土工程数值计算软件遇到复杂地形时，前处理功能不强，地形简化导致计算模型仿真性不好的弱点，部分软件开发商已经实现了 GIS 与数值计算的有机结合，可直接导入 GIS 文件或 AutoCAD 文件，生成可用于计算的、地形逼真的三维计算模型。例如，MIDAS/GTS 软件中就提供了专门用于地形模型生成的 TGM(Terrain Geometry Maker)模型，可以将电子地图数据直接导入并实现有限元计算的网格剖分和模型建立。

二、通用化向专业化的转变

为了合理地进行岩土工程设计和施工，必须确切掌握岩土特性及其由于自重、外部荷载或边界条件变化而引起的岩体应力、变形及破坏的发展规律，对岩土体的稳定性作出正确的评价。大多数岩土介质均为非线性材料，其力学响应与金属、合金及聚合物的响应完全不同。这种差异主要是由于岩土介质宏观和微观结构及地应力、流体等因素所致，因而研究岩土工程问题应充分考虑其多相构造、率性相关、路径相关、时间效应、温度效应、渗流、胶结性质、节理裂隙、各向异性等特殊性。

通过对岩土体本构关系、加固机理认识的不断深入和发展，岩土工程对数值计算提出了专业化的要求，为更真实地模拟岩土体在工程中的表现，数值计算方法完成了从通用化向专业化方向的转变，目前，不但出现了通用软件中的专业化极强的功能模块，如 ANSYS 中的 CivilFEM 模块，而且出现了专门用于某个专业或者用于某一类工程的专业计算软件，如 Plaxis 属于专门用于土力学有限元分析的软件，而 MIDAS/GTS 属于专为隧道工程计算而开发的软件。

三、不确定性与非线性分析方法

由于岩土介质的特殊性，在工程设计、施工、使用过程中具有种种影响工程安全、适用、耐久的不确定性，这些不确定性大致有以下几个方面。

(一)岩土体参数的离散性、随机性

由于自然界中的岩土体是非均匀、非连续、各向异性的地质体，岩土体力学参数受矿物成分、结构构造、水等因素的控制，实际上是测不准的。所以，整个工程系统就具有了随机性、不确定性，它是在一定范围内变化的随机变量。在工程设计中采用确定性方法进行建筑物安全性能评估是不准确的。研究这类问题的方法有概率论、数理统计和随机过程。

(二)安全系数的模糊性

在传统的工程设计方法中，安全系数是最为常用的评价建筑物或者工程结构安全的标准，它常被理解为材料的破坏强度对于使用中的最大应力之比，并简单地认为一个较高

的安全系数就能保证结构的安全。而在岩土工程中，把安全系数定为破坏应力与最大应力之比只适用于保持弹性状态直到破坏时为止的那种岩土体，因此通常所说的安全系数不能给出结构可靠度的直接信息，常规的安全系数的模糊性可能引导工程技术人员得到一个虚假的安全感，从而影响人们对工程结构安全的认识，导致工程事故的发生。

岩土工程数值计算结果的精确程度在很大程度上依赖于计算参数的选取，正是由于上述不确定性的存在，使得数值计算中参数的确定成为计算中最为关键的技术。近年来，可靠度分析方法成为一门正在迅速发展的新学科，被誉为近代工程技术的重要发展，无论是从国民经济建设方面，还是从社会效益方面，可靠度研究都起到了非常重大的作用。自20世纪70年代初应用于岩土工程领域以来，由于国内外岩土力学界的重视，可靠度分析方法已经得到了长足发展，并成为岩土工程研究的重要发展方向。可靠性分析方法应用概率论与数理统计方法对输入计算模型的参数、边界条件、初始条件等进行处理，然后进行计算，得到结构的破坏概率与可靠度，可更为科学、真实地表现结构的安全性能。

目前，岩土工程数值计算中常用的可靠性分析方法有蒙特卡洛模拟法、一次二阶矩法、统计矩法及随机有限元方法。

随机有限元法是可靠指标法与数值法相耦合的方法，包括一次线性逼近法和迭代验算法。其实质是在常规有限元方法的基础上，改输入常数为随机变量，从而求得边坡总体的可靠指标和破坏概率。随机有限元方法集有限单元法和可靠性分析的优点于一身，适应性强，考虑问题全面，精度较高，可解决非线性问题。随着计算机技术和有限元法技术的提高，其工作量庞大和计算时间长的缺点基本已被克服，所以虽然发展历史不长，但随机有限元分析已经成为可靠度分析的一个重要方法之一。

在常用的岩土工程数值计算软件中都内置了可靠性分析计算模块，如 ANSYS 可直接开展随机有限元的计算，GeoStudio 软件可按正态分布输入计算参数，按蒙特卡洛随机抽样方法进行边坡刚体极限平衡和有限元模拟与分析。

第三节　岩土工程与现代数学力学的关系

目前，用于解决岩土工程实际问题的手段主要有以下三种。

一、地质定性分析法

地质定性分析法从工程地质条件和工程条件出发，凭借经验或采用类比的方法来解决工程问题，其缺点是无法定量解答。

二、解析法

解析法依靠数学公式进行推导，对于边界简单、介质单一的问题常常可以获得比较精确的计算结果，但由于目前对于岩土介质的理论还未进一步深入研究，在推导理论公式的过程中存在很多假设条件，所以计算结果往往只对理想状态下的岩土体有效，对工程缺乏实际意义。因此，该方法仅适用于求解介质力学性质、边界几何形状及作用荷载简单的工程问题。

三、数值计算方法

数值计算方法应用工程地质学、岩石力学、土力学、基础工程学及数学和计算机科学的理论和方法来研究岩土工程问题。目前提出了多种理论和方法，主要解决岩土工程中存在非线性、非均质各向异性、几何边界形状及作用荷载复杂的情况。该方法也是本书讨论的重点。

岩土工程工作可分为两个阶段，第一阶段是查明场地工程地质条件，在此基础上方可进行第二阶段的工作，即岩土工程定量化研究阶段，也就是稳定性评价。

岩土工程定量化研究包括的内容十分广泛，归纳起来，都可以看做是一个“稳定性”问题，即环境中各单元在内外力作用下的稳定状态及如何采取经济有效的措施，使之朝着系统稳定的方向发展。作为一个稳定性问题，就需要应用有关的数学、力学基础理论来进行工程地质定量计算。事实上，在工程地质诞生和发展过程中无时不在致力于把地质学理论与数学力学理论结合起来，解决实践中出现的各种地质工程问题。但岩土工程碰到的稳定性问题，又不同于一般的结构稳定问题，因岩土工程所研究的结构总是处于一定的地质环境之中，且地质体本身往往又是工程结构的一部分，这一特点就决定了在应用数学力学来解决实际工程问题时，不能照搬数学力学理论，应发展最适应岩土工程特点的计算方法，这就要求发展岩土工程数值计算方法。如基础沉降分析，上部结构与地基土层处于共同作用体系，地基土层是自然产物，上部结构是人类活动的结果。在沉降分析中，必须考虑土体与上部结构的协调变形作用，如果仅将上部结构当做一种外载加在地基土体之上进行计算分析，所得的结果将是不可靠的。

数学力学在岩土工程中的应用与数学力学方法本身的发展有关。早先，弹性力学、结构力学、材料力学、流体力学、概率统计等方法应用的较多，尤其是岩体力学和土力学理论的发展和完善，使工程地质定量计算得到了较快发展，这种状况也是与计算机的应用相一致的。因为大多数工程地质问题都是较为复杂的，仅靠数学力学中的解析方法难以达到目的，而依赖于计算机技术，以数学力学理论为基础的数值方法却使工程地质中的许多繁复计算成为可能，大大提高了计算精度，缩短了计算时间，因此数学力学理论是岩土工程定量分析计算的基础，也是岩土工程数值计算方法的理论基础。

第四节　岩土工程数值法分析原理与应注意的问题

一、主要内容及分析原理

数值计算方法的主要任务是完成岩土工程中的定量分析研究，包括对工程勘察中获得的基础地质资料进行合理的处理和分析。实质上就是地质因素定量描述，力学效应研究及勘测成果的处理，可简单地描述为如下几个方面。

(一)地质因素及其力学效应定量化

地质因素及其力学效应定量化包括以下几个方面：

(1)岩土体及地层特征信息定量化。

(2)岩体结构及其力学效应定量化。包括:①结构面地质规律及其力学效应;②结构体地质规律及其力学效应;③软弱夹层地质规律及其力学效应;④岩体结构地质规律及其力学效应。

(3)岩土体赋存环境因素定量化。包括:①地应力地质规律;②地下水地质规律;③地温地质规律。

(二)岩土体力学作用定量化

岩土体力学作用定量化包括以下几个方面:

(1)岩土体力学作用规律定量化。

(2)岩土体变形机制及本构规律。

(3)岩土体破坏机制及其破坏判据。

(三)岩土体力学性质定量化

岩土体力学性质定量化包括以下几个方面:

(1)岩块力学性质及岩体力学性质的结构效应。

(2)土体力学性质及其结构效应。

(3)环境因素对岩土体力学性质的影响。

(4)岩土体力学性质形成规律。

(四)数学力学定量分析

数学力学定量分析包括以下几个方面:

(1)数学地质方法。

(2)数值模拟。

(3)岩土力学方法。

在上述几个方面工作中,前三项是基础性工作,它为岩土工程问题的数学、力学分析提供合适的地质模型、力学模型及环境条件。没有这些基础工作,任何定量分析方法都只能是空中楼阁。因此,对具体工程问题的分析计算工作,应按图 1-3 所示的工作程序进行。

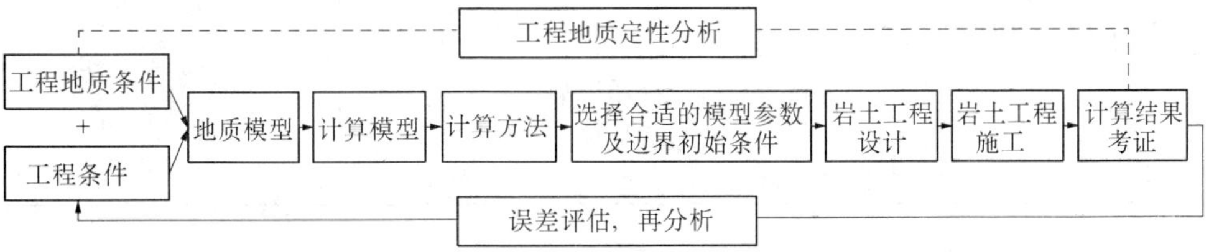

图 1-3　岩土工程数值分析法工作程序

从图 1-3 所示的分析过程可以看出,岩土工程数值分析工作不是简单的试验资料处理和经验性计算,而是一项工程、一个系统。首先必须对收集(岩土工程勘察)获得的地质信息进行加工处理,抽象为地质模型及相应的力学介质类型与力学模型。在此基础上,才能输入本构方程、破坏判据、工程活动方案、岩土体改造方案,给出数学力学模型,进行岩土工程计算分析和岩土工程设计。到此,岩土工程数值分析的任务还未完成,还需根据施工中的监测资料,预测验证未施工段的合理性,根据现场施工获得这些反馈信息进行第二循环分析,有时还需要进行多次这种循环计算工作。

二、岩土工程数值分析应用中的几个问题

(一)计算方法的适用性与连续性问题

岩土体属高度非线性复杂介质,由于构造运动或沉积风化造成的不连续结构面将岩体切割成无数细小的块体,其力学性质千变万化,而在研究工程地质问题的时候,常常根据多项假设条件采用连续介质力学来分析岩体力学问题,这就带来了数值计算中的适用性与连续性问题。

在岩土工程数值分析中,如果原封不动地引用基于连续介质假定的经典力学理论,会造成计算结果的误差,我们知道,连续介质的基本假定就是物体是连续的,从而其力学行为,如位移、应力、应变等都应该是连续变化的,而在自然界中,这样理想的物体是不存在的。因此,在进行数值分析之前,必须对岩土体的性质、结构和赋存环境进行分析,并按照工程地质原理和方法判定岩土体的本构关系和结构类型,考虑岩土体连续性假设的合理使用范围和各物理量的适用定义,从而完成地质模型向数学模型的转化。

常见的岩土体结构类型与数值分析方法对应关系如表1-2所示。

表1-2 常见的岩土体结构类型与数值分析方法对应关系(何满潮等,2007)

序号	结构类型	工程地质力学模型	数值分析方法
1	完整结构	连续介质模型	有限单元法 有限差分法
2	块状结构	离散介质模型	离散单元法
3	层状结构	考虑不连续单元连续介质模型或 离散介质模型	有限差分法 有限单元法 离散单元法
4	碎裂结构	离散介质模型	离散单元法
5	散体结构	连续介质模型 离散介质模型	有限差分法 有限单元法 离散单元法

(二)小变形理论与岩土体大变形问题

多数岩土力学理论认为岩土体的变形主要分为两个阶段,即弹性变形阶段和塑性(非线性弹性、流动)变形阶段。一般认为,在弹性阶段的变形较小,属于小变形,而进入非线性弹性、塑性、流动阶段的变形不再适用于常规数值计算采用的变形叠加理论,而应依据非线性大变形理论进行分析和计算。

目前,常用的岩土力学数值分析软件大多是基于连续介质小变形假定的,采用变形叠加原理进行分析和计算,因此得到的计算结果仅对弹性变形阶段适用。但我们应注意,非线性大变形是岩土介质变形的重要特征,用大变形理论进行计算和分析是十分必要的。

如果将小变形假定应用于岩土介质大变形的分析和计算，则其结果要么失真，要么迭代不收敛，根本无法得到计算结果。

(三)计算方案一定要考虑岩土体的改造措施

处于天然地质环境中的岩土体，不需要经过改造而直接可为工程构筑物所利用的实在太少，一般要对岩土体进行改造，如支护、灌浆、锚固、桩基、夯实、抽排水等。这必然会扰动岩土体的特征，如果在分析方案中未计入这种扰动效应，那么计算结果会有较大误差，这是岩土工程数值分析不同于一般的数学力学计算的特色之一。

(四)定性分析的控制作用

现已提出的许多计算方法，有些用一组公式来表示，有些用一个计算软件来实现。将这些计算方法用于解决实际工程问题时都会碰到一个问题，即适用条件，如果没有准确把握一种计算方法的适用条件，应用时将有可能得出错误的结论。这就需要定性分析进行指导，具体表现在，工程地质学家在对一个工程场地进行广泛调查研究的基础上，结合一些测试结果，对该场地的工程地质问题从机制上作出判断，然后选择合适的计算方法来证实某些结论或从量级上进行评价。其中定性判断尤其重要，如果这种判断是错误的，根据这种判断进行的计算结果也将不可靠。如对鲁布革水电站地下厂房边墙的变形分析，首先需要一种正确的判断，即变形机制是什么，是材料变形还是结构变形？若为材料变形，其又属于弹性、弹塑性、黏弹性或黏弹塑性变形，哪些变形为主要变形，计算时如何考虑。若为结构变形，应属于什么结构类型，采用什么结构模型？这种判断正确与否，将直接影响到计算结果的可靠性。从地质条件及支洞开挖后见到的变形特征，结合洞室几何尺寸，该厂房边墙围岩的变形主要是岩体结构变形引起的，因此采用板裂结构模型进行分析便能更加真实地揭示这种围岩的变形机制，正确地预测变形量。如果将其作为一种材料变形，采用连续介质模型，即使进行了大量的繁复计算，所得结论也难以符合实际情况。这只说明定性分析有一定的指导作用，对定量计算的其他方面，如边界条件、计算参数、误差估计等都具有控制作用。同时，说明定量计算只是一种工具，如何使用这些工具需要工程地质定性分析来指导。当然，定量计算结果又可反过来证实或修正定性分析，它们互相取长补短。这是岩土工程数值分析的第二特色。

(五)考虑施工过程

岩土工程数值分析的第三大特色是从施工过程去进行计算分析。我们知道，岩土体是经过长期地质作用的产物，并处于一定的地质条件下，当取样进行测试分析时，岩土试样已脱离了它原有的环境状态，因此测试结果是否能真实地反映实际岩土体的受力历史过程，在分析时，计算者需要考虑这一因素的影响。同时，大多数工程地质问题都可看做一个开挖与堆积问题。在分析计算工程涉及岩土稳定时，计算方法需考虑这种开挖与堆积过程，以期正确地反映实际岩土体受力过程，使分析结果更趋合理。如地下洞室的稳定性分析，无论使用何种方法，恐怕都需要考虑不同开挖阶段及支护设置时间的影响。作为支护、围岩这一共同作用体系，围岩变形动态与开挖施工过程是相互影响的。常用两种方法来考虑开挖效应，一种是等效节点法，另一种是第二次弹性解(空单元)法，但计算结果有时会出现位移值偏离实际太大。刘钧等研究了这个问题，指出这两种方法在概念或理论上是不准确的，并给出了一种新的解法，即取边坡本身自重产生的位移场为零，而把挖去部分自重作为边坡外荷载，其产生的不为零的位移作为边坡的初始位移场，而把开挖体和边坡自重共同作用产生应力场叠加作为初始应力场，在此前提下计算开挖的总位移和总应力。对某边坡工程，新旧计算方法得到坡面位移值见图1-4。从图1-4中可以看出，新解法计算得到的位移矢量是指向采坑的，这与工程实际是符合的。而朝向天空的位移与边坡变形不一致。

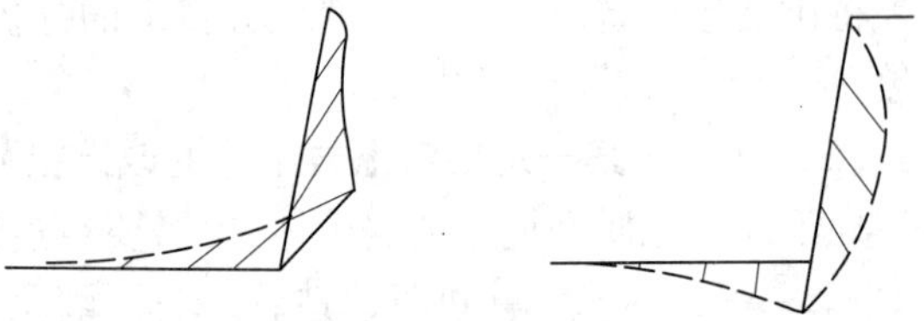

图1-4　不同开挖计算方法所得边坡位移

(六)计算模型的选取

上面已提到，计算模型选择的正确与否决定了计算结果的可靠与否。对具体工程问题的分析，必须以详细的地质调查为基础，以必要的测试资料为依据，提取合理正确的模型。

就工程建筑物所涉及的尺寸水平而言，土体介质被看做一种连续介质是普遍为工程界所接受的。但岩体的情况就不一样，大多数工程场地的岩体受节理裂隙纵横切割，在大的范围内还受断层破碎带控制，这就存在一个“连续”与“非连续”划分界线问题，不同的介质类型，不仅变形破坏机制不一样，而且计算原理也各不相同。对连续介质，计算方法相对来说是较为成熟的，而非线性介质问题的定量分析还不太令人满意。在实际问题分析中，如何把握这种界线是十分必要的。

严格来说，物质世界都不是连续的，它是由不同层次的“粒子”组成的，因此连续与否必须相对于一定的尺度水平，比如是宏观、细观还是微观水平。对岩体介质的划分来说，仅用一个宏观的尺度水平是不够的，它必须与工程建筑的规模相联系，也就是说，岩体中连续面的发育程度、规模与建筑物规模相联系。如图1-5所示，介质模型的选取为某工程实际节理统计后形成 Monte Carlo 网络图。当工程场地用A范围的单元来组合时，可以近似假定为连续介质，而用B区域的单元组合时，看做连续介质就显得牵强。这种不同尺度连续界线的划分受工程规模和节理裂隙发育程度所控制，同时不受介质的变形破坏机制的影响。一般来说，对于山体的评价，主要考虑Ⅰ、Ⅱ级结构面的不连续性，而对一般的洞室工程、坝基问题，Ⅲ级甚至Ⅳ级构造面均有可能引起不连续变形特征。

另外，需要强调的是，地质体的变形破坏与人工材料是截然不同的，主要表现在两个方面：其一是地质体内含有众多宏观不连续面，经过长期的地质作用，大多数都已遭受过破坏，工程地质定量计算都是定量评价地质体再变形、再破坏过程；其二是人工材料的受力历史基本上是一个加载过程（原为“自由”状态），而地质体则仍处于三向应力状态（“约束”状态）。工程建筑施工基本上是一个开挖卸载及解脱约束过程，因此岩土工程计算不能照搬固体力学的方法，它需要发展自己的方法来正确地描述地质体的特征。尤其是本构方程，前面已提及在考虑介质连续与否时要慎重，就是连

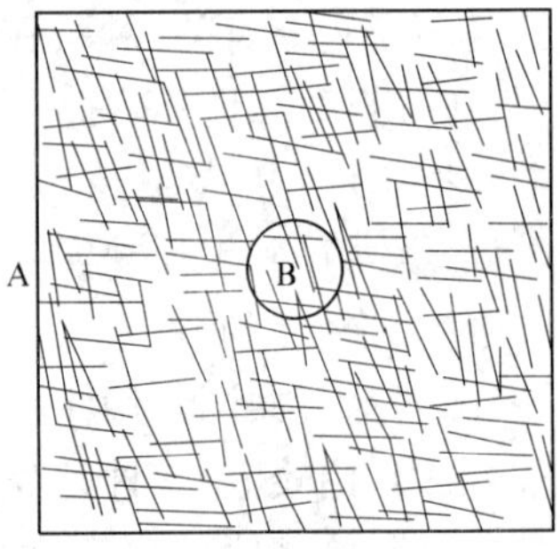

图1-5　介质模型的选取

续介质模型，如非线性弹性、弹塑性、黏弹塑性、损伤等模型，尽管可以合理地描述绝大多数岩土介质的工程力学行为，但在建立这些模型时要依据介质的变形破坏机制（由定性分析获得）进行适当的修正。当将岩体的非弹性变形看做塑性或者黏塑性变形时，考虑到岩体具有孔隙、节理裂隙等不连续面，它的塑性变形主要是由于岩体微破裂的出现和裂隙错动的积累造成的，而岩体有塑性的体积变化，在受剪切时有剪胀现象，在引用屈服条件时要加上平均应力的因素，而在塑性变形规律方面要采用非正交流动法则，由于微破裂的发展，在进入塑性变形后产生卸载时，岩体的卸载模量比初始的弹模要小，出现弹塑性耦合的现象。其他诸如变形模量随应力的大小而变化、应变软化等特征都需要在计算模型中加以考虑，这样才能使计算结果符合实际。

（七）计算参数

每一种计算方法除选择合适的计算模型及边界条件外，需要考虑的问题就是边界初始参数值的合理选取。从理论上讲，只有这些参数给定之后才有可能得到结果，且参数的准确与否直接影响到计算结果与实际的符合程度。现在的难度在于许多计算所需的参数在现场或实验室难以获得，有些时候是条件（现场条件、时间和经济）不允许。这一难度阻碍了定量计算在实际工程中的广泛应用。比如地应力这个参数，是所有计算方法都无法回避的环境参数，但现场获得这一参数确实不容易，除非是大型重点工程，一般不会花这笔费用。这就需要在勘测期间作出大致的判断或在计算方法上下工夫，有时还需要有些“艺术”（或技巧）处理。现在有些计算方法就是因为这个问题解决不好而未能在实际工程中应用。从目前的使用状况来看，应用最多的还是模型简单、参数较少的计算方法，如解析法、弹性边界元法、弹塑性有限单元法。

工程地质学家早就发现实验室取得的参数并不能真实地反映实际岩体的形态，而现场测试花费很大，且周期长，除非必须这么做，一般很难进行现场测试。位移反分析法的提出和发展为计算参数的确定提供了一条很好的途径。一般反分析的参数是地应力、变形模量、黏弹性常数。反分析方法很多，在实用上，其位移量测也非易事，因此还未得到广泛应用。另外，反分析方法本身也存在一个适当的修正，其中的定性判断是很重要的，如断层、节理面等的力学参数常由经验的方法确定。

在计算方法中，应尽量将本构方程及破坏判据改写成为常用力学数学的表达式，如弹塑性分析中的几种屈服判断，最好都直接用 c、φ 值来表达，各种非线性模型最好也能用线性参数来确定。只有这样，这种算法才能为工程界所接受，在实际工程中发挥作用。

（八）精度、费用和前后处理

岩土工程数值分析中影响精度分析的主要因素有材料本构模型的合理程度和有限元计算的精度。前者是目前亟待解决但困难较大的问题，后者是需要数学力学工作进一步解决的问题。在计算分析中，合理选用本构模型和相应的模型参数，合理选用几何模型是提高分析精度的关键。对非线性分析，控制迭代所形成的误差也很重要。采用数值分析，如何评价分析精度是一个十分重要的问题，应给予充分重视。

将岩土工程定量计算用于解决实际问题时，需要解决精度和费用的矛盾。一般来说，计算方法考虑的影响因素越多，计算的精度相对要高些，但投资往往也需要较多。工程地质问题本身的特点决定了定量计算的各个环节都有许多不确定因素，在人为地使这些不确定因素定量化时,免不了会引入一定的误差,结果也不可能很精确。因此,最好以定性分析为基础,抓住主要因素,使用简化模型进行较为简便的计算,这样既可以达到工程所能接受的精度,花费也不多。如地下洞室的计算,准确地说,应该用三维模型才能反映实际的开挖过程,如果还需要考虑节理裂隙等导致各向异性与不连续性以及变形中的塑性、流变、耦合等,这在计算方法上是可以实现的,且不说这众多参数很难从现场获得,即使已全部获得了这些参数,要在计算机上完成这一计算工作,所需要的计算费用恐怕也是工程单位不愿承担的。因此,确定合适的计算方案是很重要的,它不仅要考虑计算方法本身的适用性,还要考虑工程特点、费用等问题。

计算方法中的输入、输出形式或结果也会影响一种方法的实用性。与以前相比,现在自动化程度大为提高,许多单位都已建立了图形工作站,且不少计算软件在前后处理方面都花了不少工夫,使用起来一般都比较方便,工程地质中的节理裂隙极点图、剖面图、主应力图、位移图、等值线图、三维立体图等均较容易实现,这为定量计算的具体应用带来了许多便利,也大大缩短了计算周期。

第二章　岩土体的本构模型

在岩土工程数值计算中，材料的本构关系十分重要，数值计算和分析的精度在很大程度上取决于所采用材料本构模型的合理性。一种数值方法能否在岩土工程问题的分析中得到较多应用，在很大程度上也取决于该计算方法能否采用多种本构模型进行计算。目前，流行的岩土工程数值计算软件绝大多数都具备了采用多种本构模型进行计算的能力。例如，ANSYS软件中就提供了专门用于土木工程计算的模块，Adina System中也提供了岩土工程数值计算模块，另外还根据用户需求，专门开发了一些本构模型的动态链接库（DLL），用于特殊岩土工程问题的分析和计算。现在已经有部分软件具备了根据试验曲线自动生成计算所需的本构模型的能力，使在分析中考虑岩土体真实的应力—应变关系成为可能。本章就常用的岩土体本构模型作简要系统介绍。

由于岩土体在物理环境影响下，是一种具有十分复杂力学性质的介质。尤其是岩土体中展布着不同产状、不同力学性质的各种节理、断层、软弱夹层等断裂，而岩土工程材料的应力—应变关系又十分复杂，要想把这些复杂的介质及其影响因素用一个力学模型完全反映出来几乎是不可能的。

事实上，没有必要将所有复杂力学性质及其影响因素完全反映到一个力学模型中研究，因为随着研究的对象所处的物理环境与条件的不同，可以采用不同的力学模型去模拟。例如，研究岩石处于脆性破裂状态，就可以忽略其延性，而将其抽象为弹性体加以研究。也就是将复杂力学性质的地质体，抽象为影响脆性破裂的最本质、最主要的因素，这样才能更正确、更深刻、更完全地反映客观、反映自然。

第一节　岩土体本构模型分类

岩土体本构关系的研究到目前已经取得了长足的进步和发展，现今有数百个本构模型用于描述各种不同岩土体的应力—应变形状。

岩土介质的应力—应变关系的典型试验曲线如图2-1所示。为了模拟这条试验曲线，人们提出了各种本构模型来描述其规律。根据材料的性质、受力条件和大小、模型中系数的多寡及计算难易程度综合考虑，一般来说，建立一个好的模型应当考虑以下几点：

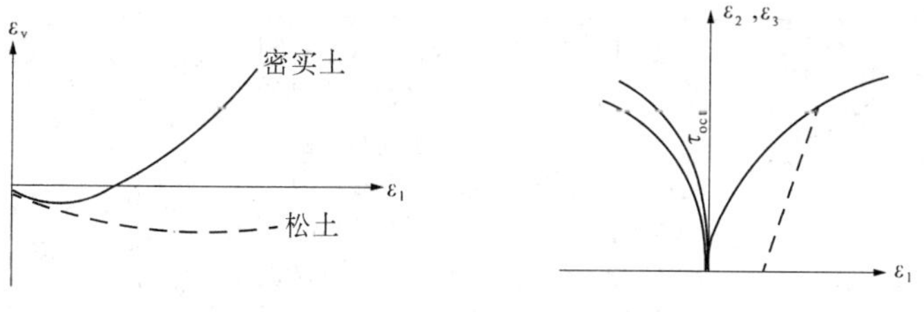

图2-1　典型试验曲线

(1)数学公式推导方便。

(2)模型中主要参数有明确的物理意义。

(3)可用适当的试验方法确定模型中各个系数。

(4)可从实验室里各种应力路径的试验中证实模型的合理性。

目前,常见的应力—应变关系曲线可分为几种类型,如表 2-1 所示,图 2-2 中 σ、ε、t 分别代表应力、应变及时间。

表 2-1 常见岩土体本构模型及应用

类别	典型试验曲线	模型特征	常用典型模型及应用	
线弹性模型	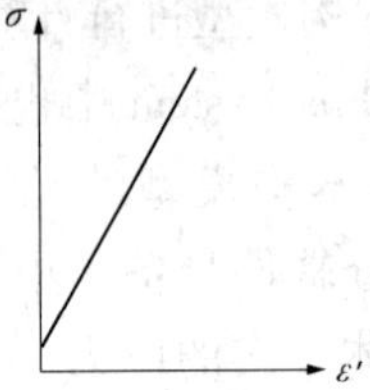 图 2-2(a)	加载、卸载时应力—应变关系呈直线形,其特点是: ①应力和应变成正比; ②卸载后所有应变都将恢复。 若以图 2-2(a)所示的关系作为数值分析计算基础,则称为线弹性模型	虎克弹性模型	温克尔地基
				弹性半无限体
			横观各向同性体	沉积、固结分析
变弹性常数模型	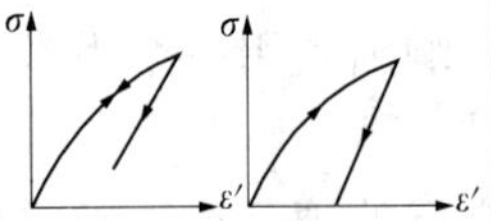 图 2-2(b)	加载、卸载时应力—应变关系呈某种曲线形,其特点是: ①弹性常数随着应力水平的不同而变化; ②卸载时或者按加载路径得到恢复或者呈线弹性变化。 若以图 2-2(b)所示的关系作为数值分析计算基础,则称为变弹性常数模型	双线性模型	Duncan – Zhang(邓肯 – 张)模型应用较多,典型应用为地基回弹计算
			双曲线模型	
弹塑性模型	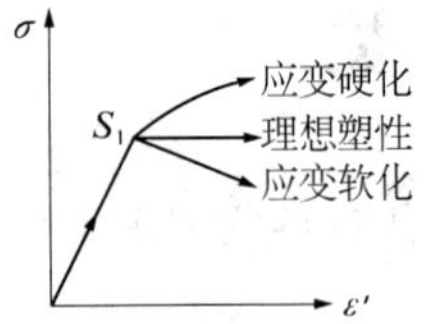 图 2-2(c)	当加载时应力低于某一值时,应力—应变关系则呈直线形,而一旦应力达到该值时,则呈某种曲线变化或保持水平直线。其特点为: ①加载后达到一定应力值时才出现塑性变形,小于该值时加载和卸载的路径是一致的; ②塑性状态又可分为应变硬化、应变软化和理想塑性。 若以图 2-2(c)所示的关系作为数值分析计算基础,则称为弹塑性模型	常用模型有: Prandtl – Reuss 模型 Drucker – Prager 模型 Mohr – Coulomb 模型 Cambridge Clay 类模型 弹塑性模型为岩土工程数值计算中应用最为广泛的一类模型	
黏弹塑性模型	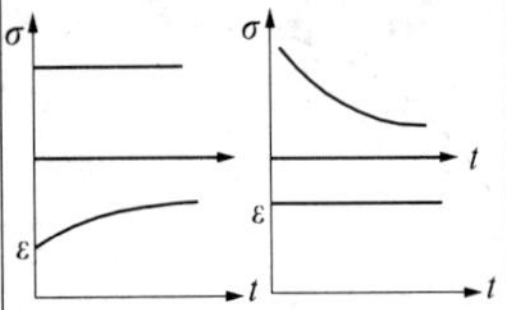 图 2-2(d)	如图 2-2(d)所示的曲线表明应力—应变关系中还包括时间的因素。当应力不变时,应变会随时间增加;当应变不变时,应力会随时间减少。若以图 2-2(d)所示的关系作为有限元分析基础,则称为黏弹塑性模型	常用模型有: Maxwell 模型 Kelvin 模型 Bingham 模型 黏弹塑性模型主要用于具有蠕变性质的岩土体计算分析	

随着人们对岩土体本构关系认识的深入，一方面在理论上取得了重大进步，另一方面我们也认识到现今各种本构在工程实用上的一些缺点，因此更多的岩土体本构模型、理论不断出现。如考虑岩体节理裂隙等不连续面影响而发展的不连续岩体模型。再如弹塑性模型通常认为应力路径在屈服面内材料只产生弹性变形，而事实并非如此，在屈服面内，随着应力状态改变，土体仍然会产生塑性变形，由此而提出了边界面模型，最著名的就是 Dafalias - Herrmann 模型。另外，一些新理论的提出也促进了岩土体本构关系理论研究的发展，如内蕴时间塑性理论（简称内时理论）不以屈服面的概念作为其理论发展的基本前提，也不把确定屈服面作为其计算的依据，而认为塑性和黏塑性材料内任一点的现时应力状态是该点领域内整个变形和温度历史的泛函数。损伤模型是基于损伤力学理论提出的，将材料损伤的几何描述和等价应力的概念相结合，建立了本构方程和损伤演变方程。当然，本构模型的种类很多，这里不再赘述，具体请参见有关本构理论专著。

事实上，由于上述各类模型之间没有严格的界线，而且新理论、新模型还在不断出现，因此对本构模型进行严格分类十分困难，也没有实际意义。重要的是，本构模型能够较好地反映工程区岩土体的主要性状，从而通过计算分析获得工程建设所需精度的满意的分析结果。因此，以理论模型为基础，建立适用于某地区或某一类岩土工程问题的实用模型是今后岩土体本构模型研究的发展方向。

以下就岩土工程数值计算中常用的线弹性模型、变弹性常数模型、弹塑性及不连续岩体模型作一简要介绍。

第二节　线弹性模型

线弹性模型是最简单也是最常用的一类模型，其基本理论是弹性力学中的广义虎克定律。下面讨论虎克弹性模型及横观各向同性模型的基本方程及弹性参数的确定。

一、基本方程

按弹性力学理论，一维情况下的应力—应变关系可简单写为

$$\varepsilon = \frac{\sigma}{E} \tag{2-1}$$

式中　σ——应力；

ε——应变；

E——弹性模量。

推广到三维状态，可用矩阵表示为：

$$\{\boldsymbol{\varepsilon}\} = [\boldsymbol{C}]\{\boldsymbol{\sigma}\} \text{或} \{\boldsymbol{\sigma}\} = [\boldsymbol{D}]\{\boldsymbol{\varepsilon}\} \tag{2-2}$$

其中

$$[\boldsymbol{D}] = [\boldsymbol{C}]^{-1}$$

式中　$[\boldsymbol{D}]$——弹性矩阵。

从弹性力学可知，最一般的$[\boldsymbol{C}]$矩阵中有 36 个元素，以建立应变—应力的线性关系。由于这种关系的对称性，$[\boldsymbol{C}]$矩阵中的元素可减少至 21 个，即

$$[\boldsymbol{C}]=\begin{bmatrix} C_{11} & & & & & \\ C_{21} & C_{22} & & \text{对} & & \\ C_{31} & C_{32} & C_{33} & & & \\ C_{41} & C_{42} & C_{43} & C_{44} & & \text{称} \\ C_{51} & C_{52} & C_{53} & C_{54} & C_{55} & \\ C_{61} & C_{62} & C_{63} & C_{64} & C_{65} & C_{66} \end{bmatrix} \tag{2-3}$$

根据岩土介质的特性可假定是各向同性或正交各向异性。各向同性材料常数最终可简化为 2 个，即 E、μ。对于正交各向异性材料，如坐标轴 x、y、z 是其弹性主轴，这时剪应力不会引起正应变，式(2-1)中元素减少至 9 个，其中 C_{41}、C_{42}、C_{43}、C_{51}、C_{52}、C_{53}、C_{54}、C_{61}、C_{62}、C_{63}、C_{64}、C_{65} 为零元素。当 xy 平面是各向同性的弹性主轴时，z 轴方向是各向异性的弹性主轴，如图 2-3 所示，我们称为横观各向同性。成层岩体就属于这种类型，其他材料如木材、竹材垂直于纤维方向是各向同性的。正交各向异性的[$\boldsymbol{C}$]矩阵为：

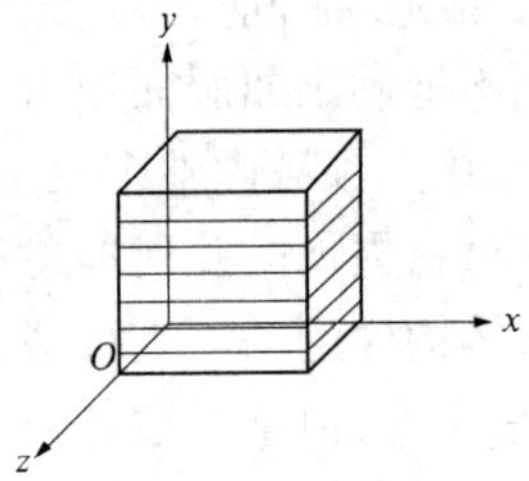

图 2-3　横观各向同性模型

$$[\boldsymbol{C}]=\begin{bmatrix} C_{11} & & & & & \\ C_{21} & C_{22} & & \text{对} & & \\ C_{31} & C_{32} & C_{33} & & & \\ 0 & 0 & 0 & C_{44} & & \text{称} \\ 0 & 0 & 0 & 0 & C_{55} & \\ 0 & 0 & 0 & 0 & 0 & C_{66} \end{bmatrix} \tag{2-4}$$

对于横观各向同性材料，由于 x、y 面是各向同性的，因此式(2-4)中 $C_{11}=C_{22}$、$C_{31}=C_{32}$、$C_{55}=C_{66}$、$C_{44}=\frac{1}{2}(C_{11}-C_{12})$，独立常数减少到 5 个，即 C_{11}、C_{33}、C_{66}、C_{21}、C_{31}。

二、弹性参数的确定

虎克弹性模型的弹性模量 E 可从 CTC(常规三轴压缩应力路径)试验曲线中得到，在该应力路径中

$$\tau_{oct}=\frac{\sqrt{2}}{3}(\sigma_1-\sigma_3) \tag{2-5}$$

由于 σ_3 在试验中始终保持不变，则

$$d\tau_{oct}=\frac{\sqrt{2}}{3}d\sigma_1 \tag{2-6}$$

$$k=\frac{d\tau_{oct}}{d\varepsilon_1}=\frac{\sqrt{2}}{3}\frac{d\sigma_1}{d\varepsilon_1}=\frac{\sqrt{2}}{3}E \tag{2-7}$$

$$E=\frac{3}{\sqrt{2}}k \tag{2-8}$$

式中　k——CTC 试验曲线的斜率,一般取卸载时的值为好。

知道了 $\tau_{oct} \sim \varepsilon_1$ 试验曲线斜率后可以根据式(2-8)求得 E 值,体积模量 K 可以从 HC(静水压力路径)试验曲线中得到,在 HC 试验中作 $\sigma_m \sim \varepsilon_v$ 曲线。由体积压缩模量的定义可知 K 是该曲线的斜率

$$K = \frac{d\sigma_m}{d\varepsilon_v} \tag{2-9}$$

一般也取卸载时的值为好。同样,可从 TC 试验(二轴压缩)和 TE(拉伸应力路径)试验中得到剪切模量 G。

由弹性力学可知,对于线弹性介质,只要求得任意两个弹性常数,其余的常数可转换而成。

横观各向同性材料的常数也可以从 CTC 试验中加以确定。取一块横观各向同性试样,如在初始应力状态增加 $\Delta\sigma_z$,而 σ_x、σ_y 保持不变,则作 $\Delta\sigma_z \sim \Delta\varepsilon_x$、$\Delta\sigma_z \sim \Delta\varepsilon_y$、$\Delta\sigma_z \sim \Delta\varepsilon_z$ 的曲线,由式(2-2)得

$$\left.\begin{aligned} \Delta\varepsilon_x &= C_{13}\Delta\sigma_z \\ \Delta\varepsilon_y &= C_{23}\Delta\sigma_z \\ \Delta\varepsilon_z &= C_{33}\Delta\sigma_z \end{aligned}\right\} \tag{2-10}$$

或

$$\left.\begin{aligned} C_{13} &= \frac{\Delta\varepsilon_x}{\Delta\sigma_z} \\ C_{23} &= \frac{\Delta\varepsilon_y}{\Delta\sigma_z} \\ C_{33} &= \frac{\Delta\varepsilon_z}{\Delta\sigma_z} \end{aligned}\right\} \tag{2-11}$$

然后,另取同样的试样,在初始应力增加 $\Delta\sigma_x$,并作 $\Delta\sigma_x \sim \Delta\varepsilon_x$、$\Delta\sigma_x \sim \Delta\varepsilon_y$、$\Delta\sigma_x \sim \Delta\varepsilon_z$ 曲线,同理得到

$$\left.\begin{aligned} \Delta\varepsilon_x &= C_{11}\Delta\sigma_x \\ \Delta\varepsilon_y &= C_{12}\Delta\sigma_x \\ \Delta\varepsilon_z &= C_{13}\Delta\sigma_x \end{aligned}\right\} \tag{2-12}$$

或

$$\left.\begin{aligned} C_{11} &= \frac{\Delta\varepsilon_x}{\Delta\sigma_x} \\ C_{12} &= \frac{\Delta\varepsilon_y}{\Delta\sigma_x} \\ C_{13} &= \frac{\Delta\varepsilon_z}{\Delta\sigma_x} \end{aligned}\right\} \tag{2-13}$$

上述两次试验可以得到4个常数,即C_{11}、C_{12}、C_{13}、C_{33}。最后一个常数C_{66}需要用纯剪切应力路径加以确定。这5个常数的物理意义是

$$C_{11}=\frac{1}{E_{H}};\quad C_{12}=\frac{-\mu_{HH}}{E_{H}};\quad C_{13}=\frac{-\mu_{VH}}{E_{H}};\quad C_{33}=\frac{1}{E_{V}};\quad C_{66}=\frac{1}{G_{VH}} \tag{2-14}$$

确定了[$\boldsymbol{C}$]矩阵中5个元素值后,可以对式(2-4)求逆得到弹性矩阵[$\boldsymbol{D}$],即

$$[\boldsymbol{D}]=\begin{bmatrix} A\left(\frac{E_{H}}{E_{V}}-\mu_{VH}^{2}\right) & & & & & \\ A\left(\frac{E_{H}}{E_{V}}\mu_{HH}+\mu_{VH}^{2}\right) & A\left(\frac{E_{H}}{E_{V}}-\mu_{VH}^{2}\right) & & & & \\ A(1+\mu_{HH})\mu_{VH} & A\mu_{VH}(1+\mu_{HH}) & A(1-\mu_{HH}^{2}) & & & \\ 0 & 0 & 0 & \frac{E_{H}}{2(1+\mu_{HH})} & & \\ 0 & 0 & 0 & 0 & G_{VH} & \\ 0 & 0 & 0 & 0 & 0 & G_{VH} \end{bmatrix} \tag{2-15}$$

其中

$$A=\frac{E_{H}}{(1+\mu_{HH})\left[\frac{E_{H}}{E_{V}}(1-\mu_{HH})-2\mu_{VH}^{2}\right]}$$

第三节　变弹性常数模型

变弹性常数模型又称非线性弹性模型,在理论上可分为柯西类、超弹性类和次弹性类,在工程应用上常常用某一函数曲线去拟合试验曲线,然后建立非线性弹性模型。人们常用双折线、双曲线、对数曲线和样条函数曲线去拟合试验曲线,其中以双曲线拟合三轴试验主应力差和轴向应变的关系曲线应用最多。非线性弹性模型也可分为E(弹性模量)$-\mu$(泊松比)类、K(体积变形模量)$-G$(剪切模量)类、E(切线模量)$-B$(体积变形模量)类或用其他形式表示的非线性弹性模型。

一、双线性模型

双线性模型用两条不同斜率的直线来逼近真实试验曲线,两直线交点处的应力可假定为土体的屈服应力值。当应力小于屈服值时为线弹性应力状态,两个弹性常数可用通常的方法确定。一旦应力状态达到屈服应力值,可把剪切模量G取一个小值(但不能取为零或接近零的数,否则在计算中会出现病态),体积模量K仍保持常数。卸载时,剪切模量恢复到初始加载时的值。模型的应力—应变曲线如图2-4所示。

屈服点位置可用屈服函数加以判定。一般认为采用莫尔－库仑屈服条件或德鲁克－普拉格屈服条件比较适宜于各类岩土介质,这两个屈服准则都与c、φ值有关,因此该模型的待定常数为K、G、c、φ。

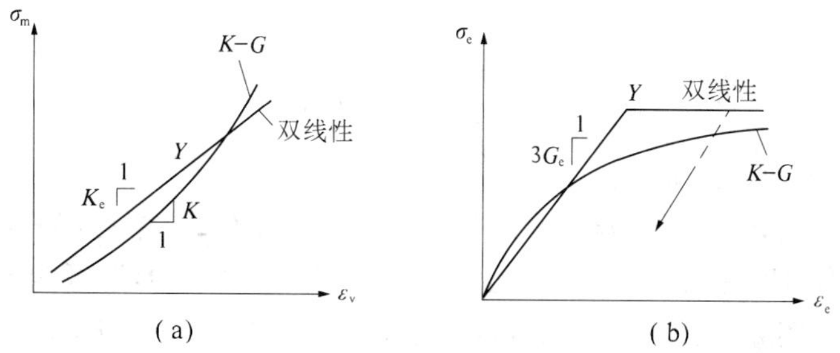

图 2-4　双线性模型

二、$K-G$ 模型

$K-G$ 模型假定弹性参数 K、G 不是常数，而是应力水平的函数，从而用弹性参数的连续变化来逼近真实的试验曲线。可以假定，体积模量 K 与平均应力有关，而剪切模量 G 不仅与偏应力有关，而且与平均应力有关，即

$$\left.\begin{aligned} K &= K_0 + \alpha_k \sigma_m \\ G &= G_0 + \alpha_G \sigma_m + \beta_G \overline{\sigma} \end{aligned}\right\} \tag{2-16}$$

K_0 和 G_0 表示初始的弹性常数，它符合线弹性关系式。在达到屈服应力时，可假设 G 趋向于零，由式(2-16)中第二式，得

$$G_0 + \alpha_G \sigma_m + \beta_G \overline{\sigma} = 0 \tag{2-17}$$

由屈服条件可得

$$-K_d - 3\alpha\sigma_m + \overline{\sigma} = 0 \tag{2-18}$$

由式(2-17)、式(2-18)解得

$$\frac{\alpha_G}{-\beta_G} = 3\alpha \quad \frac{G_0}{-\beta_G} = K_d \tag{2-19}$$

α、K_d 是已知的 c、φ 的函数，可选用式(2-5) ~ 式(2-7)的值。$K-G$ 模型的待定常数为 c、φ、G_0、K_0、α_k，其中 α_k 可从 HC 试验的曲线拟合得到，其他常数分别由有关常规试验中得出。$K-G$ 模型的卸载可与双线性模型同样方法处理，但是卸载的斜率不能直接确定。比较简单的办法是在卸载时令 β_G 为零，这样 G 可以突然变成一个较大的值，而 K 不受影响。当重新加载达到屈服时，β_G 可恢复到原来的值。$K-G$ 模型的应力—应变曲线如图 2-4 所示。

三、双曲线模型

双曲线模型是建立在全量应力—应变试验曲线模型基础上的，最常见的模型是邓肯 - 张模型(Duncan - Zhang Model)。它的基本方法是从土体的 CTC 试验中获得一组 $(\sigma_1 - \sigma_3)$ 与 ε_1 的试验曲线，寻找一个数学公式来描述此曲线，并且导出土体的相应应力水平的切线模量 E_t 和泊松比 μ_t。

从 CTC 试验曲线中发现土的应力—应变关系非常接近于一条双曲线，可表示为

$$\sigma_1 - \sigma_3 = \frac{\varepsilon_1}{a + b\varepsilon_1} \tag{2-20}$$

或

$$\frac{\varepsilon_1}{\sigma_1-\sigma_3}=a+b\varepsilon_1 \tag{2-21}$$

常数 a、b 由下面方法确定：

由式(2-20)，当 $\varepsilon_1\to\infty$ 时，$\sigma_d=(\sigma_1-\sigma_3)_f=1/b$，从图 2-5 中可以看出，$1/b$ 是该曲线的渐进线。σ_d 称为理想状态的极限强度。但是土体的压缩变形不可能很大，当变形到达某一数值时，土体实际上已达到屈服强度 S_0。设 $R_f=S_0/\sigma_d$，称为破坏比，建议值为 0.7～0.9，则

$$\frac{1}{b}=\frac{S_0}{R_f} \tag{2-22}$$

由式(2-20)对 ε_1 求导，并令 $\varepsilon_1=0$，得

$$\frac{1}{a}=\frac{d(\sigma_1-\sigma_3)}{d\varepsilon_1}\bigg|_{\varepsilon_1=0}=E_0 \tag{2-23}$$

式中　E_0——土体初始弹性模量。

把系数 a、b 的表达式式(2-22)、式(2-23)代入式(2-20)，得

$$\sigma_1-\sigma_3=\frac{\varepsilon_1}{\dfrac{1}{E_0}+\dfrac{\varepsilon_1 R_f}{S_0}} \tag{2-24}$$

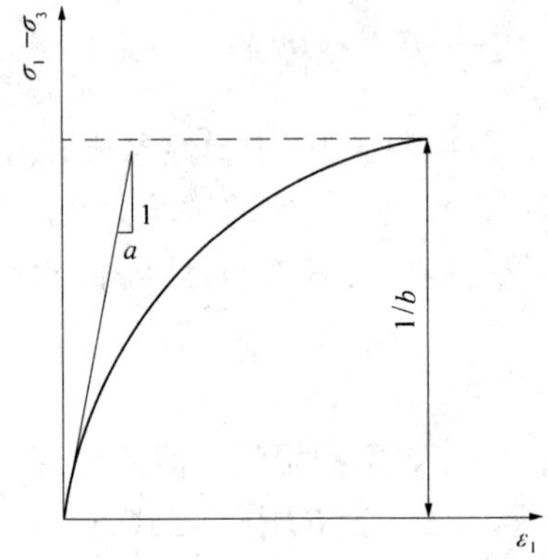

图 2-5　双曲线模型

由式(2-24)对 ε_1 求导，并注意到在 CTC 试验中 σ_3 是不变的，得

$$E_t=\frac{d\sigma_1}{d\sigma_3}=\frac{d(\sigma_1-\sigma_3)}{d\varepsilon_1}=\frac{\dfrac{1}{E_0}}{\left(\dfrac{1}{E_0}+\dfrac{\varepsilon_1 R_f}{S_0}\right)^2} \tag{2-25}$$

式中　E_t——切线模量。

由式(2-24)、式(2-25)解得

$$E_t=\left[1-\frac{R_f(\sigma_1-\sigma_3)}{S_0}\right]^2 E_0 \tag{2-26}$$

由于在不排水情况下，初始模量 E_0 是随着侧压力 σ_3 不同而改变的，可做一系列不同 σ_3 情况下的 CTE、RTE 试验，从中得到

$$E_0=KP_a\left(\frac{\sigma_3}{P_a}\right)^n \tag{2-27}$$

式中　P_a——大气压；

　　K、n——材料常数，可以从图 2-6 中得到。

设土体服从莫尔－库仑屈服条件，其屈服条件可从塑性应变增量中得到

$$(\sigma_1-\sigma_3)_P=\frac{2c\cos\varphi+2\sigma_3\sin\varphi}{1-\sin\varphi} \tag{2-28}$$

由于 $S_0=(\sigma_1-\sigma_3)_P$，将式(2-27)、式(2-28)代入式(2-26)得

$$E_t = KP_a\left(\frac{\sigma_3}{P_a}\right)^n\left[1 - \frac{R_f(1-\sin\varphi)(\sigma_1-\sigma_3)}{2\cos\varphi + 2\sigma_3\sin\varphi}\right]^2 \tag{2-29}$$

用同样的办法可推导出切线泊松比 μ_t。

设轴向应变 ε_1 和侧向应变 ε_3 之间也是双曲线关系，如图 2-7 所示，即

$$\varepsilon_1 = \frac{\varepsilon_3}{f + d\varepsilon_3} \tag{2-30}$$

$$\frac{\varepsilon_1}{\varepsilon_3} = f + d\varepsilon_3 \tag{2-31}$$

同理得，系数 $f = \mu_0$，$d = \dfrac{1}{\varepsilon_1}$。

初始泊松比 μ_0 也随侧压力 σ_3 而变化，由试验可得

$$\mu_0 = G - F\lg\left(\frac{\varepsilon_3}{P_a}\right) \tag{2-32}$$

式中，G、F 可从图 2-8 的试验得到。

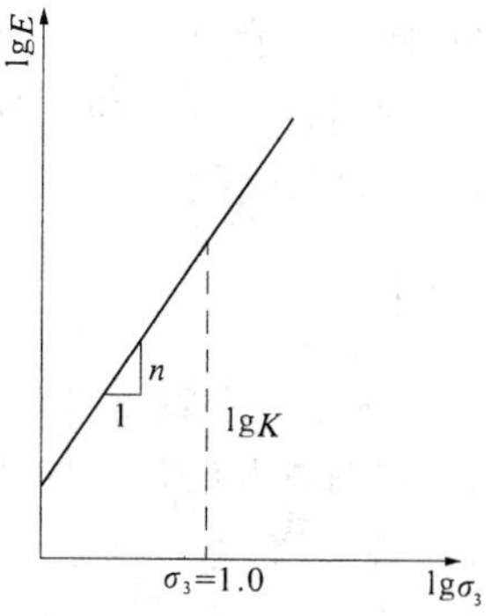

图 2-6 材料常数

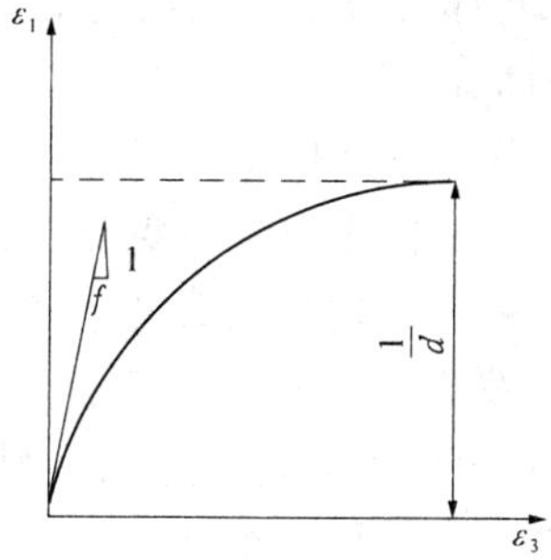

图 2-7

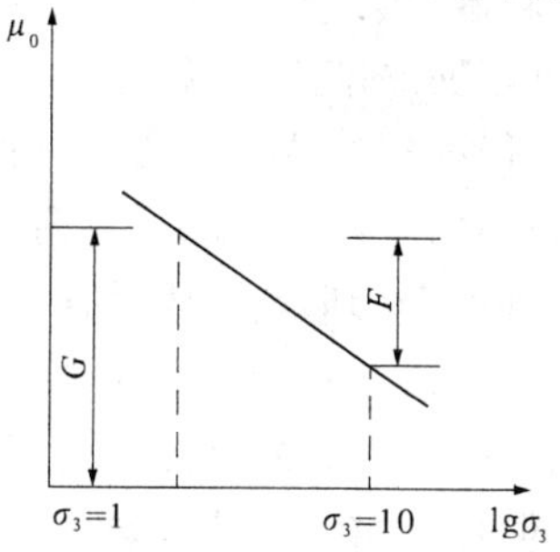

图 2-8

由式(2-30)，ε_3 对 ε_1 求导得

$$\mu_t = \frac{d\varepsilon_3}{\varepsilon_1} = \frac{\mu_0}{(1-\varepsilon_1 d)^2} \tag{2-33}$$

由式(2-24)得

$$\varepsilon_1 = \frac{\sigma_1 - \sigma_3}{E_0\left[1 - \dfrac{R_f(\sigma_1-\sigma_3)}{S_0}\right]} \tag{2-34}$$

把式(2-27)、式(2-28)代入式(2-34)后再代入式(2-33)得

$$\mu_t = \frac{G - F\lg\left(\dfrac{\varepsilon_3}{P_a}\right)}{\left\{1 - \dfrac{(\sigma_1-\sigma_3)d}{KP_a\left(\dfrac{\varepsilon_3}{P_a}\right)\left[1 - \dfrac{R_f(1-\sin\varphi)(\sigma_1-\sigma_3)}{2c\cos\varphi + 2\sigma_3\sin\varphi}\right]}\right\}^2} \tag{2-35}$$

从式(2-29)、式(2-35)可得到的 E_t 和 μ_t，即可组成弹性矩阵[$\boldsymbol{D}_t$]，其元素是随不同的应力水平而变化的，其中有 8 个系数即 K、n、R_f、c、φ、F、G 和 d 的值可用 CTC 试验予以确定。卸载路径可以与加载路径一样，也可以假定在卸载瞬时 G_t 突然增加到初始剪切模

量 G_0。

$$G_0=\frac{E_0}{2(1+\mu_0)}$$

双曲线模型需要的参数较多,因此计算较复杂。而 $K-G$ 模型的计算参数相对来说较少,而且它能较好地符合土体试验结果,因此比较实用。但如果研究的应力区域经常是在土的屈服应力点附近,则用双线性模型更为合适,它可以把屈服前后状态明显地区分开来,这点是其他两个模型不容易做到的。

四、讨论

上述三个模型统称为变弹性常数模型,它是用改变弹性常数的办法模拟材料的受力性态,它们与本章第二节讨论的线弹性模型性质是不同的。主要区别在于材料屈服后的应力—应变关系上,尤其是涉及破坏荷载与应力路径有关的摩擦型岩土介质,两者的结果很不一致。从下面一个简单例子可以看到它们之间的差别。图 2-9 表示在光滑桌面上有一块物体,假设为一个平面问题,加在两侧的荷载均为 P,加在顶上的荷载为 $P+2C$。根据特雷斯卡屈服准则,这物体到了屈服状态。然后沿顶面加上一个小的水平方向侧向荷载 Δq,两种计算模型将得到不同的变形图。这是由于变弹性常数模型计算的增量应变是根据增量应力大小得到的,而线弹性模型则由累计应力值控制着物体的变形。试验结果表明,线弹性变形形式比较符合实际。上面的例子只是一个极端情况,无疑夸张了两者的差别,如果 Δq 是垂直作用,两者就没有什么区别了。变弹性常数模型的公式比较简单,在编制程序上有很多方便之处,但它在土体屈服后并不符合塑性理论的流动法则,其塑性变形是随意的,有可能违背热力学定律,而线弹性模型却可以克服这个缺点。

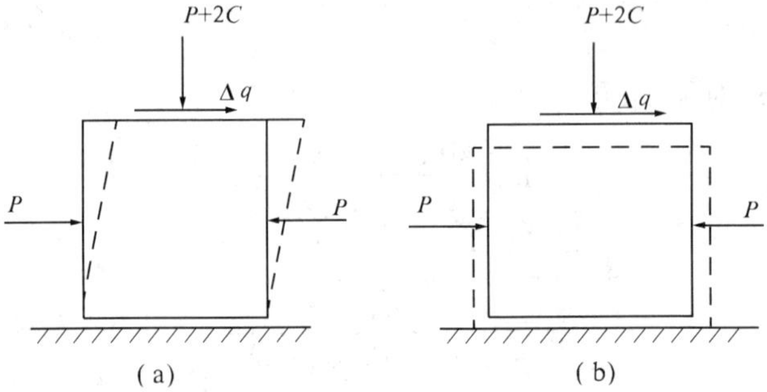

图 2-9　变弹性常数模型与弹塑性模型比较

第四节　弹塑性模型

弹塑性模型大都是建立在塑性增量理论(或称塑性流动理论)基础上的,也有建立在塑性全量(或称塑性形变理论)基础上的。塑性增量理论主要包括屈服面理论、流动规则理论和加工硬化(或软化)理论三部分。在岩土工程数值计算中,常用的模型有 Drucker－Prager 模型和 Mohr－Coulomb 模型。

弹塑性体可以分为理想弹塑性、应变硬化、应变软化三种应力状态。弹塑性材料的一个显著特点是当应力超过屈服点后，应力—应变关系呈非线性状态，并且其加载与卸载的应力路径是不一样的。譬如，通过加载产生了一定程度的塑性变形之后（见图 2-2(c) 中 S_1 点），再卸去全部荷载，这时卸载的应力应变符合弹性本构关系。然后加载到达 S_1 后，仍按弹塑性的本构关系。从应力—应变曲线还可以看到，应变不仅依赖于当时的应力状态，而且与整个加载历史有关。因此，一般弹塑性本构关系不能用应力—应变全量关系精确地予以描述，而只能建立起反映对加载路径有关的应力—应变之间的增量关系。

对于复杂应力状态材料进行弹塑性分析要有三个基本要求：①需要建立一个符合材料特性的屈服准则；②需要一个确定应力和塑性应变增量相对关系的流动法则；③需要一个确定屈服后应力状态的硬化定律。这里仅介绍前两部分。

一、屈服准则

屈服准则是表示在复杂应力状态下，材料进入初始屈服的条件。它控制了塑性变形的开始阶段。在主应力空间中表现为屈服面。如果介质某点的应力在屈服面之内变化，则为弹性状态。如果某点的应力落在屈服面上，则为塑性状态，此时既有弹性变形又有塑性变形。对应变硬化的材料，屈服后，再连续加载到较高的应力水平时，屈服面就连续扩大直至破坏。这样，屈服面就与破坏面相重合。在理想弹塑性材料中，屈服面就是破坏面。

我们知道材料在一维拉伸或压缩应力状态下，若应力达到其屈服强度，材料就开始进入屈服状态。但对二维和三维复杂应力状态，屈服将在什么情况下发生呢？这就需要根据材料特性建立一个屈服条件，应力状态满足这一条件，材料就屈服。目前，常用的岩土介质屈服条件大致有 Tresca、Mises、Mohr－Coulomb 及 Drucker－Prager 等。

（一）特雷斯卡（Tresca）屈服准则

特雷斯卡屈服准则假定：当最大剪应力等于材料的容许抗剪强度时，塑性流动开始发生。对于平面问题屈服函数可写为

$$F(\sigma)=\left(\frac{\sigma_x-\sigma_y}{2}\right)^2+\tau_{xy}^2-k^2=0 \tag{2-36}$$

式中 k——材料单轴抗剪强度，$k=\sigma_s/2$；

σ_s——材料轴压缩强度。

当 $F(\sigma)<0$ 时，材料是弹性的。当 $F(\sigma)=0$，材料达到塑性阶段。

特雷斯卡准则又称为最大剪应力等于常量准则，适用于只具有内聚力 c 的黏性土和软岩。此时 $c=k$，式(2-36)可改写为

$$F(\sigma)=(\sigma_1-\sigma_2)-2c=0 \tag{2-37}$$

对于三维状态，因事先不能判别主应力的次序，可写为

$$F(\sigma)=[(\sigma_1-\sigma_3)^2-4c^2][(\sigma_1-\sigma_2)^2-4c^2][(\sigma_2-\sigma_3)^2-4c^2]=0 \tag{2-38}$$

若以不变量表示式(2-38)，则为

$$F(\sigma)=4J_{2D}^3-27J_{3D}^2-36c^2J_{2D}^2+96c^4J_{2D}-64c^6=0 \tag{2-39}$$

（二）米赛斯（Mises）屈服准则

米赛斯屈服准则假定：屈服状态是由最大形状变形能（也称畸变能）所引起的。根据这个假定可以得到以下推理，即等效应力 σ_e 达到单轴状态下应力压缩强度 σ_s 时就开始发生屈服，或应力偏量第二不变量 J_{2D} 达到 $\frac{1}{3}\sigma_s^2$ 就开始屈服，即

$$F(\sigma)=J_{2D}-k_1^2=0 \tag{2-40}$$

式中，$k_1^2=\frac{1}{3}\sigma_s^2$，$k_1$ 为纯剪应力时（$\sigma_2=0,\sigma_1=-\sigma_3$）的剪切强度。式（2-40）展开后为

$$F(\sigma)=\frac{1}{6}[(\sigma_x-\sigma_y)^2+(\sigma_y-\sigma_z)^2+(\sigma_z-\sigma_x)^2]+(\tau_{xy}^2+\tau_{yz}^2+\tau_{zx}^2)-k_1^2=0 \tag{2-41}$$

如果是平面问题，式（2-41）可简化为

$$F(\sigma)=\left(\frac{\sigma_x-\sigma_y}{2}\right)^2+\tau_{xy}^2-k_1^2=0 \tag{2-42}$$

米赛斯屈服准则又称为最大畸变能等于常量准则。这一屈服准则适用于某些高压缩应力状态下的软岩和饱和黏土。

上述两个屈服准则曾广泛地应用于金属材料，对于只有内聚强度的岩土介质也比较适用。不过，大部分岩土介质存在摩擦力，因而还要建立几种摩擦型的屈服准则。

（三）莫尔－库仑（Mohr－Coulomb）屈服准则

岩土介质的强度依据岩石的内聚力 c 和内摩擦角 φ 而定，有

$$\tau=c+\sigma_n\tan\varphi \tag{2-43}$$

式中　τ——剪应力；

σ_n——正应力。

对于二维应力状态，可由莫尔圆（见图 2-10）推广为

$$F(\sigma)=\frac{(\sigma_1-\sigma_3)}{2}-\left[c\cot\varphi+\frac{(\sigma_1+\sigma_3)}{2}\right]\sin\varphi \tag{2-44}$$

或

$$F(\sigma)=(\sigma_1-\sigma_3)-2c\cos\varphi-(\sigma_1+\sigma_3)\sin\varphi=0 \tag{2-45}$$

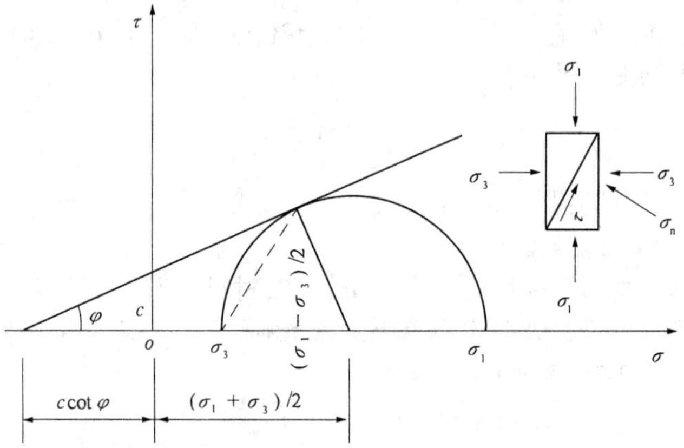

图 2-10　二维应力状态莫尔圆

若用应力不变量（$\sigma_m,\bar{\sigma},\theta$）来表示空间状态的莫尔－库仑屈服函数，式（2-45）可化为

$$\sigma_m\sin\varphi-\left(\cos\theta+\frac{1}{\sqrt{3}}\sin\varphi\sin\theta\right)\bar{\sigma}+c\cos\varphi=0 \tag{2-46}$$

在常规三轴试验时，可以用 $p\sim q$ 平面来表示式（2-46）

$$F(\sigma)=q-\frac{3\sin\varphi}{\sqrt{3}\cos\theta+\sin\theta\sin\varphi}p-\frac{3\cos\varphi}{\sqrt{3}\cos\theta+\sin\theta\sin\varphi}=0 \tag{2-47}$$

其中 $$q=\sigma_1-\sigma_3,p=\frac{\sigma_1+\sigma_3}{3}$$

莫尔－库仑屈服面在主应力空间是不规则六角形截面的角锥体表面，各屈服面之间存在脊梁，因而在该处的屈服条件是不定的。在实际计算中，可假定该脊梁处的法线方向为两个相交的屈服面的平均法线方向或者在脊梁处附近用一假定的光滑曲面“圆角”，或者是用圆锥体来代替角锥体，这就是下面介绍的一种屈服准则。

（四）德鲁克－普拉格（Drucker－Prager）屈服准则

德鲁克－普拉格屈服准则也称为广义米赛斯屈服准则，此屈服函数为

$$F(\sigma)=\bar{\sigma}+3\alpha\sigma_{\mathrm{m}}-k_{\mathrm{d}}=0 \tag{2-48a}$$

其中

$$\alpha=\frac{-\sin\varphi}{\sqrt{3}\sqrt{3+\sin^2\varphi}},k_{\mathrm{d}}=\frac{\sqrt{3}\cos\varphi}{\sqrt{3+\sin^2\varphi}}c \tag{2-48b}$$

例如，在 CTE 应力路径中，$\theta=\pi/6$，由式（2-46）得

$$\alpha=\frac{-2\sin\varphi}{\sqrt{3}(3+\sin\varphi)},k_{\mathrm{d}}=\frac{6\cos\varphi}{\sqrt{3}(3+\sin\varphi)}c \tag{2-48c}$$

在 CTC 应力路径中，$\theta=-\pi/6$，由式（2-46）得

$$\alpha=\frac{-2\sin\varphi}{\sqrt{3}(3-\sin\varphi)},k_{\mathrm{d}}=\frac{6\cos\varphi}{\sqrt{3}(3-\sin\varphi)}c \tag{2-48d}$$

为求得莫尔－库仑屈服函数的下界，将式（2-46）中的 $F(\sigma)$ 对 θ 求极值后，得

$$\theta=\frac{1}{\sqrt{3}\sin\varphi} \tag{2-48e}$$

由三角函数关系式可知

$$\sin\theta=\frac{\sin\varphi}{\sqrt{3+\sin^2\varphi}},\cos\theta=\frac{\sqrt{3}}{\sqrt{3+\sin^2\varphi}} \tag{2-48f}$$

把式（2-48f）代入式（2-46）得

$$\alpha=\frac{-\sin\varphi}{\sqrt{3}\sqrt{3+\sin^2\varphi}},k_{\mathrm{d}}=\frac{\sqrt{3}\cos\varphi}{\sqrt{3+\sin^2\varphi}}c \tag{2-48g}$$

式（2-48g）与式（2-48b）完全相同，因此式（2-48b）为莫尔－库仑面的下界，式（2-48d）为莫尔－库仑面的上界，这两个界限相差很多，故在选择 α、k_{d} 值时要特别谨慎。

各种屈服函数在主应力空间中的图形如图 2-11 所示，在 π 平面的图形如图 2-12 所示。

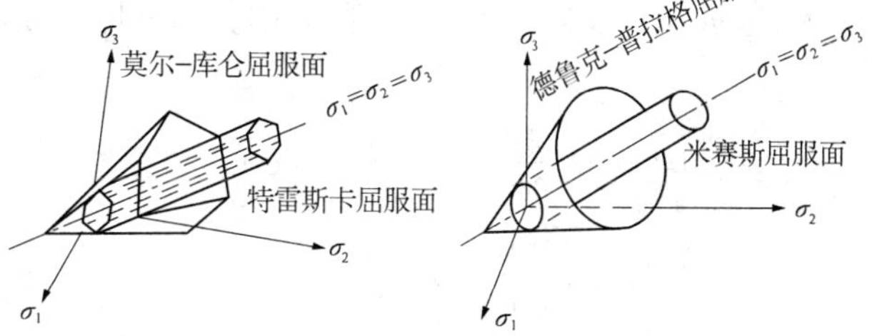

图 2-11　主应力空间

二、流动法则

流动法则是控制塑性范围内材料变形的规则，它规定了塑性应变增量与应力之间的相对关系，根据塑性理论，塑性应变增量方向正交于塑性势面，其数学表达式为

$$\{d\varepsilon^p\} = d\lambda \frac{\partial Q(\sigma)}{\partial\{\sigma\}} \tag{2-49}$$

式中　$d\lambda$——非负参数。

塑性势面也可写为主应力或不变量的函数，即

$$Q(\sigma_1, \sigma_2, \sigma_3, k) = Q(J_{1D}, J_{2D}, J_{3D}, k) = 0 \tag{2-50}$$

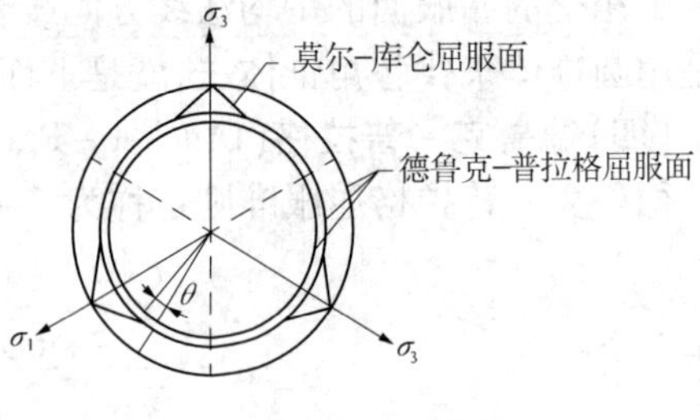

图 2-12　π 平面

如果塑性势面与屈服面重合，即 $F = Q$，称为相适应的流动法则，否则称为不相适应的流动法则，式(2-49)可改写为

$$\{d\varepsilon^p\} = d\lambda \frac{\partial F(\sigma)}{\partial\{\sigma\}} \tag{2-51}$$

式中，$\dfrac{\partial F(\sigma)}{\partial\{\sigma\}} = \dfrac{\partial F}{\partial \sigma_m}\dfrac{\partial \sigma_m}{\partial\{\sigma\}} + \dfrac{\partial F}{\partial \bar{\sigma}}\dfrac{\partial \bar{\sigma}}{\partial\{\sigma\}} + \dfrac{\partial F}{\partial J_{3D}}\dfrac{\partial J_{3D}}{\partial\{\sigma\}}$。

不变量对应力分量的导数为

$$\frac{\partial \sigma_m}{\partial\{\sigma\}} = \frac{1}{3}[1 \quad 1 \quad 1 \quad 0 \quad 0 \quad 0]^T \tag{2-52a}$$

$$\frac{\partial \bar{\sigma}}{\partial\{\sigma\}} = \frac{1}{2\bar{\sigma}}[S_x \quad S_y \quad S_z \quad 2\tau_{xy} \quad 2\tau_{yz} \quad 2\tau_{xz}]^T \tag{2-52b}$$

$$\frac{\partial J_{3D}}{\partial\{\sigma\}} = \begin{Bmatrix} S_y S_z - \tau_{yz}^2 \\ S_x S_z - \tau_{xz}^2 \\ S_x S_y - \tau_{xy}^2 \\ 2(\tau_{zx}\tau_{zy} - S_z\tau_{xy}) \\ 2(\tau_{xy}\tau_{xz} - S_x\tau_{yz}) \\ 2(\tau_{yz}\tau_{yx} - S_y\tau_{xz}) \end{Bmatrix} + \frac{1}{3}\bar{\sigma}^2 \begin{Bmatrix} 1 \\ 1 \\ 1 \\ 0 \\ 0 \\ 0 \end{Bmatrix} \tag{2-52c}$$

F 对应力不变量的导数应根据不同的屈服函数而定。

对于大多数岩石、黏土和砂，用相适应的流动法则和摩擦型的屈服准则计算的塑性体积应变膨胀量往往过大，远远超过实际观测值。例如，用莫尔－库仑屈服准则式(2-43)代入式(2-49)后得

$$\left.\begin{aligned} d\varepsilon_1^p &= d\lambda \frac{\partial F}{\partial \sigma_1} = d\lambda(1 - \sin\varphi) \\ d\varepsilon_2^p &= d\lambda \frac{\partial F}{\partial \sigma_2} = 0 \\ d\varepsilon_3^p &= d\lambda \frac{\partial F}{\partial \sigma_3} = -d\lambda(1 + \sin\varphi) \end{aligned}\right\} \tag{2-53}$$

上面三式相加，得

$$d\varepsilon_y^p = d\varepsilon_1^p + d\varepsilon_2^p + d\varepsilon_3^p = -2d\lambda\sin\varphi \tag{2-54}$$

从式(2-54)可以看出，塑性范围内体积膨胀值正比于 $\sin\varphi$。但这种剪胀性是不真实的。根据试验测定，一般松砂和正常固结土几乎没有剪胀性，某些岩石的剪胀程度随着侧应力的增大也显著减小，密实砂的剪胀程度也没有这样大。为了真实地反映岩土介质的剪胀程度，可考虑采用不相适应的流动法则，假定塑性势函数和形式上与屈服函数形式一样，只不过摩擦角 φ 改为膨胀角 ψ，有 $\varphi \geqslant \psi \geqslant 0$。$\psi$ 可根据不同的材料特性进行合理的选择。

第五节　不连续岩体模型

岩体与土体不同，它有很多属于不连续介质范畴的特性，同时具有明显的各向异性。造成岩体不连续的原因是它常被一组或多组节理裂隙所切割，形成软弱结构面，这些不连续面的剪切强度与完整岩石相比大为降低，因而通常控制岩体的变形。此外，节理断层和破碎带常是围岩不稳定的重要原因。

对于坚硬的裂隙岩体，一般可用以下几种模型加以模拟：

(1)无拉应力模型。假设岩体不能承受拉应力的模型称为无拉应力模型。岩体的层理和节理较为密集的随机分布可采用这种模型。

(2)层间滑移模型。岩体的变形主要由岩块之间的滑移面控制的模型称为层间滑移模型。岩体层理和节理的排列具有一定的规律性时可采用这种模型。

(3)节理单元模型。将节理从岩体中分离开来，单独构成单元称为节理单元，相应的模型称为节理单元模型。岩体中存在大的节理或层理可采用这种模型。

(4)软弱夹层模型。软弱夹层单独划分为单元的模型称为软弱夹层模型。岩体中明显存在大块软弱夹层可采用这种模型。

以下对无拉应力模型和层间滑移模型作一介绍。节理单元将在第三章中叙述，软弱夹层模型可用前面提到的弹塑性模型，只是在选用单元的物理力学参数时，应分别考虑软弱夹层和完整岩体两种情况。

一、无拉应力模型

存在随机分布密集细小裂缝的岩体可视为均质的各向同性体，适用弹性力学有限单元法进行应力分析。计算结果表明，在应力集中处常出现拉应力区。因岩体的抗拉强度极低，有的根本不能承受拉应力，因此必须对拉应力区进行修正计算。当岩体中的拉应力超过规定的限值时，应认为在该主拉应力的作用方向上岩体已失去抵抗拉应力的能力，而在主压应力的作用方向仍可按线弹性材料进行分析。根据上述假定，首先对岩体进行线弹性有限元分析，据以判别岩体各单元是否有主拉应力产生，估算出拉应力区的范围，然后将各单元中的拉应力视为多余应力，利用初应力公式将它们换算成当量荷载，并用有限元法计算出修正的应力场，再与原有应力场叠加后判别是否还有拉应力区存在。如此重复进行修正应力计算，直至各单元都不出现拉应力区或拉应力值都小于某一规定的允许限值，从而得到最终计算结果。该方法最初由辛克维兹提出，一般要迭代 10 ~ 15 次以上才能获得结果。这个方法的缺点是不能保证所有的情况都能收敛。为了减少收敛迭代的次数,耐厄(Nair)等认为岩石拉裂后在两个互相垂直的方向上不能相互传递应力,故在计算中可将出现拉应力的各个单元的泊松比μ减少到趋近于零,这一建议使收敛速度得到改善,但每次迭代都必须进行刚度矩阵修正计算,从而增加了运算时间。为了避免这个缺点,可采用修正应力法消除泊松比的影响,如图2-13所示。对于平面应变问题,设某单元的主应变σ_1为拉应力,σ_3为压应力,并认为这个单元的岩石在σ_1作用下已破裂,因在拉应力σ_1作用下材料不能在垂直方向传递变形,故有$\varepsilon_3=0$。由弹性力学可知,为了保证这一条件成立,在σ_3方向应承受量值为$\sigma_3'=\mu\sigma_1$的拉应力。同理,因材料也不能传递由σ_3'的作用引起的垂直方向的变形,故有$\varepsilon'=0$。为了保证这一条件,在σ_1方向应承受量值为$\sigma_1'=\mu\sigma_3'=\mu^2\sigma_1$的拉应力,如此重复分析,可得该单元总的修正拉应力,将其记为$\{\sigma_T\}$,则表达式为

$$\{\sigma_T\}=\begin{Bmatrix}\sigma_1^0\\ \sigma_3^0\end{Bmatrix}=\begin{Bmatrix}\sigma_1+\mu^2\sigma_1+\mu^4\sigma_1+\cdots\\ \mu\sigma_1+\mu^3\sigma_1+\mu^5\sigma_1+\cdots\end{Bmatrix} \tag{2-55}$$

当某单元的σ_1和σ_3均为拉应力时,单元的修正拉应力$\{\sigma_T\}$的表达式改为

$$\{\sigma_T\}=\begin{Bmatrix}\sigma_1^0\\ \sigma_3^0\end{Bmatrix}=\begin{Bmatrix}(1+\mu^2+\mu^4+\cdots)\sigma_1+\mu(1+\mu^2+\mu^4+\cdots)\sigma_3\\ (1+\mu^2+\mu^4+\cdots)\sigma_3+\mu(1+\mu^2+\mu^4+\cdots)\sigma_1\end{Bmatrix} \tag{2-56}$$

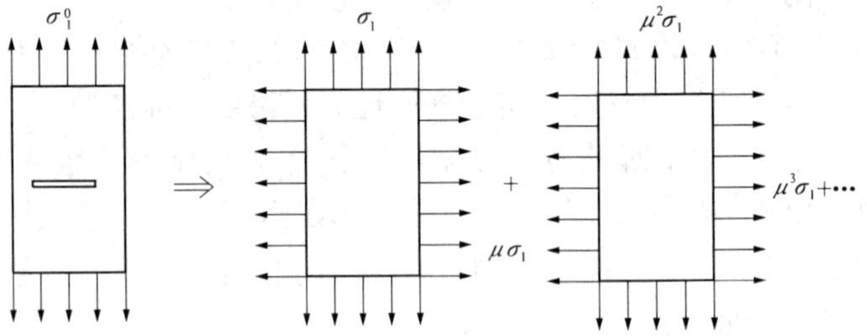

图2-13 修正应力法

二、层间滑移模型

某些岩体存在多组平行或相互正交的不连续面,使其具有明显的各向异性特征,同时,这类岩体的各组节理面将产生相对滑移。这种岩体可看做正交各向异性体或横观各向同性体,其弹性矩阵$[\boldsymbol{D}]$的表达式见式(2-15)。若材料主轴坐标与假定的不一致,则要进行坐标转换。

$$[\overline{\boldsymbol{D}}]=[\boldsymbol{T}]^{\mathrm{T}}[\boldsymbol{D}][\boldsymbol{T}] \tag{2-57}$$

其中

$$[\boldsymbol{T}]=\begin{bmatrix}l_1^2 & m_1^2 & n_1^2 & l_1m_1 & m_1n_1 & n_1l_1\\ l_2^2 & m_2^2 & n_2^2 & l_2m_2 & m_2n_2 & n_2l_2\\ l_3^2 & m_3^2 & n_3^2 & l_3m_3 & m_3n_3 & n_3l_3\\ 2l_1l_2 & 2m_1m_2 & 2n_1n_2 & l_1m_2+l_2m_1 & m_1n_2+m_2n_1 & n_1l_2+n_2l_1\\ 2l_2l_3 & 2m_2m_3 & 2n_2n_3 & l_2m_3+l_3m_2 & m_2n_3+m_3n_2 & n_2l_3+n_3l_2\\ 2l_3l_1 & 2m_3m_1 & 2n_3n_1 & l_3m_1+l_1m_3 & m_3n_1+m_1n_3 & n_3l_1+n_1l_3\end{bmatrix} \tag{2-58}$$

式中　$[\boldsymbol{T}]$——坐标转换矩阵；

l_i、m_i、n_i——新老坐标之间夹角的余弦值，$i=1,2,3$。

岩体进入弹塑性状态后，应按各向异性弹塑性矩阵进行应力分析，然而迄今为止，描述这类岩体的较为理想的弹塑性模型尚未建立。但当岩体本身比较软弱、内摩擦角很小时，可近似采用希尔(Hill)的各向异性层服准则建立公式。记 $\{\sigma\}=[\sigma_1\sigma_2\sigma_3\sigma_4\sigma_5\sigma_6]^{\mathrm{T}}$，对于弹性主轴，屈服函数可写为

$$F(\sigma_2-\sigma_3)^2+G(\sigma_3-\sigma_1)^2+H(\sigma_1-\sigma_2)^2+2L\sigma_4^2+2M\sigma_5^2+2N\sigma_6^2=1 \tag{2-59}$$

式中，F、G、H、L、M 和 N 为与材料有关的常数，用以下方法确定：

(1)在三个主方向上分别做岩石单轴抗压试验，得出沿各主轴的最大屈服应力 $\sigma_{1\mathrm{k}}$、$\sigma_{2\mathrm{k}}$ 和 $\sigma_{3\mathrm{k}}$，则由式(2-59)可得

$$\left.\begin{aligned}G\sigma_{1\mathrm{k}}^2+H\sigma_{1\mathrm{k}}^2=1\\F\sigma_{2\mathrm{k}}^2+H\sigma_{2\mathrm{k}}^2=1\\F\sigma_{3\mathrm{k}}^2+G\sigma_{3\mathrm{k}}^2=1\end{aligned}\right\} \tag{2-60}$$

解式(2-60)得

$$\left.\begin{aligned}H=\frac{1}{2}\left(\frac{1}{\sigma_{1\mathrm{k}}^2}+\frac{1}{\sigma_{2\mathrm{k}}^2}-\frac{1}{\sigma_{3\mathrm{k}}^2}\right)\\F=\frac{1}{2}\left(\frac{1}{\sigma_{2\mathrm{k}}^2}+\frac{1}{\sigma_{3\mathrm{k}}^2}-\frac{1}{\sigma_{1\mathrm{k}}^2}\right)\\G=\frac{1}{2}\left(\frac{1}{\sigma_{3\mathrm{k}}^2}+\frac{1}{\sigma_{1\mathrm{k}}^2}-\frac{1}{\sigma_{2\mathrm{k}}^2}\right)\end{aligned}\right\} \tag{2-61}$$

(2)在三个主方向分别做剪切试验，即得

$$\left.\begin{aligned}L=\frac{1}{2\sigma_{4\mathrm{k}}^2}\\M=\frac{1}{2\sigma_{5\mathrm{k}}^2}\\N=\frac{1}{2\sigma_{6\mathrm{k}}^2}\end{aligned}\right\} \tag{2-62}$$

根据正交流动法则，可导出各向异性的岩体单元的弹塑性矩阵为

$$[\boldsymbol{D}_{\mathrm{ep}}]=[\boldsymbol{D}]-\frac{1}{Z}([\boldsymbol{D}]\{\boldsymbol{S}\})([\boldsymbol{D}]\{\boldsymbol{S}\})^{\mathrm{T}} \tag{2-63}$$

式中　$[\boldsymbol{D}]$——正交弹性矩阵，

$\{\boldsymbol{S}\}$——偏应力列阵。

Z 的表达式为

$$Z=\frac{4}{9}\sigma_{\mathrm{qn}}^2H_0+\{\boldsymbol{S}\}^{\mathrm{T}}[\boldsymbol{D}]\{\boldsymbol{S}\}$$

$$\sigma_{\mathrm{qn}}^2=\frac{3}{2(F+G+H)}[F(\sigma_2-\sigma_3)^2+G(\sigma_3-\sigma_1)^2+H(\sigma_1-\sigma_2)+2L\sigma_4^2+2M\sigma_5^2+2N\sigma_6^2]$$

$$H_0=\frac{\mathrm{d}\sigma_{\mathrm{qn}}}{\mathrm{d}\varepsilon_{\mathrm{q}}^{p}}$$

其中，$d\varepsilon_q^p$ 为塑性等效应变增量。对于各向同性材料，希尔屈服准则可化为米塞斯屈服准则。

岩体沿层面出现破坏的情况有两种：第一，各层面的剪切应力达到层面材料的抗剪强度 τ_0 时产生层间滑移；第二，层面中出现拉应力时岩体在层面中张开，据此可建立两条破坏准则作为判据。

设$[\boldsymbol{A}_1]$、$[\boldsymbol{A}_2]$、…、$[\boldsymbol{A}_n]$为一组坐标变换矩阵，它们可将$\{\boldsymbol{\sigma}\}$中的总体坐标分量转换成各组节理面上的法向应力 σ_n 和切向应力 τ_{nl} 与 τ_{nm}，转化表达式为

$$\begin{Bmatrix}\sigma_n\\ \tau_{nl}\\ \tau_{nm}\end{Bmatrix}_1=[\boldsymbol{A}_1]\{\boldsymbol{\sigma}\},\begin{Bmatrix}\sigma_n\\ \tau_{nl}\\ \tau_{nm}\end{Bmatrix}_2=[\boldsymbol{A}_2]\{\boldsymbol{\sigma}\},\cdots,\begin{Bmatrix}\sigma_n\\ \tau_{nl}\\ \tau_{nm}\end{Bmatrix}_n=[\boldsymbol{A}_n]\{\boldsymbol{\sigma}\} \tag{2-64}$$

式中，$[\boldsymbol{A}_n]=\begin{bmatrix} l_1^2 & l_2^2 & l_3^2 & 2l_1l_2 & 2l_2l_3 & 2l_3l_1\\ l_1m_1 & l_2m_2 & l_3m_3 & l_1m_2+l_2m_1 & l_2m_3+l_3m_2 & l_3m_1+l_1m_3\\ l_1n_1 & l_2n_2 & l_3n_3 & l_2n_1+l_1n_2 & l_3n_2+l_2n_3 & l_1n_3+l_3n_1\end{bmatrix}$$(n=1,2,3,\cdots)$。各组层面的屈服函数可写为

$$F=|\tau|_k+\sigma_n\tan\varphi-C=0 \tag{2-65}$$

式中，$|\tau|_k=\sqrt{\tau_{nl}^2+\tau_{nn}^2}$。

层面不抗拉的条件可用屈服函数表示为

$$F=\sigma_n=0 \tag{2-66}$$

设节理组数为 n，则式(2-65)、式(2-66)都分别有 n 个屈服函数，因此岩体本身还有一个正交各向异性的弹塑性屈服函数，总计有 $2n+1$ 个方程。对于这种既有岩体本身的弹塑性变形又有各节理面滑移的模型，可以用黏塑性计算方法进行求解。

第三章　有限差分法

第一节　概　述

有限差分法(Finite Difference Method)是用差分网格离散求解区域,将从物理现象引出的微分方程或偏微分方程利用差分格式转化为差分方程,然后结合边界和初始条件求解线性代数方程组。该方法以差分公式解微分方程,未知系数的连续变化是它的前提。有限差分法理论较为简单,差分格式及线性方程的求解在算法上均易于编写程序,虽然自该方法应用于工程实践至今已有将近70年的历史,但至今仍被广泛应用。

回顾有限差分法应用于岩土工程实践的历史,我们不难看出,有限差分法从20世纪40年代最初应用于土工渗流及固结研究到目前广泛应用于渗流、边坡、洞室及基础的稳定性分析和计算,差分方法无论从算法上还是从实际应用效果上均取得了巨大的进步。20世纪60年代初,由于有限单元法和边界单元法克服了当时有限差分受矩形网格的限制而无法求解复杂边界问题的缺点,差分方法的应用一度受到限制,但随着Wilkins(1964)提出了一种可导出任意形状单元的差分方程法,有限差分法在岩土工程领域的应用又重新焕发出新的活力。特别是近年来,多种数值计算方法相互配合,利用各自的优势求解工程问题,把数值模拟的应用水平提高到了一个新的水平。

有限差分法的解题步骤主要有:

(1)差分网格的划分,即对求解区域进行差分离散;

(2)选择合适的差分格式逼近微分方程或偏微分方程的定解,建立差分方程;

(3)边界及初始条件差分方程的建立;

(4)联立差分方程,按有效计算方法求解线性代数方程组。

由于许多专著中对有限差分法已进行广泛而详细的论述,本书仅就有限差分的基本原理作简要叙述。

第二节　基本概念

以图3-1所示的二维问题为例,在$x\sim y$平面上沿x轴和y轴建立离散网格,由此可得网格任意一点的坐标(x_i, y_i),可表示为:

$$x_i = x_0 + i\Delta x$$

$$y_i = y_0 + j\Delta y$$

式中　(x_0, y_0)——$x\sim y$平面上任一已知点的坐标;

i、j——整数;

Δx——x方向步长;

Δy——y 方向步长。

由此可得以下定义：

结点：两组平行线的交点。

差分网格：两组平行线在 V 内组成的网格。

相邻结点：沿 x 方向和 y 方向距离均不超过一个步长的两结点。

边界结点：位于边界 S 上的结点。

内部结点：位于 V 内的结点。

外部虚拟结点：位于 V 和 S 以外的结点。

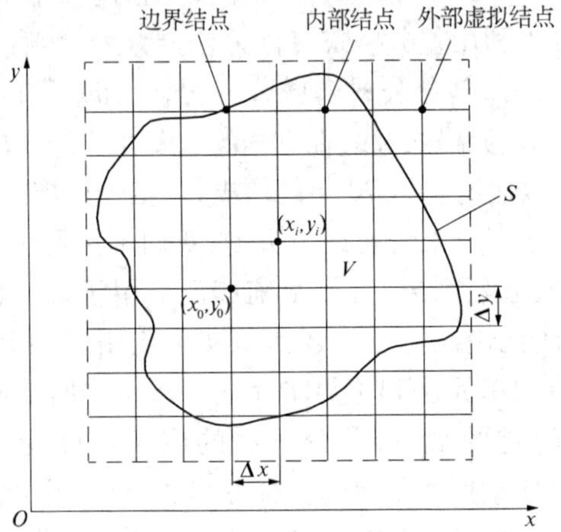

图 3-1　差分网格的划分

第三节　有限差分公式

有限差分法的离散化方法建立在物理问题所遵守的控制方程基础上，即在物理问题所遵守的方程中用变量的变化与小而有限的增量之比来代替连续导数。这里假设某物理问题的控制方程为 $u(x,y)$，则其沿 x 方向的一阶导数可表示为

$$\frac{\mathrm{d}u}{\mathrm{d}x}=\lim_{\Delta x\to 0}\frac{\Delta u}{\Delta x}\approx\frac{\Delta u}{\Delta x} \tag{3-1}$$

这样代换的结果，就使微分方程变成了差分方程（见图 3-2）。我们要考虑的微分方程一般包括一阶、二阶、三阶和四阶导数。下面介绍这四种导数典型的差分近似。

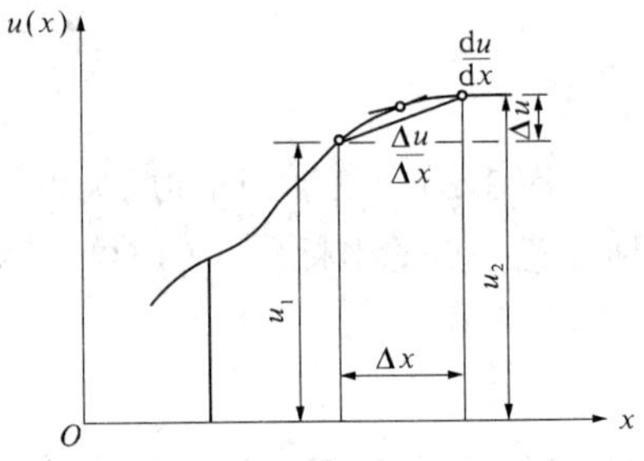

图 3-2　一阶导数的有限差分近似

许多方法，例如 Taylor 级数和插值多项式都能用来推导出各阶导数的近似值。建立如图 3-3(a) 所示的差分网格，将 $u_{i-1,j}$、$u_{i+1,j}$ 用 Taylor 级数展开（见图 3-3），则有：

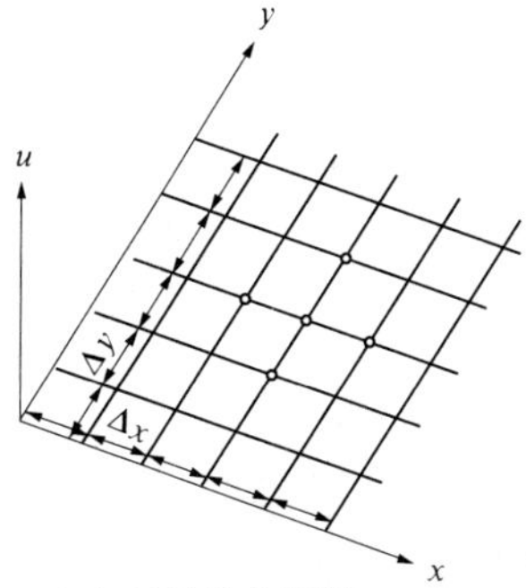

(a) 有限差分网格

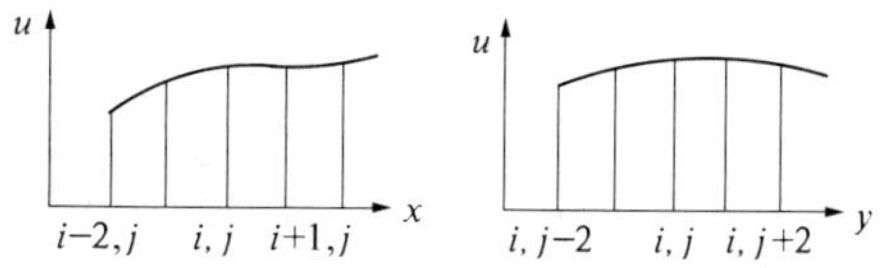

(b) 沿x轴和y轴剖分

图 3-3　一维和二维中的有限差分近似

$$u_{i+1,j} = u_{ij} + \Delta x\left(\frac{\partial u}{\partial x}\right) + \Delta x\left(\frac{\Delta x}{2}\frac{\partial^2 u}{\partial x^2}\right) + \Delta x\left(\frac{\Delta x}{6}\frac{\partial^3 u}{\partial x^3}\right) + \Delta x\left(\frac{\Delta x}{24}\frac{\partial^4 u}{\partial x^4}\right) + \cdots$$
$$= u_{ij} + \sum_{k=1}^{\infty}\frac{(\Delta x)^k}{k!}\frac{\partial^{(k)} u}{\partial x^k}$$

$$u_{i-1,j} = u_{ij} - \Delta x\left(\frac{\partial u}{\partial x}\right) + \Delta x\left(\frac{\Delta x}{2}\frac{\partial^2 u}{\partial x^2}\right) - \Delta x\left(\frac{\Delta x}{6}\frac{\partial^3 u}{\partial x^3}\right) + \Delta x\left(\frac{\Delta x}{24}\frac{\partial^4 u}{\partial x^4}\right) - \cdots$$
$$= u_{ij} + \sum_{k=1}^{\infty}(-1)^k\frac{(\Delta x)^k}{k!}\frac{\partial^{(k)} u}{\partial x^k}$$

假定 Δx 充分小，略去三次幂及更高次幂，则以上两式可简化为

$$u_{i+1,j} = u_{ij} + \Delta x\left(\frac{\partial u}{\partial x}\right) + \Delta x\left(\frac{\Delta x}{2}\frac{\partial^2 u}{\partial x^2}\right) \tag{3-2}$$

$$u_{i-1,j} = u_{ij} - \Delta x\left(\frac{\partial u}{\partial x}\right) + \Delta x\left(\frac{\Delta x}{2}\frac{\partial^2 u}{\partial x^2}\right) \tag{3-3}$$

联立式(3-2)和式(3-3)可得

一阶导数的前向差分公式：$$\frac{\partial u}{\partial x} = \frac{u_{i+1,j} - u_{i,j}}{\Delta x} \tag{3-4}$$

一阶导数的后向差分公式：$$\frac{\partial u}{\partial x} = \frac{u_{i,j} - u_{i-1,j}}{\Delta x} \tag{3-5}$$

一阶导数的中心差分公式：$$\frac{\partial u}{\partial x} = \frac{u_{i+1,j} - u_{i-1,j}}{2\Delta x} \tag{3-6}$$

二阶导数的前向差分公式：$$\frac{\partial^2 u}{\partial x^2} = \frac{u_{i+2,j} - 2u_{i+1,j} + u_{i,j}}{(\Delta x)^2} \tag{3-7}$$

二阶导数的后向差分公式：$$\frac{\partial^2 u}{\partial x^2} = \frac{u_{i,j} - 2u_{i-1,j} + u_{i-2,j}}{(\Delta x)^2} \tag{3-8}$$

二阶导数的中心差分公式：$$\frac{\partial^2 u}{\partial x^2} = \frac{u_{i+1,j} - 2u_{i,j} + u_{i-1,j}}{(\Delta x)^2} \tag{3-9}$$

在 y 方向，同理可得一阶和二阶中心差分公式：

$$\frac{\partial u}{\partial y} = \frac{u_{i+1,j} - u_{i-1,j}}{2\Delta y} \tag{3-10}$$

$$\frac{\partial^2 u}{\partial y^2}=\frac{u_{i+1,j}-2u_{i,j}+u_{i-1,j}}{(\Delta y)^2} \tag{3-11}$$

若考虑误差，则以上各式需加上误差项，如

$$\frac{\partial u}{\partial x}=\frac{u_{i+1,j}-u_{i,j}}{\Delta x}+O(\Delta x) \tag{3-12}$$

$$\frac{\partial u}{\partial x}=\frac{u_{i,j}-u_{i-1,j}}{\Delta x}+O(\Delta x) \tag{3-13}$$

$$\frac{\partial u}{\partial x}=\frac{u_{i+1,j}-u_{i-1,j}}{2\Delta x}+O[(\Delta x)^2] \tag{3-14}$$

$$\frac{\partial^2 u}{\partial x^2}=\frac{u_{i-1,j}-2u_{i,j}+u_{i+1,j}}{(\Delta x)^2}+O[(\Delta x)^2] \tag{3-15}$$

它们分别称为一阶导数的前向差分近似、后向差分近似、中心差分近似和二阶导数的中心差分近似。表达式$O(\Delta x)$表示 Δx 阶误差，在级数中它是忽略项之和。它代表的是近似导数所引起的误差。$O[(\Delta x)^n]$可称为 n 阶误差。

类似地，三阶和四阶导数的表达式为

$$\frac{\partial^3 u}{\partial x^3}=\frac{u_{i+2,j}-2u_{i+1,j}+2u_{i-1,j}-u_{i-2,j}}{2(\Delta x)^3}+O[(\Delta x)^3] \tag{3-16}$$

$$\frac{\partial^4 u}{\partial x^4}=\frac{u_{i+2,j}-4u_{i+1,j}+6u_{i,j}-4u_{i-1,j}+u_{i-2,j}}{(\Delta x)^4}+O[(\Delta x)^4] \tag{3-17}$$

显然，一阶差分公式最为简单，使用和计算都很方便，但由于它们不具有对称性，应用时容易出错，并且略去了$(\Delta x)^2$ 和$(\Delta y)^2$，精度较差，因此除对时间进行差分外，很少使用。而对于更高阶的差分公式来说，随着阶数的提高，其精度也相应提高，但是阶数越高，计算所涉及的结点也越多，使用起来也更为方便。因此，计算时一定选择符合工程精度要求的差分公式，使计算结果既能满足精度要求，又不致过于烦琐。

这里只列举了四阶导数的典型差分公式，更高阶和次数的差分公式请参见相关专著。

第四节　有限差分格式

将差分公式代入控制方程得到的方程称为差分格式（方程）。对同一微分方程和定解条件可以建立种种不同形式的差分格式，而要构造同一差分格式也存在着不同的途径。一个差分格式最终能在实际中使用，要求差分方程的解能任意地逼近微分方程的解，同时每一步计算的舍入误差不会导致随着计算次数的增加而使结果有无限增大的偏差，即要保证差分方程的收敛性和稳定性。

为方便起见，利用一维固结所遵守的抛物线方程为例，介绍一些主要的差分格式以及它们的误差及稳定条件。

根据土力学理论，一维固结微分方程用式(3-18)表示

$$C_v\frac{\partial^2 u}{\partial x^2}=\frac{\partial u}{\partial t} \tag{3-18}$$

式中　C_v——固结系数；

　　u——超孔隙水压力。

在 $x \sim t$ 平面上作分别平行于 x 轴和 t 轴的两组平行线

$$x_i = i\Delta x \quad (i = 0, \pm 1, \pm 2, \cdots, \Delta x \text{ 为空间步长})$$

$$t = n\Delta t \quad (n = 0, 1, 2, \cdots, \Delta t \text{ 为时间步长})$$

将一阶导数的前向差分公式(式(3-4))和二阶导数的中心差分公式(式(3-9))代入式(3-18)得:

$$\frac{u_{i,t+1} - u_{i,t}}{\Delta t} = C_v \frac{u_{i+1,t} - 2u_{i,t} + u_{i-1,t}}{(\Delta x)^2} \tag{3-19}$$

式(3-19)即为一维固结微分方程的显式差分格式。

代入不同的差分公式,可得不同的差分格式,式(3-18)的有限差分的普遍形式可表示为:

$$C_v \frac{\theta(\delta^2 u)_{i,t+1} + (1-\theta)\delta^2 u_{i,t}}{(\Delta x)^2} = \frac{u_{i,t+1} - u_{i,t}}{\Delta t} \tag{3-20}$$

式中:$(\delta^2 u)_{i,t} = u_{i-1,t} - 2u_{i,t} + u_{i+1,t}$,$\theta$ 可取各种不同值。根据 θ 的不同取值,可获得不同的差分格式:

(1)设 $\Delta T = \dfrac{C_v \Delta t}{(\Delta x)^2}$, $\theta = 0$,即得显式格式

$$u_{i,t+1} = u_{i,t} + \Delta T(u_{i-1,t} - 2u_{i,t} + u_{i+1,t}) \tag{3-21}$$

(2)设 $\Delta T = \dfrac{C_v \Delta t}{(\Delta x)^2}$, $\theta = 1$,则得隐式格式

$$\Delta T(u_{i-1,t+1} - 2u_{i,t+1} + u_{i+1,t+1}) - u_{i,t+1} = -u_{i,t} \tag{3-22}$$

(3)设 $\Delta T = \dfrac{C_v \Delta t}{(\Delta x)^2}$, $\theta = 1/2$,则得 Crank - Nicolson 隐式格式

$$\frac{-\Delta T}{2}(u_{i-1,t+1} - 2u_{i,t+1} - u_{i+1,t+1}) + u_{i,t+1} = \frac{-\Delta T}{2}(u_{i-1,t} - 2u_{i,t} - u_{i+1,t}) + u_{i,t} \tag{3-23}$$

在显式格式中,我们寻找的是用 u_i 在前一时刻 t 的已知值来表示 u_i 在 $t+1$ 时刻的近似解。显式法相对地说是直接的,它可以一步一步地直接计算 u_i 而不需要联立方程。

隐式格式需要解一组 $t+1$ 时刻的联立方程。$t+1$ 时间的 u_i 当做未知数,代数方程右端则由 u_i 在时刻 t 的已知值构成。

上述简单显式格式和隐式格式的离散误差具有 $O[\Delta t + (\Delta x)^2]$ 的数量级,而对于 Crank - Nicolson 格式则具有 $O[(\Delta t)^2 + (\Delta x)^2]$ 的数量级。

差分格式的种类很多,比较常用的除上述显式格式、隐式格式和 Crank - Nicolson 格式外,还有加权隐式格式、Douglas 格式、Du Fort - Frankel 格式、跳点格式及 Richtmyer 隐式格式等。不同的差分格式具有不同的差分方程、截断误差和稳定条件。但其求解归根结底可分为两大类:一类是隐式方法,另一类是显式方法。隐式方法要解一个线性联立方程组,所有未知数一次求解,隐式方法需要存储一个大的矩阵,对于非线性问题还要多次分段线性化后用增量法求解。显式方法则不用解方程组,因为等式右边的值均为已知,可将右边的表达式求值后赋值给左边的未知数就可以了。这个过程也就是同时更新所有变量。某一时步时的所有变量为其后一时步的新产生变量替代,而时间又前进了一步。所以,显式方法可以随着时间的推移跟踪运动的发展。显式方法的缺点是大小选择要恰当,过大会使解不稳定,过小则迭代次数太多,需要的机时长。

显式格式和加权隐式格式虽然比较简单，但有稳定条件的需求。对于某些类型的问题来说，获得无条件稳定的显式方案是可能的。以下为获得无条件稳定的两种方法。

一、交替方向显式法（ADE）

在 Du Fort – Frankel 方法中，有限差分形式用涉及三时刻的 u 来表示

$$\frac{1}{\Delta x}\left(\frac{u_{i-1,t-1}-u_{i,t-1}}{\Delta x}-\frac{u_{i,t}-u_{i+1,t}}{\Delta x}\right)=\frac{u_{i,t+1}-u_{i,t}}{\Delta t} \tag{3-24}$$

在 Saulev 方案中，则采用下列两个方程

$$\frac{1}{\Delta x}\left(\frac{u_{i-1,t+1}-u_{i,t+1}}{\Delta x}-\frac{u_{i,t}-u_{i+1,t}}{\Delta x}\right)=\frac{u_{i,t+2}-u_{i,t}}{\Delta t} \tag{3-25}$$

$$\frac{1}{\Delta x}\left(\frac{u_{i-1,t+1}-u_{i,t+1}}{\Delta x}-\frac{u_{i,t+2}-u_{i+1,t+2}}{\Delta x}\right)=\frac{u_{i,t+2}-u_{i,t+1}}{\Delta t} \tag{3-26}$$

在 $t+1$ 时刻，显式方案方程(3-25)在一个方向上，例如，在 x 正方向逐点实现，而显式方程方案(3-26)则在 x 负方向逐点实现。应该注意的是，$u_{i-1,t+1}$ 及 $u_{i+1,t+2}$ 是已知的。例如，在固结情形下顶上和底面排水的孔隙水压力在任意时刻都是已知的。这种交替方向显式方案的收敛是无条件稳定的，且已用来求解岩土工程问题。

二、交替方向隐式（ADI）法

为了说明常用的交替方向隐式方案，现以平面直角坐标 x 和 y 表示抛物线形方程为例

$$C_{\mathrm{v}}\left(\frac{\partial^2 u}{\partial x^2}+\frac{\partial^2 u}{\partial y^2}\right)=\frac{\partial u}{\partial t} \tag{3-27}$$

式中　C_{v}—— 材料参数。

式(3-27)的简单隐式有限差分形式为

$$C[(\delta_x^2 u)_{i,j,t+1}+(\delta_y^2 u)_{i,j,t+1}]=\frac{u_{i,j,t+1}-u_{i,j,t}}{\Delta t} \tag{3-28}$$

其中
$$(\delta_x^2 u)_{i,j,t+1}=u_{i-1,j,t+1}-2u_{i,j,t+1}+u_{i+1,j,t+1}$$

这种方法是无条件稳定的。对于普通的点 i（见图 3-4），式(3-28)的展开式为

$$-\Delta T u_{i-1,j,t+1}-\Delta T u_{i,j-1,t+1}+(4\Delta T+1)u_{i,j,t+1}-\Delta T u_{i,j+1,t+1}-\Delta T u_{i+1,j,t+1}=u_{i,j,t} \tag{3-29}$$

方程(3-29)有 5 个未知数，且假如所有的节点的这种方程都已列出，则可得到一方程组，其系数矩阵为包含着 5 个具非零元素的对角线。可采用像高斯消去法和 Gauss Seidel 法那样的计算方案来求解这种方程。

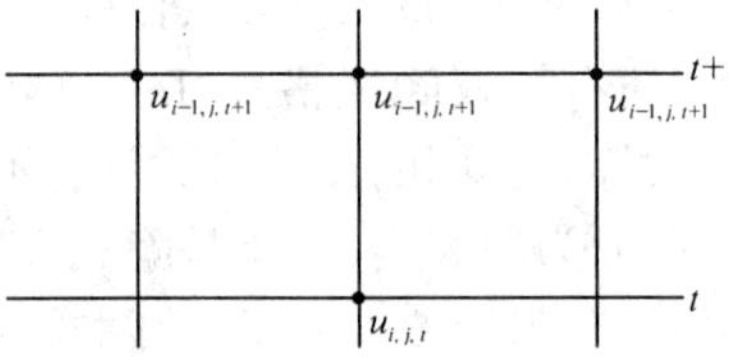

图 3-4　隐式法

交替方向隐式法是隐式法的一种改进。这种方法产生的系数矩阵是三对角线。它是用来代替像方程(3-29)所给出的五条对角线的。所以，这方法使方程适于用更经济、更有效的办法来求解。这种方法包括使用两个有限差分方程

$$(\delta_x^2\bar{u})_{i,j}+(\delta_y^2\bar{u})_{i,j,t}=\frac{\bar{u}_{i,j}-u_{i,j,t}}{\Delta t/2} \tag{3-30}$$

$$(\delta_x^2\bar{u})_{i,j}+(\delta_y^2\bar{u})_{i,j,t+1}=\frac{\bar{u}_{i,j,t+1}-\bar{u}_{i,j}}{\Delta t/2} \tag{3-31}$$

式中　$\bar{u}$——中间值或暂取值。

这些方程采用了半时间步长 $\Delta t/2$。我们可以看出方程(3-30)只在 x 方向为隐式,而方程(3-31)只在 y 方向为隐式。交替方向隐式方案已为各种不同的研究者所使用。它是无条件稳定的,牵涉到关于 $\Delta x=\Delta y$ 的离散误差 $O[(\Delta t)^2+(\Delta x)^2]$ 和 $\Delta x/\Delta y$ 的常数值。

从物理或数学观点来说,都不能预先知道交替方向隐式法或交替方向显式法较其他方法优越。对于一维空间坐标方程来说,Desai 和 Johnson 从定量分析中发现隐式法的性状比交替方向显式法稍好一点。然而,交替方向隐式方案所需的计算时间大约是交替方向显式方案的 5 倍。

第五节　边界条件

对于 n 阶方程,为了得到唯一解,需要有 n 个边界条件。假如在同样的位置,例如在 $x=x_0$ 处,n 个边界条件全都给定,那么问题就称为初值问题。假如在多于一个位置上指定边界条件,那么问题就称为边值问题。初值问题的一个例子是随时间变化的固结问题。边值问题的一个例子是轴向承载桩的静态变形。

边界条件常分为 Dirichlet 条件、Neumann 条件和混合边界条件。

(1)Dirichlet 条件。可表示为

$$u=g_1 \tag{3-32}$$

式中　u——变量;

g_1——在边界的一部分 B_1 上所指定的值。

对于固结问题来说,B_1 对应于层的顶部,g_1 对应于 u 的规定值。

(2)Neumann 条件。由

$$a\frac{\partial u}{\partial n}+b\frac{\partial u}{\partial s}=g_2 \tag{3-33}$$

给出,式中,a、b 为参数,而 n 和 s 分别表示边界 B_2 的法向和切向。没有水流透过的不透水层对应于 Neumann 条件。

(3)混合边界条件。此时,u 及其梯度在 B_3 上可规定为

$$a\frac{\partial u}{\partial n}+b\frac{\partial u}{\partial s}+cu=g_3 \tag{3-34}$$

在穿过坝的水流渗流问题中,坝上游的已知水头构成的是 Dirichlet 条件,无水流透过不透水基底条件为 Neumann 条件,无水流穿过自由面且水头等于自由面高程条件则为混合边界条件。

第四章　有限单元法

有限单元法是数值计算方法中发展较早、应用较广的一种方法。计算机尤其是大型高速计算机的应用，使有限单元法在解决实际工程问题中发挥着有效的作用。利用有限单元法，可以解决经典的传统的方法难以解决或无法求解的许多实际问题。

有限单元法实质上是变分法的一种特殊的有效形式，其基本思想是：把连续体离散化为一系列的邻接单元，每个单元内可以任意指定各种不同的力学形态，从而可以在一定程度上更好地模拟地质体的实际情况，特殊的节理元可以有效地模拟岩体中的结构面。

尽管有限单元法在解决复杂的工程地质问题中显示出了高效能，然而要获得成功的应用还取决于对地质体材料性质的认识程度，取决于能否正确地选定计算模型及在现场如何获得有关的计算参数。这几个问题解决好了，有限单元分析成果才可能正确合理。

在大多数情况下，岩土体材料应采用非线性模型，其中包括考虑岩体弹塑性、蠕变、不抗拉特性以及结构面性质的影响。目前，已有许多考虑岩土体非线性特征的有限单元分析的论著，特别是目前国内外关于岩土体本构模型的大量研究成果，为有限单元法计算模拟提供了方便。

第一节　有限单元法的基本原理

数值法都是以离散化原则为基础的，即把一个作为整体的复杂问题离散化为由若干个较小的等价单元体。有限单元法也是以此为基础的。

一、有限单元法的实施步骤

有限单元法实施的第一步是离散化，就是根据离散化原则把一个连续体分解为一组较小的等价连续体，这些较小的连续体就称为有限单元，分离单元的连线的交点称为节点。图 4-1 给出了一个简单的划分示例。

单元和节点是有限单元法中的两个基本元素，连续体内各部分的应力及位移通过节点相互传递。每一单元可以具有不同的物理特征，这样便可以得到在物理意义上与原来的连续体近似的模型。有限单元法的基本特征就是对所有单元进行逐个的分析和处理，指定每个单元的几何形状和物理力学特征。

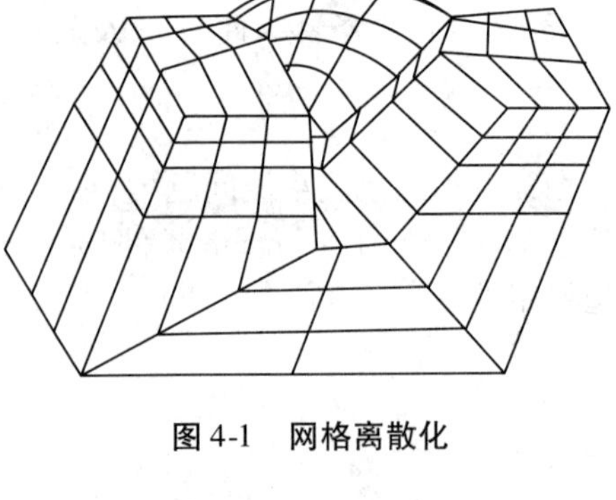

图 4-1　网格离散化

有限单元法的第二步是进行单元分析，即根据采用的单元类型，建立单元的位移—应变关系、应力—应变关系、力—位移的关系。在建立力和位移的关系中，应用虚功原理推导出它们之间的系数矩阵，即单元刚度矩阵。最后进行总体分析，将各单元的力和位移方程式联立求解，得到位移，然后求解应力。归纳起来，主要有以下几步：

（1）建立离散化的计算模型，包括以一定形式的单元进行离散化，按照求解问题的具体条件确定荷载及边界条件；

（2）建立单元的刚度矩阵；

（3）由单元刚度矩阵组集总体刚度矩阵，并建立系统的整体方程组；

（4）引入边界条件，解方程组，求得节点位移；

（5）求各单元的应变、应力及主应力。

二、位移模式与单元类型

在一般的有限单元法问题中，我们常以位移为未知数，称为位移法。在应用有限单元法时，需要事先假设一种位移解的形式。也就是假定位移是坐标的某种简单的函数，这种函数称为位移模式。这不仅是因为多项式的数学运算（微分和积分）比较方便，而且由于所有光滑函数的局部看来都可以用多项式逼近。至于多项式的项数和阶数的选择，则要考虑到单元的自由度和常数项、线性项。为保证解的收敛性，要求位移模式必须满足以下三条：

（1）位移模式必须能包含单元的刚体位移，即当节点位移是由某个刚体位移所引起时，弹性体内不会有应变。

（2）位移模式必须能包含单元的常应变，即与位置坐标无关的那部分应变。

（3）位移模式在单元内要连续，并使相邻单元间的位移必须协调。

同时，要求所选的位移模式与局部坐标系的方位无关，即具有几何各向同性。对于线性多项式，各向同性的要求通常就等价于必须包含常应变状态，对于高次模式，就是位移模式不应随局部坐标的更换而改变。对于常应变三角形单元，其位移模式十分简单。这里以常用的四边形等参数单元为例来讨论。

等参数单元的概念已普遍地用于有限单元公式中。“等参数”这个术语意味着单元的未知位移和几何形状有着共同的参数表述，其基本思想是，用同样的内插函数来表达单元的位移和几何形状。

如果把单元中点的位移表示为

$$\{\boldsymbol{u}\} = [\boldsymbol{N}]\{\boldsymbol{q}\} \tag{4-1}$$

在等参数概念中，用同样的函数 N 来表示单元中某点的坐标

$$\{\boldsymbol{x}\} = [\boldsymbol{N}]\{\boldsymbol{x}_n\} \tag{4-2}$$

式中，$\{\boldsymbol{x}\}^{\mathrm{T}} = [x, y]$，$\{\boldsymbol{x}_n\}^{\mathrm{T}} = [x_1, x_2, \cdots]$，由节点坐标所构成。

现以四个节点的四边形等参数单元为例（见图 4-2）。为了便于积分运算，采用了自然坐标系 $\eta \sim \xi$。这种局部坐标以四边形两对边中点连线为坐标轴，坐标原点为 0，单元节点的坐标值为 ±1。由此采用线性插值方法给出函数为

$$N_i = \frac{1}{4}(1 + \xi\xi_i)(1 + \eta\eta_i) \tag{4-3}$$

其中，ξ_i、η_i 为四边形各节点的局部坐标值，插值函数 N_i 在节点 i 处应等于 1，在其他节点

处应等于0。

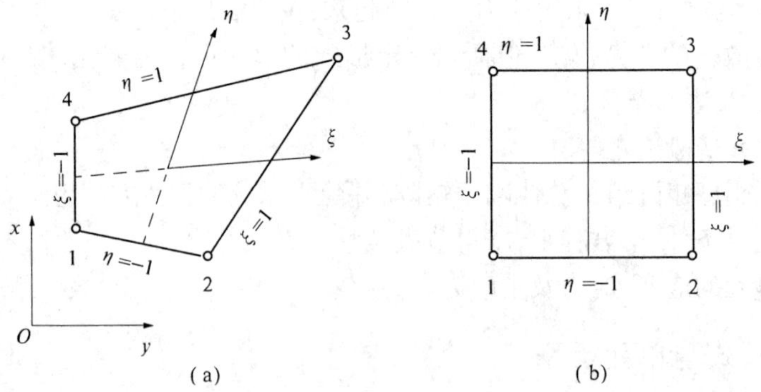

图4-2 任意四边形等参数单元

三、单元刚度矩阵的建立

对于二维应力—变形问题来说,单元上的每个节点有两个自由度,x 方向的位移 u 和 y 方向的位移 v,在矩阵记号中

$$\{\boldsymbol{u}\}^{\mathrm{T}}=[u,v] \tag{4-4}$$

用节点位移表示就可以写做

$$\{\boldsymbol{u}\}=\begin{bmatrix} N_1 & 0 & N_2 & 0 & N_3 & 0 & N_4 & 0 \\ 0 & N_1 & 0 & N_2 & 0 & N_3 & 0 & N_4 \end{bmatrix}\{\boldsymbol{q}\} \tag{4-5}$$

此处 N_i 由式(4-3)给出,而

$$\{\boldsymbol{q}\}^{\mathrm{T}}=[u_1 \quad v_1 \quad u_2 \quad v_2 \quad u_3 \quad v_3 \quad u_4 \quad v_4] \tag{4-6}$$

单元的几何形态可用同样的$[N]$表示为

$$\{\boldsymbol{x}\}=\{x \quad y\}^{\mathrm{T}}=\begin{bmatrix} [N] & [0] \\ [0] & [N] \end{bmatrix}\{\boldsymbol{x}_n\} \tag{4-7}$$

此处$\{\boldsymbol{x}_n\}^{\mathrm{T}}=[x_1 \quad x_2 \quad x_3 \quad x_4 \quad y_1 \quad y_2 \quad y_3 \quad y_4]$,在平面应变条件下的应变—位移关系为

$$\{\boldsymbol{\varepsilon}\}=\{\varepsilon_x \quad \varepsilon_y \quad \tau_{xy}\}^{\mathrm{T}}=\{\partial u/\partial x \quad \partial v/\partial y \quad \partial u/\partial y+\partial v/\partial x\}^{\mathrm{T}}=[\boldsymbol{B}]\{\boldsymbol{q}\} \tag{4-8}$$

式中$[B]$可由 N 的某种适当求导而得,即

$$[\boldsymbol{B}]=\begin{bmatrix} \frac{\partial N_1}{\partial x} & 0 & \frac{\partial N_2}{\partial x} & 0 & \frac{\partial N_3}{\partial x} & 0 & \frac{\partial N_4}{\partial x} & 0 \\ 0 & \frac{\partial N_1}{\partial y} & 0 & \frac{\partial N_2}{\partial y} & 0 & \frac{\partial N_3}{\partial y} & 0 & \frac{\partial N_4}{\partial y} \\ \frac{\partial N_1}{\partial y} & \frac{\partial N_1}{\partial x} & \frac{\partial N_2}{\partial y} & \frac{\partial N_2}{\partial x} & \frac{\partial N_3}{\partial y} & \frac{\partial N_3}{\partial x} & \frac{\partial N_4}{\partial y} & \frac{\partial N_4}{\partial x} \end{bmatrix}$$

$$=[[\boldsymbol{B}_1] \quad [\boldsymbol{B}_2] \quad [\boldsymbol{B}_3] \quad [\boldsymbol{B}_4]] \tag{4-9}$$

其中

$$[\boldsymbol{B}_i] = \begin{bmatrix} \frac{\partial N_i}{\partial x} & 0 \\ 0 & \frac{\partial N_i}{\partial y} \\ \frac{\partial N_i}{\partial y} & \frac{\partial N_i}{\partial x} \end{bmatrix} \tag{4-10}$$

下面使用变分法来推导单元的刚度矩阵。

位移的变分泛函系统的势能 II_P 可以表示为

$$II_P = \iiint_V \mathrm{d}u(u,v) - \iiint_V (\bar{X}u + \bar{Y}v)\,\mathrm{d}V - \iiint_{S_1} (\bar{T}_x u + \bar{T}_y v)\,\mathrm{d}S_1 \tag{4-11}$$

式中 $\mathrm{d}u(u,v)$——单位体积势能；

$\bar{X}$、$\bar{Y}$——规定的体积力分量，即物体的重量；

$\bar{T}_x$、$\bar{T}_y$——规定的表面牵引力；

V——单元体积；

S_1——有规定牵引力作用的曲面。

根据材料形状是线性的假设，利用弹性理论的结果，将 $\mathrm{d}u$ 表示为

$$\mathrm{d}u = \frac{1}{2}\{\boldsymbol{\varepsilon}\}^{\mathrm{T}}\{\boldsymbol{\sigma}\}\,\mathrm{d}V \tag{4-12}$$

此处，$\{\boldsymbol{\sigma}\} = \{\sigma_x \quad \sigma_y \quad \tau_{xy}\}^{\mathrm{T}}$ 为应力分量向量。

利用广义虎克定律，应力—应变关系是

$$\{\boldsymbol{\sigma}\} = [\boldsymbol{D}]\{\boldsymbol{\varepsilon}\} \tag{4-13}$$

式中 $[\boldsymbol{D}]$——应变—应变矩阵，对于各向同性线性弹性材料来说，它由一对参数构成，这对参数为杨氏模量 E 和泊松比 μ，或为体积模量 K 和剪切模量 G 或为拉梅常数 λ 和 $\boldsymbol{v}$。

考虑各向同性线弹性性状，式(4-11)变为

$$II_P = \frac{1}{2}\iiint_V (\{\boldsymbol{\varepsilon}\}^{\mathrm{T}}\{\boldsymbol{D}\}\{\boldsymbol{\varepsilon}\} - 2\{\boldsymbol{u}\}^{\mathrm{T}}\{\bar{\boldsymbol{x}}\})\,\mathrm{d}V - \iint_{S_1}\{\boldsymbol{u}\}^{\mathrm{T}}\{\bar{\boldsymbol{T}}\}\,\mathrm{d}S_1 \tag{4-14}$$

式中，$\{\bar{\boldsymbol{x}}\} = \{\bar{X} \quad \bar{Y} \quad \bar{Z}\}^{\mathrm{T}}$，$\{\bar{\boldsymbol{T}}\} = \{\bar{T}_x \quad \bar{T}_y \quad \bar{T}_z\}$ 分别是体积力和表面牵引力向量。

将式(4-8)代入式(4-14)得

$$II_P = \frac{1}{2}\iiint_V (\{\boldsymbol{q}\}^{\mathrm{T}}[\boldsymbol{B}]^{\mathrm{T}}[\boldsymbol{D}][\boldsymbol{B}]\{\boldsymbol{q}\} - 2\{\boldsymbol{q}\}^{\mathrm{T}}[\boldsymbol{N}]^{\mathrm{T}}\{\bar{x}\})\,\mathrm{d}V - \iint_{S_1}\{\boldsymbol{q}\}^{\mathrm{T}}[\boldsymbol{N}]^{\mathrm{T}}\{\bar{\boldsymbol{T}}\}\,\mathrm{d}S_1 \tag{4-15}$$

对节点位移取 II_P 得一级变分，以及引用最小势能原理，从而得到

$$\delta H_P = 0 \tag{4-16}$$

$$[\boldsymbol{K}]\{\boldsymbol{q}\} = \{\boldsymbol{Q}\} \tag{4-17}$$

式(4-17)对于图 4-2 所示的单元来说有

$$[\boldsymbol{K}] = h\int_{-1}^{+1}\int_{-1}^{+1}[\boldsymbol{B}]^{\mathrm{T}}[\boldsymbol{D}][\boldsymbol{B}]\,|J|\,\mathrm{d}s\mathrm{d}t \tag{4-18}$$

$$\{\boldsymbol{Q}\} = h\int_{-1}^{+1}\int_{-1}^{+1}[\boldsymbol{N}]^{\mathrm{T}}\{\bar{x}\}\ |J|\ \mathrm{d}s\mathrm{d}t + \int_{S_1}[\boldsymbol{N}]^{\mathrm{T}}\{\bar{\boldsymbol{x}}\}\mathrm{d}S_1 \tag{4-19}$$

式中　$|J|$——雅可比矩阵$[\boldsymbol{J}]$的行列式,导出整体坐标与局部坐标之间的关系。

$$\left\{\frac{\partial N_i}{\partial x}\right\}\left\{\frac{\partial N_i}{\partial x}\right\}^{\mathrm{T}} = [J]^{-1}\left\{\frac{\partial N_i}{\partial \xi}\right\}\left\{\frac{\partial N_i}{\partial \eta}\right\}^{\mathrm{T}} \quad (i=1,2,3,4) \tag{4-20}$$

$$[\boldsymbol{J}]^{-1} = \frac{1}{[\boldsymbol{J}]}\begin{vmatrix} \dfrac{\partial y}{\partial \eta} & -\dfrac{\partial y}{\partial \xi} \\ -\dfrac{\partial x}{\partial \xi} & -\dfrac{\partial x}{\partial \xi} \end{vmatrix}$$

$$[\boldsymbol{J}] = \begin{vmatrix} \dfrac{\partial x}{\partial \xi} & \dfrac{\partial y}{\partial \xi} \\ \dfrac{\partial x}{\partial \eta} & \dfrac{\partial y}{\partial \eta} \end{vmatrix} = \sum_{i=1}^{n}\sum_{j=1}^{n} x_i\left(\frac{\partial N_i}{\partial \xi}\frac{\partial N_j}{\partial \eta} - \frac{\partial N_i}{\partial \eta}\frac{\partial N_j}{\partial \xi}\right)y_i \tag{4-21}$$

h 为单元的等厚度常数。对平面应变情形来说,取 $h=1$,因此对于平面问题,图 4-2 给出的四边形等参数单元的刚度矩阵就可以写成

$$[\boldsymbol{K}]_4^e = \int_{-1}^{+1}\int_{-1}^{+1}[\boldsymbol{B}]^{\mathrm{T}}[\boldsymbol{D}][\boldsymbol{B}]\ |J|\ \mathrm{d}\xi\mathrm{d}\eta \tag{4-22}$$

上式的积分在程序中用高斯积分实现。

相同的推导,可以得到常应变三角形单元有

$$[\boldsymbol{K}]_3^e = \int[\boldsymbol{B}]^{\mathrm{T}}[\boldsymbol{D}][\boldsymbol{B}]\mathrm{d}V \tag{4-23}$$

对于$[\boldsymbol{D}]$及$[\boldsymbol{B}]$为常量的常应变三角形单元有

$$[\boldsymbol{K}]_3^e = [\boldsymbol{B}]^{\mathrm{T}}[\boldsymbol{D}][\boldsymbol{B}]\Delta \cdot t \tag{4-24}$$

式中　Δ——三角形单元面积;

　　t——单元厚度。

四、加权剩余法

如前所述,加权剩余法正在变得更为流行。在这种方法中,直接对所遵守的微分方程进行运算而不变分泛函。此外,剩余法可用于遵守非线性方程的问题。对于一维渗流方程,如图 4-3 所示:

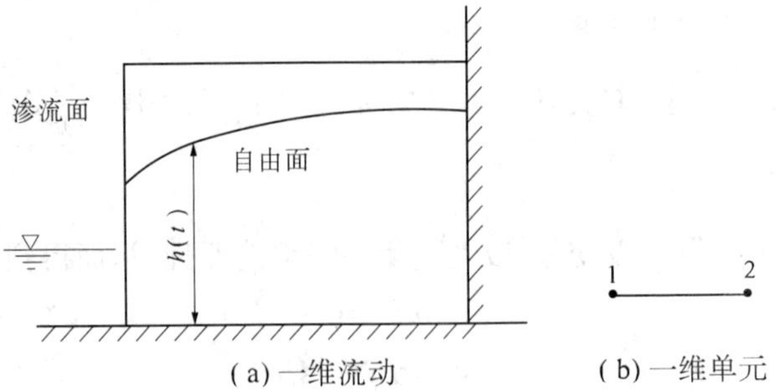

(a) 一维流动　　(b) 一维单元

图 4-3　理想化一维渗流

$$k_x\bar{h}(x,t)\frac{\partial^2 h}{\partial x^2}=n\frac{\partial h}{\partial t} \tag{4-25}$$

式中　h——自由表面的水头(高)；

n——有效孔隙率；

$\bar{h}$——平均水头。

当用 Galerkin 有限单元法来求解该方程时，方法如下：

在单元中，用 h' 来表示单元中的近似解

$$h' = \sum N_i(x_i)h_i(t) \tag{4-26}$$

式中　N_i——插入函数；

h_i——节点水头。

把 h' 代入到式(4-25)中去，就会有剩余

$$R=k_x\bar{h}(x,t)\frac{\partial^2 h'}{\partial x^2}-n\frac{\partial h'}{\partial t} \tag{4-27}$$

在剩余法中，R 的加权剩余等于零，可以使用许多不同的方法，例如配置法和 Galerkin 法，它们的区别就在于选择加权函数。在有限单元法的应用中，Galerkin 法是最常使用的方法，在这种方法中，插值函数 N_i 被用做加权函数，即

$$\int^{D} RN_i\mathrm{d}D = 0 \quad (i = 1,2,\cdots,r) \tag{4-28}$$

式中　D——流动区域；

r——自由度的数目。

把式(4-27)代入式(4-28)就得

$$\iint^{D}\left[k_x\bar{h}(x,t)\frac{\partial^2}{\partial x^2}-n\frac{\partial}{\partial t}\right]\sum_{i=1}^{r}(N_ih_i)N_{\mathrm{m}}\mathrm{d}D = 0 \tag{4-29}$$

这个方程得出的是 m 个联立线性方程。应用 Green 定理，即得

$$\iint^{D}\left[k_x\bar{h}(x,t)\frac{\partial N_{\mathrm{m}}}{\partial x}\sum_{1}^{r}\frac{\partial N_i}{\partial x}\right]\dot{h}_i\mathrm{d}D+\int^{D} nN_{\mathrm{m}}\sum_{1}^{r}(N_ih_i)\mathrm{d}D$$
$$-\int^{S} N_{\mathrm{m}}\left(k_x\sum_{1}^{r}\frac{\partial N_i}{\partial x}l_x\right)h_i\mathrm{d}S = 0 \tag{4-30}$$

式中　l_x——法向于边界 S 的方向余弦；

$\cdot$——对时间的微商。

组集方程(4-30)可得矩阵形式的方程为

$$[\boldsymbol{K}]\{\boldsymbol{h}\}+[\boldsymbol{P}]\{\dot{\boldsymbol{h}}\}=\{\boldsymbol{R}\} \tag{4-31}$$

此处 $K_{mi} = \sum_{1}^{M}\iint^{E}\left[k_x\bar{h}(x,t)\frac{\partial N_{\mathrm{m}}}{\partial x}\frac{\partial N_i}{\partial x}\right], P_{mi} = \sum_{1}^{M}\int^{E} N_{\mathrm{m}}N_i\mathrm{d}x, R_{\mathrm{m}} = -\sum_{1}^{M}\int N_{\mathrm{m}}\bar{q}\mathrm{d}S$

式中　$[\boldsymbol{K}]$——渗透性矩阵；

$[\boldsymbol{P}]$——孔隙给水性矩阵；

$\{\boldsymbol{R}\}$——力参数向量；

E——单元；

M——单元数目；

$\bar{q}$——作用流量。

上式中求和是对区域中所有单元来执行的。

第二节　节理单元

岩土体中存在着断层、节理、软弱夹层等不连续面。不连续岩体的有限单元分析，除考虑不连续面的强度和变形对岩体的影响外，还可将不连续面单独离散为单元，然后与岩体单元一起进行分析，这种单元称为节理单元。它的应力—应变关系不同于岩体，应加以研究，以建立节理单元的刚度矩阵。

一、平面节理单元

这种单元称为 Goodman 单元，如图 4-4 所示。假定位移沿节理单元长度方向呈线性变化，节理单元的应力和相对位移之间有如下关系：

$$\begin{Bmatrix} \tau_s \\ \sigma_n \end{Bmatrix} = \begin{bmatrix} K_s & 0 \\ 0 & K_n \end{bmatrix} \begin{Bmatrix} \Delta u_s \\ \Delta v_n \end{Bmatrix} \tag{4-32}$$

式中　τ_s、σ_n——法向应力和切向应力；

K_n、K_s——节理法向刚度及切向刚度；

Δu_s、Δv_n——单元两侧相对法向位移及切向位移。

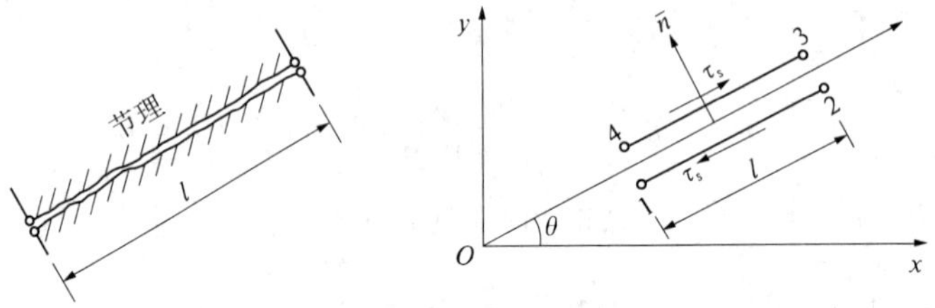

图 4-4　平面度节理单元

相应的单元节点力$\{F\}^e$与单元节点位移$\{\delta\}^e$在局部坐标系统 s—n 下有如下关系：

$$\{\boldsymbol{F}\}^e = [\boldsymbol{K}']^e\{\boldsymbol{\delta}\}^e \tag{4-33}$$

其中，$[\boldsymbol{K}']^e$ 是 8×8 对称阵，即

$$[\boldsymbol{K}']^e = \frac{tl}{6}\begin{bmatrix} 2K_s & & & & & & & \\ 0 & 2K_n & & & \text{对} & & & \\ K_s & 0 & 2K_s & & & & \text{称} & \\ 0 & K_n & 0 & 2K_n & & & & \\ -K_s & 0 & -2K_s & 0 & 2K_s & & & \\ 0 & -K_n & 0 & -2K_n & 0 & 2K_n & & \\ -2K_s & 0 & -2K_s & 0 & K_s & 0 & 2K_s & \\ 0 & -2K_n & 0 & K_n & 0 & K_n & 0 & 2K_n \end{bmatrix} \tag{4-34}$$

式中，t 是沿垂直平面的方向的节理宽度，取单宽为 1 时，在整体坐标系中$[\boldsymbol{K}']^e$ 转换为$[\boldsymbol{K}]^e$。

$$\left.\begin{aligned}&[\boldsymbol{K}]^e=[\boldsymbol{T}]^{\mathrm{T}}[\boldsymbol{K}']^e[\boldsymbol{T}]\\&[\boldsymbol{T}]=\lceil[\boldsymbol{T}_1][\boldsymbol{T}_1][\boldsymbol{T}_1][\boldsymbol{T}_1]\rfloor(\text{对角阵})\\&[\boldsymbol{T}_1]=\begin{bmatrix}\cos\theta & \sin\theta\\ -\sin\theta & \cos\theta\end{bmatrix}\end{aligned}\right\}\tag{4-35}$$

上述节理单元由于无厚度，可能发生上下“嵌入”现象，必须加以控制。上下节理面发生相对转角时，也会产生误差。对此，Goodman 单元又做出了修正：

$$\{\boldsymbol{\sigma}\}=\begin{Bmatrix}\tau_s\\ \sigma_n\\ M_0\end{Bmatrix}=\begin{bmatrix}K_s & 0 & 0\\ 0 & K_n & 0\\ 0 & 0 & K_w\end{bmatrix}\begin{Bmatrix}\Delta u_s\\ \Delta v_n\\ \Delta w\end{Bmatrix}\tag{4-36}$$

式中　$K_w=\frac{1}{4}l^3K_n$；

M_0——节理中点力矩；

Δw——相对转角，以节理 3—4 面逆时针转动为正。

此时局部坐标系中的单元刚度矩阵改为

$$[\boldsymbol{K}']^e=\frac{tl}{4}\begin{bmatrix}K_s & & & & & & & \\ 0 & 2K_n & & & \text{对} & & & \\ K_s & 0 & K_s & & & & \text{称} & \\ 0 & 0 & 0 & 2K_n & & & & \\ -K_s & 0 & -K_s & 0 & K_s & & & \\ 0 & 0 & 0 & -2K_n & 0 & 2K_n & & \\ -K_s & 0 & -K_s & 0 & K_s & 0 & K_s & \\ 0 & -2K_n & 0 & 0 & 0 & 0 & 0 & 2K_n\end{bmatrix}\tag{4-37}$$

二、变厚度节理单元

如图 4-5 所示，为一种六点变厚度节理单元，具有更广泛的适用性，可用于变厚度、等厚度及曲面节理。单元中的任一点位移及坐标可用下式表示

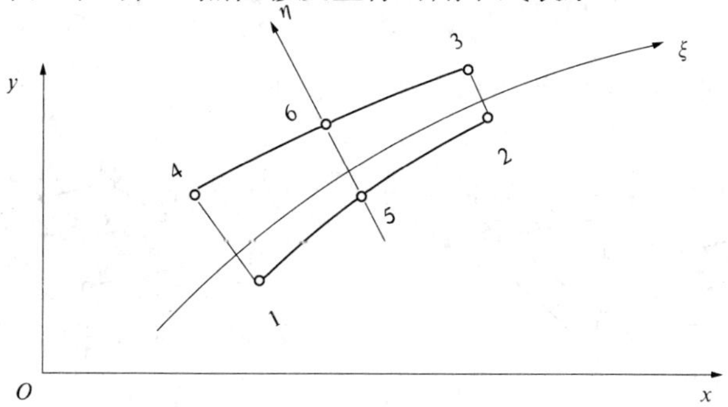

图 4-5　变厚度节理单元

$$\left.\begin{aligned}u = \sum_{i=1}^{6} N_i u_i \quad v = \sum_{i=1}^{6} N_i v_i \\ x = \sum_{i=1}^{6} N_i x_i \quad y = \sum_{i=1}^{6} N_i y_i\end{aligned}\right\} \tag{4-38}$$

式中　u_i、v_i、x_i、y_i——各节点的位移及坐标；

N_i——插值函数，由于单元狭长，在局部坐标 ξ 与 η 方向取为不同阶次。

$$\left.\begin{aligned}N_i &= \frac{1}{4}\xi\xi_i(1+\xi\xi_i)(1+\eta\eta_i) \quad (i=1,2,3,4) \\ N_i &= \frac{1}{2}(1-\xi^2)(1+\eta\eta_i) \quad (i=5,6)\end{aligned}\right\} \tag{4-39}$$

对于有一定厚度的节理，采用平面应变问题的本构关系，按平面等参元处理，其单元刚度为

$$[\boldsymbol{K}]^e = \int_{-1}^{1}\int_{-1}^{1}[\boldsymbol{B}]^{\mathrm{T}}[\boldsymbol{D}][\boldsymbol{B}]\det[\boldsymbol{J}]\mathrm{d}\xi\mathrm{d}\eta \tag{4-40}$$

由高斯积分算出，沿 ξ 方向取 3 点，η 方向取 2 点，$[\boldsymbol{B}]$ 为几何矩阵，$[\boldsymbol{D}]$ 为弹性矩阵，如为横观同性或正交各向异性材料，要注意材料局部坐标到整体坐标的转换。

还有人提出一种简单的接触—摩擦界面单元（或称约束单元）。它仅考虑节理面的约束和接触力，而不引入节理面的弹性刚度参数。

三、三维节理单元

图 4-6 给出了两种形式的等厚度三维节理单元。单元位移插值函数可表示为

$$u = \sum_{i=1}^{m} N_i u_i, v = \sum_{i=1}^{m} N_i v_i, w = \sum_{i=1}^{6} N_i w_i \tag{4-41}$$

如图 4-6(a) 所示单元，分别对上下面插值，$m=4$，N_i 可表示为

$$N_i = \frac{1}{4}\xi\xi_i(1+\xi\xi_i)(1+\eta\eta_i) \quad (i=1,2,3,4) \tag{4-42}$$

如图 4-6(b) 所示单元，分别对上下面插值，$m=8$，N_i 可表示为

$$\left.\begin{aligned}N_i &= \frac{1}{4}(1+\xi\xi_i)(1+\eta\eta_i)(\xi\xi_i+\eta\eta_i-1) \quad (i=1,2,3,4,(9,10,11,12)) \\ N_i &= \frac{1}{2}(1-\xi^2)(1+\eta\eta_i) \quad (i=5,7,(13,15)) \\ N_i &= \frac{1}{2}(1-\eta^2)(1+\xi\xi_i) \quad (i=6,8,(14,16))\end{aligned}\right\} \tag{4-43}$$

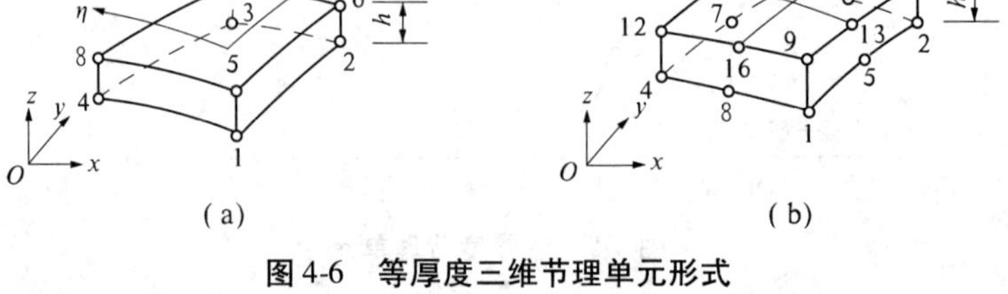

图 4-6　等厚度三维节理单元形式

单元上任一点(ξ,η)的坐标亦可由节点坐标求得

$$x = \sum_{i=1}^{m} N_i x_i, y = \sum_{i=1}^{m} N_i y_i, z = \sum_{i=1}^{6} N_i z_i \tag{4-44}$$

过该点作节理单元的切平面,建立局部坐标系 $x'y'z'$, z'为切平面的法线方向,则该点在局部坐标系中的应变分量(假定沿厚度即 hz'方向无变化)可表示为

$$\{\boldsymbol{\varepsilon}'\}^e = [\gamma'_{x'z'}\gamma'_{y'z'}\varepsilon'_{z'}]^{\mathrm{T}} = \frac{1}{h}[\Delta u'\Delta v'\Delta w']^{\mathrm{T}} = \frac{1}{h}[\boldsymbol{L}][\boldsymbol{B}_0]\{\boldsymbol{\delta}\}^e \tag{4-45}$$

$$[\boldsymbol{B}_0] = [-N_1\boldsymbol{I}, -N_2\boldsymbol{I}, \cdots, -N_{\mathrm{m}}\boldsymbol{I}, N_1\boldsymbol{I}, N_2\boldsymbol{I}, \cdots, N_{\mathrm{m}}\boldsymbol{I}] \tag{4-46}$$

式中 $\{\delta\}^{\mathrm{e}}$——整体坐标系中的节点位移;

$[\boldsymbol{I}]$——3×3 单位矩阵;

$[\boldsymbol{L}]$——整体坐标到局部坐标的转换矩阵,且

$$[\boldsymbol{L}] = \begin{bmatrix} l_1 & m_1 & n_1 \\ l_2 & m_2 & n_2 \\ l_3 & m_3 & n_3 \end{bmatrix} \tag{4-47}$$

该点在局部坐标系中的应力量可表示为

$$\{\boldsymbol{\sigma}'\}^e = [\tau'_{x'z'} \quad \tau'_{y'z'} \quad \sigma'_{\tau}]^{\mathrm{T}} = [\boldsymbol{D}']\{\boldsymbol{\varepsilon}'\}^e + \{\boldsymbol{\sigma}'_0\}_e \tag{4-48}$$

式中 $\{\boldsymbol{\sigma}'_0\}^{\mathrm{e}}$——该点初始应力;

$[\boldsymbol{D}']$——局部坐标系中弹性矩阵:

$$[\boldsymbol{D}'] = \begin{bmatrix} K_{\mathrm{s}x'} & 0 & 0 \\ 0 & K_{\mathrm{s}y'} & 0 \\ 0 & 0 & K_{\mathrm{n}} \end{bmatrix} \tag{4-49}$$

其中 $K_{\mathrm{s}x'}$、$K_{\mathrm{s}y'}$、K_{n} 分别为节理面沿切平面 x'、y'方向的剪切刚度及沿 z'方向的法向刚度。

单元刚度矩阵由下式给出

$$\begin{aligned}[\boldsymbol{K}]^e &= \int_V [\boldsymbol{B}]^{\mathrm{T}}[\boldsymbol{D}][\boldsymbol{B}]\mathrm{d}V = \int_V [\boldsymbol{B}']^{\mathrm{T}}[\boldsymbol{L}][\boldsymbol{L}]^{\mathrm{T}}[\boldsymbol{D}'][\boldsymbol{L}][\boldsymbol{L}']^{\mathrm{T}}[\boldsymbol{B}']\mathrm{d}V \\ &= \int_V [\boldsymbol{B}']^{\mathrm{T}}[\boldsymbol{D}'][\boldsymbol{B}']\mathrm{d}V = h\int_1^{-1}\int_1^{-1}[\boldsymbol{B}']^{\mathrm{T}}[\boldsymbol{D}'][\boldsymbol{B}']\det[\boldsymbol{J}]\mathrm{d}\xi\mathrm{d}\eta \end{aligned} \tag{4-50}$$

式中

$$\det[\boldsymbol{J}] = \sqrt{E_\xi E_\eta - E_{\xi\eta}^2}$$

其中

$$\left.\begin{aligned} E_\xi &= \left(\frac{\partial x}{\partial \xi}\right)^2 + \left(\frac{\partial y}{\partial \xi}\right)^2 + \left(\frac{\partial z}{\partial \xi}\right)^2 \\ E_\eta &= \left(\frac{\partial x}{\partial \eta}\right)^2 + \left(\frac{\partial y}{\partial \eta}\right)^2 + \left(\frac{\partial z}{\partial \eta}\right)^2 \\ E_{\xi\eta} &= \frac{\partial x \partial x}{\partial \xi \partial \eta} + \frac{\partial y \partial y}{\partial \xi \partial \eta} + \frac{\partial z \partial z}{\partial \xi \partial \eta} \end{aligned}\right\} \tag{4-51}$$

$[\boldsymbol{L}]$矩阵中的元素由以下各式给出

$$
\left.\begin{aligned}
&l_3 = \frac{\left(\dfrac{\partial y \partial z}{\partial \xi \partial \eta} - \dfrac{\partial z \partial y}{\partial \xi \partial \eta}\right)}{A_3} = \frac{\Delta_1}{A_3} \\
&m_3 = \frac{\left(\dfrac{\partial z \partial x}{\partial \xi \partial \eta} - \dfrac{\partial x \partial z}{\partial \xi \partial \eta}\right)}{A_3} = \frac{\Delta_2}{A_3} \\
&n_3 = \frac{\left(\dfrac{\partial x \partial y}{\partial \xi \partial \eta} - \dfrac{\partial y \partial x}{\partial \xi \partial \eta}\right)}{A_3} = \frac{\Delta_3}{A_3} \\
&A_3 = \sqrt{\Delta_1^2 + \Delta_2^2 + \Delta_3^2} \\
&l_2 = 0, m_2 = \frac{n_3}{\sqrt{m_3^2 + n_3^2}}, n_2 = -\frac{m_3}{\sqrt{m_3^2 + n_3^2}} \\
&l_1 = \frac{\delta_1}{A_1}, m_1 = \frac{\delta_2}{A_1}, n_1 = \frac{\delta_3}{A_1} \\
&\delta_1 = m_2 n_3 - m_3 n_2, \delta_2 = n_2 l_3 - n_3 l_2, \delta_3 = l_2 m_3 - l_3 m_2 \\
&A_1 = \sqrt{\delta_1^2 + \delta_2^2 + \delta_3^2}
\end{aligned}\right\} \tag{4-52}
$$

应用上述二维或三维节理单元,可以方便地模拟岩体的节理、裂隙及软弱夹层等构造面。

第三节　非线性问题的有限单元法求解

岩土工程问题绝大部分是非线性问题,从第二章的岩土介质本构关系可以看出:应力—应变关系呈非线性性态,即使应力比较小的时候也是如此,只有在坚硬完整的岩石中才能近似地认为应力—应变关系符合线性关系,因此非线性算法是有限元解题步骤中非常重要的一步。

求解非线性问题的方法可分为三类:增量法、迭代法和混合法。增量法是将荷载划分为许多增量,每次施加一个荷载增量。在一个荷载增量中,假定刚度矩阵是常数。迭代法在每次迭代过程中都施加全部荷载,但逐步修改位移和应变,使之满足非线性的应力—应变关系。混合法同时采用了增量法和迭代法,即荷载也划分为若干增量,而对每一个荷载增量进行迭代计算。本节仅介绍材料非线性问题的增量法和迭代法。

一、增量法

分段线性化的增量法如图 4-7 所示。把总荷载$\{P\}$化为若干增量段$\{\Delta P\}$,逐级施加进行求解。有限元增量方程为

$$[K_{i-1}]\{\Delta u_i\} = \{\Delta P_i\} \tag{4-53}$$

总位移为

$$\{u\} = \{u_0\} + \sum_{i=1}^{n} \{\Delta u_i\}$$

总荷载为 $$\{P\} = \{P_0\} + \sum_{i=1}^{n}\{\Delta P_i\}$$

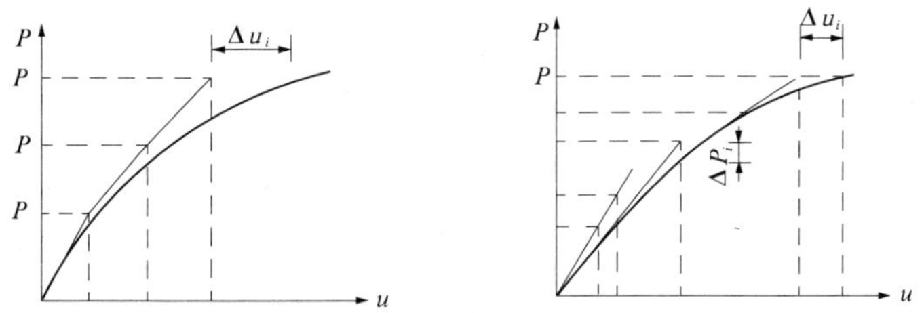

图 4-7　增量法原理

总误差为各级增量段误差的累积。为减少误差，可采用所谓“一阶自校修正法”，即在每一级增量之后，考虑荷载一修正项 $\Delta P'_{i-1}$，增量方程变为

$$[K_{i-1}]\{\Delta u_i\} = \{\Delta P_i\} + \{\Delta P'_{i-1}\} \tag{4-54}$$

增量法是变刚度法，即每增加一次荷载，修正一次刚度阵，但第 i 段加载是用 $i-1$ 段的刚度阵，故称始点刚度法。还有用中点刚度法来减少误差的，即在第 i 段先加 $1/2\{\Delta P_i\}$，求得 $\{\Delta u_{i-1/2}\}$。

$$[K_{i-1}]\{\Delta u_{i-1/2}\} = \frac{1}{2}\{\Delta P_i\} \tag{4-55}$$

则 $i-\dfrac{1}{2}$ 段的位移为

$$\{u_{i-1/2}\} = \{u_{i-1}\} + \{\Delta u_{i-1/2}\} \tag{4-56}$$

由 $P \sim u$ 曲线可求得 $[K_{i-1/2}]$，则第 i 段有

$$[K_{i-1/2}]\{\Delta u_i\} = \{\Delta P_i\} \tag{4-57}$$

增量法的优点是适用范围广，但计算容易漂移，误差较大。

二、迭代法

迭代法又称牛顿法，这种方法的特点是全部荷载一次施加，逐步调整位移进行迭代，最终使方程得到满足。迭代法又常采用以下几种方法进行计算。

（一）牛顿法

由非线性方程 $[K(u)]\{\Delta u\} = \{P\}$ 出发，从初始刚度 $[K_0]$ 求得位移 $\{\Delta u_1\}$。

$$\{\Delta u_1\} = [K_0]^{-1}\{P\} \tag{4-58}$$

由 $\{\Delta u_1\}$ 求得 $\{u_1\}$，由 $\{u_1\}$ 从 $P \sim u$ 曲线上求得割线刚度 $[K_0]$，再由 $[K(u_1)]\{\Delta u\} = P$ 求得 $\{\Delta u\}$ 的第二次值 $\{\Delta u_2\}$（注意用割线刚度求得的 $\{\Delta u\}$ 即为 $P \sim u$ 平面的 $\{\Delta u\}$），如此重复计算，直到 $\{\Delta u_1\}$ 与 $\{\Delta u_{i-1}\}$ 充分接近，使得 $\{\Delta u_1\} - \{\Delta u_{i-1}\} = \varepsilon_{\Delta u} \leqslant [\varepsilon]$，即给定精度为止。这一过程可由图 4-8(a) 表示。这种方法收敛较快，但每一次迭代都要形成新刚度矩阵，计算量较大。

（二）修正牛顿法

对上述方法的一种修正是每一迭代步骤均采用初始刚度 $[K_0]$，迭代方程可写为

$$[K_0]\{\Delta u_i\} = \{P\} - \{P_{i-1}\}$$

$$\{u_i\} = \{u_{i-1}\}\{\Delta u_i\} \tag{4-59}$$

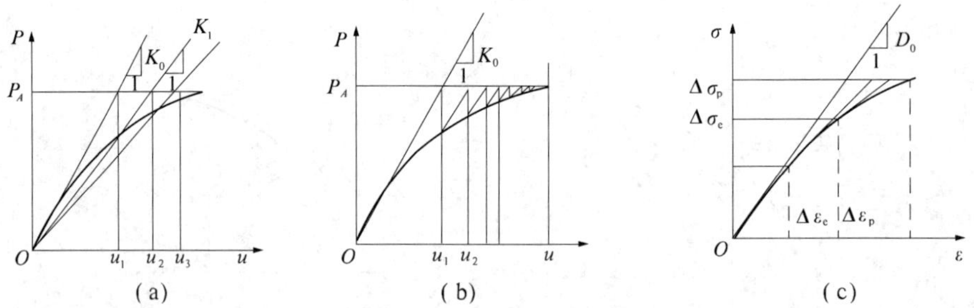

图 4-8 迭代法原理

收敛准则为$|u_i - u_{i-1}| \leqslant [\varepsilon]$。由图 4-8(b)不难理解这种方法的迭代计算过程。这种方法迭代次数较多,但因省去了重新计算刚度矩阵的时间。速度比一般牛顿法还要快一些。

(三)初应力法

若某些弹性系统具有已知初应力$\{\sigma_0\}$,则该系统的有限元基本方程

$$\{\boldsymbol{\sigma}\} = \{\boldsymbol{\sigma}_e\} + \{\boldsymbol{\sigma}_0\} \tag{4-60}$$

用最小势能原理或虚功原理可导出这种系统的有限元基本方程

$$[K]\{u\} = \{P\} + \{\Delta P_0\} \tag{4-61}$$

其中

$$\{\Delta P_0\} = -\sum_e \int_{V_e} [B]^{\mathrm{T}} \{\boldsymbol{\sigma}_0\} \mathrm{d}V_e \tag{4-62}$$

$\{\Delta P_0\}$是由初应力$\{\boldsymbol{\sigma}_0\}$引起的节点荷载修正项,积分是对单元的面积(二维)或体积(三维),求和是对所有单元。

弹塑性问题的应力增量表达式(见图 4-8(c))为

$$\{\mathrm{d}\boldsymbol{\sigma}\} = ([D_e] - [D_p])\{\mathrm{d}\boldsymbol{\varepsilon}\} = \{\mathrm{d}\boldsymbol{\sigma}_e\} - \{\mathrm{d}\boldsymbol{\sigma}_p\} \tag{4-63}$$

其有限元基本方程可写成与式(4-61)类似的形式

$$[K]\{\mathrm{d}u_i\} = \{\mathrm{d}P_i\} + \{\mathrm{d}P_i'\} \tag{4-64}$$

其中

$$\{\mathrm{d}P_i'\} = \sum_e \int_{V_e} [B]^{\mathrm{T}} \{\mathrm{d}\boldsymbol{\sigma}_p\} \mathrm{d}V$$

比较上述两个系统的相对应方程的形式,可知非线性的弹塑性问题可借助于具有初应力的弹性系统求解方式来求解,因此称为初应力乏。但在弹性系统中,$\{\boldsymbol{\sigma}_0\}$为已知,可直接积分求$\{\Delta P_0\}$,代入式(4-60)求解;而$\{\mathrm{d}\boldsymbol{\sigma}_p\}$与加载历史和当前应力状态有关,也即$\{\mathrm{d}P_i'\}$与位移有关,故必须进行迭代求解。对每一增量$\{\Delta P_i\}$,其迭代方式通过采用前面提出的修正牛顿法。

初应力法求解过程可按下列步骤进行:

(1)确定荷载增量段$\{\Delta P\}$,逐级按式(4-63)求解,初始阶段为弹性阶段,故$\{\Delta\boldsymbol{\sigma}_p\}$为零,即有$\{\Delta P_i'\}=0$,直接求解$[K]\{\Delta u_i\} = \{\Delta P_i\}$即可。

(2)得到$\{\Delta u_i\}$后计算各单元$\{\Delta\boldsymbol{\sigma}\}$和当前应力$\{\boldsymbol{\sigma}\}$。

$$\{\Delta\boldsymbol{\varepsilon}_i\}_j = [B]\{\Delta u_i\}_j, \{\Delta\boldsymbol{\sigma}_i\}_j = [D]\{\Delta\boldsymbol{\varepsilon}_i\}_j, \{\Delta\boldsymbol{\sigma}_i\}_j = \{\boldsymbol{\sigma}_i\}_{j-1}\{\Delta\boldsymbol{\sigma}_i\}_j$$

(3)由各单元应力计算屈服函数 F,判别单元是否屈服及加、卸载条件。对于处在加载条件下的塑性单元,计算应力修正项并修正应力。

$$\{\Delta\sigma_{ip}\}_j = [D_{ip}]\{\Delta\varepsilon_i\}_j$$

$$\{\sigma_i'\}_j = \{\sigma_i\}_j - \{\Delta\sigma_{ip}\}_j$$

屈服函数取决于材料的本构模型,塑性矩阵及加、卸载条件可查阅第二章或弹塑性力学及岩石力学等有关论述。

(4)对塑性单元,由修正项 $\{\Delta\sigma_{ip}\}_j$ 按式(4-64)计算等效节点力,对所有塑性单元的等效节点力按节点号相叠加构成总的修正荷载矢量 $\{\Delta P_i'\}_j$。

(5)在 $\{\Delta P_i'\}_j$ 的作用下进行下一次迭代运算,此时基本方程为

$$[K]\{\Delta u_i\}_j = \{\Delta P_i'\}_j$$

(6)重复进行步骤(2)~(5)的计算,直到各塑性单元收敛至所要求的精度(两次迭代应力误差小于规定值)。

(7)施加下一级荷载增量 $\{\Delta P_{i+1}\}$,进行步骤(1)~(6)的运算,直到全部荷载增量施加完毕。

为了加快收敛速度,可采用常刚度和变刚度相结合的方法及采用收敛因子的方法。例如,用莫尔-库仑屈服准则时

$$aI_1 + \sqrt{J_2} - K = 0 \tag{4-65}$$

可设 δ 为收敛因子

$$A = \frac{K}{aI_1 + \sqrt{J_2}} = \frac{K}{F + K}, \delta = 1 - A \tag{4-66}$$

每次迭代中塑性单元的应力及等效节点力可按下式计算

$$\{\sigma_i\}_j = \{\sigma_i\}_{j-1} + (1+\delta)\{\Delta\sigma_p\}_j \tag{4-67}$$

$$\{\Delta P_i'\}_j = (1+\delta)\sum_e \int_{V_e} [B]^T \{\Delta\sigma_p\}_j dV \tag{4-68}$$

实际计算表明,采用这种方法可以明显加快迭代收敛速度。

下面讨论构造节理的非线性求解问题。一般节理的本构关系如图 4-9 所示。

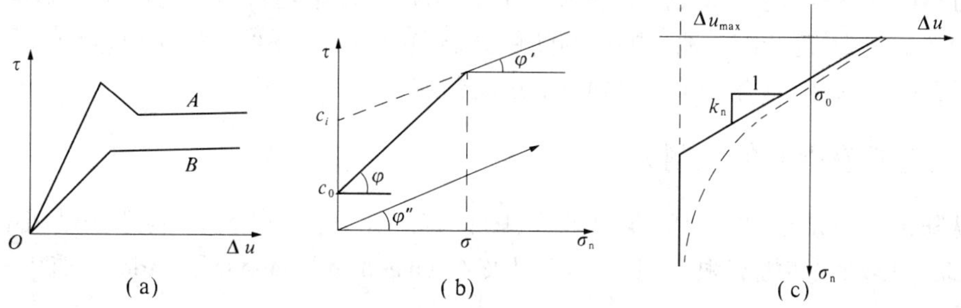

图 4-9 节理本构关系及强度曲线

节理初始抗剪强度条件(屈服准则)为

$$F = |\tau_s| - c - (-\sigma_n)\tan\varphi \tag{4-69}$$

残余抗剪强度条件(屈服准则)为

$$F' = |\tau_s| - (-\sigma_n)\tan\varphi' \tag{4-70}$$

式中　$-\sigma_n$——法向压应力；

c、φ——节理初始黏聚力和摩擦角；

φ'——残余摩擦角。

法向受压时节理特征如图 4-9(c)所示，当节理压缩至最大闭合度(v_{max})时，法向刚度将趋于无穷。

由式(4-69)和式(4-70)可导出节理剪切滑移的弹塑性矩阵，即

$$[\boldsymbol{D}_{ep}] = [\boldsymbol{D}_e] - [\boldsymbol{D}_p]$$

式中

$$[\boldsymbol{D}_e] = \begin{bmatrix} D_{11} & 0 \\ 0 & D_{22} \end{bmatrix} \quad [\boldsymbol{D}_p] = \frac{1}{S_0}\begin{bmatrix} D_{11}^2 & D_{11}S_1 \\ D_{11}S_1 & S_1^2 \end{bmatrix}$$

$$S_0 = D_{11} + D_{22}\tan^2\varphi \qquad S_1 = D_{22}\tan^2\varphi$$

其中，D_{11}、D_{22}可取为节理刚度系数 K_s、K_n。

由于剪切滑移模型图 4-9(a)与塑性软化(A)或理想弹塑性(B)类似，因此也可以用上述处理非线性问题的方法来分析，但要考虑节理受拉开裂全部 σ_n 与 τ 变为零及受压时最大法向位移不能超过 v_{max} 的特点。这样，节理非线性的相应初始应力应分别考虑为

$$\left.\begin{aligned} &\text{节理滑移} && \{\Delta\sigma_p\} = [D_p]\{\Delta u\} \\ &\text{节理受拉} && \{\Delta\sigma_p\} = \{\Delta\sigma\} = [\tau_s \quad \sigma_n]^T \\ &\text{节理受压闭合} && \{\Delta\sigma_p\} = [D]\{\Delta u - \Delta v_{max}\} \end{aligned}\right\} \tag{4-71}$$

则

$$\{\sigma_i'\}_j = \{\sigma_i\}_j - \{\Delta\sigma_p\}_j$$

这样，节理单元的非线性问题可与其他岩体一起，用初应力法进行计算。

第四节　随机有限元分析

自 20 世纪 80 年代以来，随机有限元法已在工程结构可靠性、安全性分析领域以及在各种随机激励下结构响应变异研究领域中得到应用，如应用于大型水利工程的重力坝、拱坝的可靠度计算，应用于非线性瞬态响应分析，结构振动中随机阻尼对响应的影响，结构分析的随机识别，复杂结构地震响应的随机分析和两相动力系统的随机模拟，等等。随着理论研究的深入，随机有限元将得到更加广泛的应用。

一、随机有限元的控制方程

从随机有限元控制方程的获得来看，随机有限元可分为 Taylor 展开法随机有限元(TSFEM)、摄动法随机有限元(PSFEM)以及 Neumann 展开 Monte – Carlo 法随机有限元(NSFEM)。

(一)Taylor 展开法随机有限元

Taylor 展开法随机有限元的基本思路是将有限元格式中的控制量在随机变量均值点处进行 Taylor 级数展开(取一阶或二阶)，经过适当的数学处理得出所需的计算方程式。有限元静力分析控制方程的矩阵形式为：

$$\boldsymbol{KU}=\boldsymbol{F} \tag{4-72}$$

式中 $\boldsymbol{U}$——位移矩阵；

$\boldsymbol{F}$——等效节点荷载列阵；

$\boldsymbol{K}$——整体刚度矩阵。

$$K = \sum \iiint_{\Omega e} \boldsymbol{B}^{\mathrm{T}}\boldsymbol{DB}\mathrm{d}v \tag{4-73}$$

式中 $\boldsymbol{B}$——形变矩阵；

$\boldsymbol{D}$——材料弹性矩阵。

在计算出节点位移 U 后，即由下式求得应力列阵 $\boldsymbol{\sigma}$

$$\boldsymbol{\sigma}=\boldsymbol{DBU} \tag{4-74}$$

设基本随机变量为 $\boldsymbol{X}=(X_1,X_2,\cdots,X_n)^{\mathrm{T}}$，将位移 U 在均值点 $\overline{\boldsymbol{X}}=(\overline{X}_1,\overline{X}_2,\cdots,\overline{X}_n)^{\mathrm{T}}$ 处一阶 Taylor 级数展开，并在两边同时取均值（数学期望），得

$$E[\boldsymbol{U}] \approx U(\overline{\boldsymbol{X}}) = \overline{\boldsymbol{K}}^{-1}\overline{\boldsymbol{F}} \tag{4-75}$$

式中，符号 $E[\cdot]$ 表示求均值，任一结点位移 U 的方差可由下式计算：

$$\mathrm{var}[\boldsymbol{U}] \approx \sum_{i=1}^{n}\sum_{j=1}^{n} \left.\frac{\partial U}{\partial X_i}\right|_{X=\overline{X}} \cdot \left.\frac{\partial U}{\partial X_j}\right|_{X=\overline{X}} \mathrm{cov}(X_i,X_j) \tag{4-76}$$

式中 $\mathrm{var}[\cdot]$——求方差；

$\mathrm{cov}(X_i,X_j)$——X_i 和 X_j 的协方差。

其中

$$\frac{\partial U}{\partial X_i}=K^{-1}\left(\frac{\partial F}{\partial X_i}-\frac{\partial K}{\partial X_i}U\right) \tag{4-77}$$

$$\frac{\partial \sigma}{\partial X_i}=\frac{\partial D}{\partial X_i}BU+DB\frac{\partial U}{\partial X_i} \tag{4-78}$$

同样，将 $\boldsymbol{\sigma}$ 在均值点处 Taylor 展开，也有与上面类似的表达式。可见，TSFEM 关键在于对有限元方程式直接进行偏微分计算，计算出有限元输出量对随机变量的梯度，故该法也称直接偏微分法或梯度分析法。

由于一阶 TSFEM 只需一次形成刚度矩阵，也只需一次求刚度矩阵的逆，因此效率较高。但由于忽略了二阶以上的高次项，使 TSFEM 对随机变量的变异性有所限制。一般要求一阶 TSFEM 随机变量的变异系数小于 0.3。如果随机变量的变异系数较大，可以采用有限元控制方程的二阶 Taylor 展开：

$$\frac{\partial^2 U}{\partial X_i \partial X_j}=K^{-1}\left(\frac{\partial^2 F}{\partial X_i \partial X_j}-\frac{\partial K}{\partial X_i}\frac{\partial U}{\partial X_j}-\frac{\partial K}{\partial X_j}\frac{\partial U}{\partial X_i}-\frac{\partial^2 K}{\partial X_i \partial X_j}U\right) \tag{4-79}$$

$$\frac{\partial^2 \sigma}{\partial X_i \partial X_j}=\frac{\partial^2 D}{\partial X_i \partial X_j}BU+\frac{\partial D}{\partial X_i}B\frac{\partial U}{\partial X_j}+\frac{\partial D}{\partial X_j}B\frac{\partial U}{\partial X_i}+DB\frac{\partial^2 U}{\partial X_i \partial X_j} \tag{4-80}$$

由上式可见，二阶 TSFEM 可以放宽随机变量变异性大小的限制，但随机变量数目较多时，计算量将十分庞大，而且一阶或二阶 TSFEM 均无法计算响应量三阶以上的统计特性。由于 TSFEM 简单明了、效率高，为我国许多学者所采用。

（二）摄动法随机有限元

摄动技术最初被用于非线性力学分析。Handa 等成功地将一阶、二阶摄动技术用于随机问题，给出摄动法有限元列式。该法假定基本随机变量在均值点处产生微小摄动，利

用 Taylor 级数把随机变量表示为确定部分和由摄动引起的随机部分,从而将有限元控制方程(非线性的)转化为一组线性的递推方程,求解得出位移的统计特性,进而求出应力的统计特性。

假设 α_i 为随机变量 X_i 在均值点 $\overline{X}_i$ 处的微小摄动量,即 $\alpha_i = X_i - \overline{X}_i$,于是

$$K \approx K_0 + \sum_{i=1}^{n} \alpha_i \frac{\partial K}{\partial \alpha_i} + \frac{1}{2}\sum_{i,j=1}^{n} \alpha_i \alpha_j \frac{\partial^2 K}{\partial \alpha_i \partial \alpha_j} \tag{4-81}$$

对于 U、F,也有类似上式 K 的表达式,式中:K_0、U_0、F_0 分别为 K、U、F 在随机变量均值点的值。根据二阶摄动法,可得

$$U_0 = K_0^{-1} F_0 \tag{4-82}$$

$$\frac{\partial U}{\partial \alpha_i} = K_0^{-1}\left(\frac{\partial F}{\partial \alpha_i} - U_0 \frac{\partial K}{\partial \alpha_i}\right) \tag{4-83}$$

$$\frac{\partial^2 U}{\partial \alpha_i \partial \alpha_j} = K_0^{-1}\left(\frac{\partial^2 F}{\partial \alpha_i \partial \alpha_j} - U_0 \frac{\partial^2 K}{\partial \alpha_i \partial \alpha_j} - \frac{\partial U}{\partial \alpha_i}\frac{\partial K}{\partial \alpha_j} - \frac{\partial K}{\partial \alpha_i}\frac{\partial U}{\partial \alpha_j}\right) \tag{4-84}$$

由上式可得位移的均值和协方差:

$$E[U] \approx \overline{U} + \frac{1}{2}\sum_{i=1}^{n}\sum_{j=1}^{n} U''_{ij}\mathrm{cov}(\alpha_i, \alpha_j) \tag{4-85}$$

$$\begin{aligned}\mathrm{cov}[\boldsymbol{U}] \approx & \sum_{i=1}^{n}\sum_{j=1}^{n} U'_i U'_j \mathrm{cov}(\alpha_i, \alpha_j) + \sum_{i=1}^{n}\sum_{j=1}^{n}\sum_{k=1}^{n} U'_i U''_{jk}\mathrm{E}(\alpha_i \alpha_j \alpha_k) + \\ & \sum_{i=1}^{n}\sum_{j=1}^{n}\sum_{k=1}^{n}\sum_{l=1}^{n} U''_{ij}U''_{kl}[\mathrm{E}(\alpha_i\alpha_j)\mathrm{E}(\alpha_k\alpha_l) + \mathrm{E}(\alpha_i\alpha_k)\mathrm{E}(\alpha_j\alpha_l)]\end{aligned} \tag{4-86}$$

由于任何量的随机性都可以引入摄动量,而且更易于考虑非线性问题,因此 PSFEM 适用范围较广,对于结构几何特性的随机性(包括随机边界问题)易得出随机有限元控制方程。一阶 PSFEM 和一阶 TSFEM 一样,只需一次形成刚度矩阵、一次对刚度矩阵求逆,计算效率较高。但 PSFEM 需以微小的摄动量为条件,一般应小于均值的 20% 或 30% 。

(三) Neumann 展开 Monte – Carlo 法随机有限元

20 世纪 80 年代后期,Shinozuka 等提出了基于 Neumann 展开式的随机有限元法,使 Monte – Carlo 法与有限元法较完美地结合起来。Monte – Carlo 法是最直观、最精确、获取信息最多、对非线性问题最有效的计算统计方法。Neumann 展开式的引入是为了解决矩阵求逆的效率问题。如果对每一次随机抽样,只需形成刚度矩阵,进行前代、回代以及矩阵乘和矩阵加减,而无须进行矩阵分解,则可大大减少工作量。

在一般有限元控制方程 $KU = F$ 中,假定荷载 F 为确定值,在随机变量波动值的影响下刚度矩阵 $\boldsymbol{K}$ 分解为 $\boldsymbol{K} = \boldsymbol{K}_0 + \Delta\boldsymbol{K}$,根据 Neumann 级数展开,有

$$\boldsymbol{K}^{-1} = (\boldsymbol{K}_0 + \Delta\boldsymbol{K})^{-1} = (\boldsymbol{I} - \boldsymbol{P} + \boldsymbol{P}^2 - \boldsymbol{P}^3 + \cdots)\boldsymbol{K}_0^{-1} \tag{4-87}$$

式中 $\boldsymbol{K}_0$——随机变量均值处的刚度矩阵;

$\Delta\boldsymbol{K}$——刚度矩阵的波动量;

$\boldsymbol{I}$——单位矩阵。

对于 Monte – Carlo 随机抽样,刚度矩阵只改变 $\Delta\boldsymbol{K}$ 项,而

$$\boldsymbol{P}=\boldsymbol{K}_0^{-1}\Delta\boldsymbol{K} \tag{4-88}$$

$$\boldsymbol{U}_0=\boldsymbol{K}_0^{-1}\boldsymbol{F} \tag{4-89}$$

将式(4-87)代入式(4-72),并利用式(4-88)和式(4-89),得

$$\boldsymbol{U}=\boldsymbol{U}_0-\boldsymbol{P}\boldsymbol{U}_0+\boldsymbol{P}^2\boldsymbol{U}_0-\boldsymbol{P}^3\boldsymbol{U}_0+\cdots \tag{4-90}$$

令 $\boldsymbol{U}_i=\boldsymbol{P}_i\boldsymbol{U}_0$,则得如下的递推公式:

$$\boldsymbol{U}=\boldsymbol{U}_0+\boldsymbol{U}_1+\boldsymbol{U}_2+\cdots \tag{4-91}$$

$$\boldsymbol{U}_i=-\boldsymbol{K}_0^{-1}\Delta\boldsymbol{K}\boldsymbol{U}_{i-1}\ (i=1,2,3,\cdots) \tag{4-92}$$

由式(4-89)求出 U_0 后,可由式(4-92)求出 $U_i(i=1,2,3,\cdots)$。

上述三种方法中,NSFEM 可以方便地调用确定性有限元的计算程序,而 TSFEM 在编程上较为复杂,PSFEM 则更为复杂。由于采用 Monte - Carlo 随机模拟技术,NSFEM 不受随机变量波动范围的限制,当变异系数小于 0.2 时,NSFEM 与一阶 TSFEM 或一阶 PSFEM 精度相当;当变异系数大于 0.2 时,后两者已不能满足精度要求,但 NSFEM 仍能得出满意的结果。

二、随机场的离散模型

许多物理现象和物体系统具有随机分布特性,包括系统本身的不确定或系统的激励和响应的不确定,都可以模型化为随机空间分布的随机场或随时间分布的随机过程。随机有限元法除必须考虑材料参数等的空间变异性,需要获得随机有限元方程列式以及解决随机算子和随机矩阵的求逆问题外,还须包含对随机场的离散处理。

均匀各向同性随机场的特征量如下:

(1)随机场 $S(t)$ 的均值 $E(S(t))$ 为常数 m。

(2)随机场 $S(t)$ 的标准相关函数

$$\rho(\tau)=\frac{R(\tau)}{R(0)} \tag{4-93}$$

式中,随机场的协方差函数

$$R(\tau)=\operatorname{cov}[S(t+\tau),S(t)]。 \tag{4-94}$$

对于一切 t,随机场的方差为

$$\operatorname{var}[S(t)]=R(0)=\sigma^2 \tag{4-95}$$

相关函数也可以用谱分解表示,即 Wiener - Khintchine 变换对:

$$\left.\begin{aligned} G(\omega) &= \frac{1}{2\pi}\int_{-\infty}^{+\infty}R(\tau)\cos\omega\tau\,\mathrm{d}\tau \\ R(\tau) &= \int_{-\infty}^{+\infty}G(\omega)\cos\omega\tau\,\mathrm{d}\tau \end{aligned}\right\} \tag{4-96}$$

常用的标准相关函数有非协调阶跃型、协调阶跃型、三角型、指数型、二阶 AR 型、高斯型等多种形式。

(3)方差折减系数 $\Gamma^2(h)$。

设 $S_{\mathrm{h}}(t)$ 是随机场 $S(t)$ 的局部平均随机过程,即

$$S_{\mathrm{h}}(t)=\frac{1}{h}\int_t^{t+h}S(t)\,\mathrm{d}t \tag{4-97}$$

则方差

$$\mathrm{var}[S_h(t)] = \sigma^2\Gamma^2(h) \tag{4-98}$$

式中，方差折减系数

$$\Gamma^2(h) = \frac{2}{h}\int_0^h (1-\frac{\tau}{h})\rho(\tau)\mathrm{d}\tau \tag{4-99}$$

可见，方差折减系数起着使 $S_h(t)$ 的方差比原来 $S(t)$ 的方差缩小的作用。

(4)相关距离 δ_s。

δ_s 可以看成是任意两个相隔距离为 τ 的随机变量不相关的最小距离(也称相关偏度)。$|\tau| \geqslant \delta_s$，则不相关，否则完全相关。利用相关距离 δ_s 便于对随机场作近似处理，其计算式为：

$$\delta_s = \begin{cases} h\Gamma^2(h) & (h \to \infty) \\ 2\int_0^\infty \rho(\tau)\mathrm{d}\tau & \\ G(\omega)/\sigma^2 & (\omega \to 0) \end{cases} \tag{4-100}$$

以上公式均是对一维问题列出的，二维、三维问题也可以类似得出。

(5)随机场的中心离散。

中心离散是随机场最简单的一种离散方法。该法用随机场在每个单元中心点的值来表征该随机场在每个单元的属性，因而随机场在每个单元内部都是常量，且等于它在各个单元中心的值。该法程序简单，但精度欠佳，现较少采用。

(6)随机场的局部平均。

该法将随机场在每个单元的属性用随机场在单元上的局部平均来表征。Baecher、Vanmarcke 首先提出随机场局部平均的离散方法，我国学者曾对该法进行了深入的研究。

(7)随机场的插值。

Liu W. K. 提出随机场的插值法。该法将随机场在单元内的值用单元节点处值的插值函数来表示，于是随机场的统计特性可由各单元节点处随机变量间的统计特性近似反映。

利用形函数 $N_i(X)$，随机场 $b(X)$ 离散式表示为

$$b(X) = \sum_{i=1}^{q} N_i(X) b_i \tag{4-101}$$

式中 X——空间位置；

b_i——随机场在节点 i 处的值($i=1,2,\cdots,q$)；

q——单元节点数。

随机场 $b(X)$ 在单元内的均值和方差可表示为

$$\mathrm{E}(b(X)) = \sum_{i=1}^{q} N_i(X)\mathrm{E}(b_i) \tag{4-102}$$

$$\mathrm{var}(b(X)) = \sum_{i,j=1}^{q} N_i(X)N_j(X)\mathrm{cov}(b_i,b_j) \tag{4-103}$$

随机场的插值法将原连续状态的随机场仍离散成一个连续函数，未直接计算随机场引起的单元间的相关性，只需给定随机场在各节点上的值，计算相对简单，易于考虑非线性和非均匀随机场问题。但需要已知相关函数，并且要求随机场对空间参数具有较高的连续性。

(8)随机场的加权积分法。

Takada、Shinozuka 及 Deodatis 提出随机场加权积分法。该法在单元刚度矩阵的推导过程中采用随机场在单元高斯点上的加权积分,以表征单元上的随机场。

假设单元 e 的弹性模量为

$$E^{(e)}(X)=E_0^{(e)}[1+f^{(e)}(X)] \tag{4-104}$$

式中 $E_0^{(e)}(X)$——弹性模量的均值;

$f^{(e)}(X)$——一维零均值均匀随机场,其值域为

$$-1+\eta\leqslant f^{(e)}(X)\leqslant -1-\eta \quad (0<\eta<1)$$

两端铰接杆单元的刚度矩阵可近似表示为

$$\boldsymbol{K}^{(e)}\approx\boldsymbol{K}_0^{(e)}+X^{(e)}\Delta\boldsymbol{K}_0^{(e)} \tag{4-105}$$

式中,$\boldsymbol{K}_0^{(e)}$ 为弹性模量取均值时的单元刚度矩阵,而

$$X^{(e)}=\int_0^L f^{(e)}(x)\mathrm{d}x \qquad (L\text{ 为杆长}) \tag{4-106}$$

固结杆单元的刚度矩阵可表示为

$$\boldsymbol{K}^{(e)}\approx\boldsymbol{K}_0^{(e)}+X_0^{(e)}\Delta\boldsymbol{K}_0^{(e)}+X_1^{(e)}\Delta\boldsymbol{K}_1^{(e)}+X_2^{(e)}\Delta\boldsymbol{K}_2^{(e)} \tag{4-107}$$

其中

$$X_1^{(e)}=x\int_0^L f^{(e)}(x)\mathrm{d}x,X_2^{(e)}=x^2\int_0^L f^{(e)}(x)\mathrm{d}x$$

式(4-105)实质上是在考虑弹性模量随机场的情况下,将单元刚度矩阵分解成确定性部分和随机部分。式(4-106)等表征随机场在各单元的均值和方差,而单元间弹性模量的相关性则由下式表示

$$\mathrm{cov}(X_1^{(e)},X_2^{(e)})=\int_0^{L(e_1)}\int_0^{L(e_2)}x_1x_2f^{(e_1)}(x_1)f^{(e_2)}(x_2)\mathrm{d}x_1\mathrm{d}x_2 \tag{4-108}$$

不难看出,局部平均法是加权积分法的特例(即权系数全部相同)。由于采用加权积分,其计算精度相对较高,而且该法积分只需一次进行,刚度矩阵的波动性也由此得出,因此计算效率也较高。

(9)随机场的正交展开。

Spanos 和 Ghanem 提出的随机场正交展开法,将材料特性参数随机场进行 Karhumen - Loeve 正交展开,并由此推导出刚度矩阵的级数展开式,从而获得位移、应力的统计特性。

设随机场为

$$S(x)=\bar{S}(x)+\sum_{n=0}^{\infty}b_n\sqrt{\lambda_n}\varphi_n(x) \tag{4-109}$$

其中

$$b_n=\frac{1}{\sqrt{\lambda_n}}\int_L S(x)\varphi_n(x)\mathrm{d}x$$

式中 λ_n、$\varphi_n(x)$——随机场 $S(x)$ 相关函数的特征值和特征函数。

$\varphi_n(x)$ 具有如下正交性:

$$\int\varphi_m(x)\varphi_n(x)\mathrm{d}x=\delta_{mn} \qquad (\text{Kronecker 函数}) \tag{4-110}$$

式(4-110)对于任何分布的 $S(x)$ 均收敛,可取至第 r 阶以满足精度要求。对于一维杆单元,单元刚度矩阵可表示为

$$k^e = \bar{k}^e + \sum_{n=0}^{r} b_n k_n^e$$

其中
$$k_n^e = \lambda_n \int_L \varphi_n(x) B(x)^T P^e(x) B^e(x) dx$$

式中:$P^e(x) = D^e(x)/S(x)$,$D^e(x)$为单元弹性矩阵。

集成整体刚度矩阵,得

$$K = \bar{K} + \sum_{n=0}^{r} b_n K_n \tag{4-111}$$

由上式可得位移:

$$U = (I + \sum_{n=0}^{r} b_n \bar{K}^{-1} K_n^{-1}) \bar{K}^{-1} F \tag{4-112}$$

利用 Neumann 展开式,可进一步得出位移的统计特性。该法关键在于获得特征值和特征函数。

三、随机有限元与结构可靠度

(一)结构可靠性分析的一次二阶矩法

结构的安全性、适用性和耐久性统称为结构的可靠性。可靠性的数学量度为可靠度,其定义为:在规定的条件下和规定的时间内完成预定功能的概率。规定条件是指正常设计、正常施工、正常使用的条件;规定时间是指结构的设计基准期。结构的使用时间超过基准期后,其失效的概率将增大。结构的一系列基本变量都具有不确定性,因此结构的可靠性分析属于随机性分析的范畴,随机有限元法将是十分有效的工具。

在结构可靠性分析中,结构的极限状态(包括承载能力极限状态、正常使用极限状态和条件极限状态)是通过功能函数来描述的。当有 n 个随机变量影响结构可靠度时,结构的功能函数为 $z = g(X_1, X_2, \cdots, X_n)$,基本变量 $X_i(i = 1, 2, \cdots, n)$是结构上的各种外因作用、材料性能和几何参数等。当 $z > 0$ 时,结构处于可靠状态;当 $z < 0$ 时,结构处于失效状态;当 $z = 0$ 时,称为结构极限状态方程(一般难以用显式表示),结构处于极限状态。如果 z 的概率密度函数或概率分布函数可求得,则结构可靠度的数量指标便可基于各种状态出现的概率而确定。

若功能函数仅与两个随机变量有关(如结构抵抗破坏或变形的能力 R 和荷载引起结构内力、应力、位移等效应 S),即 $z = g(R, S)$。假设 R、S 均为正态分布,其均值和标准差分别为 $\bar{R}$、$\bar{S}$ 和 σ_R、σ_S,此时 $z = R - S$ 也是正态分布的随机变量,具有均值 $\bar{z} = \bar{R} - \bar{S}$ 和标准差 $\sigma_z = \sqrt{\sigma_R^2 + \sigma_S^2}$。其概率密度函数为

$$f_z(z) = \frac{1}{\sqrt{2\pi}\sigma_z} \exp\left[-\frac{1}{2}\left(\frac{z - \bar{z}}{\sigma_z}\right)^2 \right] \qquad (-\infty < z < \infty) \tag{4-113}$$

其分布图如图 4-10 所示,阴影部分是结构失效概率 P_f,非阴影部分面积是结构的可靠度 P_r。

在工程实践中,R 和 S 不一定是正态分布,但可以变换成标准正态分布。它们的统计特征量是均值 μ、标准差 σ、相关偏度或变异系数等,变异系数 $\nu = \sigma/\mu$,表示随机变量相对

于均值的变异。目前,工程上一般用无量纲的可靠指标 β 来反映结构的可靠度,$\beta = \bar{z}/\sigma_z$,β 越大,失效概率 P_f 越小,其互补的可靠度 P_r 就越大。

一次二阶矩法采用只需已知均值和标准差的数学模型就可求解结构的可靠度。此法将功能函数 $z = g(X_1, X_2, \cdots, X_n)$ 在某点用 Taylor 级数展开,并近似地取一次项使极限状态方程线性化,然后求得可靠指标 β。

改进的一次二阶矩法将线性化点选在失效边界上,而且选在结构最大可能失效点 P^* 上(见图 4-11)。选择设计验算点 $P^*(X_i^* \mid i = 1, 2, \cdots, n)$ 作为线性化点 X_{0i} 时,线性化的极限状态方程为

$$z \approx g(X_1^*, X_2^*, \cdots, X_n^*) + \sum_{i=1}^{n} (X_i - X_i^*) \left.\frac{\partial g}{\partial X_i}\right|_{X^*} = 0 \qquad (4\text{-}114)$$

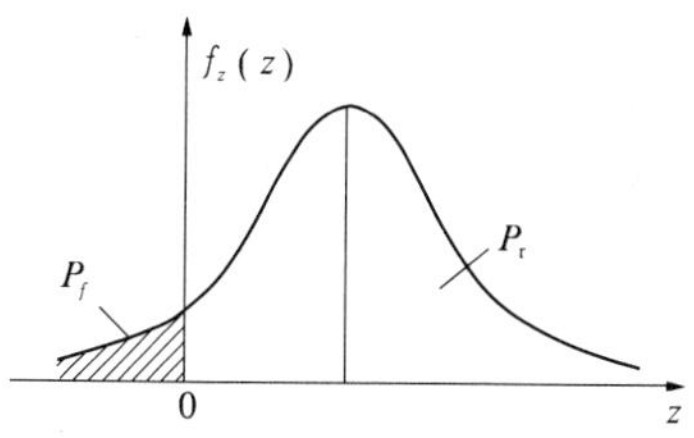

图 4-10　正态分布概率密度函数

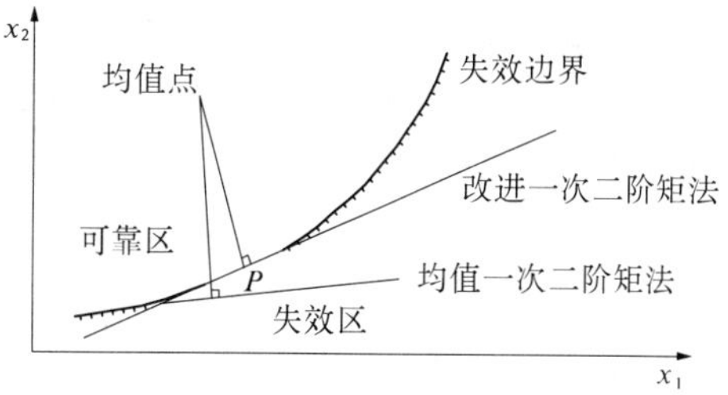

图 4-11　失效边界

则 z 的均值为

$$\mu_z = g(X_1^*, X_2^*, \cdots, X_n^*) + \sum_{i=1}^{n} (\mu_{X_i} - X_i^*) \left.\frac{\partial g}{\partial X_i}\right|_{X^*}$$

由于设计验算点 P^* 选在失效边界上,有 $g(X_1^*, X_2^*, \cdots, X_n^*)$,因此 μ_z 变为

$$\mu_z = \sum_{i=1}^{n} (\mu_{X_i} - X_i^*) \left.\frac{\partial g}{\partial X_i}\right|_{X^*}$$

但随机变量 X_i 互不相关时,z 的标准差 σ_z 为

$$\sigma_z = \left[\sum_{i=1}^{n} \left(\left.\frac{\partial g}{\partial X_i}\right|_{X^*} \sigma_{X_i} \right)^2 \right]^{1/2} = \sum_{i=1}^{n} \left(\alpha_i \sigma_{X_i} \left.\frac{\partial g}{\partial X_i}\right|_{X^*} \right)$$

其中

$$\alpha_i = \frac{\sigma_{X_i} \left.\frac{\partial g}{\partial X_i}\right|_{X^*}}{\left[\sum_{i=1}^{n} \left(\sigma_{X_i} \left.\frac{\partial g}{\partial X_i}\right|_{X^*} \right)^2 \right]^{1/2}}$$

式中　α_i——灵敏度系数,表示第 i 个随机变量对标准差的相对影响。

于是可靠指标 β 为

$$\beta = \frac{\mu_z}{\sigma_z} = \frac{\sum_{i=1}^{n} (\mu_{X_i} - X_i^*) \left.\frac{\partial g}{\partial X_i}\right|_{X^*}}{\sum_{i=1}^{n} \left(\alpha_i \sigma_{X_i} \left.\frac{\partial g}{\partial X_i}\right|_{X^*} \right)} \qquad (4\text{-}115)$$

变换上式为

$$\sum_{i=1}^{n} \left.\frac{\partial g}{\partial X_i}\right|_{X^*} \cdot (\mu_{X_i} - X_i^* - \beta \alpha_i \sigma_{X_i}) = 0$$

即 $$X_1^* = \mu_{X_i} - \beta\alpha_i\sigma_{X_i} \quad (i=1,2,\cdots,n) \tag{4-116}$$

式(4-116)中,μ_{X_i}、σ_{X_i}为已知的各随机变量的均值和标准差,待求的量为 X_i^* 和 β,可迭代求解。

(二)随机有限元的一次二阶矩法

设可靠性分析中的一组基本变量 $\boldsymbol{X}=(X_1,X_2,\cdots,X_n)^{\mathrm{T}}$ 为相互独立的正态变量(不满足时可作变换),并进一步变换为标准正态变量 $\boldsymbol{Y}=(Y_1,Y_2,\cdots,Y_n)^{\mathrm{T}}$,其中 $Y_i=(X_i-\mu_{X_i})/\sigma_{X_i}$。于是功能函数也可转换到标准正态空间,即

$$g(X)=g(R(X),S(X))=g(R(T^{-1}(Y)),S(T^{-1}(Y)))=G(Y)$$

失效概率 $P_{\mathrm{f}}=1-\varphi(\beta)$,由 β 的几何含义可知,β 值为在标准正态空间中从原点到失效面的最短距离。在标准正态空间中概率密度是关于原点(均值点)旋转对称,并且随着到原点的距离的平方呈指数下降。在一次二阶矩法中,标准正态空间中的极限状态面(失效面)被一个到原点最小距离点处的切平面代替,也即按一阶 Taylor 展开式把功能函数在设计点处展开,使之线性化。采用迭代法可以近似确定极限状态面 $G(Y)=0$ 上距原点最近的点 Y^*,然后按距离公式确定结构的可靠指标。具体的迭代格式如下:

$$Y_j^{(i+1)} = \left.\frac{\partial G(Y)}{\partial Y_j}\right|_{Y^{(i)}} \cdot \frac{-G(Y^{(i)}) + \sum\limits_{j=1}^{n} \left.\frac{\partial G(Y)}{\partial Y_j}\right|_{Y^{(i)}} \cdot Y^{(i)}}{\sum\limits_{j=1}^{n}\left[\left.\frac{\partial G(Y)}{\partial Y_j}\right|_{Y^{(i)}}\right]^2} \quad (j=1,2,\cdots,n) \tag{4-117}$$

$$\beta=\sqrt{Y^{(i)T}\cdot Y^{(i)}} \tag{4-118}$$

以 Mises 屈服准则为例,功能函数 $g(S)=s_0^2-(s_{xx}^2-s_{xx}s_{yy}+s_{yy}^2+3s_{xy}^2)$,于是极限状态方程

$$g(S(X(Y)))=G(Y)=0 \tag{4-119}$$

计算可靠指标 β 时要用到功能函数 $G(Y)$ 的梯度向量,由求导链式法则

$$\frac{\partial G(Y)}{\partial Y}=\frac{\partial g(S)}{\partial S}\cdot\frac{\partial S(X)}{\partial X}\cdot\frac{\partial X(Y)}{\partial Y} \tag{4-120}$$

由于 $S(X)$ 难于用显式表达,求 $\partial S(X)/\partial X$ 存在困难。有效方法是利用随机有限元一次二阶矩法计算结构的可靠指标 β 和设计点 Y^*。步骤如下:

(1)确定随机变量转换关系 $Y=Y(X)$;

(2)给定初值 $Y^{(0)}=0$,计算式(4-120)右边的三个偏导数;

(3)按式(4-118)和式(4-117)计算设计验算点坐标 Y^*;

(4)用随机有限元法计算 $S^{(i)}$ 和 $(\partial X(Y)/\partial Y)\mid_{Y(i)}$;

(5)重复(3)、(4)两步骤,直至收敛($G(Y^{(i)})=0$);

(6)再按式(4-118)和式(4-117)计算可靠指标 β 值。

(三)随机有限元的最大熵法

一次二阶矩法的计算量随迭代次数成倍增加,使该法的使用受到限制。而最大熵法用于结构的可靠性分析时,可根据随机变量的二阶矩来拟合概率密度曲线。因此,随机有限元结合最大熵法可用于求结构响应的概率密度曲线,从而计算结构的失效概率。

熵被定义为信息的均值，信息是对个别 X 值不确定性的度量。不确定性越大，熵也越大。对于一个连续随机变量，熵为 $S = -\int_R f(X)\ln[f(X)]\mathrm{d}X$；对于离散随机变量，熵为 $S = -\sum_{i=1}^{n} f(x_i)\ln[f(x_i)]$，这里，$f(X)$ 是随机变量 X 的概率密度函数；$f(x_i)$ 是离散点概率函数。最大熵法通过调整概率密度函数 $f(X)$ 使熵 S 取得最大值，并满足约束条件：$\int_R f(X)\mathrm{d}X = 1$ 和 $\int_R X^i f(X)\mathrm{d}X = m$，利用最大熵法可得近似的概率密度函数 $f(X)$。为了求得最大值，可引入拉格朗日乘子法，把问题转化为确定拉格朗日乘子。

选用基于 Neumann 级数的随机有限元法，写出递推方程。可将局部平均理论引入 Neumann 随机有限元法，以进一步提高计算效率。随机有限元最大熵法计算结构失效概率的步骤如下：

(1)随机场离散，随机变量化为随机向量，并计算协方差矩阵；

(2)利用特征正交化技术，用一组统计独立的随机变量描述随机场；

(3)利用 Neumann 随机有限元法计算响应量的前若干阶矩；

(4)拟合所有节点或部分节点的最大熵密度函数；

(5)利用数值积分计算结构的失效概率。

第五节　有限元的反分析

在力学范畴内，岩土工程的反演理论属于正演理论的反问题。与正演问题的研究方法相同，建立求解这类问题的方法时也需预先确定基本未知数，然后建立求解基本未知数的方程组。不同之处是，进行反演理论研究时一般都有先验信息，并有预期要求的确定的主要参数。岩土力学反演理论研究的目标未知数可以分为初始地应力、结构荷载和材料特性参数三类。

现在以均布初始地应力分量的有限元反演分析为例介绍有限元的反分析原理。

假设围岩的形态服从均匀各向同性线弹性模型，围岩中的初始地应力场为均布应力场。通常情况下，隧道开挖问题的计算属于三维空间问题的计算，故将初始地应力场假设为均布的应力场时，初始地应力分量可写为：

$$\{\boldsymbol{P}\} = [P_x, P_y, P_z, P_{xy}, P_{yz}, P_{xz}]^{\mathrm{T}} \tag{4-121}$$

在有限元的计算中，地层开挖效应的计算常以作用于开挖轮廓表面的、量值等于释放荷载的平衡节点力模拟。平衡节点力取决于相应位置的初始地应力状态，其计算式可表示为：

$$\{\boldsymbol{F}\} = \int_V [\boldsymbol{B}]^{\mathrm{T}}\{\boldsymbol{P}\}\mathrm{d}V \tag{4-122}$$

式中　$[\boldsymbol{B}]$——仅与开挖体几何形状有关的应变矩阵；

　　V——开挖体体积。

节点力 $\{F\}$ 与节点位移 $\{\delta\}$ 之间的关系式为：

$$[\boldsymbol{K}']\{\boldsymbol{\delta}\} = \{\boldsymbol{F}\} \tag{4-123}$$

式中　$[\boldsymbol{K}']$——总刚矩阵。

对于均匀各向同性线弹性体,可将其表示为

$$[\boldsymbol{K}'] = E[K] \tag{4-124}$$

其中,$[K]$的元素仅与坐标位置及泊松比有关。此外,计算洞室开挖效应时,$\{F\}$中仅与边界结点有关的元素为非零元素。

如果在作有限元网格剖分时注意将量测点也选为单元节点,则节点位移可分为测点位移矢量$\{\mu^m\}$和其余节点的位移矢量$\{\mu^n\}$两类,并有

$$\{\delta\} = [\mu^m \quad \mu^n]^{\mathrm{T}} \tag{4-125}$$

将式(4-122)、式(4-124)、式(4-125)代入式(4-123),可得

$$P_x\begin{Bmatrix} B_1^1 \\ B_2^1 \end{Bmatrix} + P_y\begin{Bmatrix} B_1^2 \\ B_2^2 \end{Bmatrix} + P_z\begin{Bmatrix} B_1^3 \\ B_2^3 \end{Bmatrix} + P_{xy}\begin{Bmatrix} B_1^4 \\ B_2^4 \end{Bmatrix} + P_{yz}\begin{Bmatrix} B_1^5 \\ B_2^5 \end{Bmatrix} + P_{xz}\begin{Bmatrix} B_1^6 \\ B_2^6 \end{Bmatrix} = E\begin{bmatrix} K_{11} & K_{12} \\ K_{21} & K_{22} \end{bmatrix}\begin{Bmatrix} \mu^m \\ \mu^n \end{Bmatrix} \tag{4-126}$$

由式(4-126)可解出$\{\mu^n\}$,并可得到

$$P_x\{B_x\} + P_y\{B_y\} + P_z\{B_z\} + P_{xy}\{B_{xy}\} + P_{yz}\{B_{yz}\} + P_{xz}\{B_{xz}\} = E[K_N]\{\mu^m\} \tag{4-127}$$

式中　$\{B_x\} = \{B_1^1\} - [K^*]\{B_2^1\}$;

$\{B_y\} = \{B_1^2\} - [K^*]\{B_2^2\}$;

$\{B_z\} = \{B_1^3\} - [K^*]\{B_2^3\}$;

$\{B_{xy}\} = \{B_1^4\} - [K^*]\{B_2^4\}$;

$\{B_{yz}\} = \{B_1^5\} - [K^*]\{B_2^5\}$;

$\{B_{xz}\} = \{B_1^6\} - [K^*]\{B_2^6\}$;

$[K_N] = [K_{11}] - [K^*][K_{21}]$;

$[K^*] = [K_{12}][K_{22}]^{-1}$。

由现场量测得到的位移量的个数为6个时,可将式(4-127)改写为

$$\{\mu^m\} = \frac{1}{E}[T_\mu]\{P\} \tag{4-128}$$

其中

$$[T_\mu] = [[K_N]^{-1}\{B_x\}\cdots[K_N]^{-1}\{B_{xx}\}] \tag{4-129}$$

可见,$[T_\mu]$仅取决于开挖体的几何形状和地层材料的泊松比。显而易见,式(4-129)可用于由已知量测位移解出均布初始地应力的6个分量。若量测位移量的个数多于6个,则宜依据线性最小二乘法原理采用正反分析法建立求解基本未知数的方程组,可参考相关书籍。

以上在推导式(4-129)的过程中采用的得到矩阵$[T_\mu]$的方法是矩阵求逆法。矩阵$[T_\mu]$也可由正反分析法求导。例如,如果设定$P_x = 1$,其余初始地应力分量与弹性模量的比值均取为零,则由式(4-126)即可求得相应的量测点位移$\{\mu_x^m\}$。依此类推,可得与其余初始地应力分量相应的$\{\mu_y^m\}$、$\{\mu_z^m\}$、$\{\mu_{xy}^m\}$、$\{\mu_{yz}^m\}$及$\{\mu_{xz}^m\}$,并可写出

$$[T_\mu] = [\{\mu_x^m\}\{\mu_y^m\}\cdots\{\mu_{xz}^m\}] \tag{4-130}$$

在现场量测的工程实践中,易于获得的位移量一般是两点之间的相对位移量,而不是某点的绝对位移值。因此,有必要将式(4-128)中的$\{\mu^m\}$换算成相对位移。由图 4-12 可知,相邻测点间的相对位移的计算式可写为

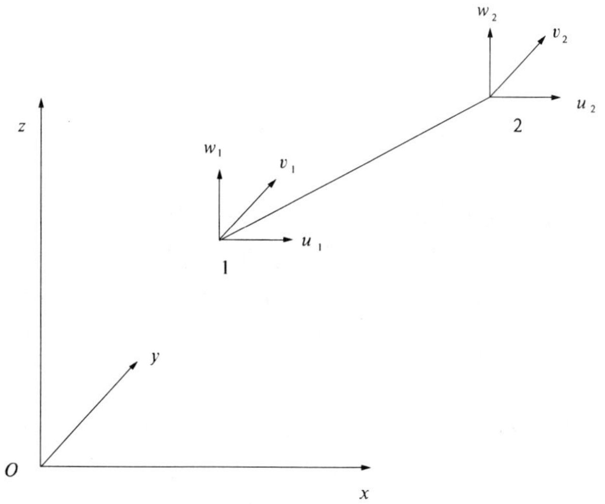

图 4-12　两个相邻测点的空间位移分量

$$\{\Delta\mu\}=\begin{bmatrix} -[\alpha^1] & [\alpha^1] \\ -[\alpha^2] & [\alpha^2] \\ \vdots & \vdots \\ -[\alpha^6] & [\alpha^6] \end{bmatrix}\begin{Bmatrix} \mu_1 \\ v_1 \\ \omega_1 \\ \mu_2 \\ v_2 \\ \omega_2 \end{Bmatrix} \tag{4-131}$$

式中　$[\alpha^i]=[\cos\alpha_x^i \quad \cos\alpha_y^i \quad \cos\alpha_z^i]$, $i=1\sim6$。其元素为相邻测点间连线的方向余弦。

对所有测点,则有

$$\{\Delta\mu^m\}=[A]\{\mu^m\} \tag{4-132}$$

将式(4-128)代入式 (4-132),经整理可得

$$\{\Delta\mu^m\}=\frac{1}{E}[T_\mu^*]\{P\} \tag{4-133}$$

式中　$[T_\mu^*]=[A][T_\mu]$。

上式可改写为

$$\{P\}=E[T_\mu^*]^{-1}\{\Delta\mu^m\}$$

或

$$[P_x \quad P_y \quad P_z \quad P_{xy} \quad P_{yz} \quad P_{zx}]^{\mathrm{T}}=E[T_\mu^*]^{-1}\{\Delta\mu^m\} \tag{4-134}$$

由于方程式个数与未知量总数相等,故由上式可反演确定三维问题的均布初始地应力分量。

第五章 其他数值计算方法

第一节 概 述

随着数学、力学和计算机技术的发展，岩土工程数值计算除以上介绍的有限差分法和有限单元法外，还有一些考虑了岩土体特殊力学性质的其他数值分析方法，它们是边界单元法(Boundary Element Method, BEM)、离散单元法(Discrete Element Method, DEM)、非连续变形分析(Discontinuous Deformation Analysis, DDA)及数值流形方法(Numerical Manifold Method, NMM)。

边界单元法(BEM)也称边界积分法，它同有限单元法一样，用试函数进行离散，所不同的是选择试函数的准则。边界单元法要求所选择的试函数既要满足控制方程，也要满足边界条件；而有限单元法却不要求满足控制方程，只要求满足边界条件就行。于是，有限单元法要在整个域内确定，而边界单元法则只在域的边界上划分单元来求解，再求内值。由于边界单元法对试函数的严格要求，因此边界单元法主要适用于线性和均质域问题，而其他方法则可方便地应用于非线性和非均质问题。同时，有限差分法和有限单元法局限于有界的问题，而边界单元法特别适合于无限域，也称为大单元或无限单元。

离散单元法(DEM)是20世纪70年代初由Cundall等发展起来的(仅指在岩土力学领域而言)，它主要用于分析颗粒或块体组成的不连续介质的运动及变形。这种方法充分考虑到岩体的非连续性，以节理等不连续面所切割成的块体为研究对象，各个块体遵守牛顿运动定律，再结合不同的本构关系，用动力松弛法进行迭代求解。

非连续变形分析(DDA)是一种用于分析非连续节理岩体的数值方法，以严格遵循经典力学规则为基础，由石根华于1988年提出。该方法平行于有限单元法，求解的依然是有限单元类型的网格，但所有单元均为由不连续面(节理)切割的单独块体，其单元可以是任意形状，甚至可以是带孔的多边形。求解时以位移作为未知数，平衡方程解法与有限单元法形成总体刚度矩阵的原理相同，也需形成一个基于能量原理的矩阵，采用隐式方法求解。

数值流形方法(NMM)是石根华于1992年提出的一种全新的数值计算方法。该方法以有限覆盖技术为基础，采用拓扑流形和微分流形方法，将岩土工程数值计算中常用的连续和非连续变形的计算统一到数值流形方法中，也就是说，在数值流形方法中，有限元法、不连续变形分析甚至解析法都具有统一的计算形式，因此该方法具有广阔的应用前景。

本章主要介绍这些方法的基本原理及部分工程应用实例。

第二节 边界单元法

边界单元法流行于20世纪90年代，由于它与有限单元法相比，具有降低维数(即将三维问题降为二维问题，二维问题降为一维问题）、输入数据准确简单、计算工作量小、精度比有限元法高等优点，已在许多领域内得到具体应用，尤其是求解均质地下工程问题时特别方便，不过在求解不连续、非线性问题时，不如有限单元法灵活、有效。

边界单元法有直接法和间接法两种。就工程问题来说，用间接法解决较好，因为它容易理解，计算效率高，有一定的精度，特别是间接法能和某一范围内（例如半平面或复合半平面）的奇异解结合使用，有可能解决一大类用其他方法较难解决的问题，并使计算时间大为缩短。直接法在理论上较为深奥，容易推广到高次元的情况，但在计算内点的应力和应变问题用简洁法求解时就需要做特殊处理。实际上，直接法和间接法是等价的，可以利用加权残数法对它们进行统一推导。

一、直接边界元法

直接边界元法的基本思路是把数学物理方程中的偏微分方程，例如弹性力学中的 Navier 方程

$$\sigma_{ij,j} + b_j = 0 \quad (i,j = 1,2,3) \tag{5-1}$$

式中 $\sigma_{ij,j}$——应力分量对坐标的偏导数；

b_j——体积力分量。

采用爱因斯坦求和定约，转化为相应的边界积分方程。这种转化可以通过加权余量法或其他方法引入一个在积分域内严格满足基本方程（弹性力学中为 $\sigma_{ij,j}=0$），而在边界上近似满足边界条件的权函数来实现。在弹性力学边界元法中则是采用了基本解作为权函数，所得的边界积分方程为 Somigliana 恒等式，即

$$C_{ji}(x)u_j(x) = \int_\Gamma U_{ji}^*(y,x)t_j(y)\mathrm{d}\Gamma(y) - \int_\Gamma T_{ji}^*(y,x)u_j(y)\mathrm{d}\Gamma(y) + \int_\Omega U_{ji}^*(z,x)b_j(z)\mathrm{d}\Omega(z) \tag{5-2}$$

式中 x——积分域内一点坐标向量；

y——荷载作用点坐标向量；

$U_{ji}^*(y,x)$——位移基本解，即在 y 点作用一 j 方向单元力时，x 点处沿 i 方向所产生的位移分量值；

$T_{ji}^*(y,x)$——面力基本解，即在 y 点作用一 j 方向单元力时，x 点处沿 i 方向所产生的面力分量值；

$b_j(z)$——z 点处沿 j 方向的体力分量；

Ω——整个计算范围所包含的域（见图 5-1）；

Γ——Ω 的边界；

$u_j(y)$、$t_j(y)$——y 点处的位移分量和面力分量；

$u_j(x)$——x 点处的位移分量；

$C_{ji}(x)$——与 x 位置有关的特征函数。

当 x 在域内时，则

$$C_{ji}(x) = \delta_{ji} \tag{5-3}$$

δ_{ji} 为 Kronecker 符号，当 $i=j$ 时，$\delta_{ji}=1$；否则，$\delta_{ji}=0$。如果 x 在边界上，且该点边界光

滑可导，则

$$C_{ji}(x) = \frac{1}{2}\delta_{ji} \tag{5-4}$$

如果不是上述情况，则需用下式计算

$$C_{ji}(x) = \lim_{\varepsilon\to 0}\int_{\Gamma_\varepsilon} T_{ji}^{*}(y,x)\mathrm{d}\Gamma(y) \tag{5-5}$$

$\int_{\Gamma_\varepsilon}$ 是以 x 为球心、ε 为半径的球面的域外部分的边界。

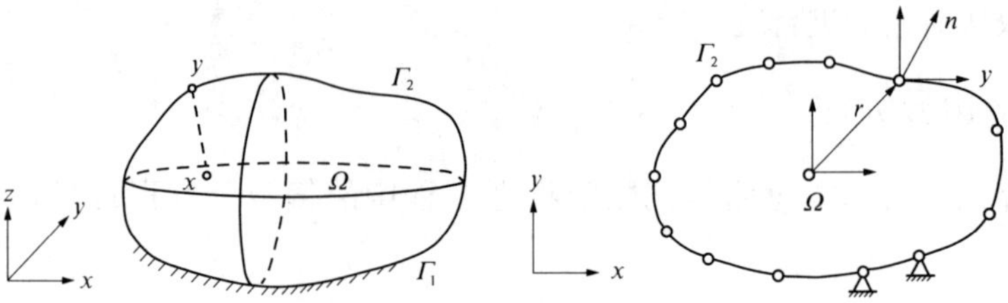

图 5-1　三维及二维边界元计算域与边界示意图

如果忽略式(5-2)右端第三项，即体积力的影响忽略不计，则可以看出方程中就只含有在边界 Γ 进行剖分离散，设共划分为 m 个单元，每个单元有 l 个节点，在每个单元上建立局部坐标 ξ 和 η（二维边界则只有一个局部坐标 ξ），则在不计体积力情况下的 Somigliana 边界积分方程可写为剖分形式

$$C_{ji}(x)u_j(x) + \sum_{e=1}^{m}\{T_{ji}^{*}(y,x)[\sum_{n=1}^{l}N_{jm}^{e}(\xi,\eta)u_{jn}^{e}(y(\xi,\eta))]\,|J^{e}(y(\xi,\eta))|\,\mathrm{d}\xi\mathrm{d}\boldsymbol{\eta}\}$$

$$= \sum_{e=1}^{m}\{\int_{\Gamma_e}U_{ji}^{*}(y,x)[\sum_{e=1}^{l}N_{jn}^{e}(\xi,\eta)t_{jn}^{e}(y(\xi,\eta))]\,|J^{e}(y(\xi,\eta))|\,\mathrm{d}\xi\mathrm{d}\boldsymbol{\eta}\}$$

即

$$C_{ji}(x)u_j(x) + \sum_{e=1}^{m}\sum_{n=1}^{l}H_{ji}^{e}(y)u_j^{e}(y) = \sum_{e=1}^{m}\sum_{n=1}^{l}G_{ji}^{e}(y)t_j^{e}(y) \tag{5-6}$$

式中　$N_{ji}^{e}(\xi,n)$——插值函数；

$|J^{e}(y(\xi,\eta))|$——雅克比行列式；

$u_{jn}^{e}(y(\xi,\eta))$ 和 $t_{jn}^{e}(y(\xi,\eta))$——y 点所在单元的节点位移和面力。

式中的积分可用高斯积分进行。

对于第 i 个节点，可写出如下形式的代数方程

$$\boldsymbol{C}_i\boldsymbol{u}_i + [\hat{\boldsymbol{H}}_{i1}\ \hat{\boldsymbol{H}}_{i2}\ \cdots\ \hat{\boldsymbol{H}}_{in}]\{\boldsymbol{u}_1\ \boldsymbol{u}_2\ \cdots\ \boldsymbol{u}_n\}^{\mathrm{T}} = [G_{i1}\ G_{i2}\ \cdots\ G_{in}]\{\boldsymbol{t}_1\ \boldsymbol{t}_2\ \cdots\ \boldsymbol{t}_n\}^{\mathrm{T}} \tag{5-7}$$

式中　$\boldsymbol{C}_i$、$\hat{\boldsymbol{H}}_{in}$、$\boldsymbol{G}_{in}$——3×3(2×2)矩阵；

$\boldsymbol{u}_j$、$\boldsymbol{t}_j$——相应于节点 j 的位移向量和面力向量，它们或已知或未知。

$$\hat{H}_{in}^{e} = \int_{-1}^{1}\int_{-1}^{1}N^{e}T_{ji}^{*}(y(\xi,\eta),x(\xi,\eta))\,|J^{e}(y(\xi,\eta))|\,\mathrm{d}\xi\mathrm{d}\boldsymbol{\eta}$$

$$= \sum_{s}\sum_{t}[W_sW_tN^{e}(\xi,\eta)T_{ji}^{*}(y(\xi,\eta),x(\xi,\eta))\,|J^{e}(y(\xi,\eta))|]$$

$$G_{ij}^{e} = \sum_{s}\sum_{t}[W_s W_t N^e(\xi,\eta) T_{ji}^{*}(y(\xi,\eta),x(\xi,\eta)) | J^e(y(\xi,\eta)) |]$$

式中　W_s、W_t——高斯积分权重。

若对边界上每一节点都建立如式(5-7)的方程,则得到总系统方程

$$[\boldsymbol{H}]\{\boldsymbol{u}\} = [\boldsymbol{G}]\{\boldsymbol{t}\} \tag{5-8}$$

即

$$\begin{bmatrix} H_{11} & H_{12} & \cdots & H_{1n} \\ H_{21} & H_{22} & \cdots & H_{2n} \\ \vdots & \vdots & & \vdots \\ H_{i1} & H_{i2} & & H_{in} \\ \vdots & \vdots & & \vdots \\ H_{n1} & H_{n2} & \cdots & H_{nn} \end{bmatrix} \begin{Bmatrix} u_1 \\ u_1 \\ \vdots \\ u_i \\ \vdots \\ u_n \end{Bmatrix} = \begin{bmatrix} G_{11} & G_{12} & \cdots & G_{1n} \\ G_{21} & G_{22} & \cdots & G_{2n} \\ \vdots & \vdots & & \vdots \\ G_{i1} & G_{i2} & & G_{in} \\ \vdots & \vdots & & \vdots \\ G_{n1} & G_{n2} & \cdots & G_{nn} \end{bmatrix} \begin{Bmatrix} t_1 \\ t_2 \\ \vdots \\ t_i \\ \vdots \\ t_n \end{Bmatrix}$$

式中　$\boldsymbol{H}_{ij} = \hat{\boldsymbol{H}}_{ij}(i \neq j)$;

$\boldsymbol{H}_{ij} = \hat{\boldsymbol{H}}_{ij} + \boldsymbol{C}_i(i = j)$;

$[\boldsymbol{H}]$、$[\boldsymbol{G}]$——$3n \times 3n$ 方阵;

$\{\boldsymbol{u}\}$、$\{\boldsymbol{t}\}$——$3n$ 向量。

对于混合边界条件,上述方程中左右两位移和面力集中可能各包含已知量和未知量,把所有未知边界量均转移到方程左边,已知边界量与系数相乘后转移到右边,则得到标准线性方程组

$$[\boldsymbol{G}_{\mathrm{I}} \mid \boldsymbol{H}_{\mathrm{II}}]\begin{Bmatrix} \boldsymbol{t}_{\mathrm{I}} \\ \vdots \\ \boldsymbol{t}_{\mathrm{II}} \end{Bmatrix} = \{\bar{\boldsymbol{f}}_{\mathrm{I}} + \bar{\boldsymbol{f}}_{\mathrm{II}}\} \quad 或 \quad [\boldsymbol{K}]\{\boldsymbol{x}\} = \{\boldsymbol{f}\} \tag{5-9}$$

式中　$[\boldsymbol{K}]$——$3n \times 3n$ 不对称满阵;

$[\boldsymbol{G}_{\mathrm{I}} | \boldsymbol{H}_{\mathrm{II}}]$——$3n \times r_{\mathrm{I}}$ 和 $3n \times r_{\mathrm{II}}$ 的子矩阵;

$\boldsymbol{r}_{\mathrm{I}}$、$\boldsymbol{r}_{\mathrm{II}}$——边界节点已知位移分量的总数和面力分量的总数,$r_{\mathrm{I}}$与 r_{II}之和等于 $3n$;

$\boldsymbol{t}_{\mathrm{I}}$——$r_{\mathrm{I}} \times 1$ 的子向量;

$\boldsymbol{u}_{\mathrm{II}}$——$r_{\mathrm{II}} \times 1$ 的子向量;

$\bar{f}_{\mathrm{I}}$ 和 $\bar{f}_{\mathrm{II}}$——$\int_{\Gamma} T_{ji}^{*}(y,x)\bar{u}_j(y)\mathrm{d}\Gamma(y)$ 和 $-\int_{\Gamma} U_{ji}^{*}(y,x)\bar{f}_j(y)\mathrm{d}\Gamma(y)$ 的离散求和所得的已知量。

用全元高斯消法求解式(5-7),即得到所有未知的节点位移和面力。这种方法因为直接得到边界上的实际物理量,所以称为直接边界单元法。

将所有球的边界节点位移和面力代入式(5-2),即可求得域内任意一点 x 的位移(注意此时 $C_{ji} = \delta_{ji}$)。对位移求偏导数,再代入几何方程,可以得到应变,进而通过物理方程求得域内任一点的应力值。

为便于读者应用,以下给出二维及三维各向同性无限域的基本解和边界内点应力计算公式(式中符号参见图 5-1)。

(1)二维问题基本解

$$\left.\begin{aligned}U_{ij}^{*}&=\frac{1}{8\pi G(1-\upsilon)}\left[(3-4\upsilon)\ln\left(\frac{1}{r}\right)\delta_{ij}+r_{i},r_{j}\right]\\T_{ij}^{*}&=-\frac{1}{4\pi(1-\upsilon)r}\left\{r_{n}\left[(1-2\upsilon)\delta_{ij}+2r_{i},r_{j}\right]-(1-2\upsilon)(r_{i},n_{j}-r_{j},n_{i})\right\}\end{aligned}\right\}\quad(5\text{-}10)$$

(2)三维问题基本解

$$\left.\begin{aligned}U_{ij}^{*}&=\frac{1}{16\pi G(1-\upsilon)r}\left[(3-4\upsilon)\delta_{ij}+r_{i},r_{j}\right]\\T_{ij}^{*}&=-\frac{1}{8\pi(1-\upsilon)r^{2}}\left\{r_{n}\left[(1-2\upsilon)\delta_{ij}+3r_{i},r_{j}\right]-(1-2\upsilon)(r_{i},n_{j}-r_{j},n_{i})\right\}\end{aligned}\right\}\quad(5\text{-}11)$$

(3)二维、三维问题内点应力公式

$$\sigma_{ij}=\int_{\Gamma}D_{Kij}u_{K}\mathrm{d}\Gamma-\iint_{\Gamma\Omega}S_{Kij}b_{K}\mathrm{d}\Omega \tag{5-12}$$

式中　D_{Kij}、S_{Kij}——三阶张量。

二、无限域及半无限域问题

对于深埋地下洞室,可以看做无限域问题,地面较平缓的浅埋洞室可视为半无限域问题,如图 5-2 所示。

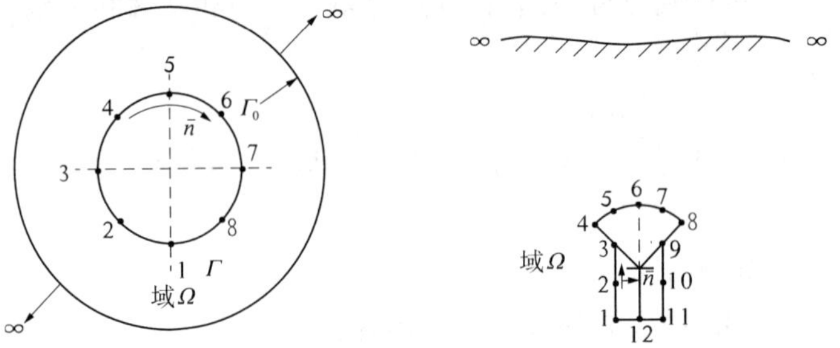

(a) 无限域内的洞室　　(b) 半无限域内的洞室

图 5-2　无限域内边界元剖分示意图

对于无限域内开挖的洞室,可看做有内边界 Γ 与趋向于无穷远的外边界 Γ_0 所包围的域内问题。此时边界积分方程可些微(不计体积力):

$$C_{ji}+\lim_{r_0\to\infty}\int_{\Gamma+\Gamma_0}T_{ji}^{*}u_{j}\mathrm{d}\Gamma=\lim_{r_0\to\infty}\int_{\Gamma+\Gamma_0}U_{ji}^{*}t_{j}\mathrm{d}\Gamma \tag{5-13}$$

一般地,当 $r_0\to\infty$ 时,外边界 $u_j\to 0$, $t_j\to 0$,则上式与式(5-1)无体积力情况即有限域情况相同,若不是如此,则需考虑在 Γ_0 上的积分。

要注意区分域内和域外,否则会引起外发现方向 $\bar{n}$ 的混乱。这与节点变化的顺序有关,通常统一规定为:当人按节点顺序沿边界向前行走时,其右手方向为外法线方向,即域外方向,图 5-2 中都是按此方法编节点顺序的,这习惯上称为右手法则。

此外,要注意系数矩阵[$\boldsymbol{H}$]中对角阵 $H_{ii}(3\times3)$ 的计算问题,在有限域问题情况下,为了避免奇异积分,[$\boldsymbol{H}_{ii}$]可通过间接方法,即所谓刚体位移法计算

$$[\boldsymbol{H}_{ii}] = -\sum_{\substack{j=1\\j\neq i}}^{n}[\boldsymbol{H}_{ij}] \tag{5-14}$$

但对无侧限域则为

$$\left.\begin{aligned}&[\boldsymbol{H}_{ii}] = -\sum_{\substack{j=1\\j\neq i}}^{n}[\boldsymbol{H}_{ij}] - \lim_{r_0\to 0}\int_{\Gamma_0}\boldsymbol{T}_{ji}^{*}\,\mathrm{d}\Gamma\\&\lim_{r_0\to 0}\int_{\Gamma_0}\boldsymbol{T}_{ji}^{*}\,\mathrm{d}\Gamma = \boldsymbol{\delta}_{ji}\end{aligned}\right\} \tag{5-15}$$

则得到

$$[\boldsymbol{H}_{ii}] = -\sum_{\substack{j=1\\j\neq i}}^{n}[\boldsymbol{H}_{ij}] + [\boldsymbol{I}] \tag{5-16}$$

式中　$[\boldsymbol{I}]$——3×3 单位阵。

关于对称性的无限域问题，如图 5-3 所示的球形洞室，可仅取其 1/8 进行计算，这时 $[\boldsymbol{H}_{ii}]$的计算应由下式进行，即

$$[\boldsymbol{H}_{ii}] = -\sum_{\substack{j=1\\j\neq i}}^{n}[\boldsymbol{H}_{ij}] + \alpha[\boldsymbol{I}] \tag{5-17}$$

式中　α——对称性系数，$\alpha = 2^{-n}$；

　　　n——对称面个数。

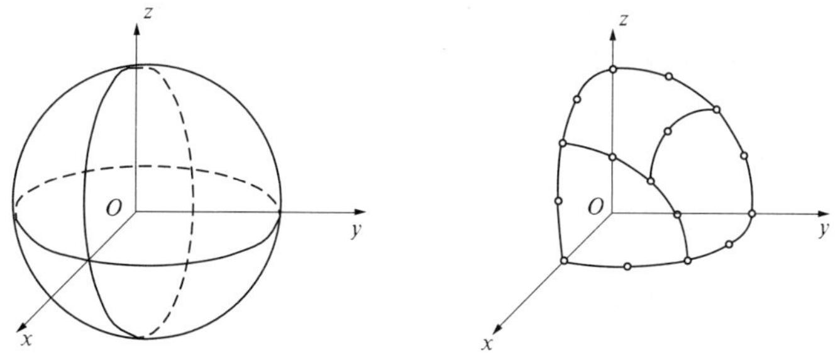

图 5-3　无限域中球形洞室的边界元剖分

对于半无限域问题可有两种处理方式：一种是仍采用无限域基本解，即 Kelvin 解，除对洞室表面进行剖分划分单元外，也要对地表面划分单元，这同样也存在处理无穷远边界问题。有人采用类似有限元中取计算范围的方法，在半空间中以 3～5 倍洞室最大特征直径画出半个球面（二维为半圆），并进行剖分，仍按有限域计算（见图 5-4(a)）。亦可以在平面图四周（二维为两端）引入无限远，如图 5-4(b)所示。表示单元几何特征的插值函数为

$$N_1 = -\xi, N_2 = 1 + \xi \tag{5-18}$$

采用映射坐标 ξ' 把 $-1\sim\infty$ 的积分变为 $-1\sim+1$ 的积分，如图 5-4(c)所示，把 $\xi' = \xi/(2+\xi)$ 或 $\xi = 2\xi'/(1-\xi')$ 代入式(5-18)有

$$N_1 = \frac{2\xi'}{\xi'-1}, N_2 = \frac{1+\xi'}{1-\xi'} \tag{5-19}$$

此时，二维弹性力学直接边界元系数的积分计算可由下式给出

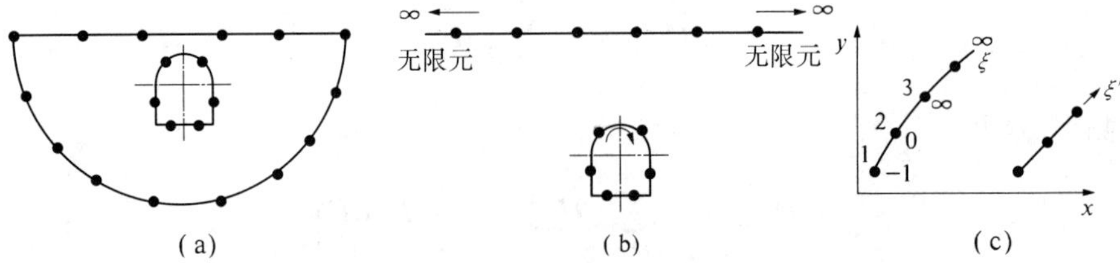

图 5-4　无限域问题处理方法示意

$$\left.\begin{aligned}[\boldsymbol{H}_{ij}^{e}] &= \int_{-1}^{1}[\boldsymbol{N}^{e}][\boldsymbol{T}_{ij}^{*}]^{e}\,|J|\,\frac{2}{(1-\xi')}\mathrm{d}\xi' \\ [\boldsymbol{G}_{ij}^{e}] &= \int_{-1}^{1}[\boldsymbol{N}^{e}][\boldsymbol{U}_{ij}^{*}]^{e}\,|J|\,\frac{2}{(1-\xi')}\mathrm{d}\xi'\end{aligned}\right\} \tag{5-20}$$

另一种方法是,即采用半无限域基本解代替 Kelvin 解作为权函数直接引入边界积分方程,这种基本解叫 Mindlin 解。它的特点是在半空间自由平面上自然满足边界条件,因此不必要进行离散划分单元,只对洞室内平面剖分即可。但当地面形状复杂倾斜及考虑体积力时,采用 Mindlin 解受到一定限制,因此应用尚不广泛。

三、非均匀介质问题

非均匀岩土材料是地下工程经常遇到的情况。边界元处理这类现象不像有限单元法那么简单(只改变单元材料参数即可),而是采用分区耦合的方法,即每一种材料作为一个分区,各自在边界上离散,但交界面上节点单元必须重合,按分区各自建立边界元方程。如图 5-5 所示有两种介质共存在域 Ω 中的 Ω_1 及 Ω_2 中,Γ_c 为交界界面。

对于 Ω_1,有

$$[H^1 \quad H_e^1]\begin{Bmatrix}u^1\\u_c^1\end{Bmatrix} = [G^1 \quad G_e^1]\begin{Bmatrix}t^1\\t_c^1\end{Bmatrix} \tag{5-21}$$

对于 Ω_2,有

$$[H^2 \quad H_e^2]\begin{Bmatrix}u^2\\u_c^2\end{Bmatrix} = [G^2 \quad G_e^2]\begin{Bmatrix}t^2\\t_c^2\end{Bmatrix} \tag{5-22}$$

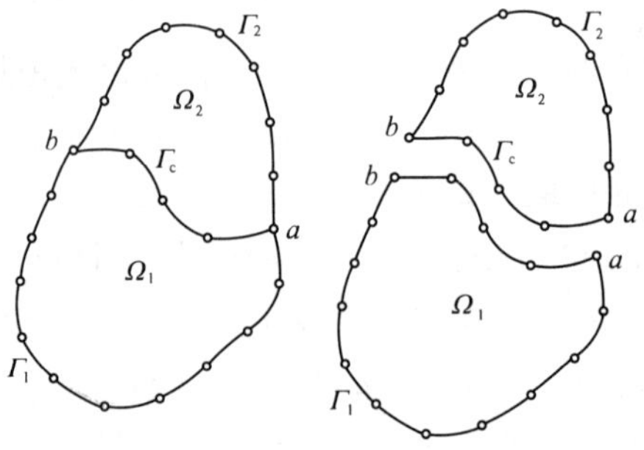

图 5-5　非均匀介质边界元法示意

利用交界面的 Γ_c 上的位移连续条件和平衡条件可得下式

$$u_c^1 = u_c^2 = u_c,\ t_c^1 + t_c^2 = 0 \tag{5-23}$$

将式(5-21)、式(5-22)耦合,则有

$$\begin{bmatrix} H^1 & H_c^1 & -G_c^1 & 0 \\ 0 & H_c^2 & G_c^2 & H^2 \end{bmatrix} \begin{Bmatrix} u^1 \\ u_c \\ t_c \\ u^2 \end{Bmatrix} = \begin{bmatrix} G^1 & 0 \\ 0 & G^2 \end{bmatrix} \begin{Bmatrix} t^1 \\ t^2 \end{Bmatrix} \tag{5-24}$$

应注意的是，Γ_c 对两个分区来说，外法线方向正好相反。另外，如图 5-5 所示，a、b 两个节点，由于节点两侧单元的外法线方向不同，会出现面力不连续问题，需特别处理。

四、构造节理处理

岩体中的节理断层等结构面的处理，要用到间接边界元法中的位移不连续法。节理两侧的相对位移可看做不连续位移，以 u'_s、u''_n 表示切向、法向相对位移，则节理的应力为

$$\boldsymbol{\tau}_s = \boldsymbol{K}_s \boldsymbol{u}'_s \qquad \boldsymbol{\sigma}_n = \boldsymbol{K}_n \boldsymbol{u}'_n \tag{5-25}$$

在图 5-6 中包含有节理的求解域，可将洞室边界分为 n_1 个单元，节理分为 n_2 个单元，对洞室边界采用间接边界元的应力不连续法，对节理用位移不连续法建立总体边界方程。在不考虑体积力情况下，对任一节点 i 有如下方程

$$\{\boldsymbol{u}\}^i = \sum_{e=1}^{n_1} \sum_{a=1}^{m} [\boldsymbol{G}_{ij}^a] \{\boldsymbol{q}_j^a\} + \sum_{e=n_1+1}^{n} \sum_{a=1}^{m} [\boldsymbol{B}_{ij}^a] \{\boldsymbol{u}_j^a\} \tag{5-26}$$

$$\{\boldsymbol{\sigma}\}^i = \sum_{e=1}^{n_1} \sum_{a=1}^{m} [\boldsymbol{H}_{ij}^a] \{\boldsymbol{q}_j^a\} + \sum_{e=n_1+1}^{n} \sum_{a=1}^{m} [\boldsymbol{A}_{ij}^a] \{\boldsymbol{u}_j^a\} \tag{5-27}$$

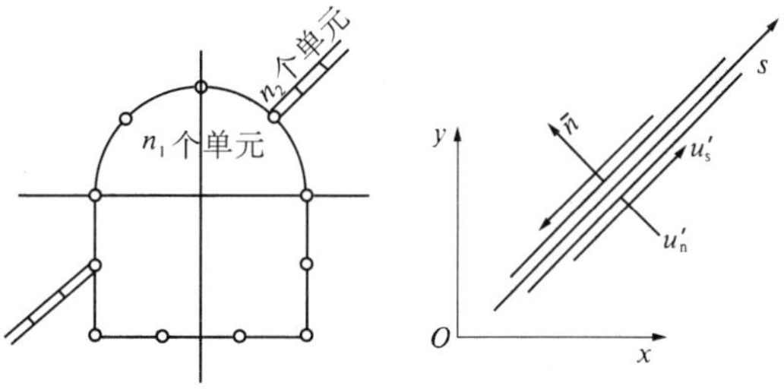

图 5-6　边界元法中的节理单元

式中，$n = n_1 + n_2$，m 为单元节点数。相应的系数$[\boldsymbol{G}_{ij}^a]$、$[\boldsymbol{H}_{ij}^a]$、$[\boldsymbol{B}_{ij}^a]$、$[\boldsymbol{A}_{ij}^a]$的计算请参考间接边界元法的论述。要注意的是，u'_s、u'_n 是以节理单元局部坐标定义的，建立上述方程应转换至整体坐标。对于洞室边界上的节点，如给定位移，则用式(5-26)列出方程；如给定力，则按式(5-27)列出方程。对节理单元应按应力条件和式(5-27)给出方程

$$\left.\begin{aligned} \{\boldsymbol{K}_s \boldsymbol{u}'_s\} &= \sum_{e=1}^{n_1} \sum_{a=1}^{m} [\boldsymbol{H}_{ij}^a] \{\boldsymbol{q}_j^a\} + \sum_{e=n_1+1}^{n} \sum_{a=1}^{m} [\boldsymbol{A}_{ij}^a] \{\boldsymbol{u}'^a_{sj}\} \\ \{\boldsymbol{K}_n \boldsymbol{u}'_n\} &= \sum_{e=1}^{n_1} \sum_{a=1}^{m} [\boldsymbol{H}_{ij}^a] \{\boldsymbol{q}_j^a\} + \sum_{e=n_1+1}^{n} \sum_{a=1}^{m} [\boldsymbol{A}_{ij}^a] \{\boldsymbol{u}'^a_{nj}\} \end{aligned}\right\} \tag{5-28}$$

或

$$\{[\boldsymbol{K}]\{\boldsymbol{u}\}\}_i = \sum_{e=1}^{n_1} \sum_{a=1}^{m} [\boldsymbol{H}_{ij}^a] \{\boldsymbol{q}_j^a\} + \sum_{e=n_1+1}^{n} \sum_{a=1}^{m} [\boldsymbol{A}_{ij}^a] \{\boldsymbol{u}_j^e\}$$

列出所有节点方程后，求解方程组即可得到虚拟荷载$\{q_j^a\}$和不连续位移$\{u_j\}$，从而计

算域内及节理的应力和位移。

第三节　离散单元法

离散单元法(Discrete Element Method,DEM)于1971年由P. Cundall提出,并于20世纪80年代中期引入我国。该方法正如其名称一样,主要应用于节理发育岩体的应力、应变和变形分析。目前,在水利、交通、隧道、采矿工程中得到了较为广泛的应用。

传统的岩土力学分析方法一般是将岩体作为连续介质对待,按照经典连续介质力学方法进行分析,根据岩体不同的力学性质,建立了不同的本构方程(见第二章),从而岩体具有了弹性、塑性和黏性等基本力学特性。然而,自然界的岩体往往在构造过程中形成了大量的节理或软弱结构面,这些结构面将岩体划分成大小不等、性质各异的岩块,在开挖区域附近,岩体往往非常破碎,具有明显的不连续特征,有些岩块甚至脱离母岩而发生运动。针对这样的岩体,在采用数值计算方法进行模拟的时候,由于变形过大,不能按照传统连续介质力学分析方法中有限单元或有限差分方法进行分析,而应采用离散单元法。

有限单元法的理论基础是表述最小总势能的变分原理,边界单元法的理论基础是表述Betti互等定理的积分方程,而离散单元法的基本原理是最简单、最基本的牛顿第二定律,即$F=ma$(在转动时有$M+I\ddot{\theta}$)。

离散单元法以受裂隙切割成分离的块体为出发点,块与块之间的相互作用是块体的角与面或面与面之间的接触作用,块体可以允许有大的位移。在某些情况下,当滑坡或冒顶时,岩块可以滑动甚至脱离母体而自由下落。

离散单元法中块体的运动取决于邻接块施加于块体上的力,如果块体上受力不能达到平衡,那么块体在不平衡力的作用下就会产生运动,而块体的运动遵守牛顿第二定律,即平移的时候有$F=ma$,转动时候有$M+I\ddot{\theta}$。其求解方法不像有限单元法那样采用以位移为未知量,通过求解大型总体刚度矩阵而获得计算结果的隐式解法,而是采用以时步渐近迭代的、动态松弛的显式解法。离散单元法不用解一个大矩阵,而以多次迭代为代价。

离散单元法所要解决的问题主要有两个,其一是块体本身的运动及变形描述,其二是众多块体之间的接触本构关系。现以刚性块体为例加以说明。

设一块体,其质量为m,转动惯量为I,则其运动方程可写成

$$m_i U + C_i U + F_i = 0 \tag{5-29}$$

$$I_i \phi + D_i \phi + M_i = 0 \tag{5-30}$$

式中　F_i——作用在块体上的合外力;

M_i——作用在块体上的合外力矩;

C_i、D_i——阻尼系数;

U、ϕ——位移矢量和转动位移。

上式表明离散单元之间的相互作用是一振动系统,差分时步Δt应小于$2\sqrt{m/k}$,k值是块体的刚度系数。

块体之间相互作用的本构关系为

$$\Delta F_n = K_n \Delta u_n \tag{5-31}$$

$$\Delta F_s = K_s \Delta u_s \tag{5-32}$$

式中　ΔF_n、K_n、Δu_n——块体之间接触的法向作用力、刚度、位移；

ΔF_s、K_s、Δu_s——块体之间接触的切向作用力、刚度、位移。

因块体之间的接触不同，其 K_n、K_s 表达式各异，当块体之间为边－边弹性接触时，K_n、K_s 分别为

$$K_n = \frac{Ea}{2b} \qquad K_s = \frac{Ga}{2b} \tag{5-33}$$

式中　a、b——块体接触边的长度及宽度。

最初发展的离散单元法仅限于刚性块体，20 世纪 70 年代末期，人们开始将块体考虑成可变形的，其中有 Cundall（1978）的 SDE 方法，即简单变形单元。它是很实用的，并且已在 UDEC 及改进的 SDEM 程序中使用，这种方法进一步发展成为以显式有限差分方程为基础的完全变形单元（Fully Deformable Distinct Element）。

完全变形单元是基于有限单元法的思想提出的（J. Ghaboussi，1988），每个块体用三个四边形有限单元来模拟，其分析方法类似于一个标准的非线性有限单元分析。它与有限单元法的主要区别在于用相邻块体的接触模型代替相邻单元的连续条件。至此，离散单元法基本上具备了有限单元法及有限差分法的主要优点，而又能分析块体的运动。

为了减少用于模拟真实介质的块体数目，离散元－边界元耦合分析得到了迅速发展。一般在内域用少量离散单元模拟，而远场介质却用边界元来近似，这可以大大节约计算机内存及 CPU 时间。

经过近 20 年的研究和实际应用，特别是近年来关于离散单元法理论基础的建立及完善，这类方法已发展成为地质工程分析的十分有效的工具。

我国在离散单元法研究方面起步较晚，1985 年左右才开始进行刚性块体的分析，并引进修改了 HYDEBE、BALL 软件，近年才开始进行可变形块体的分析，并逐步修改和推广使用 UDEC。在我国，有两本这方面的专著可供读者应用和深入研究离散单元时参考。一本为王泳嘉、邢纪波著的《离散单元法及其在岩土力学中的应用》，另一本是魏群的《散体单元法的基本原理数值方法及程序》。本节简要介绍离散单元法的基本原理。

一、块体接触的本构模型

（一）块体接触类型

对于平面问题，块体之间的接触共有三种模式，即角－角接触、角－边接触和边－边接触。其基本的接触模式是角－边接触，边－边接触可以看成是两个角－边接触的组合，所有块体都被倒圆角，以消除尖角带来的奇异性及嵌入。块体之间的边－边接触看成一个节理，并用接触应力的概念代替接触力，当节理不再保持为一个平面时（即块体分开时），节理变成一个点接触，或用如下的判据

$$S_{nj} l_j < S_n \tag{5-34}$$

式中　l_j——节理的长度；

S_n——点接触法向刚度；

S_{nj}——节理的法向刚度。

对于角－边接触，力和位移的增量表达式同式(5-31)和式(5-32)，其 K_n、K_s 分别为

$$\left.\begin{aligned} K_n &= 常数 \quad 当压缩时 \\ K_s &= 常数 \quad 当 F_s < F_{sm} 时 \\ K_n &= K_s = 0 \quad 当 F_n > F_{nc} 时 \end{aligned}\right\} \tag{5-35}$$

式中 $F_{sm} = c + F_n \tan(\alpha + \theta_d)$；

c——黏结力；

α——摩擦角；

θ_d——爬坡角(或剪胀角)；

F_{nc}——抗拉强度。

对于边－边接触形成的节理，情形要复杂一些，理论上讲，节理是没有厚度的，而软弱节理因存在软弱夹层，实际上是有厚度的，其变形大致相同，其法向变形曲线呈指数规律

$$U_n = U_{nm}\left[1 - \exp\left(-\frac{\sigma_n}{K_{jn}}\right)\right] \tag{5-36}$$

式中 U_{nm}——结构面最大压缩量；

K_{jn}——结构面法向刚度。

当 σ_n 在数值上小于 K_{jn}时，则式(5-36)可近似简化为

$$U_n = U_{nm}\left(\frac{\sigma_n}{K_{jn}}\right) = \frac{\sigma_n}{K_n} \tag{5-37}$$

(二)剪切变形

在一定的法向压力作用下，结构面在剪力作用下产生的变形有两种基本形态，一种为塑性变形，另一种为脆性破坏。后者当应力达到破坏极限后将产生显著的应力降，而变形仍在连续发展，破坏极限应力表现为剪应力变形曲线上的应力峰值，一般用剪切刚度 K_s 来表达其特征，即

$$K_s = \frac{\Delta\tau}{\Delta u_s} \tag{5-38}$$

当作用于结构面的法向力变化时，剪切变形曲线有两种变化形态，一种为常刚度变形曲线，另一种为变刚度变形曲线。当结构面坚硬时，则 K_s 为常数；当结构面软弱时，K_s 为变值。一般可用下式描述，即

$$K_s = K_{s0} + f_{ks}\sigma_n \tag{5-39}$$

(三)抗剪强度

结构面抗剪强度可以用库仑判据表示：

$$\tau = \sigma_n \tan\varphi_j + c_j$$

或

$$\tau = f_j\sigma_n + c_j \tag{5-40}$$

式中 φ_j、f_j——结构面摩擦角及摩擦系数；

c_j——黏结力。

当结构面起伏不平或不规整时，结构面的 c_j、φ_j 值将随 σ_n 变化；当结构面凸凹不平时，结构面的剪切运动会引起岩体体积膨胀，即剪胀(Dilation)或爬坡效应，并可用剪胀角

θ_d 来描述

$$\tan\theta_d = \frac{\Delta u_n^v}{\Delta u_s} \tag{5-41}$$

实际上,剪胀角随着结构面正应力的增加而减小(见图 5-7)。剪胀角计算如下

$$\phi = \frac{b\phi_0}{\phi_0\sigma_n + b} \tag{5-42}$$

$$r_d = \frac{JRC}{\tan\phi} \tag{5-43}$$

$$F = \frac{\max[0,(r_d - r_{acc})]}{r_d} \tag{5-44}$$

$$r_{acc} = r_{acc} + \left|\Delta u_s - \frac{\Delta\tau}{K_s}\right| \tag{5-45}$$

$$\theta_d = F\phi \tag{5-46}$$

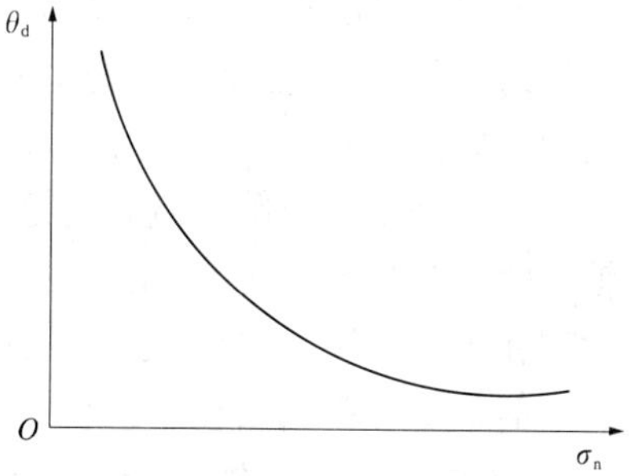

图 5-7　剪胀角与正应力的关系

式中　JRC——节理粗糙度;

ϕ_0、b——常数;

r_{acc}——计算过程的累积变量,初始值为 0;

θ_d——实际剪胀角;

其他符号含义同前。

二、块体变形及破坏

(一)岩体变形及破坏机制

当用离散单元法来分析岩体变形时,将组成岩体的基本成分——结构体和结构面分别考虑,即把结构体看做离散单元,而离散单元之间的接触即为结构面。因此,它能十分有效地分析地质体的变形,特别是结构大变形。

岩体破坏是指岩体结构改组或结构联结的丧失现象,根据分析研究,岩体破坏机制主要有 7 种:①张破裂;②剪破坏;③结构体沿软弱结构面滑动;④结构体滚动;⑤倾倒;⑥溃屈破坏;⑦弯折破坏。

当用离散单元法来分析破坏现象时,关键是对结构面及结构体破坏行为的描述,对于结构面的情况,已在前面作了描述。而结构体的破坏主要是张破裂及剪破坏两种,其破坏准则将随后叙述。

(二)简单变形单元

在离散单元法的大多数应用中,块体被假设为刚性的,离散系统的总体位移和变形是由刚性块体之间接触的相对位移的总体反映,即忽略了块体本身的变形,仅考虑了岩体的结构变形,这在一些情况下是合理的,如低地应力、坚硬岩体,但在另一些情况下,块体本身的变形是不能忽视的。因此,合理考虑块体本身的变形及破坏特征便成为离散单元法发展后期的主要内容。

考虑块体变形的方法主要有如下几种:

(1)简单变形单元法(SDE);

(2)完全变形单元法(FDE);

(3)有限元法。

近年来,J. R. Williams 等开展了离散单元法的理论基础研究,从力学公理体系来论证离散单元法的公式,认为离散单元法可以从一个标准的有限元公式推导出来,其公式的变化依赖于模量的选择(即试函数),并指出,现在的离散单元法中,以剪应变作为模量是不正确的,因为对于任意形状的单元,其转动是非正交的。因此,认为 SDE 法以及其他一些类似的离散单元法,存在理论上的问题。这些方法只有在十分严格的条件下才是正确的,即①变形是相对于单元质心坐标原点的局部坐标得到的;②局部坐标轴必须选为单元主轴;③块体单元的惯性主矩不变。但因为这类方法十分简便,而且具有一定的实用性,因此现在仍在使用,只是在划分块体单元时要小心。

简单变形单元法在考虑块体变形时,首先考虑其体积变形。为了使此方法可用于动态分析,在块体周边施加均匀压力 P 之前,块体内部均匀应力 σ_0^{I} 为零。当瞬间施加力 P 后,均匀应力围绕 P 的平均值上下摆动,最后等于 P。块体周边向内位移而引起体积变化 ΔV,体积应变为 $\varepsilon_{\mathrm{V}}=\Delta V/V$。若 K 为体积模量,则有 $\varepsilon_{\mathrm{V}}=P/K$。然后采用下列块体应变率的运动定律

$$\varepsilon_{\mathrm{V}} = \varepsilon_{\mathrm{V0}} + \frac{(p-\sigma_0^{\mathrm{I}})\Delta t}{m} \tag{5-47}$$

和本构关系

$$\sigma^{\mathrm{I}} = \sigma_0^{\mathrm{I}} + K\varepsilon_{\mathrm{V}}\Delta t \tag{5-48}$$

块体的形状变化通过 ε_{11}、ε_{22}、$\varepsilon_{12}+\varepsilon_{21}$来反映,其定义如图 5-8 所示。这样,就有三个形变量、两个刚体位移和一个刚体转动,共计六个自由度。

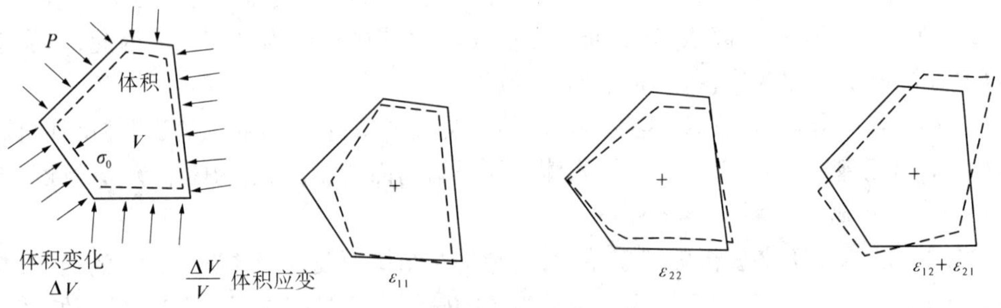

图 5-8　简单变形块体

在块体为刚体时,求块体边界位移增量,以便求得接触点的法向位移增量和切向位移增量来确定接触作用力,这时,边界位移是由块体形心位移和转动确定的。块体改为变形体后,其边界位移与应变有关。以体积压缩为例,边界上每个点位移矢量指向形心,其大小应与距形心的距离成比例。块体边界接触位移增量可按下式计算

$$\Delta u_i^c = (\Delta\varepsilon_{ij} + \Delta R_{ij})X_j^c + \Delta u_i \tag{5-49}$$

式中　ΔR_{ij}、Δu_i——刚体的转动和位移;

X_j^c——接触点对形心的坐标;

c——接触点或块体角点。

块体中的平均应力可由块体周边各接触点的作用力计算，即

$$\sigma_{ij} = \frac{\sum^{c} F_i^c X_j^c}{V} \tag{5-50}$$

式中 F_i^c——接触点 c 的作用力；

X_j^c——c 点距形心的坐标。

(三)完全变形块体

完全变形块体法于 1978 年由 Cundall 等用于考虑块体的变形，其基本点是：计算区域由一组不连续变形块体组成，每个块体被剖分成众多常应变三角形单元，并看做连续介质。

每个块体用二维显式有限差分三角形网格剖分，用 Lagrangian 方法处理大变形，空间和时间的微分用中间差分表示，并按平面应变条件处理。

在每一时步下，首先将应力积分(或叠加)计算力，然后确定加速度、速度和位移，并由位移求应变，再使用本构方程，由应变计算应力，进入下一时步的计算。

问题的关键在于块体之间的接触，当一块体的节点Ⅳ与任一别的块体接触时，便在接触点产生一新的节点 N'，被接触的三角形单元被剖分成两个，当 N 点沿其接触的块体运移时，N' 也随其运移。

主要的公式描述如下：

(1)应力—应变关系。

$$\Delta\sigma_{ij}^e = \lambda\Delta\varepsilon_V\delta_{ij} + \mu\Delta\varepsilon_{ij}^e \tag{5-51}$$

式中 λ、μ——Lame 常数；

$\Delta\sigma_{ij}^e$、$\Delta\varepsilon_{ij}^e$——单元的应力、应变增量；

$\Delta\varepsilon_V = \Delta\varepsilon_{11} + \Delta\varepsilon_{22}$。

(2)运动方程。

运动方程用式(5-29)和式(5-30)描述，只是作用力需要由应力大小来确定(见图 5-9)。

$$F_x^N = \frac{1}{2}\sum_m \left[\sigma_{xx}^M(Y_E^M - Y_S^M) - \sigma_{xy}^M(X_E^M - X_S^M)\right] \tag{5-52}$$

$$F_y^N = \frac{1}{2}\sum_m \left[\sigma_{xy}^M(Y_E^M - Y_S^M) - \sigma_{yy}^M(X_E^M - X_S^M)\right] \tag{5-53}$$

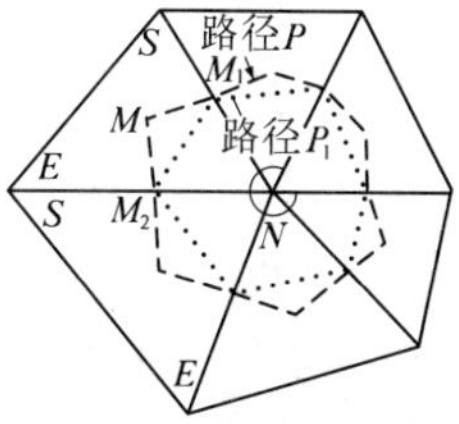

图 5-9 力与应力的换算图

(3)应变—位移关系。

$$\left.\begin{aligned}
\dot{\varepsilon}_{xx} &= \frac{\partial \dot{u}_x}{\partial x} \\
\dot{\varepsilon}_{yy} &= \frac{\partial \dot{u}_y}{\partial y} \\
\dot{\varepsilon}_{xy} &= \frac{1}{2}\left[\frac{\partial \dot{u}_x}{\partial y} + \frac{\partial \dot{u}_y}{\partial x}\right] \\
\dot{R}_{xy} &= \frac{1}{2}\left[\frac{\partial \dot{u}_x}{\partial y} - \frac{\partial \dot{u}_y}{\partial x}\right]
\end{aligned}\right\} \tag{5-54}$$

式中　$\dot{u}_i$——位移张量；

$\dot{R}_{ij}$——转动分量。

对于三角形常应变三角形单元有

$$\begin{bmatrix}\dot{u}_x\\ \dot{u}_y\end{bmatrix}=\begin{bmatrix}\dot{\varepsilon}_{xx} & \dot{\varepsilon}_{xy}+\dot{R}_{xy}\\ \dot{\varepsilon}_{xy}-\dot{R}_{xy} & \dot{\varepsilon}_{yy}\end{bmatrix}\begin{bmatrix}x\\ y\end{bmatrix}+[\dot{u}_{x0}\quad \dot{u}_{y0}] \tag{5-55}$$

式中　$\dot{u}_{x0}$、$\dot{u}_{y0}$——刚体运动速度。

为了消除单元的刚性位移，相对于节点 1，三角形（见图 5-10）的坐标和速度可改写为

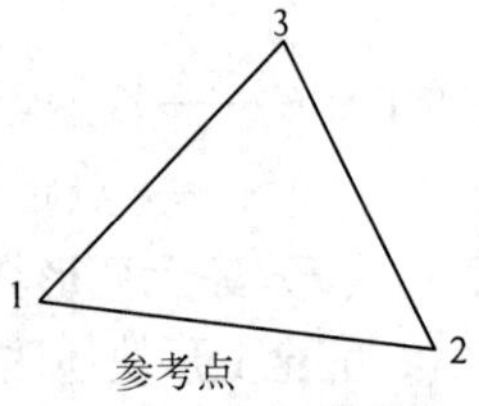

图 5-10　网格节点编号

$$\left.\begin{aligned}x_2&=x(2)-x(1)\\ y_2&=y(2)-y(1)\\ x_3&=x(3)-x(1)\\ y_3&=y(3)-y(1)\end{aligned}\right\},t=\left(n+\frac{1}{2}\right)\Delta t;\quad \left.\begin{aligned}\dot{u}_{x2}&=\dot{u}_x(2)-\dot{u}_x(1)\\ \dot{u}_{y2}&=\dot{u}_y(2)-\dot{u}_y(1)\\ \dot{u}_{x3}&=\dot{u}_x(3)-\dot{u}_x(1)\\ \dot{u}_{y3}&=\dot{u}_y(3)-\dot{u}_y(1)\end{aligned}\right\},t=n\Delta t \tag{5-56}$$

则

$$\begin{bmatrix}\dot{u}_{x2} & \dot{u}_{x3}\\ \dot{u}_{y2} & \dot{u}_{y3}\end{bmatrix}=\begin{bmatrix}\dot{\varepsilon}_{xx} & \dot{\varepsilon}_{xy}+\dot{R}_{xy}\\ \dot{\varepsilon}_{xy}-\dot{R}_{xy} & \dot{\varepsilon}_{yy}\end{bmatrix}\begin{bmatrix}x_2 & x_3\\ y_2 & y_3\end{bmatrix} \tag{5-57}$$

或

$$\left.\begin{aligned}\dot{\varepsilon}_{xx}&=\frac{(\dot{u}_{x2}y_3-\dot{u}_{x3}y_2)}{DET}\\ \dot{\varepsilon}_{yy}&=\frac{(-\dot{u}_{y2}x_3-\dot{u}_{y3}x_2)}{DET}\\ \dot{\varepsilon}_{xy}&=\frac{(-\dot{u}_{x2}x_3+\dot{u}_{x3}x_2+\dot{u}_{y2}y_3-\dot{u}_{y3}y_2)}{2DET}\\ \dot{R}_{xy}&=\frac{(-\dot{u}_{x2}x_3+\dot{u}_{x3}x_2-\dot{u}_{y2}y_3+\dot{u}_{y3}y_2)}{2DET}\end{aligned}\right\} \tag{5-58}$$

式中　$DET=x_2y_3-y_2x_3\neq 0$，除非 1、2、3 在两条直线上。

（4）时步的计算。

$$V_{\mathrm{P}}=\sqrt{\frac{\lambda+2\mu}{\rho}} \tag{5-59}$$

式中　V_{P}——应力波速；

ρ——密度。

时步 Δt 由下式确定

$$\Delta t=\min\left[\frac{d_{(mn)}}{V_{\mathrm{P}(mn)}}\right] \tag{5-60}$$

式中　$d_{(mn)}$——同一三角形网格的两个角点 m、n 之间的距离；

$V_{\mathrm{P}(mn)}$——通过这两个角点的 P 波速度。

(5)差分网格的自动生成。

完全变形块体的有限差分网格的自动生成分三步完成。首先,块体边界的所有角点相连,以便于形成三角形有限差分网格;其次,这些三角形网格被进一步剖分;最后,直到所有三角形的边长都小于用户指定的某个最大边长值,以使它们彼此比较均匀。对长宽比在 2∶1 以内的块体,网格自动生成十分有效。

(四)块体的破裂

在一定的应力作用下,块体将发生破裂,通常见到的块体破裂现象是块体角点的断裂和块体内部的破裂。由于块体的角点在相对较低的应力作用下便会破坏,而这种破坏对整个块体系统的力学行为影响不大,因此从实用的角度,当把块体考虑成可变形时,将块体的每个角点都倒圆角,从而免去了角点破坏情况的考虑。

关于块体本身的破坏,主要有两种破坏形式:一是剪切破坏,二是张破裂。UDEC 最初是用 Brazilian Test(巴西劈裂试验)结果来分析张破裂的,现在是用 Griffith 理论来分析张破裂的,用 Coulomb - Mohr 准则来判别剪切破坏或块体的塑性流动。

(1)Griffith 理论。是 1921 年 A. A. Griffith 研究脆性物体的破坏时提出的,即认为脆性物体的破坏是由物体内部存在的裂隙所决定的,并从理论上分析了裂隙的扩展条件及规律,对于二维应力状态,Griffith 强度准则为

$$\left.\begin{aligned} &\text{当 } 3\sigma_3 + \sigma_1 < 0 \text{ 时} \qquad && R_t = \sigma_3 \\ &\text{当 } 3\sigma_3 + \sigma_1 \geqslant 0 \text{ 时} \qquad && R_t = \frac{-(\sigma_3 - \sigma_1)^2}{8(\sigma_1 + \sigma_3)} \end{aligned}\right\} \tag{5-61}$$

式中 σ_1——最大主应力;

σ_3——最小主应力;

R_t——材料单轴抗拉强度。

根据试验结果,张破裂面可理想化为通过块体质心,并与 σ_1 方向平行。当块体应力超过 R_t 时,块体被分成两块。

该准则可用于刚性块体和简单变形块体。

(2)Coulomb - Mohr 准则。该准则的数学描述为

$$\sigma_1 = \frac{1 + \sin\varphi}{1 - \sin\varphi}\sigma_2 + \frac{2c \cdot \cos\varphi}{1 - \sin\varphi} \tag{5-62}$$

该准则用于完全变形块体弹塑性分析。

第四节 非连续变形分析

回顾岩土工程数值计算中模拟不连续介质的发展历史,可以看出,数值计算中对不连续介质的模拟计算发展很快,在实际工程中获得了广泛使用。最早对岩土体裂隙的模拟要追溯到古德曼(Goodman)、泰勒(Taylor)和伯利克(Brekke)等发展的节理单元(见本书第四章),该方法主要用于有限单元法(FEM)对不连续介质的模拟。Cundall 提出的离散单元法(DEM)现在已经被广泛应用于节理或块状岩体的力学行为模拟(本章第三节)。这两种方法都是用虚拟力来调整滑动和阻止块体重叠。

非连续变形分析法(Discontinuous Deformation Analysis,DDA)于1980年由石根华提出,主要用于分析非连续节理岩体的力学响应。近年来,非连续变形分析方法发展很快,应用也越来越多。

一、DDA与FEM、DEM的比较

非连续变形分析法(DDA)与离散单元法(DEM)同样适用于非连续介质如节理岩体的应力分析。DDA与DEM的区别在于在求解运动方程时,非连续变形分析法要像有限单元法那样,基于能量原理形成一个总体矩阵,用隐式方法求解;而离散单元法则对于每个块体按牛顿定律列式,不用形成矩阵,按时步逐块松弛,用显式方法求解。

与有限单元法相比,非连续变形分析法实际上求解的也是有限单元类型的网格,只是DDA中所谓的单元是被事先存在的不连续缝所包围的实际隔离块体,与有限单元法限定只能用标准形状的单元不同,DDA中的单元和块体可以是任何形状的,甚至可以是带孔的多节点多边形。此外,在DDA中,当块体接触时,库仑定律可用于接触面,而联立平衡方程组是对每一荷载或时间增量来选择和求解的。在有限单元法的情况下,未知数是所有的节点自由度之和。在DDA法情况下,未知数是所有块体的自由度之和。从理论观点看,DDA是有限单元法的广义化。因此,非连续变形分析法实际上是平行于有限单元法的。

本章中建立了块体位移函数。它证明位移函数是块体位移的完全的一阶近似。选择这一位移函数的优点是能量公式变得十分简单,并且导致十分简单的刚度、接触和荷载子矩阵。对产生总体平衡方程的一半方法作了介绍,并对多边形位移函数推广到级数位移函数进行了讨论。

这里介绍的是一种新的数值方法——非连续变形分析。这种方法用位移作为未知数,解平衡方程组时则是用与有限单元法中结构矩阵分析相同的方法。虽然它对非连续块体系统的分析是初步的,但非连续变形分析是以严格遵循经典力学规则为基础的。

非连续变形分析是用分析块体系统的力和位移的相互作用。对各个块体,允许有位移、变形和应变;对整个块体系统,允许滑块和块体界面间张开或闭合。

若知道每个块体的几何形状、荷载及材料常数,以及块体接触的摩擦角、黏着力和阻尼特性,DDA即可计算应力、应变、滑动、块体接触力和块体位移。这里介绍一种允许大位移的不连续系统的平衡和运动学分析的控制方程和不等式。

非连续变形分析要发展一种完善的运动学理论,它可使在块体没有被别的块体嵌入的加卸载条件下得到许多块体的大变形结果。非连续变形分析法用弹簧子矩阵促使严格的不等式成为线性方程系统。

二、分步大变形

数学模型考虑到静力学和动力学两者,采用隐式算法。时间步用于静力学和动力学两者。位移的差别是静力学计算假定每一步开始有前一步形成的变形了的块体形状和位置,而写出的和求解的平衡方程式是针对当前块体的集合形状的。

虽然非连续变形分析似乎类似于离散单元法,但它更接近于与有限单元法平行的一种方法，其原因如下：

（1）使总势能最小化，以建立平衡方程组；

（2）选择位移为联立方程组的未知数；

（3）把刚度、质量和荷载的子矩阵加到联立方程的系数矩阵中去。

非连续变形分析的块体刚度矩阵比有限单元分析的单元刚度矩阵更为简单。该方法用接触块体的位移锁定，它组合附加的杆单元到有线元分析中去。

然而对块体系统，非连续变形分析有某些显著超过有限元分析的优点。非连续变形分析在块体边界不是连续体，亦即它基本上是不连续的。形成“网格”单元的块体可以是任意条边的，凸状形或非凸状形的，甚至是带洞的。块体网格不要求块体定点与另一块体顶点相接触。

非连续变形分析的特有特点是：完全的运动学及其数值可靠性，完全一阶位移近似、严格的平衡要求，正确的能量守恒和高计算效率。这一方法可靠的原因是分析非常接近实际，力学现象的数学和数值描述与块体运动相一致。

在不连续情况中，大位移和大变形更为重要。当块体移动或变形时，新的块体形状和位置将在比连续力学更为敏感的方式下产生不同的块体接触和影响破坏模式。几何非线性的考虑将使安全系数降低，并给出一个更接近实际的破坏模式。

第五节　数值流形方法

一、数值流形方法的一般有限覆盖系统

在有限覆盖系统的基础上，新发展的数值流形方法有满足更多工程要求的潜力。这里所说的流形来源于拓扑流形和微分流形。它是数学的微分几何、代数拓扑、微分拓扑和现代代数的主要课题。这里的数值流形和传统的微分流形的区别在以下几点：微分流形的总体函数是高度可微分的，且完全可被定义而与覆盖无关；而这里的数值流形的总体函数是在覆盖基础上定义的，且只分段微分，在接触交面上几乎都是不连续的。

在物理上，材料对象通常有不同的形状。当材料有断裂、成块状或分不同区域时，形状和边界变得更为复杂。在大变形和边界移动情况下，会产生更多困难，因而常规分析的近似方法只在代表整个材料一小部分的局部连续域内是可行和有用的。

所谓流形，是把许多个别的重叠的区域连接在一起，去覆盖全部材料。因此，总体形状可用局部覆盖所定义的函数来计算。新的方法有分开的且独立的数学覆盖和物理网格：数学覆盖只定义近似解的精度；而物理网格，作为实际的材料边界，定义其积分区域。

数学覆盖由用户选择，它由占整个材料体的许多有限重叠覆盖所组成。常规的网格和域，诸如规则的格子、有限元的网格或级数的收敛域，能转换为有限数学覆盖。在有限覆盖基础上，流形方法足以很好地将发展得很好的解析方法、广泛应用的有限元方法和适用于块体的 DDA 方法，包含并融合于统一的形式中。

物理网格包括材料的边界、裂缝、块体和不同材料区域的交接面。不变化的水面也是物理网格的一部分。物理网格代表材料条件，它不能人为地选择。

物理覆盖系统是由数学覆盖和物理网格两者组成的。如果裂缝或块体边界把一个数学覆盖分成两个或更多的完全不连续的区域,这些区域定义为物理覆盖。因此,物理覆盖是不连续缝对数学覆盖的再剖分。流形方法更适合于计算连续的和有裂缝的或块状的两种材料的大变形和边界移动。

以图 5-11 为例来说明数值流形方法中的数学覆盖和物理网格,以及物理覆盖和流形单元的形成过程。该系统的数学覆盖是由两个圆 V_1、V_2 和一个矩形 V_3 所共同组成的。而物理网格是由四边形的四条边和其中的一条裂缝组成的。这样物理网格就对数学覆盖进行了二次剖分:数学覆盖 V_1 被分成了两个物理覆盖 1_1、1_2;数学覆盖 V_2 被分成了两个物理覆盖 2_1、2_2;数学覆盖 V_3 被分成了两个物理覆盖 3_1、3_2。同时,两个或多个物理覆盖相互重叠就形成了流形方法中的流形单元。如图 5-11 所示,流形单元 $1_1 2_1$ 表示物理覆盖 1_1 与 2_1 的重叠部分,流形单元 $1_1 2_1 3_1$ 就表示物理覆盖 1_1、2_1 和 3_1 的重叠部分,等等。

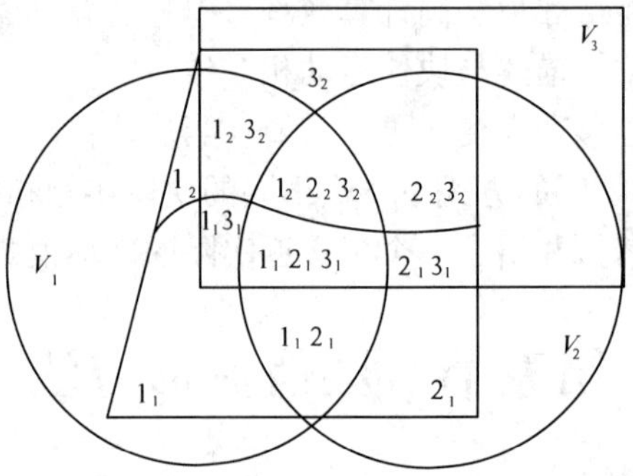

图 5-11 有一条裂缝的区域的一般覆盖

二、一般有限覆盖的覆盖函数、权函数和总体函数

在数值流形方法中,覆盖函数是对各个物理覆盖独立定义的。覆盖函数可由权函数联系起来形成整个材料上的总体函数。总体函数具有一般性,它足以适合移动边界内的连续或不连续的材料的广泛变化。

图 5-12 为一维有限覆盖的例子,图中有三个一维覆盖,分别为 U_1、U_2、U_3,它们覆盖的区域为:

$$U_1 = A_1A_2, U_2 = B_1B_2, U_3 = C_1C_2$$

在三个覆盖上定义的覆盖函数分别为:

$$u_1(x) = A_3A_4 \quad (x \in U_1)$$
$$u_2(x) = B_3B_4 \quad (x \in U_2)$$
$$u_3(x) = C_3C_4 \quad (x \in U_3)$$

覆盖函数由权函数 $w_i(x)$ 连接而成为整个材料区域上的总体函数。权函数的定义如下:

$$\begin{cases} w_i(x) \geqslant 0 & (x \in U_i) \\ w_i(x) = 0 & (x \notin U_i) \end{cases} \tag{5-63}$$

在多个覆盖重叠的区域:

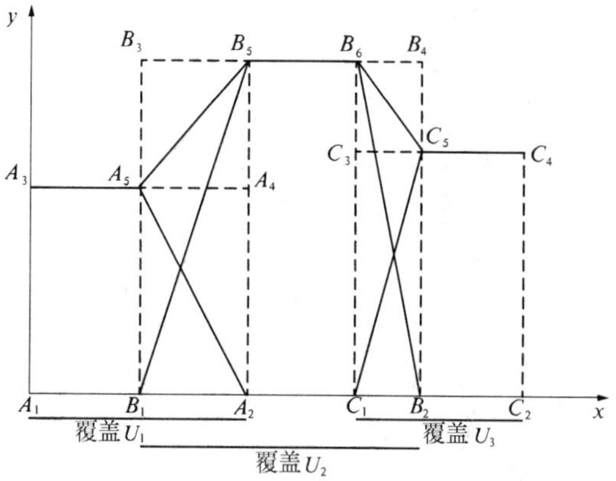

图 5-12　一维有限覆盖上的总体函数

$$\sum_{x \in U_i} w_i(x) = 1 \tag{5-64}$$

权函数 $w_i(x)$ 的含义是加权平均，它对所有含 x 的物理覆盖 U_i 取每个覆盖函数 $u_i(x)$ 的百分数。因此有：

$$w_1(x)u_1(x) = A_3A_5A_2 \quad (x \in U_1)$$
$$w_2(x)u_2(x) = B_1B_5B_6B_2 \quad (x \in U_2)$$
$$w_3(x)u_3(x) = C_2C_5C_4 \quad (x \in U_3)$$

所以，整个物理覆盖系统的总体函数可根据下面的覆盖函数定义：

$$u(x) = \sum_{i=1}^{3} w_i(x)u_i(x) = A_3A_5B_5B_6C_5C_4 \tag{5-65}$$

三、流形单元的应变矩阵和刚度矩阵

对一般覆盖的流形方法，单元是物理覆盖相交的公共区域。刚度矩阵的积分域是整个单元 e，它是几个物理覆盖 $U_{0(1)}, U_{0(2)}, \cdots, U_{0(q)}$ 的交集。与有限元方法相同，应力与应变之间的关系由下式给出：

$$\begin{Bmatrix} \sigma_x \\ \sigma_y \\ \tau_{xy} \end{Bmatrix} = \frac{E}{1-\upsilon^2}\begin{bmatrix} 1 & \upsilon & 0 \\ \upsilon & 1 & 0 \\ 0 & 0 & \frac{1-\upsilon}{2} \end{bmatrix}\begin{Bmatrix} \varepsilon_x \\ \varepsilon_y \\ \gamma_{xy} \end{Bmatrix} = [\boldsymbol{E}]\begin{Bmatrix} \varepsilon_x \\ \varepsilon_y \\ \gamma_{xy} \end{Bmatrix} \tag{5-66}$$

式中　$[\boldsymbol{E}]$——材料的弹性矩阵。

$$[\boldsymbol{E}] = \frac{E}{1-\upsilon^2}\begin{bmatrix} 1 & \upsilon & 0 \\ \upsilon & 1 & 0 \\ 0 & 0 & \frac{1-\upsilon}{2} \end{bmatrix} \tag{5-67}$$

式中　E、υ——弹性模量、泊松比。

$$\begin{Bmatrix} u(x,y) \\ \upsilon(x,y) \end{Bmatrix} = \sum_{r=1}^{q} [\boldsymbol{T}_{e(r)}]\{\boldsymbol{D}_{e(r)}\} = (T_{e(1)} \quad T_{e(2)} \quad \cdots \quad T_{e(q)})\begin{Bmatrix} D_{e(1)} \\ D_{e(2)} \\ \vdots \\ D_{e(q)} \end{Bmatrix} \tag{5-68}$$

式中　$[\boldsymbol{T}_{e(r)}]$——单元位移矩阵；

$\{\boldsymbol{D}_{e(r)}\}$——单元覆盖自由度。

$$\begin{Bmatrix} \varepsilon_x \\ \varepsilon_y \\ \gamma_{xy} \end{Bmatrix} = \begin{Bmatrix} \dfrac{\partial u(x,y)}{\partial x} \\ \dfrac{\partial v(x,y)}{\partial y} \\ \dfrac{\partial u(x,y)}{\partial y} + \dfrac{\partial v(x,y)}{\partial x} \end{Bmatrix} \tag{5-69}$$

$$[\boldsymbol{T}_i(x,y)] = (T_{i1} \quad T_{i2} \quad \cdots \quad T_{im}) = \begin{bmatrix} t_{1,1}(x,y) & t_{1,2}(x,y) & t_{1,3}(x,y) & \cdots & t_{1,2m-1}(x,y) & t_{1,2m}(x,y) \\ t_{2,1}(x,y) & t_{2,2}(x,y) & t_{2,3}(x,y) & \cdots & t_{2,2m-1}(x,y) & t_{2,2m}(x,y) \end{bmatrix} \tag{5-70}$$

则

$$\begin{Bmatrix} \varepsilon_x \\ \varepsilon_y \\ \gamma_{xy} \end{Bmatrix} = \sum_{r=1}^{q} \sum_{j=1}^{2m} \begin{Bmatrix} \dfrac{\partial t_{i,j}}{\partial x} \\ \dfrac{\partial t_{2,j}}{\partial y} \\ \dfrac{\partial t_{i,j}}{\partial y} + \dfrac{\partial t_{2,j}}{\partial x} \end{Bmatrix} \{d_{e(r)j}\} \tag{5-71}$$

对覆盖 i,可表示为

$$[\boldsymbol{B}_i] = \begin{bmatrix} \dfrac{\partial t_{1,1}}{\partial x} & \dfrac{\partial t_{1,2}}{\partial x} & \dfrac{\partial t_{1,3}}{\partial x} & \cdots & \dfrac{\partial t_{1,2m}}{\partial x} \\ \dfrac{\partial t_{2,1}}{\partial y} & \dfrac{\partial t_{2,2}}{\partial y} & \dfrac{\partial t_{2,3}}{\partial y} & \cdots & \dfrac{\partial t_{2,2m}}{\partial y} \\ \dfrac{\partial t_{1,1}}{\partial y} + \dfrac{\partial t_{2,1}}{\partial x} & \dfrac{\partial t_{1,2}}{\partial y} + \dfrac{\partial t_{2,2}}{\partial x} & \dfrac{\partial t_{1,3}}{\partial y} + \dfrac{\partial t_{2,3}}{\partial x} & \cdots & \dfrac{\partial t_{1,2m}}{\partial y} + \dfrac{\partial t_{2,2m}}{\partial x} \end{bmatrix} \tag{5-72}$$

则

$$\begin{Bmatrix} \varepsilon_x \\ \varepsilon_y \\ \gamma_{xy} \end{Bmatrix} = (B_{e(1)} \quad B_{e(2)} \quad B_{e(3)} \quad \cdots \quad B_{e(q)}) \begin{Bmatrix} D_{e(1)} \\ D_{e(2)} \\ D_{e(3)} \\ \vdots \\ D_{e(q)} \end{Bmatrix} = [B_{(e)}]\{D_{(e)}\} \tag{5-73}$$

式中　$[\boldsymbol{B}_{(e)}]$——流形单元的应变矩阵。

单元 e 的弹性应力产生的应变能 $\prod_e$ 为

$$\prod{}_e = \iint_A \frac{1}{2}(\varepsilon_x\sigma_x + \varepsilon_y\sigma_y + \gamma_{xy}\tau_{xy})\,\mathrm{d}x\mathrm{d}y \tag{5-74}$$

式中,积分覆盖单元中整个材料面积为 A,则

$$\prod{}_e = \iint_A \frac{1}{2}(\varepsilon_x + \varepsilon_y + \gamma_{xy}) \begin{Bmatrix} \sigma_x \\ \sigma_y \\ \tau_{xy} \end{Bmatrix} \mathrm{d}x\mathrm{d}y$$

$$
\begin{aligned}
&= \frac{1}{2}\iint_A \{\boldsymbol{D}_{(e)}\}^{\mathrm{T}}[\boldsymbol{B}_{(e)}]^{\mathrm{T}}[\boldsymbol{E}][\boldsymbol{B}_{(e)}]\{\boldsymbol{D}_{(e)}\}\mathrm{d}x\mathrm{d}y \\
&= \frac{1}{2}\{\boldsymbol{D}_{(e)}\}^{\mathrm{T}}[\iint_A [\boldsymbol{B}_{(e)}]^{\mathrm{T}}[\boldsymbol{E}][\boldsymbol{B}_{(e)}]\mathrm{d}x\mathrm{d}y]\{D_{(e)}\}
\end{aligned}
\tag{5-75}
$$

式中　A——单元的积分区域，它是单元中实际的材料区域。

由最小势能原理可知，单元的刚度矩阵为

$$
[\boldsymbol{K}_e] = \iint_A [\boldsymbol{B}_{(e)}]^{\mathrm{T}}[\boldsymbol{E}][\boldsymbol{B}_{(e)}]\mathrm{d}x\mathrm{d}y = \iint_A \begin{Bmatrix} [\boldsymbol{B}_{e(1)}]^{\mathrm{T}} \\ [\boldsymbol{B}_{e(2)}]^{\mathrm{T}} \\ [\boldsymbol{B}_{e(3)}]^{\mathrm{T}} \\ \vdots \\ [\boldsymbol{B}_{e(q)}]^{\mathrm{T}} \end{Bmatrix} [\boldsymbol{E}]([\boldsymbol{B}_{e(1)}][\boldsymbol{B}_{e(2)}][\boldsymbol{B}_{e(3)}]\cdots[\boldsymbol{B}_{e(q)}])\mathrm{d}x\mathrm{d}y
\tag{5-76}
$$

$$
[\boldsymbol{K}_e] = \begin{bmatrix} K_{e11} & K_{e12} & \cdots & K_{e1q} \\ K_{e21} & K_{e22} & \cdots & K_{e2q} \\ \vdots & \vdots & & \vdots \\ K_{eq1} & K_{eq2} & \cdots & K_{eqq} \end{bmatrix}
\tag{5-77}
$$

$[\boldsymbol{K}_e]$由 $q \times q$ 个子矩阵组成，每个子矩阵可由下式计算：

$$
[\boldsymbol{K}_{ers}] = \iint_A [\boldsymbol{B}_{e(r)}]^{\mathrm{T}}[\boldsymbol{E}][\boldsymbol{B}_{e(s)}]\mathrm{d}x\mathrm{d}y \quad (r,s = 1,2,\cdots,q)
\tag{5-78}
$$

式(5-78)包含了覆盖函数阶数从 0 到高阶的情况。在目前的数值流形方法中，覆盖函数的阶次最高一般取到 2 次。取 0 阶到 2 阶的覆盖函数时，式(5-78)得到的刚度矩阵分别为 2×2、6×6、12×12 阶矩阵，也就是说，对于 0、1、2 阶的覆盖函数，必须推导 4、36、144 个单元刚度子矩阵的被积函数解析表达式。

四、流形单元的应力矩阵

在材料分析时，流形单元可能受到各项力的作用。这里仅以初应力和体荷载为例进行应力矩阵求解简要介绍。其他应力矩阵(如点荷载、惯性力、已经用于非连续边形分析的接触弹簧力和摩擦力等)的公式推导见文献。

(一)初应力矩阵

流形方法的计算是按时步进行的，前一步计算的应力将作为下一步的初始应力，因此初始应力对流形方法来说是基本的。

单元 e 是 q 个覆盖 $U_{e(1)}, U_{e(2)}, \cdots, U_{e(q)}$ 的交集。对单元 e，初始常应力$\{\boldsymbol{\sigma}^0\} = \{\boldsymbol{\sigma}_x^0 \quad \boldsymbol{\sigma}_y^0 \quad \tau_{xy}^0\}^{\mathrm{T}}$ 的势能$\prod_\sigma$ 是

$$
\begin{aligned}
\prod\nolimits_\sigma &= \iint_A (\varepsilon_x\sigma_x^0 + \varepsilon_y\sigma_y^0 + \gamma_{xy}\tau_{xy}^0)\mathrm{d}x\mathrm{d}y \\
&= \iint_A (\varepsilon_x \quad \varepsilon_y \quad \gamma_{xy}) \begin{Bmatrix} \sigma_x^0 \\ \sigma_y^0 \\ \tau_{xy} \end{Bmatrix} \mathrm{d}x\mathrm{d}y
\end{aligned}
$$

$$= \iint_A \{\boldsymbol{D}_{(e)}\}^{\mathrm{T}}[\boldsymbol{B}_{(e)}]^{\mathrm{T}}\{\boldsymbol{\sigma}^0\}\,\mathrm{d}x\mathrm{d}y$$

$$= \{\boldsymbol{D}_{(e)}\}^{\mathrm{T}}\left[\iint_A [\boldsymbol{B}_{(e)}]^{\mathrm{T}}\{\boldsymbol{\sigma}^0\}\,\mathrm{d}x\mathrm{d}y\right] \tag{5-79}$$

由最小势能原理,取 $\delta\Pi_\sigma = 0$,得到初应力矩阵为:

$$\{\boldsymbol{F}_{e(r)}\} = \left[\iint_A [\boldsymbol{B}_{e(r)}]^{\mathrm{T}}\{\boldsymbol{\sigma}^0\}\,\mathrm{d}x\mathrm{d}y\right] \quad (r = 1,2,3,\cdots,q) \tag{5-80}$$

(二)体荷载矩阵

设 $\{f_x \quad f_y\}^{\mathrm{T}}$ 为不变的体积力,它作用在流形单元 e 上引起的位移分别为 $u(x,y)$ 和 $v(x,y)$。因体荷载引起的势能 Π_w 为

$$\prod_w = \iint_A (f_x u(x,y) + f_y v(x,y))\,\mathrm{d}x\mathrm{d}y$$

$$= \iint_A (u(x,y) \quad v(x,y))\begin{Bmatrix} f_x \\ f_y \end{Bmatrix}\mathrm{d}x\mathrm{d}y$$

$$= \iint_A \{\boldsymbol{D}_{(e)}\}^{\mathrm{T}}[\boldsymbol{T}_{(e)}(x,y)]^{\mathrm{T}}\begin{Bmatrix} f_x \\ f_y \end{Bmatrix}\mathrm{d}x\mathrm{d}y$$

$$= \{\boldsymbol{D}_{(e)}\}^{\mathrm{T}}\left[\iint_A [\boldsymbol{T}_{(e)}(x,y)]^{\mathrm{T}}\mathrm{d}x\mathrm{d}y\right]\begin{Bmatrix} f_x \\ f_y \end{Bmatrix} \tag{5-81}$$

式中 $[\boldsymbol{T}_e(x,y)]$——单元位移矩阵;

$\{\boldsymbol{D}_e\}$——单元覆盖自由度。

由最小势能原理,取 $\delta\Pi_w = 0$,得到体积力矩阵为

$$\{\boldsymbol{F}_{e(r)}\} = \iint_A [\boldsymbol{T}_{e(r)}(x,y)]^{\mathrm{T}}\mathrm{d}x\mathrm{d}y\begin{Bmatrix} f_x \\ f_y \end{Bmatrix} \quad (r = 1,2,3,\cdots,q) \tag{5-82}$$

五、流形单元的平衡方程

如果假设物理覆盖数为 n,每个物理覆盖有 $2m$ 个未知数,则

$$\boldsymbol{D}_i = [d_{i1} \quad d_{i2} \quad d_{i3} \quad d_{i4} \quad \cdots \quad d_{i2m-1} \quad d_{i2m}]^{\mathrm{T}} \quad (i = 1,2,\cdots,n) \tag{5-83}$$

则总势能可表示为以下形式:

$$\prod = \frac{1}{2}(D_1^{\mathrm{T}} \quad D_2^{\mathrm{T}} \quad D_3^{\mathrm{T}} \quad \cdots \quad D_n^{\mathrm{T}})\begin{Bmatrix} K_{11} & K_{12} & K_{13} & \cdots & K_{1n} \\ K_{21} & K_{22} & K_{23} & \cdots & K_{2n} \\ K_{31} & K_{32} & K_{33} & \cdots & K_{3n} \\ \vdots & \vdots & \vdots & & \vdots \\ K_{n1} & K_{n2} & K_{n3} & \cdots & K_{nn} \end{Bmatrix}\begin{Bmatrix} D_1 \\ D_2 \\ D_3 \\ \vdots \\ D_n \end{Bmatrix} +$$

$$(D_1^{\mathrm{T}} \quad D_2^{\mathrm{T}} \quad D_3^{\mathrm{T}} \quad \cdots \quad D_n^{\mathrm{T}})\begin{Bmatrix} F_1 \\ F_2 \\ F_3 \\ \vdots \\ F_n \end{Bmatrix} + C \tag{5-84}$$

根据最小势能原理即可推导出该覆盖系统的平衡方程为

$$\begin{Bmatrix} K_{11} & K_{12} & K_{13} & \cdots & K_{1n} \\ K_{21} & K_{22} & K_{23} & \cdots & K_{2n} \\ K_{31} & K_{32} & K_{33} & \cdots & K_{3n} \\ \vdots & \vdots & \vdots & & \vdots \\ K_{n1} & K_{n2} & K_{n3} & \cdots & K_{nn} \end{Bmatrix} \begin{Bmatrix} D_1 \\ D_2 \\ D_3 \\ \vdots \\ D_n \end{Bmatrix} = \begin{Bmatrix} F_1 \\ F_2 \\ F_3 \\ \vdots \\ F_n \end{Bmatrix} \tag{5-85}$$

其中：F_i 是覆盖 i 上的荷载，它被分配给 $2m$ 个位移变量，子矩阵$[K_{ii}]$与覆盖 i 的材料特性和$[K_{ij}]$有关，此处 $i \neq j$ 是由覆盖 i 和覆盖 j 之间的重叠或接触来规定的。

六、单纯形积分

在数值流形方法中，由于节理或裂隙的存在，使流形单元的形状不规则。当进行刚度矩阵、初应力矩阵及体积力矩阵等计算时需要对(x,y)的解析表达式进行积分，由此引入单纯形积分法。单纯形积分是 n 维一般形状区域的精确解，是一种解析积分方法；其积分可以是任何多边形，能适应流形单元不规则的情况。

对于二维问题，当数值流形方法中采用 2 阶的覆盖函数时，各种矩阵的计算将用到 0 ~ 4 阶的单纯形积分公式。如果积分区域的封闭多边形有 n 个顶点，将各顶点按逆时针方向顺序标记为：(x_1,y_1)、(x_2,y_2)、…、(x_n,y_n)，则各阶次单纯形积分公式为：

$$\iint_A 1\mathrm{d}x\mathrm{d}y = \frac{1}{2}\sum_{i=1}^{n}(x_iy_{i+1} - y_ix_{i+1}) \tag{5-86}$$

$$\iint_A x\mathrm{d}x\mathrm{d}y = \frac{1}{6}\sum_{i=1}^{n}(x_iy_{i+1} - y_ix_{i+1})(x_i + x_{i+1}) \tag{5-87}$$

$$\iint_A y\mathrm{d}x\mathrm{d}y = \frac{1}{6}\sum_{i=1}^{n}(x_iy_{i+1} - y_ix_{i+1})(y_i + y_{i+1}) \tag{5-88}$$

$$\iint_A x^2\mathrm{d}x\mathrm{d}y = \frac{1}{12}\sum_{i=1}^{n}(x_iy_{i+1} - y_ix_{i+1})(x_ix_i + x_{i+1}x_{i+1} + x_ix_{i+1}) \tag{5-89}$$

$$\iint_A xy\mathrm{d}x\mathrm{d}y = \frac{1}{24}\sum_{i=1}^{n}(x_iy_{i+1} - y_ix_{i+1})(2x_iy_i + 2x_{i+1}y_{i+1} + x_iy_{i+1} + x_{i+1}y_i) \tag{5-90}$$

$$\iint_A y^2\mathrm{d}x\mathrm{d}y = \frac{1}{12}\sum_{i=1}^{n}(x_iy_{i+1} - y_ix_{i+1})(y_iy_i + y_{i+1}y_{i+1} + y_iy_{i+1}) \tag{5-91}$$

$$\iint_A x^3\mathrm{d}x\mathrm{d}y = \frac{1}{20}\sum_{i=1}^{n}(x_iy_{i+1} - y_ix_{i+1})(x_ix_ix_i + x_ix_ix_{i+1} + x_ix_{i+1}x_{i+1} + x_{i+1}x_{i+1}x_{i+1}) \tag{5-92}$$

$$\begin{aligned}\iint_A x^2y\mathrm{d}x\mathrm{d}y = \frac{1}{60}\sum_{i=1}^{n}(x_iy_{i+1} - y_ix_{x+1})(3x_ix_iy_i + 2x_ix_{i+1}y_i + x_{i+1}x_{i+1}y_i + \\ x_ix_iy_{i+1} + 2x_ix_{i+1}y_{i+1} + 3x_{i+1}x_{i+1}y_{i+1})\end{aligned} \tag{5-93}$$

$$\begin{aligned}\iint_A xy^2\mathrm{d}x\mathrm{d}y = \frac{1}{60}\sum_{i=1}^{n}(x_iy_{i+1} - y_ix_{i+1})(3y_iy_ix_i + 2y_iy_{i+1}x_i + y_{i+1}y_{i+1}x_i + \\ y_iy_ix_{i+1} + 2y_iy_{i+1}x_{i+1} + 3y_{i+1}y_{i+1}x_{i+1})\end{aligned} \tag{5-94}$$

$$\iint_A y^3 \mathrm{d}x\mathrm{d}y = \frac{1}{20}\sum_{i=1}^{n}(x_iy_{i+1} - y_ix_{i+1})(y_iy_iy_i + y_iy_iy_{i+1} + y_iy_{i+1}y_{i+1} + y_{i+1}y_{i+1}y_{i+1}) \tag{5-95}$$

$$\iint_A x^4 \mathrm{d}x\mathrm{d}y = \frac{1}{30}\sum_{i=1}^{n}(x_iy_{i+1} - y_ix_{i+1})(x_ix_ix_ix_i + x_ix_ix_ix_{i+1} + x_ix_ix_{i+1}x_{i+1} + x_ix_{i+1}x_{i+1}x_{i+1} + x_{i+1}x_{i+1}x_{i+1}x_{i+1}) \tag{5-96}$$

$$\iint_A x^3 y \mathrm{d}x\mathrm{d}y = \frac{1}{120}\sum_{i=1}^{n}(x_iy_{i+1} - y_ix_{i+1})(4x_ix_ix_iy_i + 3x_ix_ix_{i+1}y_i + 2x_ix_{i+1}x_{i+1}y_i + x_{i+1}x_{i+1}x_{i+1}y_i + x_ix_ix_iy_{i+1} + 2x_ix_ix_{i+1}y_{i+1} + 3x_ix_{i+1}x_{i+1}y_{i+1} + 4x_{i+1}x_{i+1}x_{i+1}y_{i+1}) \tag{5-97}$$

$$\iint_A x^2 y^2 \mathrm{d}x\mathrm{d}y = \frac{1}{180}\sum_{i=1}^{n}(x_iy_{i+1} - y_ix_{i+1})(6x_ix_iy_iy_i + 3x_ix_iy_iy_{i+1} + x_ix_iy_{i+1}y_{i+1} + 3x_ix_{i+1}y_iy_i + 4x_ix_iy_iy_{i+1} + 3x_ix_{i+1}y_{i+1}y_{i+1} + x_{i+1}x_{i+1}y_iy_i + 3x_{i+1}x_{i+1}y_{i+1}y_i + 6x_{i+1}x_{i+1}y_{i+1}y_{i+1}) \tag{5-98}$$

$$\iint_A xy^3 \mathrm{d}x\mathrm{d}y = \frac{1}{120}\sum_{i=1}^{n}(x_iy_{i+1} - y_ix_{i+1})(4y_iy_iy_ix_i + 3y_iy_iy_{i+1}x_i + 2y_iy_{i+1}y_{i+1}x_i + y_{i+1}y_{i+1}y_{i+1}x_i + y_iy_iy_ix_{i+1} + 2y_iy_iy_{i+1}x_{i+1} + 3y_iy_{i+1}y_{i+1}x_{i+1} + 4y_{i+1}y_{i+1}y_{i+1}x_{i+1}) \tag{5-99}$$

$$\iint_A y^4 \mathrm{d}x\mathrm{d}y = \frac{1}{30}\sum_{i=1}^{n}(x_iy_{i+1} - y_ix_{i+1})(y_iy_iy_iy_i + y_iy_iy_iy_{i+1} + y_iy_iy_{i+1}y_{i+1} + y_iy_{i+1}y_{i+1}y_{i+1} + y_{i+1}y_{i+1}y_{i+1}y_{i+1}) \tag{5-100}$$

数值流形方法的基本求解思想是采用结构力学中的位移法,也即是和有限元方法基本相同,即先在求解域上形成单元,然后根据含待定系数的位移函数求出每一单元的应力、应变等,最后根据最小势能原理求出总体的平衡方程,确定出其中的待定系数即可。

第六章　边坡稳定分析

第一节　概　述

边坡包括天然斜坡和人工边坡，是岩石圈表面的天然地质和工程地质的作用范围内具有露天侧向临空面的地质体，是广泛分布于地表的一种地貌单元。它的形式和演变与人类生产、生活及生存活动有着极为密切的关系。随着国民经济的飞速发展，各种工程出现的边坡问题越来越多。尤其是水电工程大多数兴建在高山峡谷中，库岸边坡的稳定性对大坝的安危有直接的影响。露天采矿工程，由于采掘技术的发展，采深越来越大，边坡的坡角大小对矿山的经济效益以及安全生产有着直接的关系。交通运输线路穿山越岭，边坡稳定性对交通安全至关重要。建筑工程深基坑边坡稳定问题也直接影响到工程造价、施工工期和周围环境等。

边坡常常被利用成为岩土工程建筑物的一部分，成为大自然送给人类的礼物，但如果人类不能很好地认识边坡的内在特性，了解边坡演化的自然规律，那么在不同的内外营力作用下（构造地应力、降雨、地震等），边坡会逐渐演化发生不同形式和规模的变形与破坏，严重的边坡失稳会酿成巨大的地质灾害，导致江河堵塞、交通中断，甚至对人类的生命和财产构成严重威胁，成为人类最不愿面对的大型灾害。1963 年发生在意大利的瓦依昂（Vaiont）水库的特大滑坡，造成约 3 000 人丧生，水库下游的朗加朗市完全消失，震惊世界，成为人类历史上最严重的自然灾害之一；1718 年发生在我国甘肃的由地震诱发的笔架山山崩（$M=7.5$），酿成 4 万人死亡的惨重灾害。由此可见，如果人类不能充分了解边坡的特性和演化规律，将给人类自身带来无可估量的生命和财产损失。

我国独特的地理、地质条件决定了边坡稳定问题在我国特别突出。我国是一个多山的国家，山地面积约占国土面积的 2/3，因此我国具有大量的自然边坡，同时我国正处于工业化过程中，大量的基础设施建设，使我们面临大量的复杂的人工边坡问题，如长江三峡永久船闸高边坡，小浪底水利枢纽进口高边坡和库区大型滑坡，锦屏一级水电站普斯罗沟左岸高边坡，黄河拉西瓦水电站的高边坡问题以及大型深凹露天矿的开采、公路、铁路、隧道等工程中，都面临着大量的边坡稳定问题。

边坡稳定性研究是岩土工程研究领域的重要组成部分，大量学者围绕边坡（斜坡）的稳定问题展开了深入研究，并取得了大量有效、实用的研究成果，笔者在查阅文献过程中发现，关于边坡稳定分析研究的文献数以万计。其实人类很早就认识到边坡稳定问题的重要性，最早关于边坡稳定的研究可以追溯到 19 世纪。在边坡研究的百年发展历史中，人类的研究取得了突飞猛进的发展，大量科学家投身于这一领域，取得了大量有实用价值的研究成果，人类也逐渐认识了边坡演化过程中的一些规律，评价边坡稳定的方法也从最初的定性分析向定量分析发展。计算机的出现使科学家从繁重的手工计算中解脱出来，可以专注于理论方面的研究，发展了很多适合于边坡稳定分析的计算方法。

第二节　边坡分类与破坏类型

边坡的分类有多种方法，《岩土工程手册》中的边坡分类见表 6-1、表 6-2。

表 6-1　边坡分类

分类依据	名称	简述
成因	自然边坡（斜坡）	由自然地质作用形成、地面具有一定斜度的地段，按地质作用可细分为剥蚀边坡、侵蚀边坡、堆积边坡
	人工边坡	由人工开挖，回填形成地面具有一定斜度的地段
岩性	岩质边坡（岩坡）	由岩石构成，按岩石成因、岩体结构又可细分成表 6-2 所列几种
	土质边坡（土坡）	由土构成，按土体结构又可细分为单元结构、多元结构、土石混合结构、土石叠置结构
坡高	超高边坡 高边坡 中高边坡 低边坡	岩质边坡坡高大于 30 m，土质边坡坡高大于 15 m 岩质边坡坡高 15～30 m，土质边坡坡高 10～15 m 岩质边坡坡高 8～15 m，土质边坡坡高 5～10 m 岩质边坡坡高小于 8 m，土质边坡坡高小于 5 m
坡长	长边坡 中长边坡 短边坡	坡长大于 300 m 坡长 100～300 m 坡长小于 100 m
坡度	缓坡 中等坡 陡坡 急坡 倒坡	坡度小于 15° 坡度 15°～30° 坡度 30°～60° 坡度大于 60°至垂直 坡度大于 90°
稳定性	稳定坡 不稳定坡 已失稳坡	稳定条件好，不会发生破坏 稳定条件差或已发生局部破坏，必须处理才能稳定 已发生明显的破坏

表 6-2　岩质边坡分类

分类依据	亚类名称	简述
岩石类别	岩浆岩边坡	由岩浆岩构成，可细分为侵入岩边坡及喷出岩边坡
	沉积岩边坡	由沉积岩构成，可细分为碎屑沉积岩边坡、碳酸盐岩边坡、黏土岩边坡、特殊岩（夹有岩盐、石膏等）边坡
	变质岩边坡	由变质岩构成，可细分为正变质岩边坡、副变质岩边坡

续表 6-2

分类依据	亚类名称	简 述
岩体结构	块状结构边坡	边坡岩体呈块状结构，岩体较完整，由岩浆岩体、厚层沉积岩或变质岩构成
	层状结构边坡	边坡岩体呈层状结构，由层状或薄层状沉积岩或变质岩构成
	碎裂结构边坡	边坡岩体呈碎裂状结构，由强风化或强烈构造运动形成的破碎岩体构成
	散体结构边坡	边坡岩体呈散体状结构，由全风化或大断层形成的极破碎岩体构成
岩层走向、倾向与坡面走向、倾向的关系	顺向坡	两者基本一致
	反向坡	两者的走向基本一致，但倾向相反
	斜向坡	两者的走向成较大角度（>45°）相交

边坡破坏类型分类也不尽统一，按照国际工程地质协会滑坡及其他块体运动委员会建议的分类方法（Cruden D. M. 1991）分类，见表 6-3。

表 6-3　边坡破坏类型分类

<table>
<tr><th colspan="3" rowspan="3">破坏形式</th><th colspan="3">物质种类</th></tr>
<tr><th rowspan="2">基岩</th><th colspan="2">工程土</th></tr>
<tr><th>粗粒为主</th><th>细粒为主</th></tr>
<tr><td colspan="3">崩落类</td><td>岩石崩落</td><td>碎屑崩落</td><td>土崩落</td></tr>
<tr><td colspan="3">倒塌类</td><td>岩石倒塌</td><td>碎屑倒塌</td><td>土倒塌</td></tr>
<tr><td rowspan="3">滑动类</td><td>旋转滑动</td><td rowspan="2">几乎无单元体</td><td>岩石转动滑坡</td><td>碎屑转动滑坡</td><td>土转动滑坡</td></tr>
<tr><td rowspan="2">平移滑动</td><td>岩石块体滑坡</td><td>碎屑块体滑坡</td><td>土块体滑坡</td></tr>
<tr><td>许多单元体</td><td>岩石滑坡</td><td>碎屑滑坡</td><td>土滑坡</td></tr>
<tr><td colspan="3">侧向扩展类</td><td>岩石扩展</td><td>碎屑扩展</td><td>土扩展</td></tr>
<tr><td colspan="3">流动类</td><td>岩石流（深部蠕动）</td><td>泥石流</td><td>泥流</td></tr>
<tr><td colspan="3">复合移动类</td><td colspan="3">两个或两个以上主要移动类型的组合形式</td></tr>
</table>

第三节　影响边坡稳定的因素

影响边坡稳定的因素有岩土性质、岩体结构、水的作用、风化作用、地貌地形、地震、地应力及人为因素等。

（1）岩土性质：岩土的成因类型、组成的矿物成分、岩土结构和强度等是决定边坡稳定性的重要因素。由坚硬（密实）、矿物稳定、抗风化性好、强度较高的岩土构成的边坡，其稳定性一般较好；反之就较差。

（2）岩体结构：岩体的结构类型、结构面性状及其坡面的关系是岩质边坡稳定的控制因素。

（3）水的作用：水的渗入使岩土体质量增大，岩土因被软化而抗剪强度较低，并使孔（裂）隙水压力升高；地下水的渗流对岩土体产生水动力，水位的升高将增大浮托力；地表水对岸坡的侵蚀使其失去侧向或底部支撑等，这些都对边坡的稳定不利。

（4）风化作用：风化作用使岩土体的裂隙增多、扩大，透水性增强，抗剪强度降低。

（5）地貌地形：临空面的存在以及边坡的高度、坡度等都是直接与边坡稳定有关的因素。平面上呈凹形的边坡较凸形的稳定。

（6）地震：地震使边坡岩土体的剪应力增大，抗剪强度降低。

（7）地应力：开挖边坡使坡体内岩土的初始应力状态改变，坡脚附近出现剪应力集中带，坡顶和坡面的一些部位可能出现张应力区。在新构造运动强烈的地区，开挖边坡能使岩体中的残余构造应力释放，可直接引起边坡的变形破坏。

（8）人为因素：边坡不合理的设计、开挖或加载，大量施工用水的渗入及爆破等都能造成边坡失稳。

第四节　边坡稳定分析的刚体极限平衡法

边坡稳定分析的刚体极限平衡法是岩土力学研究中一个经典的领域。这个方法以莫尔－库仑抗剪强度理论为基础，将滑坡体划分成若干垂直土条，建立作用在这些垂直土条上的力的平衡方程，求解安全系数，通常称为条分法。该方法通过一定的假定条件，减少未知量的个数，从而将边坡稳定的超静定问题转化为静定问题，然后求解方程组，得到边坡的安全系数。这种方法没有像许多数值分析法一样，引入弹性力学或结构力学求解超静定问题的解法，所以理论简单，操作简洁，可用于求解介质材料均一、边界条件简单的边坡稳定问题。

条分法是刚体极限平衡法的重要方法之一，于1916年由瑞典人彼德森提出，后来经过Fellenius、Taylor等不断改进，现已成为简单边坡稳定分析的经典方法，他们假定边坡稳定问题是一个平面应力问题，滑裂面是个圆柱面，计算中不考虑条块之间的作用力，边坡稳定的安全系数是用滑裂面上全部抗滑力矩与滑动力矩之比来定义的。20世纪40年代以后，随着岩土力学的发展，很多学者致力于对条分法的改进，他们的努力大致有两个方面：一方面是着重探索最危险滑弧位置的规律，制作数表、曲线，以减少计算工作量；另一个方面是对基本假定做修改和补充，提出新的计算方法，使计算结果更加符合工程实际。1955年，Bishop对传统的瑞典圆弧法进行了重要的改进，提出了关于安全系数定义的改变，对条分法的发展起了重要的作用。在这之后的几十年里，世界各国的学者纷纷致力于通过力的平衡条件来确定安全系数，如Janbu（1954）假定土条间力为水平，美国陆军工程师团假定条间力的倾角等于平均坝坡的坡角，这些方法实际上都是通过假定条件减少未知量的个数，在满足合理性要求的前提下求解安全系数，所以严格地讲，他们都是一些简化的方法。

1965年，随着计算机的出现和普及，早期的手工计算已经为计算机所代替，人们在计算机的帮助下，开始努力寻找新的、更为严格、精确和实用的求导边坡安全系数的方法，Morgenstern 和 Price 提出了适用于任意形状滑裂面的严格分析方法，Spencer（1967）提出了土条侧向力相互平行的假定，建立了同时满足力和力矩平衡方程的分析方法。

以上的计算方法从严格的角度上来说，对于均质土坡分析较为理想，而对于一些介质和边界条件复杂的岩质边坡是不适用的，Sarma（1979）提出了一种重要的刚体极限平衡方法，解决了很多长期困扰科学家的问题，他认为边坡岩体只有沿着一个理想的平面或圆弧滑动，才能成为一个理想的刚体运动，否则岩体必先破坏成为多块可相互滑动的块体之后才可能发生滑动。由于这种方法对于岩质边坡分析能力的增强，后来被广泛地应用到边坡的分析中，并被称为 Sarma 法。

1983 年，陈祖煜对 Morgenstern－Price 法作了重要改进，完整地导出了静力平衡微分方程的解，提出求解安全系数的解析方法，从根本上解决了数值分析的收敛问题，进一步推动了刚体极限平衡法的发展。

目前，刚体极限平衡方法已经从二维发展到了三维，关于边坡稳定分析的三维极限平衡方法，已有很多文献介绍，Duncan 曾经总结了 24 篇文献资料，列举了这些方法的特点和局限性。

一、刚体极限平衡分析法基础

在讲述条分法之前，必须先了解边坡刚体极限平衡分析所涉及的基本原则。

（一）安全系数

刚体极限平衡分析所使用的安全系数可按照定义分为两种，即静力平衡安全系数和力矩平衡安全系数，可用式（6-1）和式（6-2）表示：

$$F_{s(力平衡)}=\frac{\sum(各土条抗滑力)}{\sum(各土条下滑力)} \tag{6-1}$$

$$F_{s(力矩平衡)}=\frac{\sum(各土条抗滑力矩)}{\sum(各土条下滑力矩)} \tag{6-2}$$

对于均质边坡发生滑坡时，其滑动面形状常常为一曲面（见图 6-1），其截面近似圆弧，并认为滑动面以上的滑动土体为刚性体，然后取该土体为脱离体，分析其在各种力作用下的稳定性。

使土体绕圆心 O 下滑的滑动力矩为

$$M_s = Wd \tag{6-3}$$

阻止滑弧运动的抗滑力矩为

$$M_R = \tau_f \hat{L} R \tag{6-4}$$

式中 $\hat{L}$——滑弧 ADC 的长度。

故土坡的稳定系数为

$$F_s=\frac{M_R}{M_s}=\frac{\tau_f \hat{L} R}{Wd} \tag{6-5}$$

对于外形比较复杂，特别是土坡由多层土构

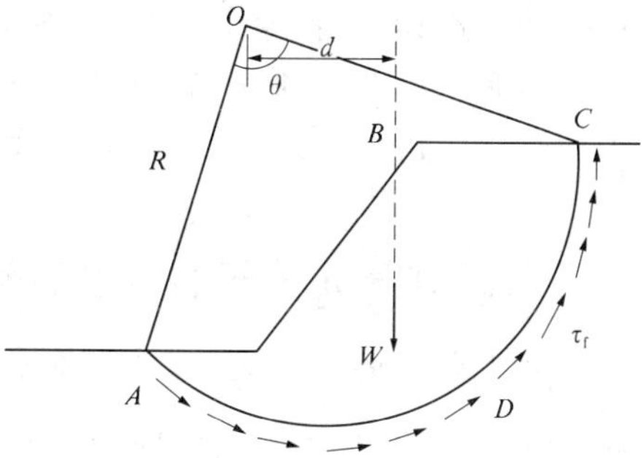

ADC—假定圆弧；O—圆心；R—半径

图 6-1 均质滑弧面

成时,要确定滑动土体的重量及中心位置就比较复杂,且滑动面上的抗剪强度又分布不匀,而是与各点的法向压力有关。故针对这种边坡的稳定分析,人们常常采用条分法,将滑动土体分成若干垂直土条,求各土条对滑弧圆心的抗滑力矩和滑动力矩,分别求其总和,然后按式(6-5)求该坡的稳定安全系数。

目前,常用的条分法中有些只满足力矩平衡,有些只满足静力平衡,更严格一些的解法需同时满足力和力矩的平衡条件。

(二)静力(力矩)平衡条件

将滑动土体分成若干土条,对每个土条和整个滑动土体引入力和力矩的平衡条件。在根据静力平衡条件建立起来的方程组中,未知数的个数超过了方程式的个数,解决这一超静定问题的办法是对多余未知数进行假定,使剩下的未知数的数目和方程数目相等,从而解出安全系数。目前,常用的 11 种边坡刚体极限平衡分析方法都是对土条的侧向作用力的大小或作用位置进行假设,从而达到减少未知数个数,求解安全系数的目的。

(三)假设条件

对多余未知数的假定并不是随意的,它必须使获得的解符合土和岩石的力学特性,目前常采用的假设条件为土条之间的作用力大小假设和作用位置假设。

(四)土条的几何条件及受力分析

从滑坡体中任取一个土条,土条的几何条件及受力分析见图 6-2。

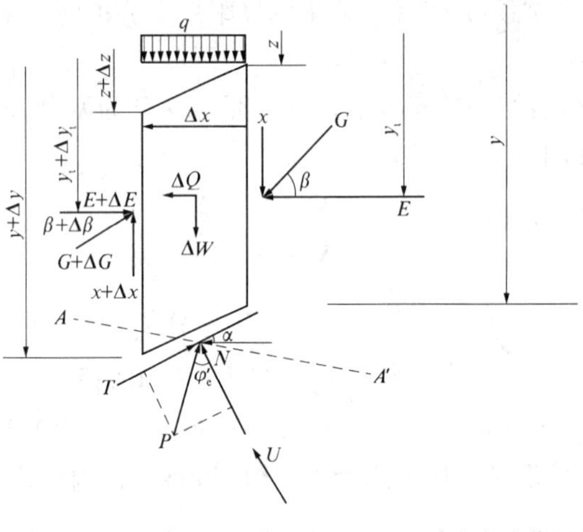

ΔW—土条自重;ΔQ—水平作用力;E、ΔE—土条间法向作用力;x、Δx—土条间切向作用力;G、ΔG—条间作用力合力;T—土条底部抗剪力;N—土条底部法向作用力;U—土条底部孔隙水压力;P—土条底部作用力合力;q—外加荷载

图 6-2　土条的几何条件及受力分析

二、边坡稳定分析的极限平衡方法

在极限平衡法理论体系形成的过程中,出现了一系列简化方法,目前常用的方法主要有瑞典法(Fellenious 法,1936)、简化的简布法(Janbu's Simplified,1954)、简化的毕肖普法(Bishop's Simplified,1955)、Lower - Karafiath 法(1959)、美国陆军工程师团法(U. S. Army Corps of Engineers,1967)、摩根斯坦 - 普莱斯法(Morgenstern - Price,1965)、斯宾塞

法(Spencer,1967)、萨尔玛法(Sarma,1973)、简布法(Janbu,1973)等,其中 Morgenstern - Price 是唯一在滑裂面的形状、静力平衡要求、假定多余未知数的选定方法均不做假定的严格方法,同时这一方法还可回归到大部分稳定分析的简化计算方法。本章简单介绍这些简化方法的基本原理和计算公式,重点讨论各种简化方法的应用条件及各种方法之间的区别。

图 6-3 为从滑坡体中取出的任一土条受力分析示意图,下面讲到的各种计算方法的受力分析均可参见图 6-3 及图 6-4。

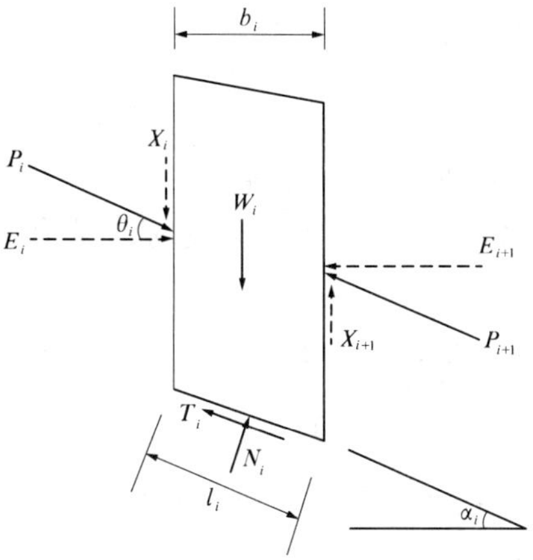

图 6-3　任一土条受力分析示意图

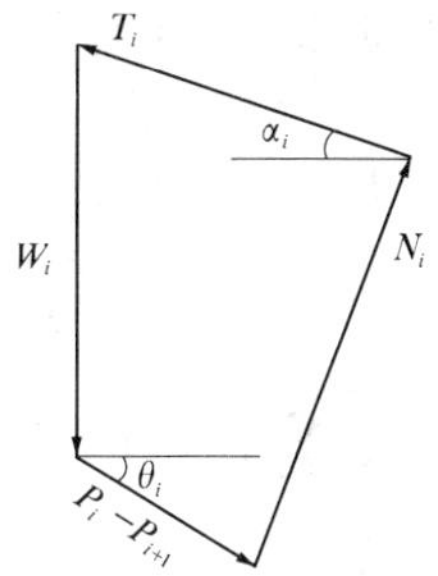

图 6-4　力矢多边形

(一)瑞典法(Fellenious)

瑞典法是条分法中最古老而又最简单的方法。除假定滑裂面是圆弧面外,还假定不考虑土条两侧的作用力,安全系数定义为每一土条在滑裂面上所能够提供的抗滑力矩之和与外荷载及滑动土体在滑裂面上所产生的滑动力矩和之比。由于不考虑条间力的作用,严格地说,对每一土条的平衡条件是不满足的,对土条自身的力矩平衡也不满足,仅能满足滑动土体的整体力矩平衡条件,由此产生的误差一般使求出的安全系数偏低 10% ~ 20%,这种误差随着滑裂面圆心角和孔隙压力的增大而增大。

(1)滑弧形状:圆弧滑裂面。

(2)基本假定:滑动体为整体刚性滑动,作用在土条侧向垂直面上的力 E 和力 X 的合力平行于土条底面,因而在进行土条底部法线方向力的平衡时,可以不予考虑。

(3)平衡条件:整体力矩平衡 $\sum W_i x_i - \sum T_i R = 0$。

(4)安全系数计算公式:$F_s = \dfrac{\sum[c_i' l_i + (W_i\cos\alpha_i - u_i l_i)\tan\varphi_i']}{\sum W_i \sin\alpha_i}$。

(二)简化的毕肖普法(Bishop's Simplified)

毕肖普方法是工程上常用的边坡稳定分析简化方法之一,它仍然假定滑裂面为圆弧,但考虑了条间力的作用,通过静力平衡和整体对圆心的力矩平衡求解安全系数,由于在考虑土条间作用力时,认为土条两侧作用力水平,而不考虑土条之间的剪切力,因此计算结果往往偏于安全。

(1)滑弧形状:圆弧滑裂面。

(2)基本假定:土条两侧作用力水平。

(3)平衡条件:整体力矩平衡 $\sum W_i x_i - \sum T_i R = 0$。

(4)安全系数推导。

Bishop 认为,当土坡处于稳定状态时($F_s > 1$),任一土条内滑弧面的抗剪强度只发挥了一部分,并与 T_i 相平衡:

$$T_i = \frac{c_i l_i}{F_s} + \frac{N_i \tan\varphi}{F_s} \tag{6-6}$$

将所有的力投影到弧面的法线方向上得:

$$N_i = [W_i + (H_{i+1} - H_i)]\cos\alpha_i - (P_{i+1} - P_i)\sin\alpha_i \tag{6-7}$$

当整个滑动体处于平衡状态时,各土条对圆心的力矩之和应为零,此时,条间推力为内力相互抵消。

$$\sum W_i x_i - \sum T_i R = 0 \tag{6-8}$$

将式(6-6)、式(6-7)代入式(6-8)得

$$F_s = \frac{\sum \{c_i l_i + [W_i + (H_{i+1} - H_i)\cos\alpha_i - (P_{i+1} - P_i)\sin\alpha_i]\tan\varphi_i\}}{\sum W_i \sin\alpha_i} \tag{6-9}$$

实用中,Bishop 建议不计分条间的摩擦力之差,即令

$$H_{i+1} - H_i = 0 \tag{6-10}$$

得

$$F_s = \frac{\sum \{c_i l_i + [W_i - (P_{i+1} - P_i)\sin\alpha_i]\tan\varphi_i\}}{\sum W_i \sin\alpha_i} \tag{6-11}$$

所有作用力在铅直及水平方向的总和都应为零,结合式(6-6)和 $H_{i+1} - H_i = 0$,得

$$P_{i+1} - P_i = \frac{\frac{1}{F_s} W_i \cos\alpha_i \tan\varphi_i + \frac{c_i l_i}{F_s} - W_i \sin\alpha_i}{\frac{\tan\varphi_i}{F_s}\sin\alpha_i + \cos\alpha_i} \tag{6-12}$$

代入式(6-8),并简化后得:

$$F_s = \frac{\sum (c_i l_i \cos\alpha_i + W_i \tan\varphi_i) \dfrac{1}{\tan\varphi_i \dfrac{\sin\alpha_i}{F_s} + \cos\alpha_i}}{\sum W_i \sin\alpha_i} \tag{6-13}$$

为计算方便,设

$$m\alpha_i = \cos\alpha_i + \frac{\tan\varphi_i \sin\alpha_i}{F_s} \tag{6-14}$$

考虑水平地震加速度系数 K_H 及空隙水压力和综合影响系数 C_Z 得:

$$F_s = \frac{\sum_{i=1}^{n} \frac{1}{m\alpha_i}\left[c_i l_i + W_i\left(1 \pm \frac{1}{3}K_H C_Z\right) - u_i b_i \tan\varphi_i\right]}{\sum_{i=1}^{n} W_i\left(1 \pm \frac{1}{3}K_H C_Z\right)\sin\alpha_i + \sum_{i=1}^{n} K_H C_Z W \frac{d_i}{R}} \tag{6-15}$$

水平地震加速度的取值如表 6-4 所示，C_Z 一般可取 0.25。

表 6-4　水平地震加速度

设计烈度	7	8	9
K_H	$0.1g$	$0.2g$	$0.3g$

(三)斯宾塞方法(Spencer)

(1)滑弧形状：任意形状。

(2)基本假定：相邻土条之间的法向条间力 E 与切向条间力 X 之间有一固定的常数关系。

(3)平衡条件：滑动土体必须满足水平方向和铅直方向的静力平衡，对整个滑动土体还必须满足力矩平衡条件。

(4)安全系数推导：Spencer 假定相邻土条之间的法向条间力 E 与切向条间力 X 之间有一固定的常数关系，即

$$\frac{X_i}{E_i} = \frac{X_{i+1}}{E_{i+1}} = \tan\theta \tag{6-16}$$

因此，各条间合力 P 的方向是相互平行的。

取垂直土条底部方向力的平衡

$$N_i + (P_i - P_{i+1})\sin(\alpha_i - \theta) - W_i\sin\alpha_i = 0 \tag{6-17}$$

取平行土条底部方向力的平衡

$$T_i - (P_i - P_{i+1})\cos(\alpha_i - \theta) - W_i\sin\alpha_i = 0 \tag{6-18}$$

根据安全系数的定义及莫尔－库仑准则，可得

$$T_i = \frac{c_i' l_i}{F_s} + (N_i - u_i l_i)\frac{\tan\varphi'}{F_s} \tag{6-19}$$

$$l_i = b_i \sec\alpha_i \tag{6-20}$$

综合以上各式可求出

$$P_i - P_{i+1} = \frac{\frac{c_i' b_i}{F_s}\sec\alpha_i + \frac{\tan\varphi'}{F_s}(W_i\cos\alpha_i - u_i b_i \sec\alpha_i) - W_i\sin\alpha_i}{\cos(\alpha_i - \theta)\left[1 + \frac{\tan\varphi_i'}{F_s}\tan(\alpha_i - \theta)\right]} \tag{6-21}$$

对整个滑动土体来说，为了维持力的平衡，必须满足水平方向和垂直方向的平衡条件，即

$$\sum (P_i - P_{i+1})\cos\theta = 0 \tag{6-22}$$

$$\sum (P_i - P_{i+1}) \sin\theta = 0 \tag{6-23}$$

因为 θ 是常数，$\sin\theta$ 和 $\cos\theta$ 不可能为零，因此上列两式实际上是同一平衡条件，即

$$\sum (P_i - P_{i+1}) = 0 \tag{6-24}$$

同样，对于整个滑动土体来说，还必须满足力矩平衡条件，即

$$\sum (P_i - P_{i+1}) \cos(\alpha_i - \theta) = 0 \tag{6-25}$$

将 $P_i - P_{i+1}$ 分别代入力和力矩的平衡条件，得到两个方程，而当土坡的几何形状及滑裂面已定，同时在土质指标已知的情况下，只有 θ 和 F_s 两个未知量，问题因此得解。

（四）摩根斯坦－普莱斯（Morgenstern－Price）方法

在众多的边坡刚体极限平衡分析方法中，Morgenstern－Price 方法是唯一在滑裂面的形状、静力平衡要求、假定多余未知数的选定方法上均不做假定的严格方法，同时这一方法还可回归到大部分稳定分析的简化计算方法。Mogenstern－Price 方法首先对任意曲线形状的滑裂面进行分析，导出满足力的平衡及力矩平衡的微分方程（见图 6-5）。假定相邻土条间法向条间力与切向条间力之间存在一个对水平方向坐标的函数关系，根据整个滑动土体的边界条件求出问题的解答，即

$$X = Ef(x) \tag{6-26}$$

式中 $f(x)$——法向条间力与切向条间力之间存在的对水平方向坐标的函数关系，$f(x)=C$，相当于 Spencer 方法；$f(x)=0$，相当于 Bishop 方法。

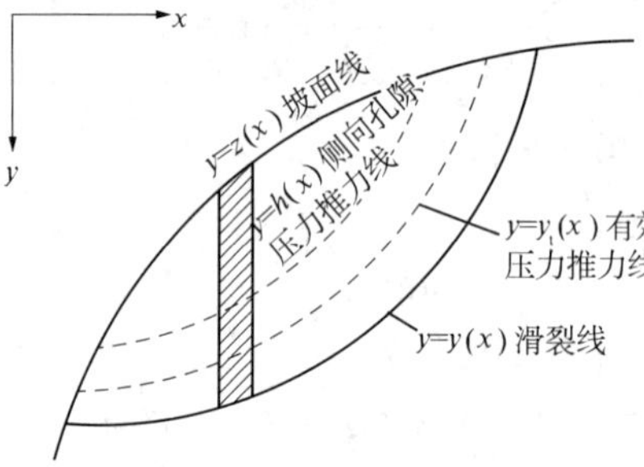

图 6-5　摩根斯坦－普莱斯方法表示的任意形状的土坡

（五）萨尔玛方法（Sarma）

Sarma 法基于以下基本概念：边坡岩体除非是沿一个理想的平面或弧面滑动，才可作为一个完整的刚体运动；否则，岩体必须先破裂成多块相对滑动的块体，才可能发生滑动，亦即在滑动前不但要滑面上的剪力平衡，而且要在滑体内部发生剪切。

该方法具有其独特的优点：可以用来评价各种类型岩坡的稳定性，诸如圆弧面滑动、非圆弧面滑动、平面滑动和楔体滑动等复杂剖面的岩土边坡。这一计算方法允许各滑块底面及侧面具有不同的抗剪强度（c,φ）值，而且滑块的两侧面可任意倾斜，并不局限于垂直边界，因而能分析各种特殊结构（断层、层面）对滑坡稳定性的影响，尤其是地表水、地下水的作用可在库岸稳定性分析中自动进行计算。由于引入临界水平加速度 K_c 作为判据，因此该方法还可以用来分析地震力对边坡稳定性的影响。总之，该方法比较全面客观地反映了各种控制岸坡稳定性因素的作用。

Sarma 法提出的滑体破坏形式示意图见图 6-6，力学模型及几何要素见图 6-7、图 6-8。

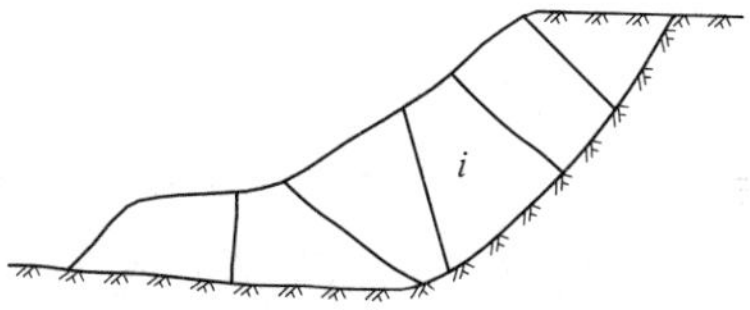

图 6-6　边坡滑动破坏形式示意图

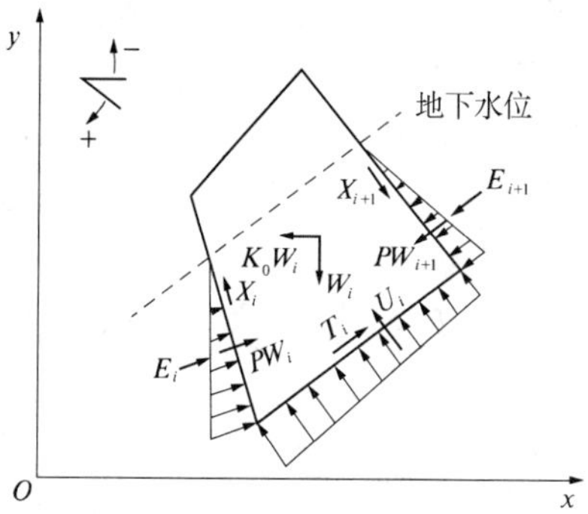

图 6-7　第 i 块滑体中的作用力

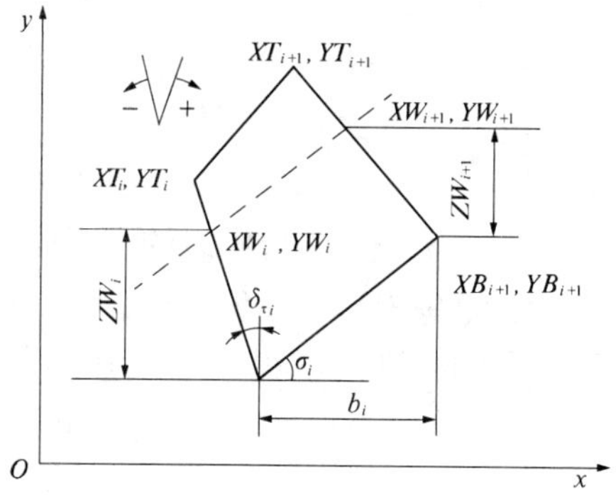

图 6-8　第 i 块滑体几何要素

第 i 块滑体上的作用力有：

W_i：第 i 块滑体自重；

K_0W_i：由于地震加速度产生的水平力，作用于块体重心；

PW_i、PW_{i+1}：作用于条块侧面的水压；

U_i：作用于条块底面的水压；

E_i、E_{i+1}：条块侧面的法向力；

X_i、X_{i+1}：条块侧面的剪切力；

N_i：条块底面的法向力；

T_i：条块底面的剪切力；

XT_i、YT_i，XT_{i+1}、YT_{i+1}：块体顶角坐标；

XB_i、YB_i，XB_{i+1}、YB_{i+1}：块体底角坐标；

XW_i、YW_i，XW_{i+1}、YW_{i+1}：地下水位与条块侧边交点坐标；

b_i：条块底边的水平宽度；

α_i：条块与立平面夹角；

d_i、d_{i+1}：条块侧边长度；

δ_i、δ_{i+1}：块体侧边与垂直面之间的夹角；

ZW_i、ZW_{i+1}：底面以上水柱垂直高度。

1. 计算临界地震加速度 K_c

根据以上力学模型、几何要素及静力平衡方程，有

$$\left.\begin{aligned}\sum X = 0\\ \sum Y = 0\end{aligned}\right\} \tag{6-27}$$

得

$$T_i\cos\alpha_i - N_i\sin\alpha_i = K_iW_i + X_{i+1}\sin\delta_{i+1} - X_i\sin\delta_i + E_{i+1}\cos\delta_{i+1} - E_i\cos\delta_i \tag{6-28}$$

$$N_i\cos\alpha_i + T_i\sin\alpha_i = W_i + X_{i+1}\cos\delta_{i+1} - X_i\cos\delta_i + E_{i+1}\sin\delta_{i+1} - E_i\sin\delta_i \tag{6-29}$$

又由莫尔－库仑破坏准则

$$T_i = (N_i - U_i)\tan\varphi_{\mathrm{b}i} + c_{\mathrm{b}i}b_i \tag{6-30}$$

现假设两侧边力 X 和 E 也处于极限平衡状态(安全系数等于1),则

$$X_i = (E_i - PW_i)\tan\varphi_{\mathrm{s}i} + c_{\mathrm{s}j}d_i \tag{6-31}$$

$$X_{i+1} = (E_{i+1} - PW_{i+1})\tan\varphi_{\mathrm{s}i+1} + c_{\mathrm{s}i+1}d_{i+1} \tag{6-32}$$

式中 $\varphi_{\mathrm{b}i}$、$c_{\mathrm{b}i}$——条块底边的内摩擦角、内黏聚力;

$\varphi_{\mathrm{s}i}$、$c_{\mathrm{s}i}$——条块侧边的内摩擦角、内黏聚力。

将式(6-30)~式(6-32)代入式(6-28)和式(6-29),消去 T_i、X_i 和 X_{i+1},然后从最终两个方程中再消去 N_i,得

$$E_{i+1} = a_i - p_iK_{\mathrm{c}} - E_ie_i \tag{6-33}$$

其中

$$\begin{aligned}a_i = Q_i[&W_i + T_{\mathrm{V}i}\sin(\varphi_{\mathrm{b}i} - \alpha_i) - T_{\mathrm{H}i}\cos(\varphi_{\mathrm{b}i} - \alpha_i) + R_i\cos\varphi_{\mathrm{b}i} + \\ &S_{i+1}\sin(\varphi_{\mathrm{b}i} - \alpha_i - \delta_{i+1}) - S_i\sin(\varphi_{\mathrm{b}i} - \alpha_i - \beta_i)]\end{aligned} \tag{6-34}$$

$$p_i = Q_iW_i\cos(\varphi_{\mathrm{b}i} - \alpha_i) \tag{6-35}$$

$$e_i = Q_i\left[\frac{\cos(\varphi_{\mathrm{b}i} - \alpha_i + \varphi_i - \delta_i)}{\cos\varphi_{\mathrm{s}i}}\right] \tag{6-36}$$

$$Q_i = \frac{\cos\varphi_{\mathrm{s}i+1}}{\cos(\varphi_{\mathrm{b}i} - \alpha_i - \varphi_{\mathrm{s}i+1} - \delta_{i+1})} \tag{6-37}$$

$$S_i = c_{\mathrm{s}i}d_i - PW_i\tan\varphi_{\mathrm{s}i} \tag{6-38}$$

$$S_{i+1} = c_{\mathrm{s}i+1}d_{i+1} - PW_{i+1}\tan\varphi_{\mathrm{s}i+1} \tag{6-39}$$

$$R_i = \frac{c_{\mathrm{b}i}}{\cos\alpha_i} - U_i\tan\varphi_{\mathrm{b}i} \tag{6-40}$$

$$U_i = \frac{1}{2}\gamma_{\mathrm{w}}\left|\frac{(YW_i - YB_i + YW_{i+1} - YB_{i+1})b_i}{\cos\alpha_i}\right| \tag{6-41}$$

方程式(6-33)是递归方程,因此可得

$$E_{n+1} = a_n - p_nK_{\mathrm{c}} - E_ne_n = a_n + a_{n-1}e_n - (p_n + p_{n-1}e_n)K_{\mathrm{c}} + E_{n-1}e_ne_{n-1} \tag{6-42}$$

进而有

$$\begin{aligned}E_{n+1} = &(a_n + a_{n-1}e_n + a_{n-2}e_ne_{n-1} + \cdots + a_1e_ne_{n-1}\cdots e_3e_2) - \\ &K_{\mathrm{c}}(p_n + p_{n-1}e_n + p_{n-2}e_ne_{n-1} + \cdots + p_1e_ne_{n-1}\cdots e_3e_2) + E_1e_ne_{n-1}\cdots e_1\end{aligned} \tag{6-43}$$

在没有外力的情况下,即 $E_{n+1} = E_1 = 0$。

由式(6-43)可得

$$K_c = \frac{a_n + a_{n-1}e_n + a_{n-2}e_ne_{n-1} + \cdots + a_1e_ne_{n-1}\cdots e_3e_2}{p_n + p_{n-1}e_n + p_{n-2}e_ne_{n-1} + \cdots + p_1e_ne_{n-1}\cdots e_3e_2} \tag{6-44}$$

式(6-44)的物理意义为:要使滑块达到极限平衡状态,必须在滑体上施加一个临界水平加速度 K_c,K_c 为正时,方向指向坡外。

2. 水压力的计算

$$U_i = \frac{1}{2}\gamma_w[(YW_i - YB_i) + (YW_{i+1} - YB_{i+1})] \tag{6-45}$$

(1)第一种情况。

$$YT_i > YW_i \quad YT_{i+1} > YW_{i+1}$$

$$PW_i = \frac{1}{2}\gamma_w\left|\frac{(YW_i - YB_i)^2}{\cos\delta_i}\right| \tag{6-46}$$

$$PW_{i+1} = \frac{1}{2}\gamma_w\left|\frac{(YW_{i+1} - YB_{i+1})^2}{\cos\delta_{i+1}}\right| \tag{6-47}$$

(2)第二种情况。

$$YT_i < YW_i \qquad YT_{i+1} > YW_{i+1}$$

$$PW_i = \frac{1}{2}\gamma_w\left|\frac{(YW_i - YT_i + YW_i - YB_i)(YT_i - YB_i)}{\cos\delta_i}\right| \tag{6-48}$$

$$PW_{i+1} = \frac{1}{2}\gamma_w\left|\frac{(YW_{i+1} - YB_{i+1})^2}{\cos\delta_{i+1}}\right| \tag{6-49}$$

(3)第三种情况。

$$YT_i < YW_i \qquad YT_{i+1} > YW_{i+1}$$

$$PW_i = \frac{1}{2}\gamma_w\left|\frac{(YW_i - YT_i + YW_i - YB_i)(YT_i - YB_i)}{\cos\delta_i}\right| \tag{6-50}$$

$$PW_{i+1} = \frac{1}{2}\gamma_w\left|\frac{(YW_{i+1} - YT_{i+1} + YW_{i+1} - YB_{i+1})(YT_{i+1} - YB_{i+1})}{\cos\delta_{i+1}}\right| \tag{6-51}$$

(4)第四种情况。

$$YT_i > YW_i \qquad YT_{i+1} < YW_{i+1}$$

$$PW_i = \frac{1}{2}\gamma_w\left|\frac{(YW_i - YB_i)^2}{\cos\delta_i}\right| \tag{6-52}$$

$$PW_{i+1} = \frac{1}{2}\gamma_w\left|\frac{(YW_{i+1} - YT_{i+1} + YW_{i+1} - YB_{i+1})(YT_{i+1} - YB_{i+1})}{\cos\delta_{i+1}}\right| \tag{6-53}$$

3. 计算安全系数 F

对于临界加速度 K_c 不等于零的边坡,可同时减小滑动面上的抗剪强度,直到由式(6-44)计算出的加速度 K_c 减小为零(经过反复迭代),即可计算出静力安全系数 F。

4. 计算分条侧向和底边上的法向应力和剪应力

对于给定的安全系数 K_c 值,即可从已知条件 $E_1 = 0$ 开始,由下列方程的渐进递推求解,求出作用在每一条块各边和底边上的力。

$$E_{i+1} = \alpha_i - p_iK_c + E_ie_i \tag{6-54}$$

$$X_i = (E_i - PW_i)\tan\varphi_{si} + C_{si}d_i \tag{6-55}$$

$$N_i = \frac{(W_i + TV_i + X_{i+1}\cos\delta_{i+1} + X_i\cos\delta_i - E_{i+1}\sin\delta_{i+1} + E_i\sin\delta_i + U_i\tan\varphi_{bi} - C_{bi}b_i\tan\alpha_i)\cos\varphi_{bi}}{\cos(\varphi_{bi} - \alpha_i)} \tag{6-56}$$

$$T_i = \frac{(N_i - U_i)\cos\alpha_i}{b} \tag{6-57}$$

作用于条块底边和各边上的有效法向应力可算得

$$\sigma'_{bi} = \frac{(N_i - U_i)\cos\alpha_i}{b_i}$$

$$\sigma'_{si} = \frac{(E_i - PW_i)}{d_i}$$

$$\sigma'_{si+1} = \frac{E_{i+1} - PW_{i+1}}{d_{i+1}}$$

为了使问题的解具有可容性,所有有效法向应力都必须向下,即不出现张应力。

由上可知,Sarma 法既可求动态边坡稳定性的解,又可求静态边坡稳定性的解,反算可求抗剪强度指标,对影响因素做敏感性分析,也可计算滑坡推力,为抗滑桩设计提供依据。

各种方法之间的区别见表 6-5,各种方法的静力平衡关系见表 6-6,各种方法条间作用力特征及其相互关系见表 6-7。

表 6-5 各种方法之间的区别

方法	适用滑面	简述
Petterson(1916)	圆弧	提出条分法的概念
Fellenious 法(1936)	圆弧	E 和 X 的合力平行于土条底边 条块重量向法向分解求法向力 假设条件过多,是刚体极限平衡分析的雏形
Janbu's Simplified 法(1954)	任意	陆军工程师团法的特例,假设 $\beta = 0$
Bishop's Simplified 法(1955)	圆弧	考虑条间作用力在法向的贡献,假设两侧作用力水平
Lower - Karafiath(1959)	任意	条间力倾角等于土条顶部和底部倾角的均值
U. S. Army Corps of Engineers(1967)	任意	条间作用力倾角等于平均坝坡
传递系数法	任意	条间作用力倾角等于土条底面倾角
Mogernstern - Price(1965)	任意	对任意曲线形状的滑裂面进行分析,到处满足力的平衡及力矩平衡条件的微分方程,假定两相邻土条法向条间力的切向条间力之间存在一个对水平方向坐标的函数关系,根据整个滑动土体的边界条件求出问题的解答

续表 6-5

方法	适用滑面	简述
Spencer 法(1967)	任意	假定土条侧向力的倾角为一常数
Sarma(1973)	任意	可划分非垂直条块,允许条块底边和侧边具有不同的抗剪强度,地震和水的影响可自动计入
Janbu(1973)	任意	

表 6-6　各种方法的静力平衡关系

方法	力矩平衡	力平衡
Fellenious	Yes	No
Bishop's Simplified	Yes	No
Janbu's Simplified	No	Yes
Spencer	Yes	Yes
Morgenstern – Price	Yes	Yes
U. S. Army Corps of Engineers – 1	No	Yes
U. S. Army Corps of Engineers – 2	No	Yes
Lower – Karafiath	No	Yes
Janbu – Generalized	Yes(by slices)	Yes
Sarma – Vertical Slices	Yes	Yes

表 6-7　各种方法条间作用力特征及其相互关系

方法	法向力	切向力	法向力和切向力的关系
Fellenious	No	No	不考虑条件力的作用
Bishop's Simplified	Yes	No	条件力水平
Janbu's Simplified	Yes	No	条间力水平
Spencer	Yes	Yes	常数
Morgenstern-Price	Yes	Yes	用函数定义的变量
U. S. Army Corps of Engineers – 1	Yes	Yes	直线,平均坝坡
U. S. Army Corps of Engineers – 2	Yes	Yes	边坡顶部条块的倾角
Lower – Karafiath	Yes	Yes	土条顶部和底部倾角的均值
Janbu – Generalized	Yes	Yes	使用推力线和条块的力矩平衡
Sarma – Vertical Slices	Yes	Yes	$X = C = E\tan\varphi$

第五节　边坡稳定分析方法

在边坡稳定性分析评价中,常用的方法除第四节中的刚体极限平衡法外,主要还有以下一些方法。

一、数值计算方法

由于刚体极限平衡法自身固有的局限性，在对边坡进行稳定分析时，需对滑坡边界条件大大地进行简化，计算中所选用的各种计算参数往往是确定的且呈线性变化，对于由复杂介质和边界组成的滑坡体，如果进行这样的简化处理，将不能客观地反映工程实际的真实性，且使计算结果有很大的误差。实际上，不仅滑坡的各种计算参数是不确定且随机的，而且边坡系统本身就是一个不平衡、不稳定、充满复杂性的动态系统，其与外界环境有着不断的物质、能量和信息交换。鉴于此，科学家们为了寻求能够反映工程实际情况的方法，进行了各种尝试，在数值计算方法上，随着计算机的普及和发展，出现了一批以弹性力学、结构力学为基础的数值计算方法，如有限差分法（FDM）、有限单元法（FEM）、离散单元法（DEM）、不连续变形分析（DDA）、快速拉格朗日插值（FLAC）、流形元方法（NNM）等都是数值计算方法飞速发展的产物。

不论采用何种计算方法，只要是数值计算，那么通常所采用的工作步骤和流程都是一样的。一般来说，边坡稳定分析的工作步骤如下：

（1）分析地质条件，完成从地质模型向数学模型的概化；

（2）按照工程地质理论分析确定计算范围；

（3）准备资料（地质图、地形图、剖面图、钻孔柱状图及工程地质勘察报告）；

（4）根据工程的实际情况选择计算方法；

（5）材料分区和网格剖分；

（6）荷载施加；

（7）边界和约束条件的施加；

（8）计算；

（9）计算结果的后处理。

在处理复杂边界和介质的计算上，数值分析方法由于其强大的灵活性和通用性，在工程技术的各个领域发挥了极大的作用，现已成为广大工程技术人员的得力计算工具。

二、可靠度分析方法

可靠度分析方法是一门正在迅速发展的新学科，被誉为近代工程技术的重要发展，无论是在国民经济建设方面，还是在社会效益方面，可靠度研究都起到了非常重大的作用。自 20 世纪 70 年代初应用于边坡工程领域以来，由于国内外岩土力学界的重视，可靠度分析方法已经得到长足发展，并成为边坡工程研究的重要发展方向。

由于岩土介质的特殊性，在工程设计、施工、适用过程中具有种种影响工程安全、适用、耐久的不确定性，这些不确定性大致有以下几个方面：

（1）地层（土层）剖面与边界条件的不确定性；

（2）现场与室内试验测定的土性指标的不确定性；

（3）现场的应力分布与孔隙水压力分布的不确定性；

（4）外加荷载大小和分布的不确定性；

(5)计算模型的不确定性等。

在可靠度分析中,有许多种计算方法,由于出发点或解决问题的角度不同,使各种方法存在一定的差异。可以预计,可靠性分析方法的推广和应用必将进一步推动我国边坡工程技术的进步。

目前,边坡可靠度分析常用的方法如下。

(一)蒙特卡洛模拟法

蒙特卡洛(Monte Carlo)模拟法又称随机模拟法或统计试验法,是一种依据统计抽样理论,利用电子计算机研究随机变量的数值计算方法。在目前可靠度计算中,是相对精确的方法。它源于第二次世界大战期间,Von Neuman 和 Ulam 在对裂变物质的中子随机扩散进行直接模拟中,以世界闻名的赌城蒙特卡洛作为该项研究的秘密称呼而得名。

由于影响边坡稳定性的不确定因素很多,而且由于边坡工程浩大,不适宜也不可能在实际作业过程中,以高昂代价对边地形成、破坏过程进行直接的试验研究。面对这样理论上和试验上的双重困难,采用蒙特卡洛模拟方法,通过构造模型和进行模拟试验,把复杂的空间条件和时间过程简化成集总参数,进而求得安全系数或安全储备的概率分布及分布参数的特征值均值、标准差、破坏概率等,以此作为边坡工程问题的近似解,是极为适宜的。其基本思想是,若已知状态变量的概率分布,根据边坡的极限状态条件 $g(X_1,X_2,\cdots,X_n)=0$,利用蒙特卡洛方法产生符合状态变量概率分布的一组随机数 $x_1,x_2,\cdots,x_n$,并代入状态函数 $g(X_1,X_2,\cdots,X_n)=0$ 计算得到状态函数的一个随机数,如此用同样的方法产生 N 个状态函数的随机数。如果在 N 个状态函数的随机数中有 M 个小于等于1(以安全系数表示边坡状态)或小于等于零(以安全储备表示边坡状态),当 N 足够大时,根据大数定律,此时的频率已近似于概率,因而可得边坡的破坏概率为:

$$p_{\mathrm{f}} = p\{g(X_1,X_2,\cdots,X_n) \leqslant 0\} = \frac{M}{N}$$

也可由已得的 N 个 $g(x)$ 来求均值 u_{g} 和标准差 σ_{g},从而得到可靠指标 β。

(二)一次二阶矩法

蒙特卡洛模拟法需要预知各基本状态变量的分布形式和参数。当基本变量 $X_i(i=1,2,\cdots,M)$ 的概率密度未知,或者在概率密度函数复杂不易求其分布参数的积分时,可利用 Taylor 级数展开后忽略两次以上的项,只考虑它们的一阶原点矩(即均值)和二阶中心矩(即方差)这两个特征参数,近似地计算状态函数的均值和方差,求得可靠指标和破坏概率,故也称做一次二阶矩法。

对于任何一个给定的边坡,其状态函数为 n 个基本变量的函数,即 $Z=g(X)=g(X_1,X_2,\cdots,X_n)$,而每种状态就是一组随机变量的实现,即 $Z_i=g(X_1,X_2,\cdots,X_n)$。换句话说,变量 Z_i 是 n 维基本变量空间 Ω 的一个点。因此,极限状态面可定义为 n 维基本变量空间 Ω,极限状态面即用极限状态方程刻划的曲面:

$$Z = g(X) = g(X_1,X_2,\cdots,X_n) = 0$$

这个面上所有点的基本状态变量的组合结果 $Z=g(X)=0$,它把基本变量空间划分为破坏域 Ω_{f} 和安全域 Ω_{s}。破坏域包含导致破坏(即 $g(X)\leqslant 0$)的一组基本变量的实现,安全域包含保证安全(即 $g(X)>0$)的一组基本变量的实现。

这种方法的基本思路是把极限状态面变换到标准化正态分布空间 U，假设极限状态面近似为一个超平面（见图 6-9），该超平面为极限状态面距坐标原点最近的点的切平面，而从原点到该切点的距离则等于可靠指标 β。这样，问题得以简化，就仅仅需要验算极限状态面上一个点。

对于非线性极限状态方程，如果对状态函数在平均值处用 Taylor 级数展开即用平均值赋值，称之为中心点法。中心点法会带来较大的误差，因为由平均值所确定的坐标点位于安全区，而不是在极限状态曲面上。为此，而将 Taylor 级数展开式的点选在极限状态曲面上，并且只在破坏概率最大的这个点上，这个赋值点称为验算点，经过这样改进后的一次二阶矩法称为验算点法。

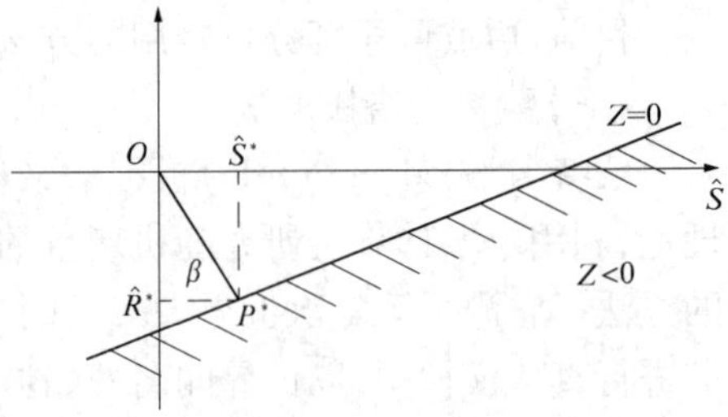

图 6-9　线性函数的极限状态面（标准正态空间）（祝玉学，1993）

在边坡稳定性的可靠度分析方法中，最常用的方法是一次二阶矩法（First-Order Reliability Method，即 FORM）中的验算点法，经过 20 年的发展，它已成功应用于我国的多个工程的优化设计中，我国的尖山铁矿边坡设计、二滩水电站龙山滑坡分析、三峡库区滑坡、清江水布垭坝址大岩淌滑坡等大型工程项目均采用一次二阶矩法对边坡的稳定性进行了评价。

（三）统计矩法

统计矩法是 20 世纪 80 年代初开始引入边坡可靠度分析的一种方法，它的基本数学工具是 Rosenblueth E 于 1975 年提出的统计矩点估计方法，故又称为 Rosenblueth 法。这是一种近似方法，当各状态变量的概率分布为未知时，只要利用它们的均值和方差，就可以求得状态函数（安全系数或安全储备）的一阶矩（均值）、二阶矩（方差）以及三阶矩、四阶矩，从而求得边坡的可靠指标，且在状态函数值的假定概率分布下求得破坏概率 p_f，因而颇便应用。我国龙滩水电站进水口边坡倾倒稳定分析就是采用的统计矩法。

（四）随机有限元法

随机有限元法是可靠指标法与数值法相耦合的方法，包括一次线性逼近法和迭代验算法。自 20 世纪 60 年代以来，随着有限单元法在边坡工程分析、评价和设计中的深入发展，对岩体力学模型、影响应力及变形因素的定量化提出了更高的要求，期望为计算分析提供更合理的模型和更精确的数据。然而，由于岩体组成、结构、强度、荷载条件以及力学状态的不确定性和变化性，岩体的力学参数并非常数，而是一组随机变量，这样，用确定性分析方法不可能真实、确定地描述边坡的本征属性。因为再精确的计算数据，也只是相对的经验性确认，其分析结果自然会带有一定程度的局限性。因此，近几年来，国际上开始研究一个新的领域，即探索随机模型与数值解法的耦合，以寻求数值方法的概率解答，逐步发展成随机有限元法，并正在走向工程应用。

边坡随机有限元分析的实质，是在常规有限元方法的基础上，改输入常数为随机变量 $\{X\}$，如弹性模量（E）、泊松系数（μ）、容重（γ）等。因为单元应力 $\{\sigma\}$ 和节点位移 $\{\delta\}$ 均为随机变量 $\{X\}$ 的函数，只要随机变量存在均值和方差，则可以求得 $\{\sigma\}$ 和 $\{\delta\}$ 的统计上的均值和方差。岩体强度分量黏聚力（c）和摩擦角（φ）亦为随机变量。依照莫尔 - 库仑破坏准则，根据剪应力与抗剪强度的关系，可以建立起抗剪稳定性的极限状态方程 $Z=$

$g(X)=g(X_1,X_2,\cdots,X_n)=0$。在由 n 个随机变量组成的 n 维状态空间中，$Z=0$ 构成一个极限状态曲面，而该曲面至变量空间坐标原点的最短距离即为单元的局部可靠指标。在标准正态空间，由式 $p_f=1-\phi(\beta)$ 可求得单元的局部破坏概率。显然，在有确定的潜在破坏面情况下，根据破坏面所穿过的所有单元的力学参数和几何参数，可以求得边坡总体的可靠指标和破坏概率。

随机有限元方法集有限单元法和可靠性分析的优点于一身，适应性强，考虑问题全面，精度较高，可解决非线性问题，随着计算机技术和有限元算法技术的发展，其工作量庞大和计算时间长的缺点已基本被克服，所以虽然发展历史不长，但随机有限元分析已经成为可靠度分析的一个重要方法之一。

三、边坡稳定分析的系统方法

边坡稳定分析的系统方法是近年来兴起的一类评价方法，其主要理论依据是边坡变形破坏行为所表现出的非线性，这些非线性主要表现在：

(1)岩石材料的无序分布，地应力的随时空分布。

(2)边坡系统是高度复杂、规模宏大的系统，影响边坡稳定的因素很多，而通常条件下，难以确定边坡的地质条件和环境信息。岩体的变形、损伤、破坏及演化过程包含了相互耦合的多种非线性过程，传统的确定性分析理论和力学方法无法描述如此复杂的力学行为。

(3)岩体变形经过塑性、断裂和破坏过程，会在系统中出现分叉、突变等非线性复杂力学行为。

(4)岩石的变形、损伤和破坏过程是一个动态的非线性不可逆过程。

复杂非线性系统科学使我们对事物的研究实现了由静态到动态、由局部到整体、由线性到非线性、由简单到复杂的认知走向。岩体工程问题的极端复杂性是其他建筑工程问题所不能比拟的，因而在经典的理论计算方面遇到了严重困难，而20世纪70年代出现的复杂非线性系统科学为解决这个问题开辟新的研究领域，谢和平等(1996)认为："岩土工程失稳的研究要取得突破性发展，迫切需要引进非线性科学研究的原理和方法。"郑颖人等(1996)认为，把岩体的破坏与远离平衡条件下的非线性动力系统理论联系起来，可能成为21世纪岩石或岩体理论的突破口。基于上述思想，为了更准确地描述边坡非线性复杂动力学过程，科学家们将混沌理论中的耗散结构、协同分岔、灰色系统、突变理论、分形理论以及神经网络系统等非线性科学引入边坡稳定分析中，秦四清等结合大量的位移观测资料利用滑坡系统动力行为中的多组状态变量，采取非线性动力学方法反演边坡系统的非线性动力学方程，对滑坡系统的动态行为进行了有益的尝试；周萃英等从耗散结构理论和协同论的观点出发，研究边坡系统破坏的自组织行为取得一定的成果；李造鼎等以能量突变为材料的破坏特征提出了灰色能量突变模型预测边坡稳定分析的方法。

非线性理论近年来取得了突飞猛进的发展，目前已形成一整套边坡稳定分析的非线性解决方案，但这些研究目前仍然处于理论研究阶段，具体的工程适用效果仍有待检验。

四、边坡动力稳定性分析方法

由于地震力等动力荷载的特殊性，地震荷载作用下边坡的稳定性分析方法与边坡的静力分析方法有很大的区别，其主要研究内容为：

(1)研究地震力的作用方式，即研究地震力如何作用于边坡，并讨论地震力的计算。

(2)研究地震力作用下边坡的稳定性，并判断边坡失稳的可能性。

(3)研究地震力作用下边坡发生失稳的位置，讨论边坡破坏面的形状和位置。

(4)如果边坡在地震力作用下失稳，还需研究边坡发生失稳的结果，即研究地震力作用下边坡的永久变形问题。

(5)研究边坡在地震力作用过程中的行为响应，从而研究边坡的动力失稳机制。

在以上几个地震力作用边坡的稳定分析研究的主要方面中，研究边坡在地震力作用过程中的行为响应，进而进行地震力的计算，并判断边坡的破坏面的形状和位置是进行其他研究的前提，而边坡的稳定状态判定和永久变形(位移)的计算则是研究的重点内容。所以，地震作用下边坡稳定的研究的根本是对边坡在地震力作用下破坏过程的研究。

地震力对边坡的作用表现为：地震力引起的惯性力和因循环退化引起的剪应力降低。因此，地震作用下边坡失稳可分为惯性失稳(Inertial Instability)和衰减失稳(Weakening Instability)。根据边坡的失稳原因，目前对于地震边坡稳定性的分析方法主要基于极限平衡理论和应力—变形分析。

对于边坡惯性失稳，常用的方法有：从边坡静力稳定分析方法发展起来拟静力法(Pseudo - Static Analysis)，该方法的优势是原理和计算简单，可以很方便地得到边坡的安全系数，但计算精度较差；基于滑块理论的 Newmark 滑块分析法(Newmark Sliding Block Analysis)，该方法现已成为求解边坡在动力作用下产生的永久位移的经典方法；在 Newmark 方法的基础上，Makdisi 和 Seed 对进行改进和发展提出了 Makdisi - Seed 法；另一类求解边坡惯性失稳问题的方法是数值计算方法，最常见的是动力有限单元法，即通过数值模拟的方法计算边坡的应力及位移，但这一类方法不能对边坡的稳定程度进行有效评价。

(一)拟静力法(Pseudo - Static Analysis)

拟静力法是对地震作用下边坡稳定性研究中人类最早使用的方法，从 19 世纪 20 年代开始，就已用于结构地震稳定分析。其实质是将地震产生的惯性力看做水平方向和垂直方向不变的加速度与坡体自重的乘积，施加于潜在的不稳定滑动体的重心，并将加速度的方向指向使边坡失稳的方向，然后根据极限平衡理论，把所有作用在滑动体上的力和力矩进行分解，建立滑动体的静力平衡和力矩平衡方程，进而求解滑动体的安全系数。简单地说，就是用振动加速度值所确定相当于静荷载的地震力，即拟静力是把作用短暂瞬间的荷载同长期作用的荷载等效起来。安全系数的大小与边坡的材料性质(c,φ)、破坏面的形状和位置以及地震惯性力(k_h,k_v)的大小直接相关。在拟静力分析中，边坡材料特性值可通过现场或室内试验测定；而破坏面的形状和位置常根据边坡的地质条件通过经验或工程类比法来确定，且通常简化为直线形、圆形或阶梯形等；对地震力大小的计算，即水平拟静力和垂直拟静力系数 k_h 和 k_v 的研究较多。

Terzaghi(1950)首次提出：对一般性地震，$k_h = 0.1$；对破坏性地震，$k_h = 0.2$；对灾难性

地震，$k_h=0.5$。Seed（1979）对10个地震区国家的14座大坝列出了拟静力设计准则：若安全系数为1.0～1.5，则拟静力系数应为0.1～0.12，他同时指出由柔性土（不会产生高孔隙水压力，循环加载强度降低15%以上的土）建成的大坝在小于0.75g最大加速度作用下的变形小于$k_h=0.1(M=6.5)$到$k_h=0.15(M=8.25)$的作用下的变形，即允许13%～20%的峰值加速度作为拟静力加速度。Marcuson（1981）考虑大坝对地震动的特性影响，建议大坝的适宜地震加速度系数应取最大加速度的1/3～1/2。Hynes-Griffin和Franklin（1984）采用Newmark滑块分析计算得出安全系数大于1.0的土坝采用$k_h=0.5a_{max}/g$不会产生危险的变形。

目前，没有直接而快速的方法来选择设计拟地震加速度系数，其取值均建立在不稳定体所受的实际加速度基础上（考虑地震动特性影响），取考虑某个系数的实际加速度峰值。

由于拟静力法将地震等动力作用等效为静力作用，可以采用常规的静力稳定分析方法进行分析，这极大地简化了对滑动体在地震力作用下的破坏过程，计算和理论均较为简单，所以一经提出就被广大的工程设计部门采用，且编入工程设计规范，并在地震边坡分析中得到广泛应用。

但由于拟静力法用振动加速度值确定了相当于静荷载的地震力，即拟静力是把作用短暂瞬间的荷载同长期作用的荷载等效起来，在计算的过程中，为了将边坡这样一个超静定系统转化为静定系统，拟静力法采用了较多的假设条件和简化条件，从而夸大了动态力的作用。另外，由于拟静力法求解的方程是边坡的力矩或力的平衡方程，本质上与边坡稳定分析的刚体极限平衡没有区别，故在边坡的刚体极限平衡分析方法中存在的问题在地震边坡的拟静力分析上普遍存在，如刚体假定、滑动面假定，条间法向与切向作用力大小和方向的假定等，同时由于拟静力法分析的是地震力的作用，故除与刚体平衡分析法相同的假定外，还有一些动力分析的假设条件，如加速度假定（认为边坡的地基加速度和边坡的加速度一致）、力不变假定（认为施加在边坡滑动体中心处的地震惯性力是一个不变的量）以及失稳方式假定（认为安全系数小于1时，边坡发生失稳），这些假定往往夸大了动态力的作用，导致计算结果的失真。

（二）Newmark 滑块位移法（Newmark Sliding Block Analysis）

Newmark滑块位移法是以Newmark（1965）提出的屈服加速度的概念为基础的，Newmark指出：边坡的稳定性取决于边坡的变形，变形由应力时程变化决定，瞬时惯性力如果足够大，导致边坡的安全系数暂时小于1，将会导致边坡产生永久位移，但这种变形并不是随时间持续增加的，当地震加速度降低或反向施加于边坡时，边坡的变形就会停止，所以边坡的永久位移实际上是边坡在地震过程中的累积位移，如果在地震过程中，岩土体的强度没有显著降低，边坡将不会发生进一步的严重变形。

Newmark的这一理论澄清了传统拟静力法认为决定边坡稳定性的是边坡的最小安全系数，边坡是否失稳取决于边坡内部最大应力的错误看法，而是将地震力作为短暂的变向荷载，考虑了地震引起的边坡变形，并提出了屈服加速度和累积位移的概念，推动了地震荷载作用下边坡稳定性分析方法的发展。

Newmark将边坡的潜在滑动体与位于斜坡上的物体类比，认为当安全系数小于1时，潜在滑动体不再保持平衡，破坏体在不平衡力的作用下加速下滑，并利用此类比发展与任何地震动相关的边坡永久位移的预测方法。该模型尽管与拟静力法很近似，但比传统拟静力分析提供了更多信息，比有限单元法实用性更强。

Newmark 标准滑块分析基于如下假定：潜在滑动体是完全刚性的，滑块与滑面间是完全塑性应力—应变关系，破坏面是平面或圆弧面（见图 6-10）。其基本方法是将超过可能滑动体屈服加速度的加速度响应作两次积分即可估算边坡的有限滑动位移（见图 6-11）。

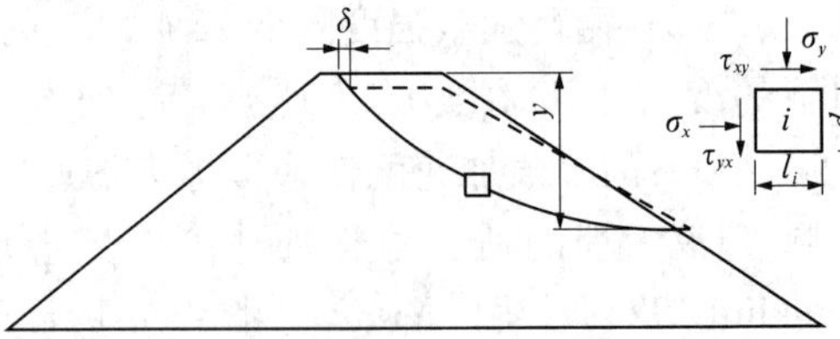

图 6-10　土坝坝坡的 Newmark 有限滑动位移（周健，2001）

位于坝坡上的滑块在未滑动之前，安全系数 $F_s>1$。在地震荷载下，当其处于临界滑动状态时，即图 6-10 中滑块的下滑力等于摩擦力时，$F_s=1$，此时的地震加速度称为屈服加速度 a_y。目前，一般沿用静力法或拟静力法加以计算，即将地震惯性力作为地震荷载，因此屈服加速度也可用屈服地震系数或称加速度系数 k_y 来表示。当滑块开始滑动时，$F_s<1$，此时滑块产生速度和位移。如果地震有多个脉冲，第一个脉冲的加速度超过 k_y 后，滑动开始并产生速度和位移。当这个脉冲的加速度减小至小于屈服加速度 k_y 时，滑动速度减小，直至停止滑动。下一个地震脉冲又重复这一过程，如图 6-11 所示。向下滑动的位移被认为是不可恢复的，所以位移是逐次累加的，此即所谓永久变形。但是当地震脉冲产生的加速度是反向的，并且超过反向的屈服加速度时，所产生的残余位移可以是反向的，即负的。正负位移可以抵消。一次地震的脉冲次数是有限的，所产生的残余位移可根据地震加速度而变化。在确定了屈服加速度后，可通过积分求得各次脉冲的滑动残余位移及其累积量，直至地震结束。因此，这样产生的滑动位移的总量是有限的，不可能像静力失稳那样出现很大的位移或造成严重破坏。

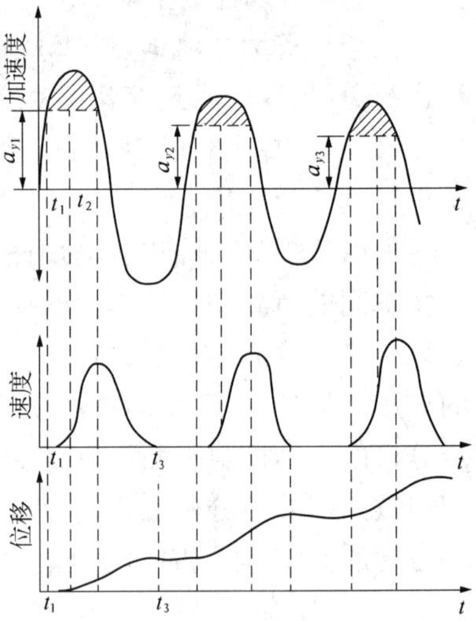

图 6-11　Newmark 法计算坝体位移原理（周健，2001）

滑动位移的计算步骤可归纳如下。

1. 确定屈服加速度 a_y

屈服加速度 a_y 的含义是使坝身沿着某一可能滑动面的滑动安全系数等于 1 时的加速度，它与重力加速度的比值称为屈服地震系数 k_y。屈服地震系数 k_y 值与坝身几何尺寸、土料不排水强度、可能滑动体的位置等因素有关。为了计算 k_y，需先确定土的屈服强度。当超过这一屈服强度时，即产生永久塑性变形，其大小与应力循环次数及频率等因素有关。

从图 6-12（a）可以看出，当应力（包括静应力和周期应力）达到不排水强度的 80% 时，100 次循环作用几乎不产生永久变形。当应力达到不排水强度的 95% 时（见图 6-12（b）），10 次应力循环即可产生很大的永久变形。所以，对于填筑材料，在缺乏试验资料的情况下，屈服强度可取不排水强度的 80%，或查相关的试验资料，如图 6-13 所示。根据确定的屈服强度，即可用一般的圆弧滑动法算出滑动面上的安全系数恰好等于 1 时的屈服加速度 a_y 或屈服地震系数 k_y。

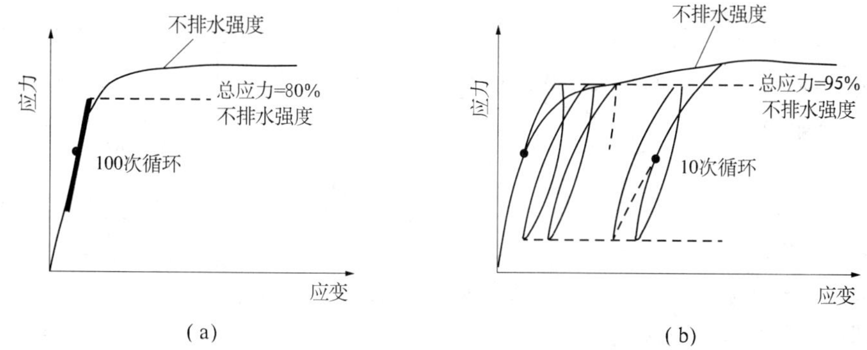

图 6-12　循环荷载作用下的应力—应变关系

2. 确定平均地震系数 $k_{av}(t)$

平均地震系数 $k_{av}(t)$ 定义为作用于滑动面上剪切力的水平分量与可能滑动面上重力 W 之比，即

$$k_{av}(t) = \frac{F(t)}{W} \tag{6-58}$$

平均地震加速度 $a_{av}(t)$ 为平均地震系数 $k_{av}(t)$ 与重力加速度 g 的乘积，即 $a_{av}(t) = k_{av}(t)g$。

$F(t)$ 可用剪切楔法近似确定，也可用有限元法确定。用有限元法确定各单元的应力时程曲线后，可进一步计算滑动面上各单元的正应力和剪应力，如图 6-10 所示。任意时刻在滑动面上的水平力为

$$F(t) = \sum_{i=1}^{n} [\tau_{xy,i}(t) l_i + \sigma_x(t) d_i] \tag{6-59}$$

式中　n——滑动面上的单元数。

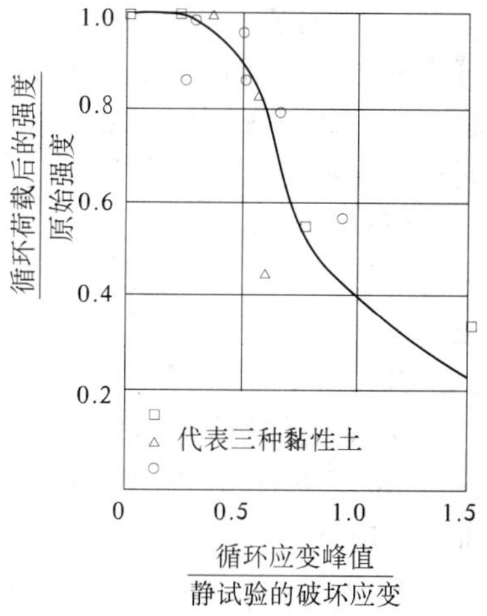

图 6-13　屈服强度的确定
（周健，2001）

平均地震系数 $k_{av}(t)$ 取决于可能滑动体在坝体中的部位。如果以可能滑动体的滑出点与坝顶的距离 y 表示它在坝体中的位置，则平均地震系数应写成 $k_{av}(y,t)$。以 $k_{max,y}$ 表示 $k_{av}(y,t)$ 的最大值，称为滑动深度为 y 的最大平均系数，以 $k_{max,0}$ 表示 $y=0$（即坝顶的地震系数）的最大值，则 y/H 与 $k_{max,y}/k_{max,0}$ 的关系如图 6-14 所示。坝顶地震系数 $k_{max,0}$ 可用有限元法通过求取坝顶加速度而获得，进而由图 6-14 上的曲线推求各种深度 y 的 $k_{max,y}$。

3. 确定有限滑动位移

Newmark 认为，当平均加速度在可能滑动体中产生的惯性力的方向与滑动面上静剪切力的水平投影方向相同时，如果 $k_{av}(t) \leq k_y$，滑动体不产生滑动；如果 $k_{av}(t) > k_y$，滑动体产生滑动，滑动方向与静剪切力方向相同。滑动加速度的水平分量 $a_x(t)$ 等于平均地震系数 $k_{av}(t)$ 与屈服地震系数 k_y 之差乘以重力加速度 g，即

$$a_x = (k_{av}(t) - k_y)g \tag{6-60}$$

在整个振动过程中，只有正半周或负半周（即惯性力方向与滑动面上静剪切力水平投影方向的相同半周）才能使滑动体滑动。每次滑动的水平位移按下式计算，即

$$\delta_i = \iint (k_{av}(t) - k_y) g \mathrm{d}t \mathrm{d}t \tag{6-61}$$

在整个地震期间，总的水平位移 δ 应是每次滑动水平位移 δ_i 之和，即

$$\delta = \sum_{i=1}^{n} \delta_i \tag{6-62}$$

式中　n——整个地震期间的滑动次数。

最大的总水平位移 $\delta_{max}(y)$ 通过试算确定。假定不同的 y 即可求得相应的 $\delta(y)$。

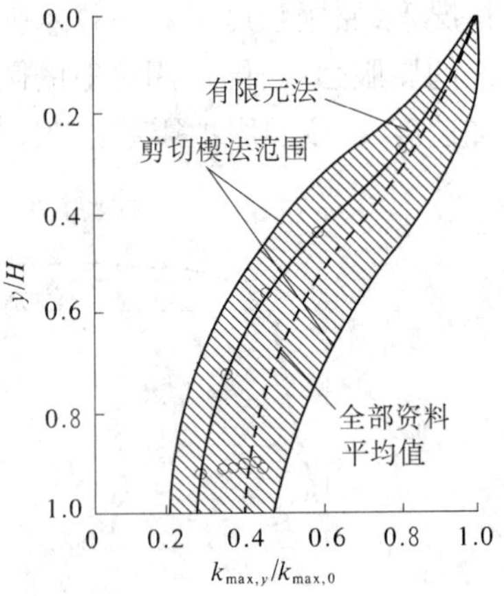

图 6-14　最大平均地震系数的确定

（周健，2001）

（三）数值分析法（Numerical Analysis Method）

近年来，随着计算机的逐步发展，以往不可能靠手工完成的工作现在已经能够依靠计算机的强大计算能力解决，在边坡稳定分析的领域也是如此，不论是静力问题还是动力问题，目前都已有较为成熟的计算软件，而且计算方法各异，如有限单元法（FEM）、离散单元法（DEM）、差分方法（FLAC）、边界元方法（BEM）等。

将有限单元法应用于地震作用下土体的反应分析始于 20 世纪 60 年代。有限单元法又称整体变形分析，它是将地震前后坝体及其地基假定为连续体，按照连续介质的有关理论来进行考虑的，对地震力作用下边坡有限元网格中各单元永久应变进行积分得到边坡的永久位移。

用有限元法计算体积变形所产生的永久位移时，常用的方法有初应力法、应变趋势法、刚度折减法（修正模量法）、等效节点法和考虑土体非线性非弹性应力—应变特性的非线性方法。

初应力法就是把每一时段各单元产生的孔隙水压力增量 Δu_g 看做初应力，然后把它化作等效的节点荷载，再引入到静力平衡方程的荷载项内，解出节点位移，即为永久位移。Seed（1973）通过对 1971 年 San Fernando 地震期间大坝失稳的调查，从线性和等效线性有限单元分析的结果上发展了一种用于估计地震引发的边坡变形方法；Lee（1974）和 Serff（1976）提出了一种新的用于计算边坡永久位移的方法，此方法在计算应变趋势时对土的刚度进行了折减，可用于线性和非线性模型中估计水平方向和垂直方向的位移，但仍是一种近似的方法。

土体动力分析有限单元法的总体思路和静力情况基本一样，不过，由于荷载和时间有关，相应的位移、应变和应力都是时间的函数，因此在建立单元体的力学特性时，除静力作用外，还需考虑动荷载及惯性力的阻尼作用，在引入这些量的影响后，就可类似静力有限单元分析过程建立单元体和连续体的动力方程，然后采用适当的计算方法求解。

由于有限单元法不但可以应用总应力法，而且可以以有效应力法为基础，考虑复杂地形、土的非线性、非均质性、弹塑性及土中孔隙水等复杂条件对地震期间边坡稳定的影响，能够深入分析土的自振特性及土体各部分的动力反应，因此有限单元法已成为边坡动力响应分析的重要方法之一。

应该注意到的是，虽然有限单元法是进行动力响应分析的一个很好的方法，但由于有

限单元法自身基于连续介质,对于均质土体来说,其分析结果可靠,但对于材料介质连续性很差的岩质边坡来说,有限单元的分析就不那么准确了,而且有限单元法不能分析对边坡稳定有重大影响的节理面、裂隙面上的动力响应情况也是其重大的缺陷。针对这种情况,科学家们发展了新的数值计算,以解决该问题,目前在岩土工程领域较为流行的美国Itasca 公司的 UDEC 和 FLAC 软件是其中的代表之作。

FLAC 软件采用的是有限差分的拉格朗日算法,能解决岩土工程中常见的非线性大变形问题。该方法遵循连续介质的假定,利用差分格式,按时步积分求解,随着构型的变化不断更新坐标,允许介质产生较大的变形。

UDEC 软件采用的是与有限单元法和有限差分有很大区别的离散单元法(Discrete Element Method,DEM),是 Cundall P. A(1971)提出的,于 20 世纪 80 年代引入我国(王泳嘉等,1986)。目前,这一方法已在数值模拟与工程应用方面取得了长足的发展。二维与三维可变形离散单元法亦已问世,并在岩石工程与岩石力学中得到了日益广泛的应用。值得注意的是,由石根华与 Goodman 提出的 DDA(Discontinuous Deformation Analysis)方法也属离散元模型的一类,它在求解块体变形与用应变模态组合来代替 Cundall 的有限差分格式。与此同时,Williams 与 Mustoe 则用正交模态组合来近似岩块的变形特征,仅需用几个低阶模态就能描绘岩块的复杂变形。为了模拟颗粒体的力学行为,Ghaboussi 与 Barbosa 提出了一种特殊的刚体离散元。在离散元与其他数值计算方法的耦合技术方面,Lorig 等提出了一种离散元与边界元的耦合模型模拟裂隙岩体与完整岩体的组合系统。

离散单元法的一个突出功能是它在反映岩块之间的接触面的位移、分离与倾翻等大位移的同时,又能计算岩块内部的变形与应力分布。因此,任何一种岩体材料的本构模式都可引入到模型中,例如弹性、弹塑性、黏弹性或断裂等均可考虑。该方法的另一个优点是,它利用显式时间差分解法(动态松弛法)求解动力平衡方程,这一方法用于求解非线性大位移与动力稳定问题具有先天的本能,用于求解岩质边坡对地震荷载作用的响应是目前最为适合的方法。

此外,其他的数值分析方法,如非连续变性方法(DDA)、流行元法、边界元法以及它们之间的耦合关系,在第五章中已有介绍,在此不再赘述。

(四)概率分析方法(Probability Analysis Method)

在地震边坡稳定分析中存在很多不确定性因素,如输入地震动的随机性,边坡材料特性的随机性,和边坡的可靠性分析一样,这些随机性和模糊性对计算结果有很大影响,在分析时有必要考虑这些随机性,因此出现了地震边坡概率分析方法。Halatchev Rossen A(1992)提出了一种用于堤坝和边坡地震稳定性分析的概率方法,该方法建立在 Sarma 解的基础上,考虑了地震力的水平分量和垂直分量,即地震力具有任意倾角;土体剪切强度参数假定为正态分布,采用 Monte – Carlo 模拟;破坏概率由地震系数确定。将地震系数视为一个随机量,并将其应用于露天矿边坡分析中。AI-Homoud A S(2000)利用安全系数和边坡的临界位移提出了地震力作用下土体边坡和堤坝的概率三维稳定性分析模型,考虑了如下的不确定性因素:实验室和现场所测的剪切强度参数存在大差异的不确定性,发生地震和地震所引起的加速度的随机性,同时考虑了空间上变化以及土参数间的关系,提出了 5 种基于极限值下的非超越概率的地震位移概率模型,并提出了基于安全系数的三维动力边坡稳定分析的概率模型,编写了 PTDDSSA 计算程序,将这些模型应用于著名滑坡 Selest Landslide 中,发现震源距离和震级对地震引起的位移、破坏概率、二维和三维安全系数影响很大。

第七章　地下工程

地下工程即地下洞室工程。地下洞室是指以岩土体为介质,在岩土体中人工开凿或天然形成的地下空间。地下工程涉及水电、交通、矿冶、国防、城市建设和石油天然气工业等许多领域。随着我国国民经济的发展,地下工程的使用范围越来越广,规模越来越大。地下工程的设计、施工先进与否,对降低工程造价、加快施工进度以及工程安全均有十分重要的影响。

本章简要介绍了地下洞室的分类、位置选择及影响洞室稳定性的主要因素,介绍了地下洞室岩楔稳定性分析的 Unwedge 程序并给出了工程应用实例,结合典型的工程实例介绍了有限差分法在地下洞室工程计算中的应用。

第一节　地下洞室的类型

地下洞室的类型很多,下面按使用功能、断面形状、地质条件、埋置深度等扼要介绍。

一、按使用功能分类

(1)军事工程:如地下军事指挥所、人员或装备掩蔽所、重要地下通信设备及战备电站等。

(2)地下交通工程:地下公路、铁路隧道或城市地铁、人行地道等。

(3)城市基础设施和共同沟:城市地下自来水厂、地下污水处理厂及便于安装和检修、设置动力电缆、通信电缆、给排水管道的共同沟(煤气管道及有爆炸危险的管道应单独设置)。

(4)地下采掘空间:各种矿体采掘后形成的洞穴。这类洞穴有些未被利用,或常被水、土淤填,也有用这类洞穴储藏核废料或其他物质等。

(5)地下工厂或车间:如地下水电站、地下精加工车间等。

(6)地下仓储设施:地下油罐、粮仓、地下冷库等。

(7)地下民用设施:地下商场、旅馆、地下游乐场、地下医院、地下住宅等。

二、按断面形状分类

(1)圆形或椭圆形。

(2)直墙拱顶形。

(3)曲墙拱顶形。

(4)平底式和底板仰拱式。

(5)其他形状,如矩形、正方形等(虽转角处应力集中较大,受力性能不好,但在某些情况下仍被采用)。

三、按洞周所处的地质条件分类

(1)岩体地下洞室:包括人工洞和天然溶洞两种。

(2)土体地下洞室:包括黄土洞室和其他土层洞室。对于山坡地区某些人防地下室或沟管、坑道,洞室下部为岩石,上部为土体时,根据其洞周应力计算特点及防排水要求,也宜按土中地下洞室设计。

四、按埋置深度分类

(1)当 $H/B \geqslant a$ 时,为深埋地下洞室;

(2)当 $H/B < a$ 时,为浅埋地下洞室。

上式中,H 为洞顶衬砌外缘至地面的垂直距离,B 为洞室衬砌外缘的跨度或圆洞的直径。a 的取值,根据土压力计算约为 2.5,国内有些设计部门认为,对于坚硬完整的岩体,其值偏高,建议取为 1.0～2.0,但必须同时满足

$$H \geqslant (2.0 \sim 2.5) h_0 \tag{7-1}$$

式中 h_0——洞顶岩体压力拱的计算高度。

第二节　洞室位置的选择

一、地质构造、地层岩性的影响

同一断面尺寸、形状的洞室,在地质构造好、地应力小、坚硬的巨厚层状岩体中,因岩体稳定性好,地下洞室可以不支护或作一般支护即可长期稳定。但在地质构造差(如大断裂带)或原始地应力大或薄层破碎、含水、风化严重的岩体中,洞室支护上受到的围岩压力将特别大,而且可能在失察或处理不当的情况下产生严重的塌方、变形或破坏。

二、使用功能的考虑

地下洞室单位使用面积或使用空间的造价,一般比相同条件的地面工程要高,更应注意使用功能的要求。各类地下洞室的功能要求不同,位置选择的侧重点也应有所不同。如城市重要机关的地下指挥所,地下洞室顶部应有足够的覆盖层厚度,以满足防护的要求。洞口选择时应考虑两个以上不同方向的位置,洞口还不应设在原子冲击波可能作用的主要方向,不应设在低洼和毒剂不易消散的地方。城市地下商场、游乐场应选择靠近人流比较集中的市区。地下储库应根据所储物资的性质与其他建筑物保持一定的距离,以防止可能遭受破坏时的相互影响。重要的地下洞室还应注意分散、隐蔽和伪装。

三、注意收集有关设计、施工资料

技术决策人员除必须深入现场实地考察外,还必须注意收集有关资料。这些资料通常应包括拟建地区的地形、地质构造、地层岩性及物理力学性质试验资料、气象、水文、地震烈度资料及已建类似地下洞室的使用经验等,掌握这些资料对洞室位置选择和设计都

是十分重要的。如某地下加工车间,选址后在施工过程中才发现洞室底板标高低于10年一遇的洪水位,有淹没的可能;又如某锅炉厂在扩建过程中,拟利用旧防空洞改建为车间,未做过细的地质勘察与施工准备工作,造成洞室大塌方而被迫终止。

四、地下洞室的性能、规模、特点及与地面建筑物的关系

这些情况对洞室位置的选择起制约作用。如地下洞室的规模较大,在小山丘下面就布置不下。一般地下工厂除地下部分外,还必须有一定的地面附属建筑物与之配合。有的地下工厂可能不是一次建成,而是分两阶段或三阶段进行,在选址时除应考虑第一阶段地下工程的配套设施能形成生产能力外,还应考虑该洞室以后扩建或另建地下洞室与之配套的可能。

五、相邻隧洞间距的考虑

在地下建筑规划、选点时对相邻隧洞间距的考虑具有重要意义,若相邻隧洞的间距过小,则岩体间壁过窄,不足以承受山体的压力,可能造成岩体失稳、塌方或破坏;若岩体间壁过宽,如为地下生产车间,则建筑平面布置不紧凑,生产线延长,成本增加;如为交通隧洞,则增加洞口征地和过多地占用山体内的地下部分。因此,只要可能,一般总希望选择较小的隧洞间距,这就有必要计算岩体间壁的最小允许宽度或在相应技术规范中规定相邻隧洞的最小间距。

六、地下水的考虑

(1)建在干燥或少水岩层中的地下建筑,一般于洞室衬砌内外都应采取一定的排水措施,所以通常不计地下水的静水压力。但在洞室位置选择时仍宜避开岩体破碎区,以减少在雨季或异常情况下可能向洞室内部的渗漏。

(2)在富含地下水的岩层中修建一般有人地下洞室时,洞室衬砌应考虑外水压力的作用。

七、洞口位置与标高、洞轴线走向、洞室断面与长度等的选择

洞口宜选择在厚层、坚硬的陡坡(坡角不宜小于45°)地段,严禁选在有危岩崩塌、滑坡、泥石流威胁的地段。在区域地质构造应力大的地区,洞轴线宜与水平方向的最大主应力方向平行,与岩层走向和主要节理走向呈大角度或不小于40°的锐角相交,并沿山体脊线布置,避免在山垭、冲沟、山间洼地下部通过。洞体宜尽量避开断层、破碎带及较厚的软弱夹层,当不能避开时,宜以垂直方式通过并做好加固、排水或加强支护等应急措施。如为地下工程或电站,可把断面较大的主洞布置在稳定岩体中,让小断面的通道穿过断层等稳定性差的岩体。

八、方案比较与论证

各项因素或指标都满意的方案是少有的,应根据上述各项内容综合考虑,提出两个或三个可行的洞室位置选择方案,进行对比分析,提出初步的意向性方案,必要时应进一步

收集有关资料或进行试验、研究，广泛听取专家意见，最后作出决策。

第三节　影响洞室稳定性的主要因素

洞室稳定性评价是地下工程规划、设计和施工的重要依据。对于人工洞来说，在工程地质勘察时期，主要是预估成洞后围岩的稳定性，为设计、施工提供资料。影响洞室稳定性的因素归纳起来可分为地质因素和工程因素两个方面。

一、地质因素

影响洞室稳定性的地质因素是岩土体赋存的内在因素，可分为岩体结构特征、岩体强度和地下水活动三项基本因素。

（一）岩体结构特征

岩体的结构特征是围岩分级的一项主要因素，可分为整体块状结构、块状结构、层状结构、碎裂结构和散体结构五类。

（二）岩体强度

岩体强度通常可用岩块饱和单轴抗压强度乘以因考虑节理裂隙存在的岩体完整性系数 K_v 来表示。

（1）岩石按饱和单轴抗压强度 f_T 可划分其坚硬程度（见表 7-1）。

表 7-1　岩石按饱和单轴抗压强度 f_T 划分的坚硬程度

f_T（MPa）	>120	120～70	70～30	30～15	15～5	<5
坚硬程度	硬岩			软岩		
	极坚硬岩	坚硬岩	较坚硬岩	较软岩	软岩	极软岩

（2）岩体完整性系数 K_v 可按下式计算

$$K_v = \left(\frac{v_p}{v_p'}\right)^2 \tag{7-2}$$

式中　v_p——现场岩体弹性纵波速度，m/s；

v_p'——室内风干或烘干岩样或现场岩块的弹性纵波速度，m/s。

根据岩体完整性系数 K_v 可划分其完整程度（见表 7-2）。

表 7-2　岩体按 K_v 划分的完整程度

K_v	>0.75	0.75～0.55	0.55～0.35	0.35～0.15	<0.15
完整程度	完整	较完整	较破碎	破碎	极破碎

（三）地下水活动

地下水活动对洞周岩土体的影响有：

（1）增加洞周支护结构上的压力；

(2)使洞周岩土体强度降低,造成洞周岩土体变形或失稳破坏;

(3)长期作用下可加速洞周岩石风化、溶蚀,土体中的动水压力可造成施工中的洞室产生大规模塌方;

(4)已成地下洞室内可能产生渗漏泉涌,影响地下洞室的正常使用。

二、工程因素

工程因素是指人为形成的影响洞室稳定的外在因素,这些因素包括以下几个方面:

(1)由于设计的洞室断面形状不当或尺寸过大,产生大的应力集中;

(2)由于施工方法不当,如不用光面爆破且炸药量过多或全断面开挖时没有及时支护;

(3)洞顶开挖时超挖形成集水,向洞内逐渐渗漏;

(4)地下冷库由于设计或施工不当,造成洞周岩土体发生冻胀,使支护结构发生变形或破坏;

(5)在已成洞室旁边开挖洞室,或在已成洞室下开采(或挖洞),使已成洞室遭受破坏;

(6)洞周岩土体在地震、爆炸等震动作用下,因岩土体抗剪强度降低而产生变形或破坏等。

综上所述,工程因素包括洞室的埋深、形状、跨度、轴向、间距及所选取的施工方法、围岩暴露时间、支护形式等项,并与使用期间有无地震、震动作用和相邻建筑的影响等有关。

第四节　地下开挖三维稳定性分析软件 Unwedge

一、Unwedge 软件的特点

Unwedge 是一个适用于结构不连续及地下开挖所形成的三维楔体稳定性分析的交互式软件,用于分析岩体中存在不连续结构面的地下开挖问题。Unwedge 计算潜在不稳定楔体的安全系数,并可对支护系统对楔体稳定性的影响进行分析。Windows 的交互界面使得它易于分析和计算。

Unwedge 软件的特点如下:

(1)三种楔体失稳机制:塌落/旋转、在某一平面内滑移、在两个平面内滑移;

(2)活动楔体的三维视图/直角视图;

(3)楔体和开挖的三维动画视图;

(4)自动将联接装置合并为 3 组;

(5)多种支护形式:锚杆(部分锚固、全部锚固、分离装置、用户自定义等),喷射混凝土,支护压力;

(6)改良的岩石锚杆设计绘图工具,优化隧道方位;

(7)围压及水压力对楔体稳定性的影响;

(8)楔体尺寸修改特性；

(9)AutoCAD DXF 文件的导入和导出；

(10)Dips 平面文件的导入。

二、Unwedge 软件应用实例

(一)工程(项目)设置

选择菜单“Analysis”中的“Project Setting”（工程设置),如图 7-1 所示：

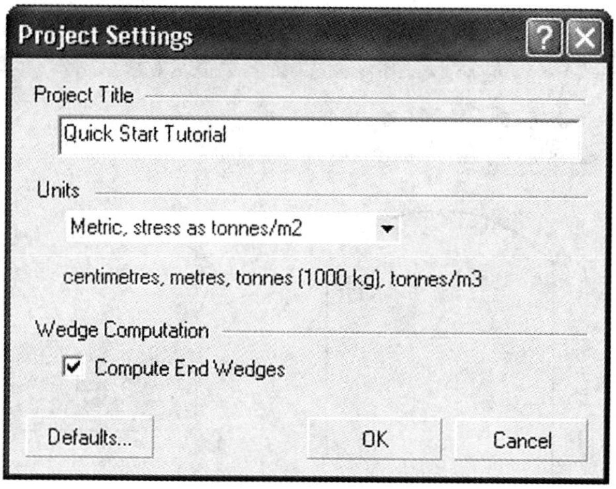

图 7-1　工程设置窗口

“Project Settings”窗口中输入的第一行是工程名字,第二行是所采用的单位。

(二)定义开挖面(Defining the Opening Section)

在 Unwedge 中定义的二维开挖横剖面就是要分析的面,可以通过导入 DXF 文件由“Add Opening Section”菜单来定义,具体步骤如下：

选择:View→Select View→Opening Section

<u>Add Opening Section</u>

选择: Opening→Add Opening Section

在屏幕右下角输入框中输入坐标,如图 7-2 所示。注意在输入每条线之后要用“回车”键隔开,“a” 代表圆弧,“c”表示是闭合的。

(三)定义隧洞的性质(Tunnel Properties)

主要是定义节理的方位和性质。

选择:Analysis→Input Data

(1)选择“General”输入 Trend = 45、Plunge = 0 来定义隧洞的轴线方向。岩石容重“the rock Unit Weight”是 2.7 t/m^3,不考虑地震力。设计安全系数“Design Factor of Safety”是 1.5。如图 7-3 所示。

```
Enter vertex [t=table,a=arc,esc=cancel]: 264.5 303
Enter vertex [t=table,a=arc,u=undo,esc=cancel]: 273 303
Enter vertex [...]: 273 306
Enter vertex [...]: 277.5 306
Enter vertex [...]: 277.5 317
Enter vertex [...]: a
Enter number of segments in arc: 12
Enter second arc point [esc=cancel]: 271 320
Enter third arc point [esc=cancel]: 264.5 317
Enter vertex [...]: c
```

(a)

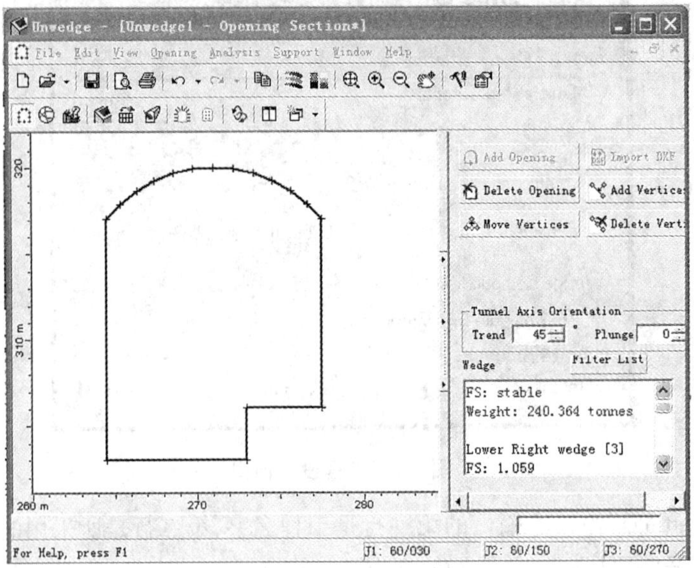

(b)

图 7-2　在“Opening Section View”窗口中定义的开挖边界条件

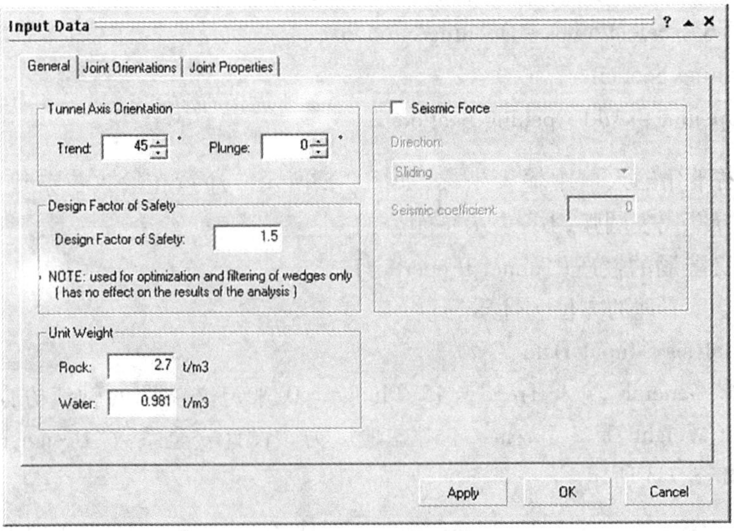

图 7-3　数据输入窗口中“General”选项

(2)选择“Joint Orientations”输入节理的倾角和倾向。

Joint 1 =60/30(Dip/Dip Direction 即倾角/倾向),Joint 2 =60/150,Joint 3 =60/270,如图 7-4 所示。

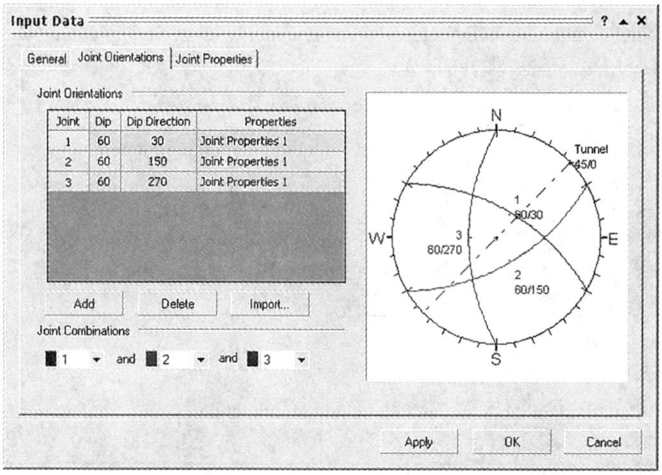

图 7-4　数据输入窗口“Joint Orientations”选项

(3)选择“Joint Properties”定义节理的属性。下面定义两种节理属性“rough”(粗糙)和“smooth”(光滑)。

①首先,应用“Rename”键重命名默认的节理类型为“rough joint”;

②输入符合 Mohr - Coulomb 粗糙节理的参数,节理的摩擦角 *Phi* = 35°、黏聚力 *Cohesion* =1 t/m^2,其他的节理属性项采用默认设置;

③用“Add”键重新生成一个新的节理类型,并选择节理属性为默认值,然后选择“OK”;

④应用“Rename”键重命名新生成的节理类型为“smooth joint”;

⑤输入符合 Mohr - Coulomb 光滑节理的参数,节理的摩擦角 *Phi* = 20°、黏聚力 *Cohesion* =0,其他的节理属性项采用默认设置,如图 7-5 所示;

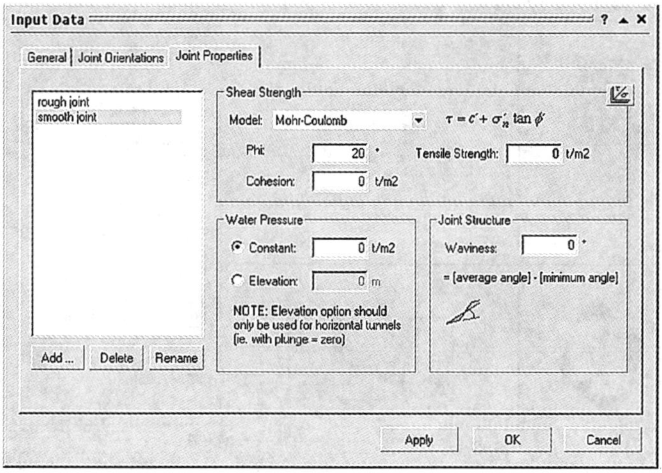

图 7-5　数据输入窗口“Joint Properties”选项

⑥返回到“Joint Orientations”里查看,所有的节理属性已经自动变为“rough joint”;
⑦把节理 1 设置成“rough joint”类型,节理 2 和节理 3 设置成“smooth joint”类型;
⑧在“Input Data”窗口中选择“OK”之后,结果如图 7-6 所示。

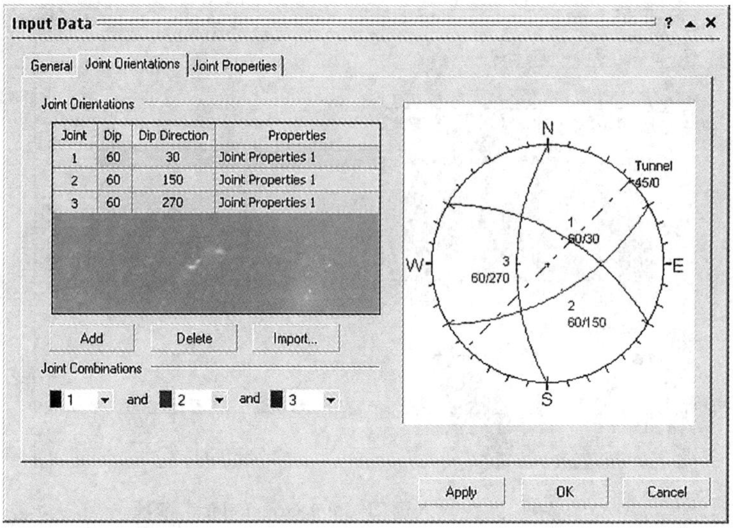

图 7-6　数据输入窗口“Joint Orientations”选项

至此,已完成了这个实例的数据输入,下面就可以查看分析的结果。在 Unwedge 程序中楔形体稳定性分析是自动进行的,可以实时的输入或修改数据,不需进行计算的选择。只要定义了“Opening Section”,在任何时候都可以查看计算结果。

(四)查看楔形体分析的三维结果(3D Wedge View)

选择:View→Select View→3D Wedge View,结果如图 7-7 所示。

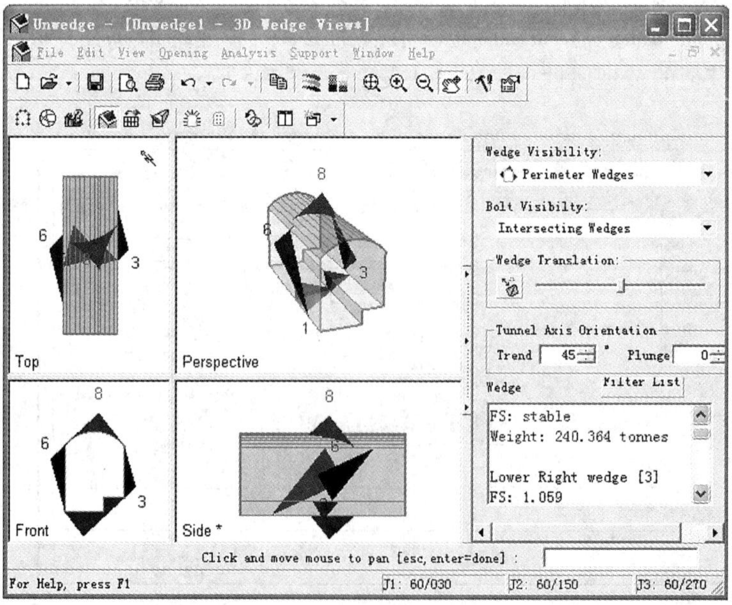

图 7-7　三维楔形体分析结果

图 7-7 中给出了模型的 4 种视图，即三维透视图、顶视图、前视图和侧视图等。默认设置，在楔形体的三维视图中所有可能的边长都显示出来了。关于三维视图显示的更多信息可以参看帮助。图 7-8～图 7-10 分别是开挖引起的楔形体滑动、单个楔形体的显示、透视图的最大化。

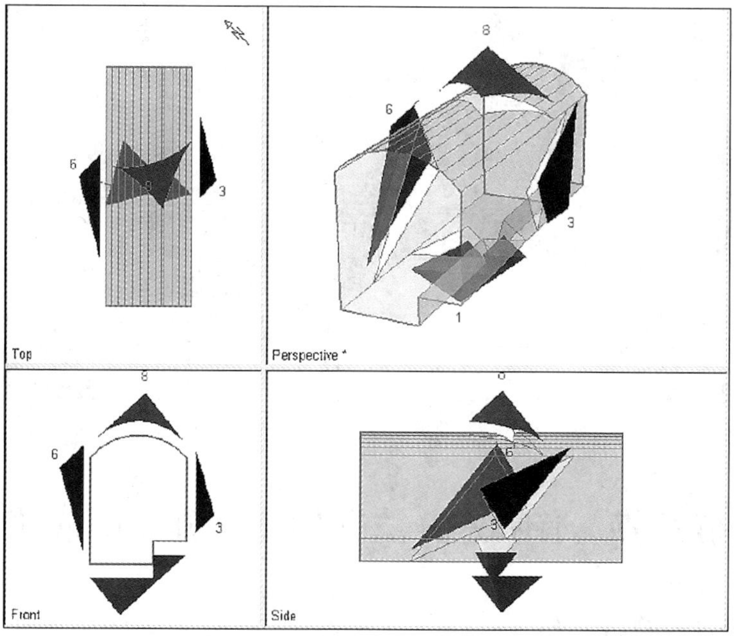

图 7-8　开挖引起的楔形体滑动

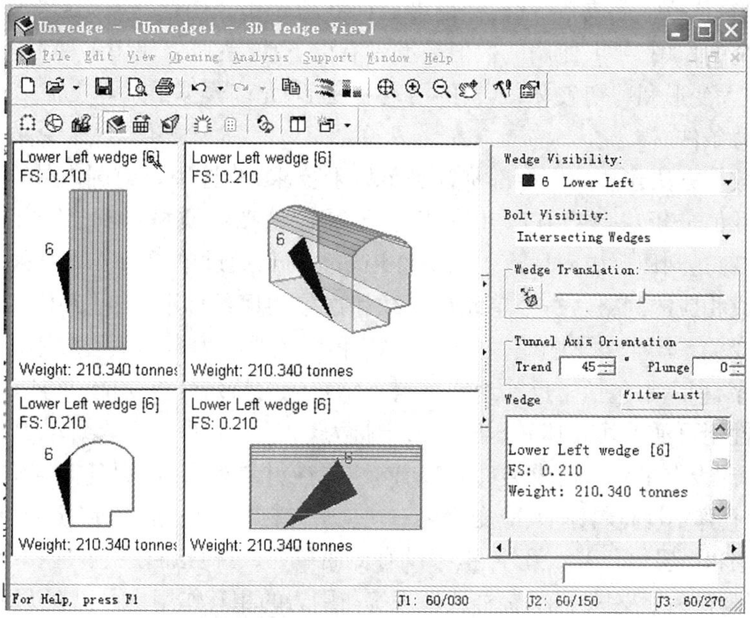

图 7-9　单个楔形体的显示

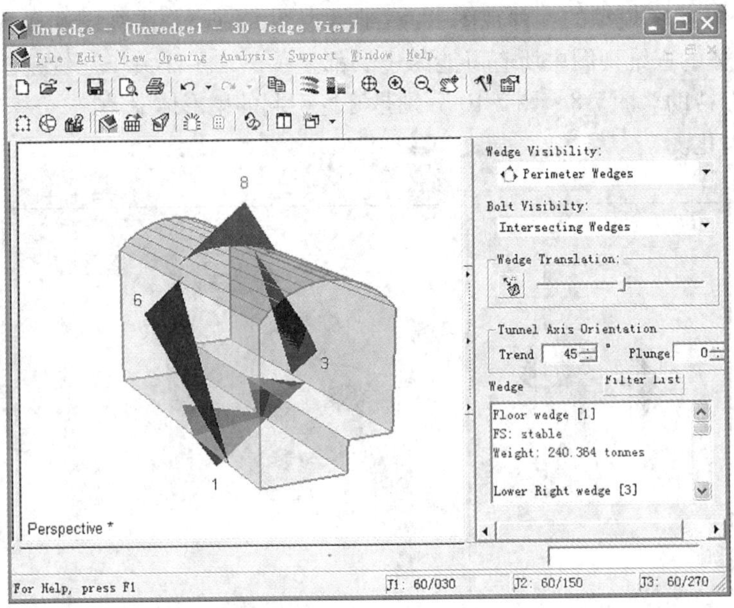

图 7-10　透视图的最大化

第五节　有限差分法在地下工程中的应用

一、数值计算软件介绍

深部巷道周边由于受到地质因素和生产因素的影响，总是存在着层理和裂隙构造面。如果支护不当，顶板常形成冒落，两帮也可能向巷道挤出。因此，模拟这种复杂的岩体破坏和支护系统的作用，要求使用的数值模型具有以下功能：可以使用多种不同的力学特征的材料，允许大变形和剪切破坏，岩块的滑动和变形，允许模拟锚索等支护结构的作用，允许模拟地应力条件。

一般的数值方法建立的模型都难以满足以上要求，故选用目前国内外广泛使用的快速拉格朗日数值分析法（FLAC）。该程序主要适应模拟地质材料和岩土工程的力学行为，特别是材料达到屈服极限后产生的塑性流动。材料通过单元和区域表示，根据计算对象的形状构成相应的网格。每个单元在外载和边界约束条件下，按照约定的线性或非线性应力—应变关系产生力学响应。由于 FLAC 程序主要是为岩土工程应用而开发的岩石力学计算程序，程序中包括了反映地质材料力学效应的特殊计算功能，可计算地质类材料的高度非线性不可逆剪切破坏和压密等力学行为。

FLAC 程序设有多种本构模型：如各向同性弹性材料模型、横观各向同性弹性材料模型、莫尔－库仑弹塑性材料模型、应变软化—硬化塑性材料模型、空单元模型，可用来模拟地下工程的开挖和煤层的开采。另外，程序设有界面单元，可模拟断层、节理和摩擦边界的滑动、张开和闭合行为。支护结构、锚杆或板壳等与围岩的相互作用也可以在 FLAC 中进行模拟。同时，用户可根据需要在 FLAC 中创建自己的本构模型，进行各种特殊修正和补充。

FLAC 程序建立在拉格朗日算法基础上，特别适合模拟大变形。FLAC 采用显式算法来获得模型全部运动方程（包括内变量）的时间步长解，从而可以追踪材料的渐进破坏和垮落，这对于研究采矿设计是非常重要的。此外，程序允许输入多种材料类型，也可在计算过程中改变某个局部的材料参数，增强了程序使用的灵活性，极大地方便了在计算上的处理。FLAC 程序具有强大的后处理功能，用户可以直接在屏幕上绘制或以文件形式创建和输出打印多种形式的图形。使用者还可根据需要，将若干个变量合并在同一幅图形中进行研究分析。

采用有限差分 FLAC 程序进行计算，具有以下特点：一是能对不同材料特征采用相应的本构方程；二是能够处理大变形和剪切破坏问题；三是可以方便快捷地模拟锚杆等不同支护结构的作用；四是具有较强的分析结果后处理功能。

淮南某深部巷道，为直墙拱形，宽度为 4.0 ~ 5.0 m，高度为 1.6 ~ 4.5 m。为了研究其变形破坏规律，进行了室内模型试验，几何比尺设计为 13 ~ 17，模型试验尺寸直径为 30 cm，高 40 cm。下面应用 FLAC3D 程序对其进行数值试验，以便与模型试验的结果进行对比分析。

二、模型试验数值模型建立

（一）数值模型建立

建立数值分析模型及尺寸如图 7-11 所示。

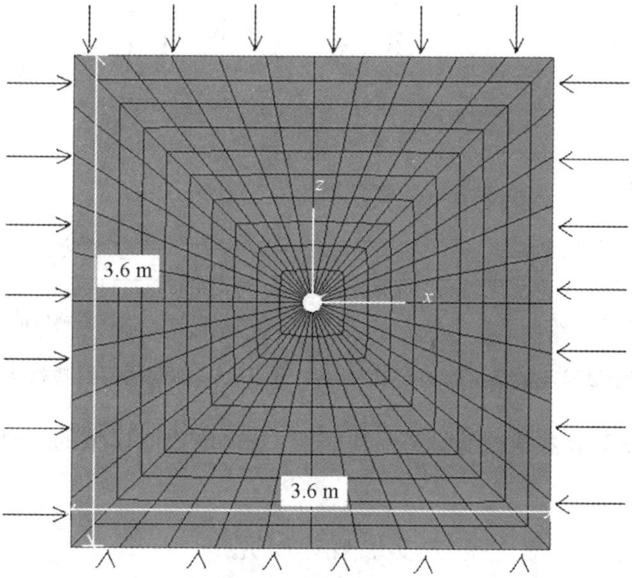

图 7-11　计算模型及尺寸

本次模拟采用弹塑性模型，破坏准则采用 Mohr – Coulomb 模型。模型岩层视为均质、各向同性，且不考虑围岩中的结构面、裂隙和软弱夹层对强度的影响。考虑到模拟的边界效应，模型应具有足够大的尺寸，根据多次模拟试验，取开挖洞室直径的 12 倍。模型采用平面模型，选取模型长宽均为 3.6 m，洞室位于模型中间，圆形，直径为 0.3 m。边界条件：

在 X 轴方向上,在模型左右两侧采用应力边界条件,应力加载值为 0.35 MPa;在 Z 轴方向上,模型底部采用位移边界条件,在模型上部采用应力边界条件,应力加载值为 0.7 MPa。

模型材料的物理力学参数见表 7-3。

表 7-3　模型材料的物理力学参数

地层材料					锚杆			
密度(g/cm^3)	变形模量(MPa)	摩擦角(°)	黏聚力(MPa)	泊松比	长度(cm)	直径(mm)	间距(mm)	弹模(MPa)
1.5	205	33.75	0.32	0.28	30	3	30	3 000

(二)数值分析与模型试验结果对比

根据模型试验结果,主要分析主应力 0.7 MPa 作用下该方向测线的位移分布(侧压系数为 0.5)。图 7-12 为未加固前模型试验和数值试验的结果对比,分析可知,模型试验和数值模拟的变形的趋势是一致的,测点距离开挖后洞壁距离越远,其位移越小,呈指数级减小。但各个测点的数值存在差别,模拟的结果一般小于实测值,主要表现在距离洞壁较近的 3 个测点,其对应点差值在 2 mm 左右,而距离洞壁较远的 2 点,位移值几乎相等。

图 7-13 为加固后模型试验和数值试验的结果对比,分析可知,模型试验和数值模拟的变形的趋势是一致的,测点距离开挖后洞壁距离越远,其位移越小,呈指数级减小;各个测点的数值存在差别,距离洞壁最近点和最远 2 点位移值几乎相等,而其余 2 点位移值相差较大,差值在 2 ~ 3 mm,误差较大。

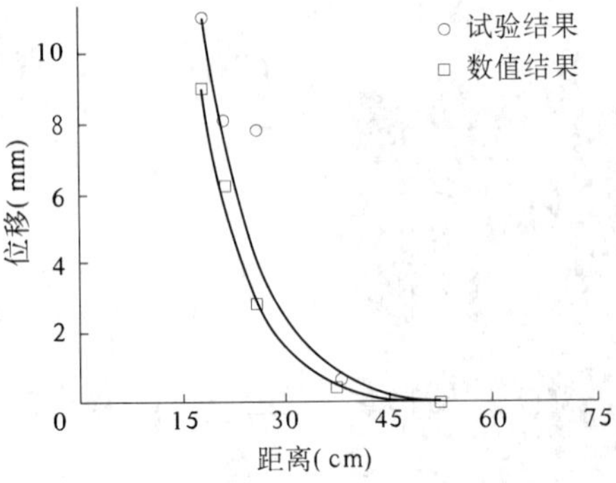

图 7-12　未加固前模型试验与数值试验的结果对比

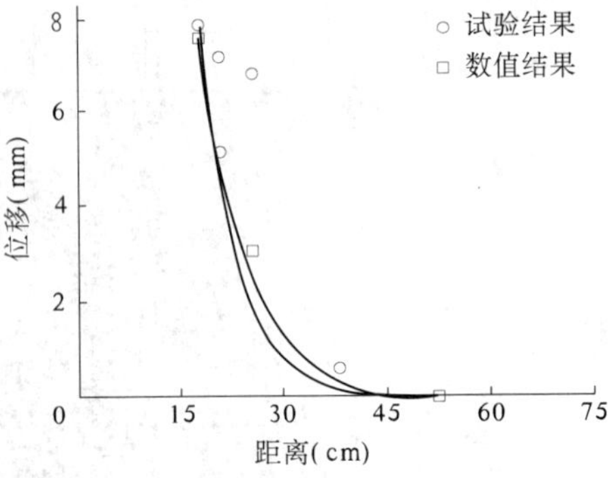

图 7-13　加固后模型试验与数值试验结果对比

由两组模型试验和数值试验结果对比表明,采用该数值模型的计算结果总体可以代表模型试验的结果。

三、深部高地应力区巷道大变形规律研究

根据上述数值模型边界条件,建立数值计算模型,研究不同地应力场、不同巷道断面尺寸、不同施工工艺及不同岩体参数变化时,巷道围岩位移及应力变化规律。

数值模型计算参数见表 7-4。在巷道周围设置了 3 条监测线,目的是监测巷道边帮、拱顶、底板位移及应力的变化规律,监测线位置如图 7-14 所示。

(一)地应力场对巷道大变形的影响

主要研究水平地应力大小和侧压力系数对巷道围岩位移、应力及围岩塑性区的变化

规律。

1. 地应力大小

在侧压力系数保持一定的情况下，研究了水平地应力为 5 MPa、10 MPa、15 MPa、20 MPa、25 MPa、30 MPa、35 MPa、40 MPa 时，巷道围岩的位移、应力及塑性区的变化规律。其他计算参数见表 7-4。

表 7-4　数值模型计算参数

地应力 (MPa)	侧压力系数	变形模量 (GPa)	摩擦角 (°)	黏聚力 (MPa)	泊松比	密度 (kg/m^3)	抗拉强度 (MPa)
26	1.6	8	34	0.8	0.32	2 450	1

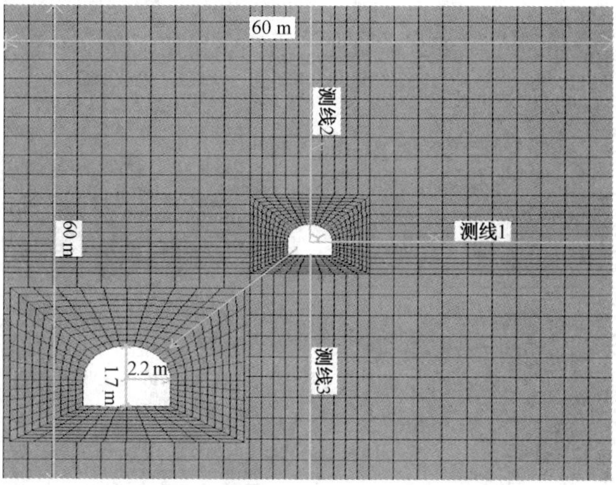

图 7-14　数值模型计算监测线位置

1) 巷道围岩位移变化特征与水平地应力大小的关系

不同地应力大小下巷道围岩的位移变化规律见图 7-15。从图 7-15 中可以看出，随着地应力值的增加，巷道边帮水平位移、顶板垂直位移及底板位移都在增大。顶板垂直位移变形范围主要发生在距巷道中心 5.9 m 的范围内，底板垂直底部变形范围主要发生在距巷道中心 6.6 m 的范围内。

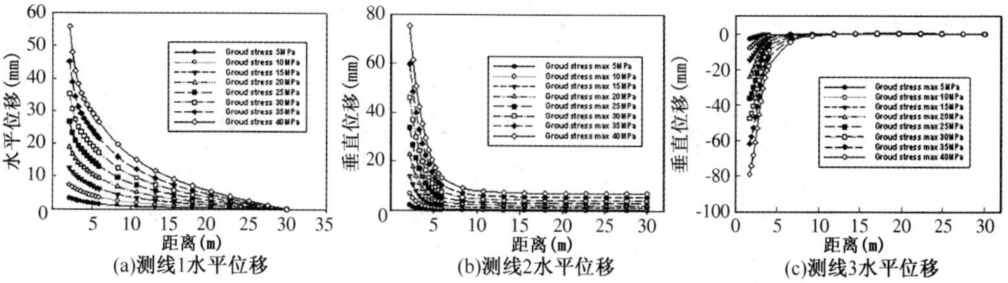

图 7-15　不同地应力大小下巷道围岩的位移变化规律

2) 巷道围岩应力变化特征与地应力大小的关系

(1) Sxx 应力变化规律。

图 7-16 为不同地应力大小下巷道围岩的 Sxx 应力变化规律，从应力变化曲线图中可以看出：巷道开挖后，在边帮附近 Sxx 应力形成了一定范围的应力释放区，在顶底板形成了 Sxx 应力集中区。边帮 Sxx 应力随着距离巷道中心距离的增加逐渐增大。顶底板 Sxx 应力随着距离巷道中心距离的增加先增大然后减小，应力集中的位置随着地应力量值的增加，向围岩深处发展。

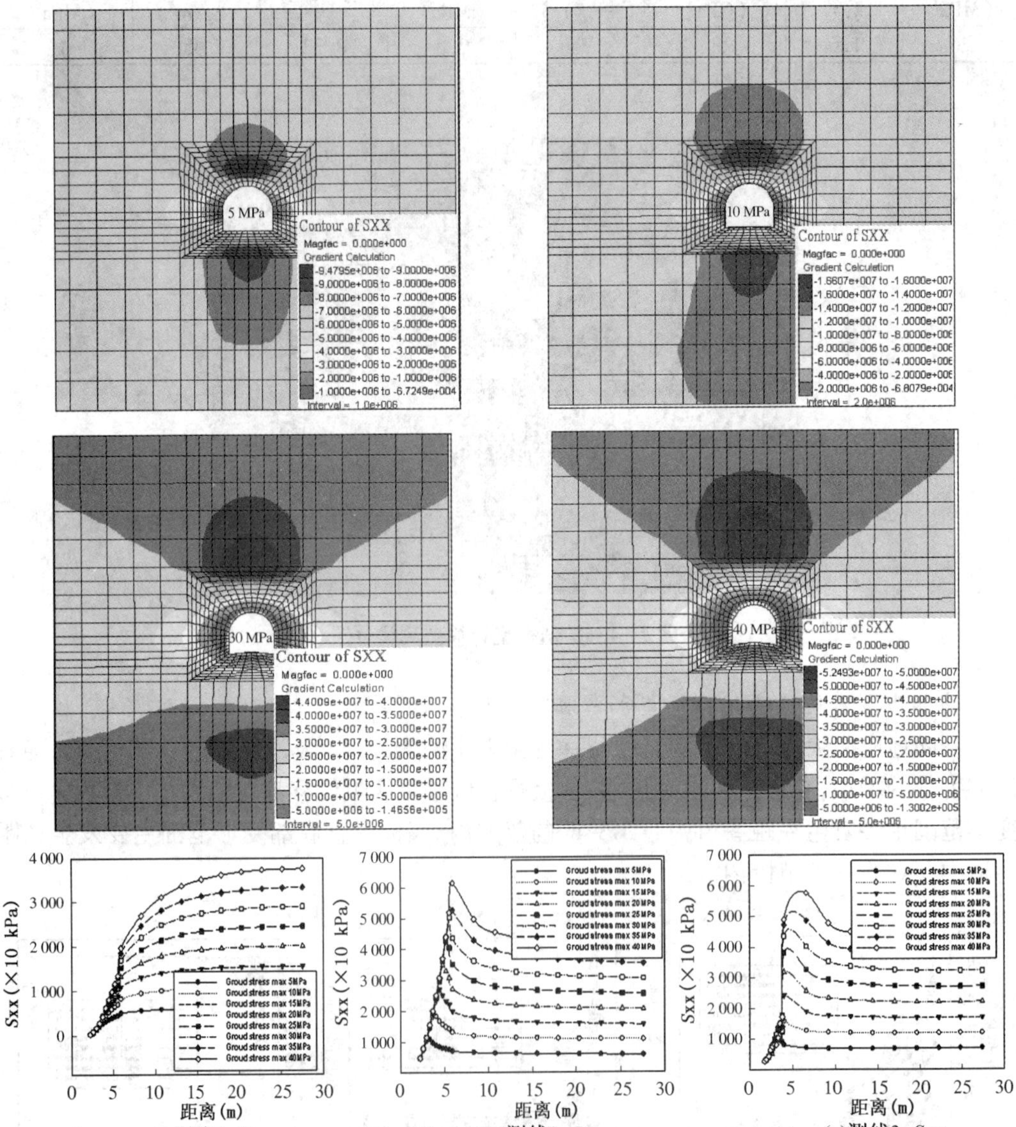

(a)测线1 Sxx　(b)测线2 Sxx　(c)测线3 Sxx

图 7-16　不同地应力大小下巷道围岩的 Sxx 应力变化规律

(2) Szz 应力变化规律。

图 7-17 为不同地应力大小下巷道围岩的 Szz 应力变化规律，从应力变化曲线图中可

以看出：巷道开挖后，在边帮形成了应力集中区，在顶底板形成了应力释放区，随着地应力量值的增大，应力集中的范围扩大。在测线1位置，*Szz* 应力先增大然后减小。顶底板 *Szz* 应力在距巷道中心 10 m 的范围内，随着距离巷道中心距离的增加逐渐增大。

（3）*Sxz* 应力变化规律。

图 7-18 为不同地应力大小下巷道围岩的 *Sxz* 应力变化规律，从应力变化曲线图中可以看出：在巷道的边帮、顶底板都存在剪应力 *Sxz* 集中的现象。随着地应力量值的增加，剪应力 *Sxz* 集中的位置向围岩深处发展。

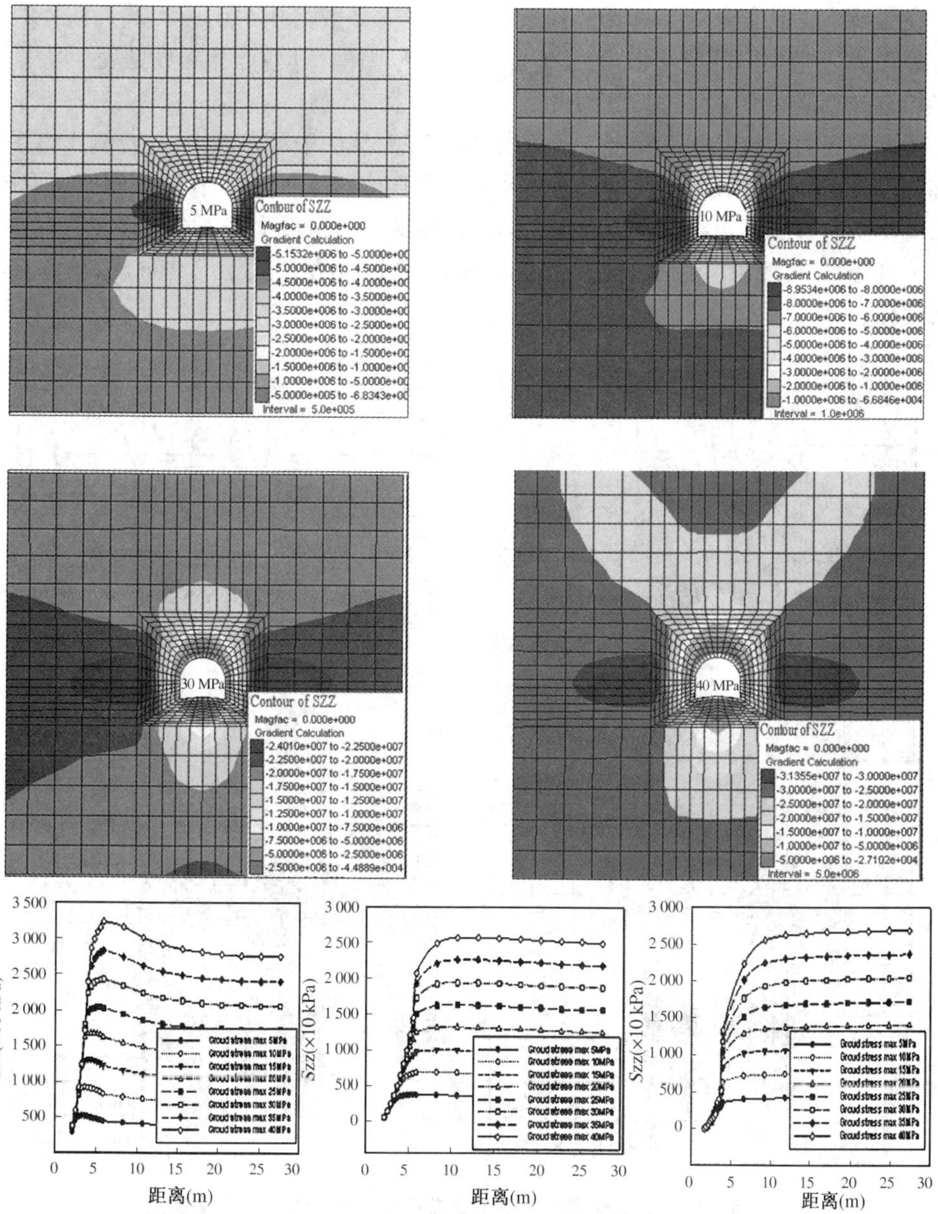

(a)测线1 *Szz*　(b)测线2 *Szz*　(c)测线3 *Szz*

图 7-17　不同地应力大小下巷道围岩的 *Szz* 应力变化规律

3) 巷道围岩塑性区变化特征与地应力大小的关系

从图 7-19 中可以看出,当地应力值由 5 MPa 逐渐增大到 40 MPa 的过程中,巷道两帮、顶板及底板破坏范围都呈增大的趋势。在地应力小于 10 MPa 时,巷道破坏的形式主要为剪切破坏。当地应力等于 10 MPa 时,巷道顶底板破坏模式为剪切破坏,两帮出现了剪切拉张复合破坏模式。当地应力大于 10 MPa 时,两帮及底板出现了剪切张拉复合破坏模式,顶板破坏模式为剪切破坏。

2. 不同侧压力系数变化规律

在保持垂直地应力不变的情况下,研究了侧压力系数为 0.6、0.9、1.2、1.5、1.8、2.1、2.4、2.7 时,巷道围岩的位移、应力及塑性区的变化规律。其他计算参数见表 7-4。

1) 巷道围岩位移变化特征与侧压力系数的关系

不同侧压力系数下巷道围岩变形曲线见图 7-20,从图中可以看出,随着侧压力系数的增加,巷道边帮水平位移、顶板垂直位移及底板垂直位移都在增大,在同一侧压力系数下,边帮的水平位移随着距离巷道中心距离的增加而减小。顶板垂直沉降位移在距巷道中心 5.9 m 的范围内,随距离巷道中心距离的增加而减小,当距离大于 5.9 m 时,位移基本上没有变化。

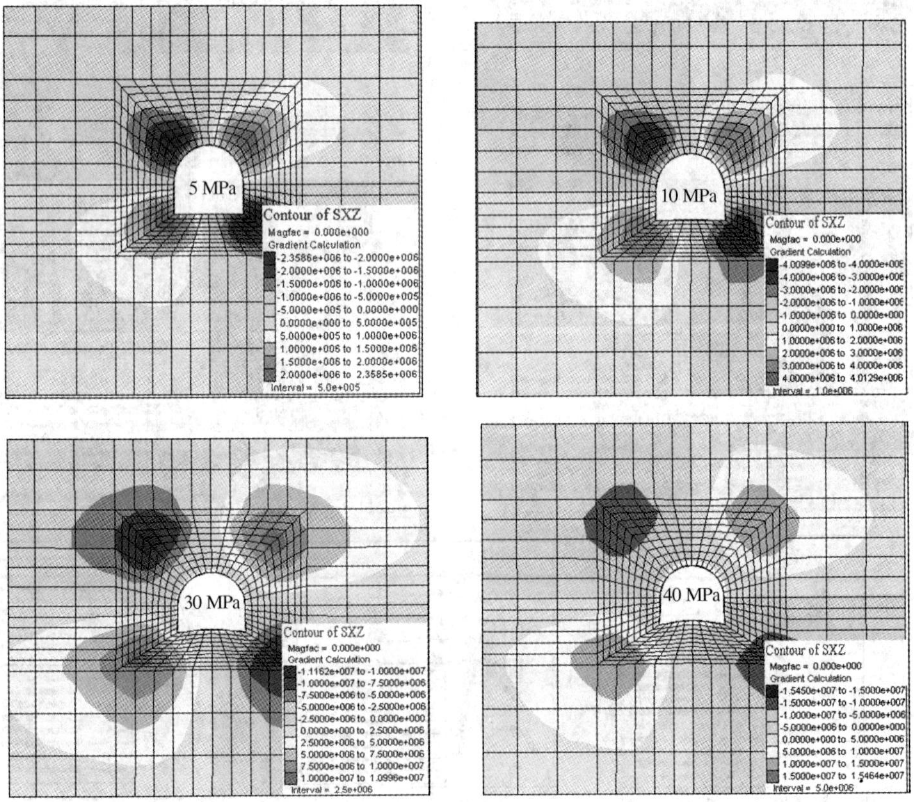

图 7-18　不同地应力大小下巷道围岩的 S_{xz} 应力变化规律

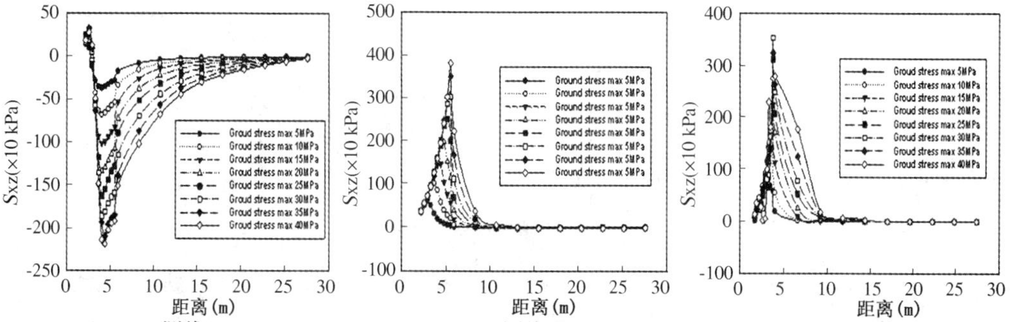

(a)测线1 Sxz　(b)测线2 Sxz　(c)测线3 Sxz

续图 7-18

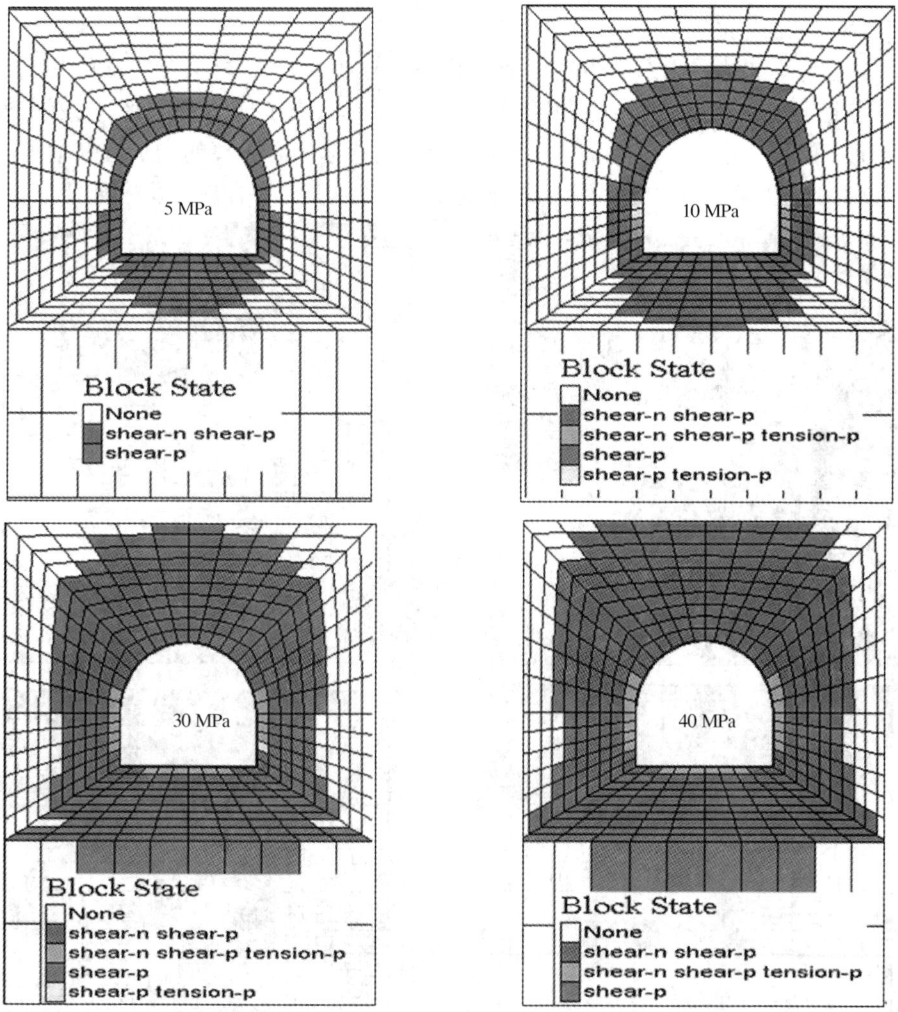

图 7-19　不同地应力大小下塑性区域分布

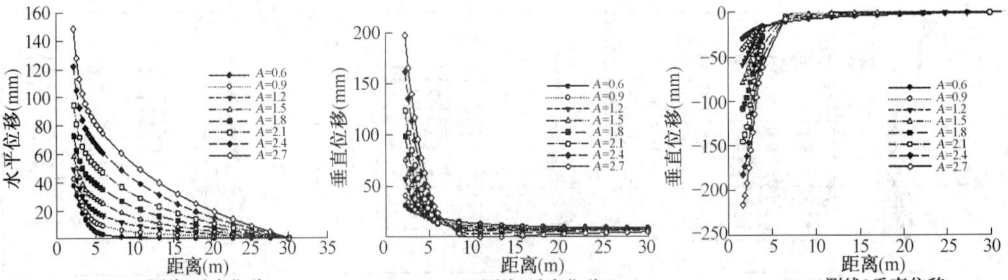

(a)测线1垂直位移　(b)测线2垂直位移　(c)测线3垂直位移

图 7-20　不同侧压力系数下巷道围岩变形曲线

2）巷道围岩应力变化特征与侧压力系数的关系

（1）Sxx 应力变化规律。

图 7-21 为不同侧压力系数下巷道围岩的 Sxx 应力变化规律，从应力变化曲线图中可以看出：巷道开挖后，Sxx 应力在边帮附近一定范围内形成了应力释放区，在顶底板一定范围内形成了应力集中区。边帮应力 Sxx 随着距离巷道中心距离的增加逐渐增大。顶底板 Sxx 应力随着距离巷道中心距离的增加先增大然后减小，存在应力集中现象。

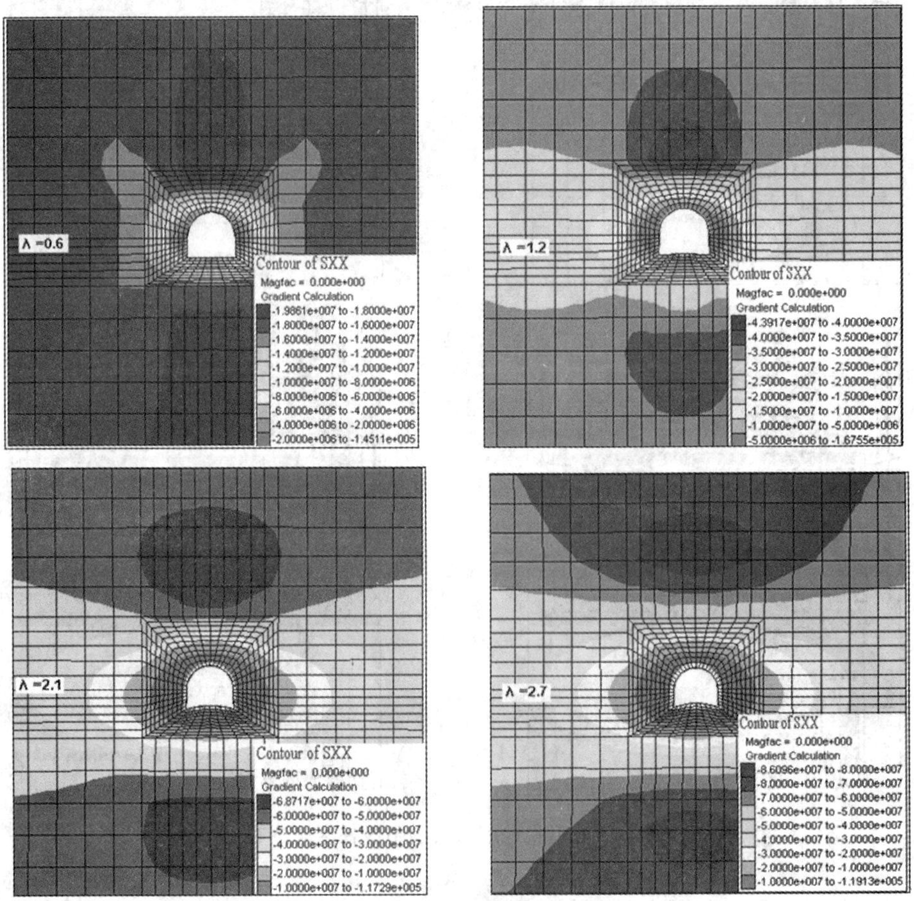

图 7-21　不同侧压力系数下巷道围岩的 Sxx 应力变化规律

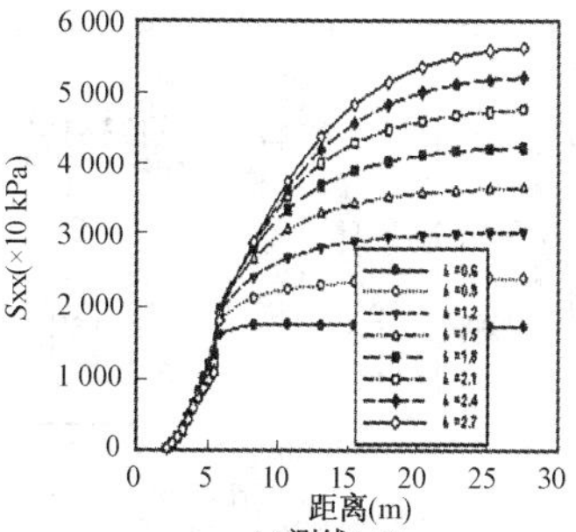

(a)测线1 Sxx

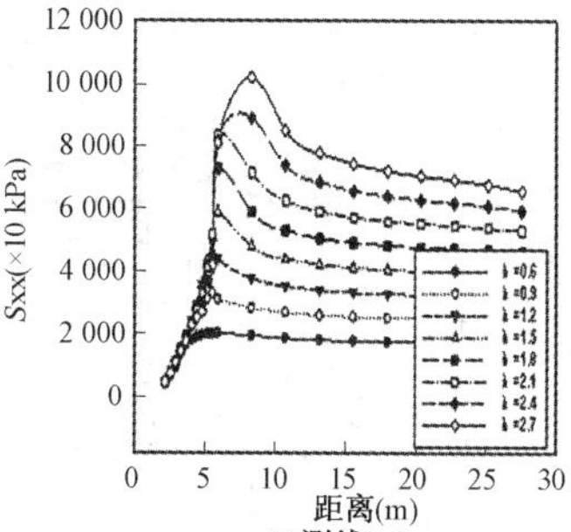

(b)测线2 Sxx

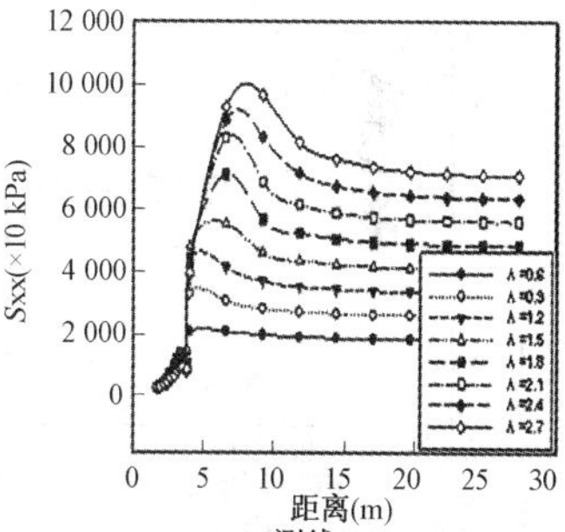

(c)测线3 Sxx

续图 7-21

(2) *S*zz 应力变化规律图。

图 7-22 为不同侧压力系数下巷道围岩的 *S*zz 应力变化规律，从应力变化曲线图中可以看出：巷道开挖后，边帮 *S*zz 应力在距离巷道中心 5.9 m 附近有应力集中现象，*S*zz 应力先增大然后减小，随着侧压力系数的增大，应力集中现象加剧，应力集中部位向岩体深部发展。

(3) *S*xz 应力变化规律。

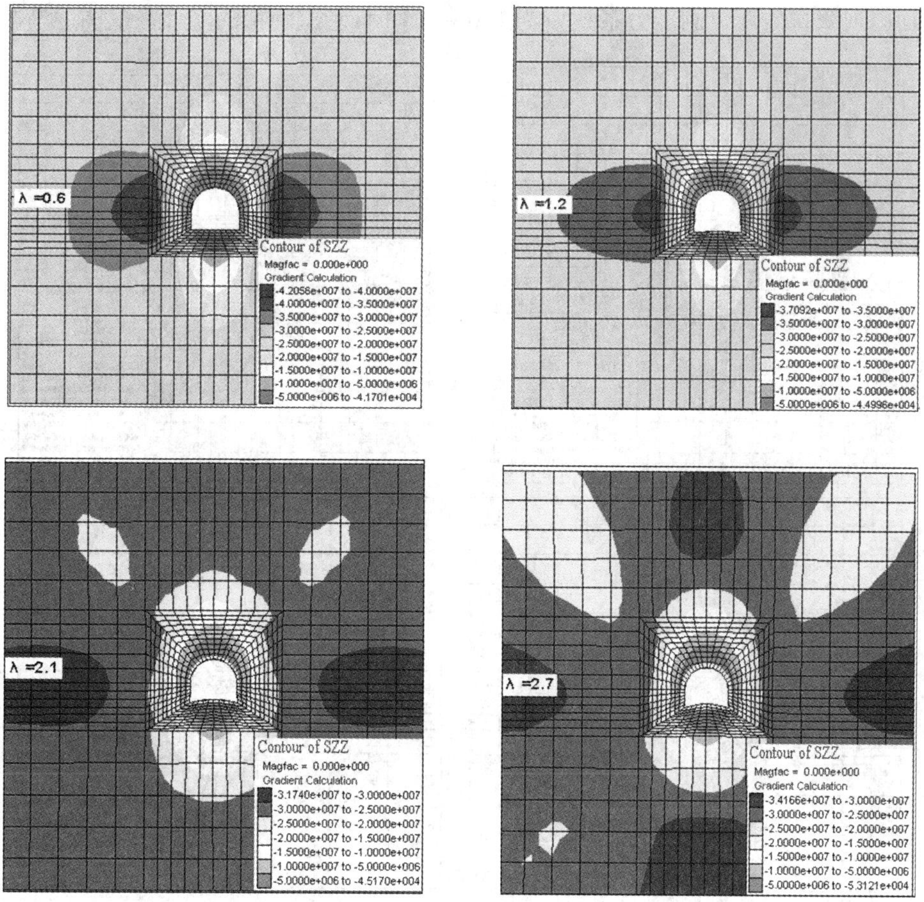

图 7-22　不同侧压力系数下巷道围岩的 *S*zz 应力变化规律

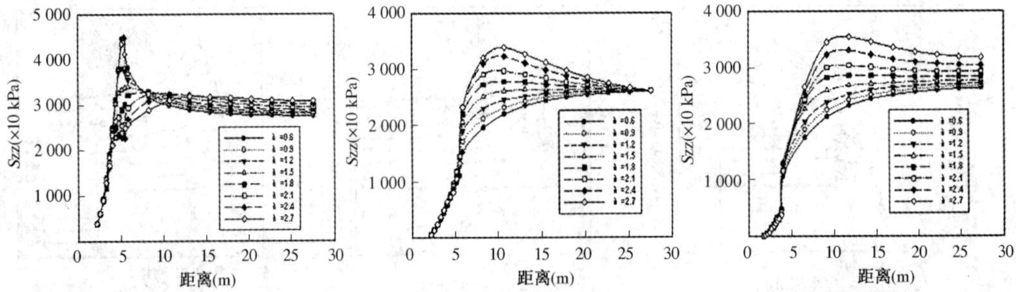

(a)测线1 Szz (b)测线2 Szz (c)测线3 Szz

续图 7-22

图 7-23 为不同侧压力系数下巷道围岩的 Sxz 应力变化规律，从应力变化曲线图中可以看出：在巷道的边帮、顶底板都存在剪应力 Sxz 集中的现象。随着侧压力系数的增加，剪应力 Sxz 集中的位置向围岩深处发展。

3）巷道围岩塑性区变化特征与侧压力系数的关系

图 7-24 为不同侧压力系数下巷道围岩塑性区域分布，从图 7-24 可以看出，侧压力系数 λ 小于 1.0 时，巷道围岩塑性区主要集中在巷道两帮，以剪切破坏为主，在边帮及底板附近均出现张拉破坏。侧压力系数 λ 为 1.0～2.1 时，巷道两帮的塑性区范围逐渐减小，

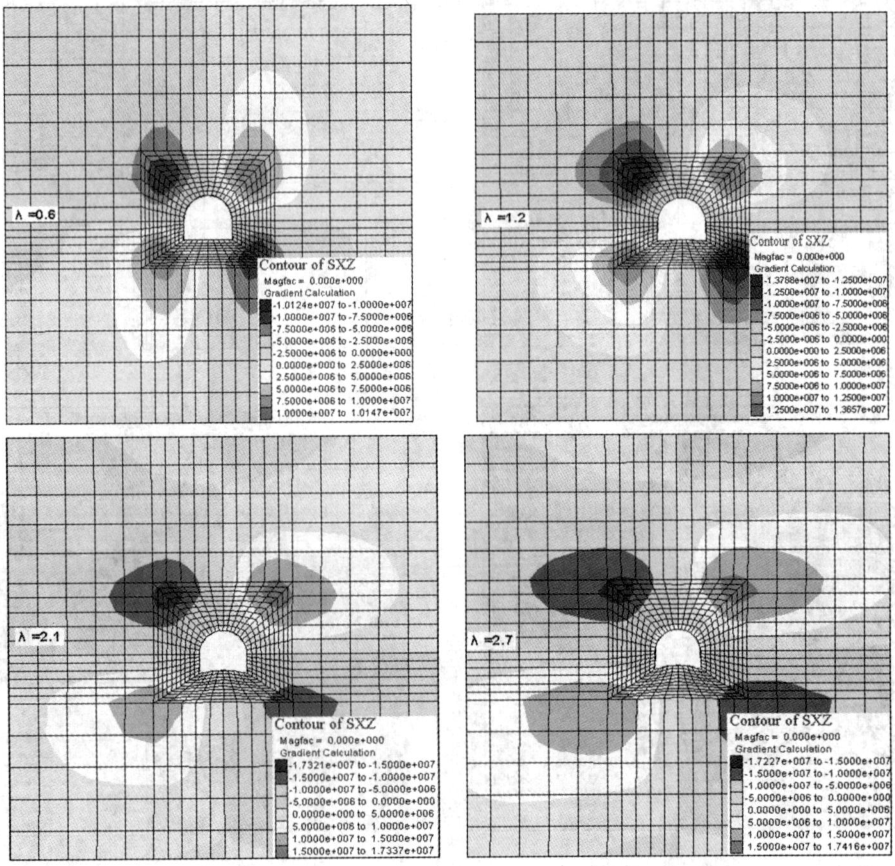

图 7-23 不同侧压力系数下巷道围岩的 Sxz 应力变化规律

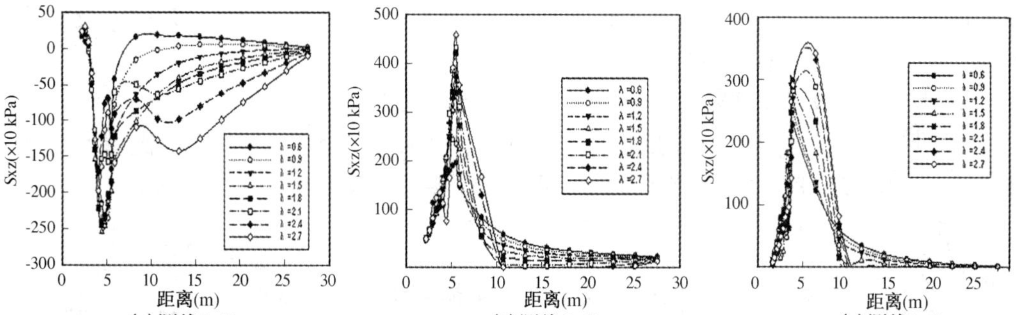

(a)测线1 Sxz　(b)测线2 Sxz　(c)测线3 Sxz

续图 7-23

顶部的塑性区范围逐渐增大,巷道顶板以剪切破坏为主。当 λ 大于 2.1 时,巷道周边塑性区迅速扩大,尤其在巷道的肩角增加更为明显。塑性破坏区域主要集中在顶板,以剪切张拉破坏为主,围岩稳定性迅速降低。

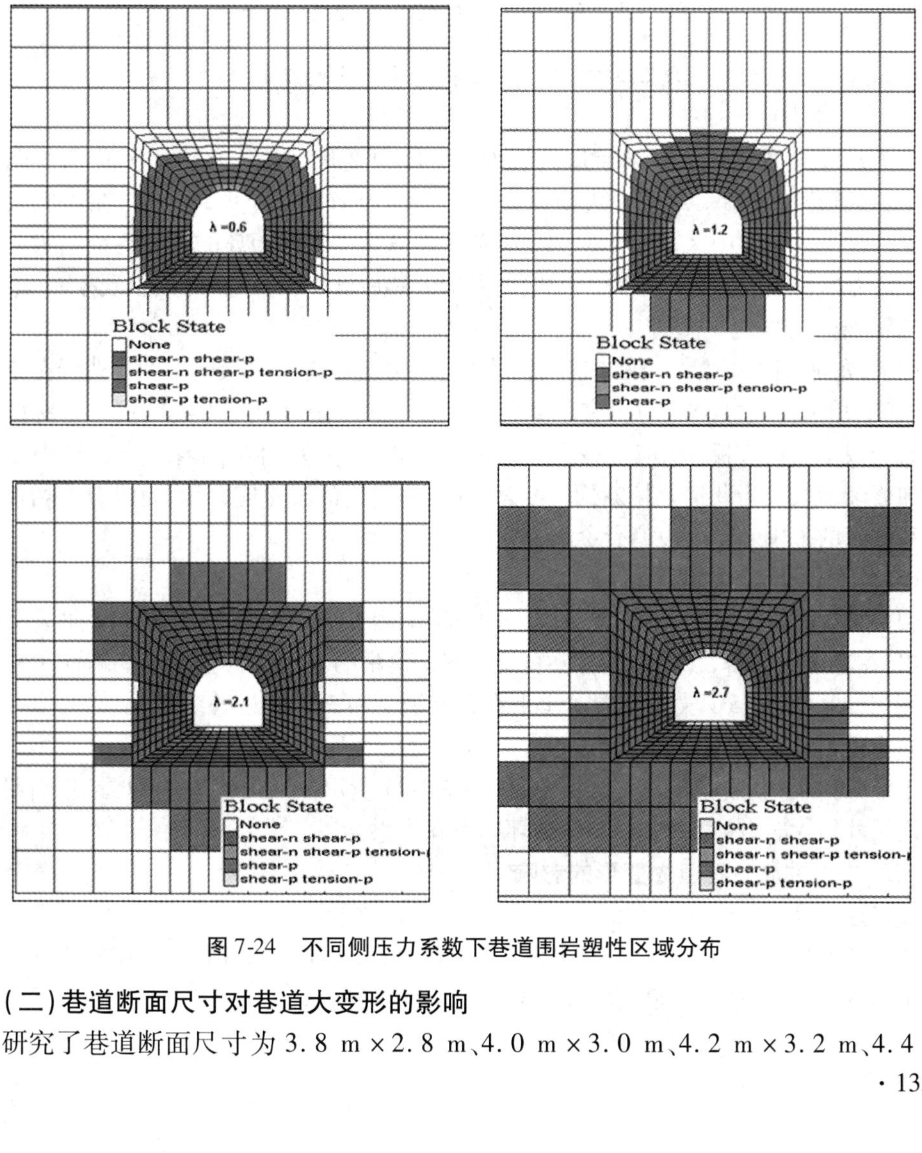

图 7-24　不同侧压力系数下巷道围岩塑性区域分布

(二)巷道断面尺寸对巷道大变形的影响

研究了巷道断面尺寸为 3.8 m×2.8 m、4.0 m×3.0 m、4.2 m×3.2 m、4.4 m×

3.4 m、4.6 m×3.6 m、4.8 m×3.8 m、5.0 m×4.0 m 时，巷道围岩的位移、应力及塑性区的变化规律。其他计算参数见表7-4。

1. 巷道围岩位移变化特征与巷道断面开挖尺寸大小的关系

不同巷道尺寸下巷道围岩变形曲线见图7-25。从图7-25中可以看出，随着巷道开挖断面尺寸的增加，巷道边帮水平位移、顶板垂直位移及底板垂直位移都在增大。

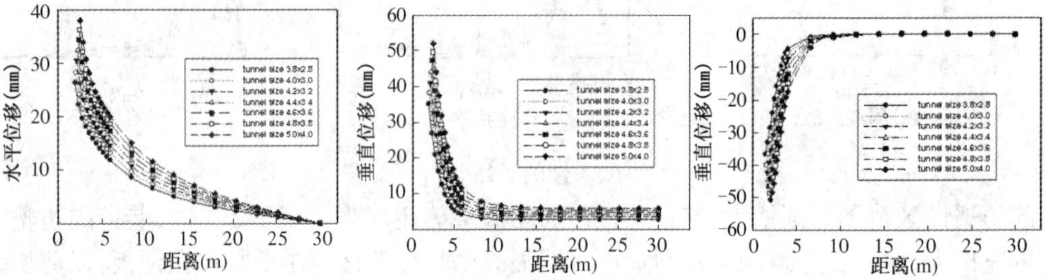

(a)测线1水平位移 (b)测线2垂直位移 (c)测线3垂直位移

图7-25 不同巷道尺寸下巷道围岩变形曲线

2. 巷道围岩应力变化特征与巷道断面开挖尺寸大小的关系

(1)*Sxx* 应力变化规律。

图7-26为不同巷道尺寸下巷道围岩的 *Sxx* 应力变化规律。从应力变化曲线图中可以看出：巷道开挖后，*Sxx* 应力在边帮附近一定范围内形成了应力释放区，在顶底板一定范围内形成了应力集中区。边帮应力 *Sxx* 随着距离巷道中心距离的增加逐渐增大。顶底板 *Sxx* 应力随着距离巷道中心距离的增加先增大然后减小，存在应力集中现象。

(2)*Szz* 应力变化规律图。

图7-27为不同巷道尺寸下巷道围岩的 *Szz* 应力变化规律。从应力变化曲线图中可以看出：巷道开挖后，边帮 *Szz* 应力在距离巷道中心5.9 m附近有应力集中现象，*Szz* 应力先增大然后减小。顶底板 *Szz* 应力在距巷道中心8.3 m的范围内，随着距离巷道中心距离的增加逐渐增大。当巷道开挖断面尺寸增大时，所引起的集中应力量值在增加，增加区和应力释放区的范围基本上没有什么变化。

(3)*Sxz* 应力变化规律。

图7-28为不同巷道尺寸下巷道围岩的 *Sxz* 应力变化规律。从应力变化曲线图中可以看出：在巷道的边帮、顶底板都存在剪应力 *Sxz* 集中的现象。当巷道开挖断面尺寸变化时，所引起的剪应力 *Sxz* 集中位置基本上在距巷道中心5 m附近处变化。

3. 巷道围岩塑性区变化特征与巷道断面开挖尺寸大小的关系

不同开挖尺寸下巷道围岩塑性区变化如图7-29所示。从图7-29可以看出，当巷道开挖断面尺寸增大时，巷道围岩的塑性破坏区也在增大。

(三)岩体性质对巷道大变形的影响

1. 变形模量

研究了变形模量为3 GPa、6 GaP、9 GPa、12 GPa、15 GPa、18 GPa、21 GPa、24 GPa时，巷道围岩的应力、位移及塑性区的变化规律。其他计算参数见表7-4。

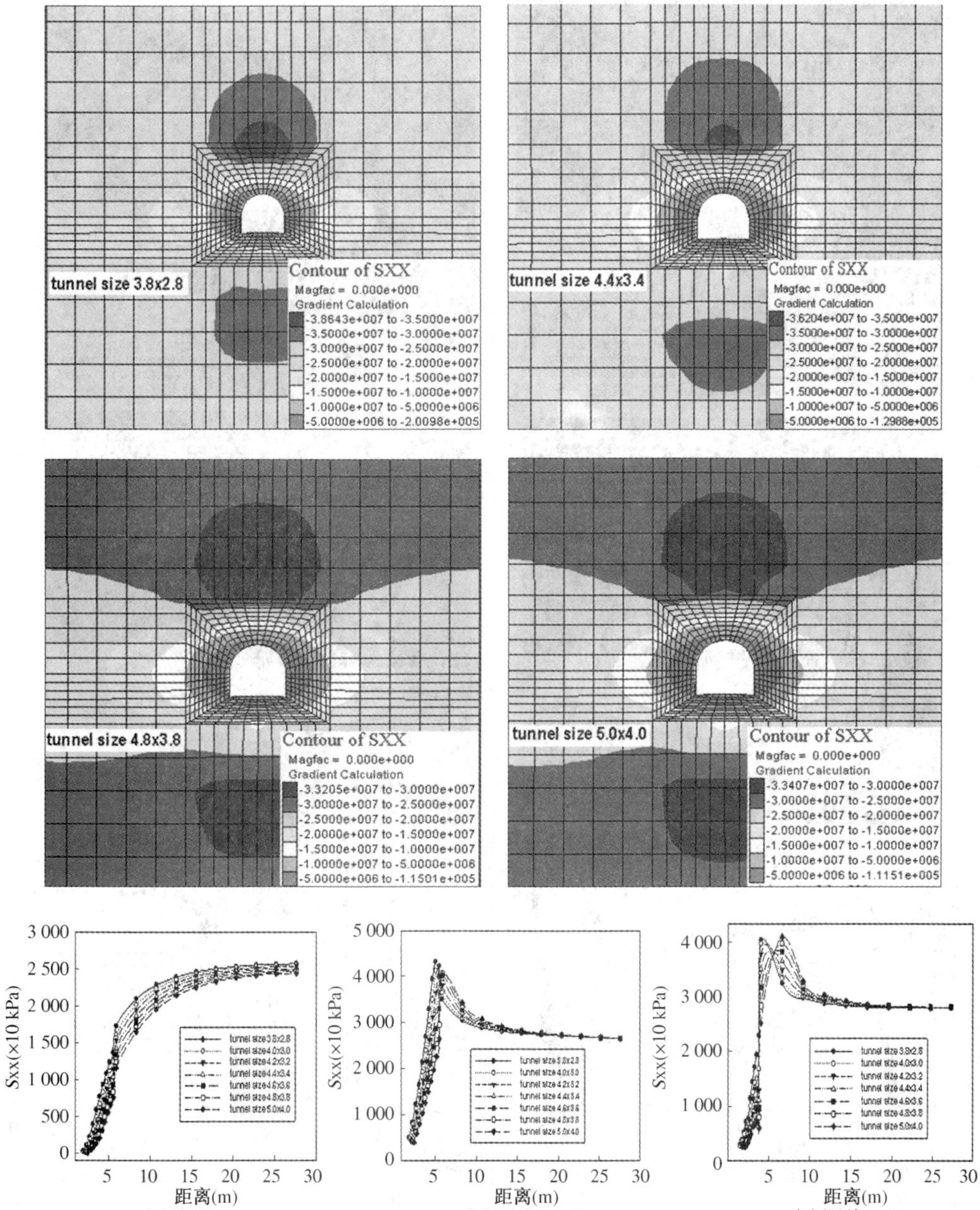

(a)测线1 Sxx　(b)测线2 Sxx　(c)测线3 Sxx

图 7-26　不同巷道尺寸下巷道围岩的 Sxx 应力变化规律

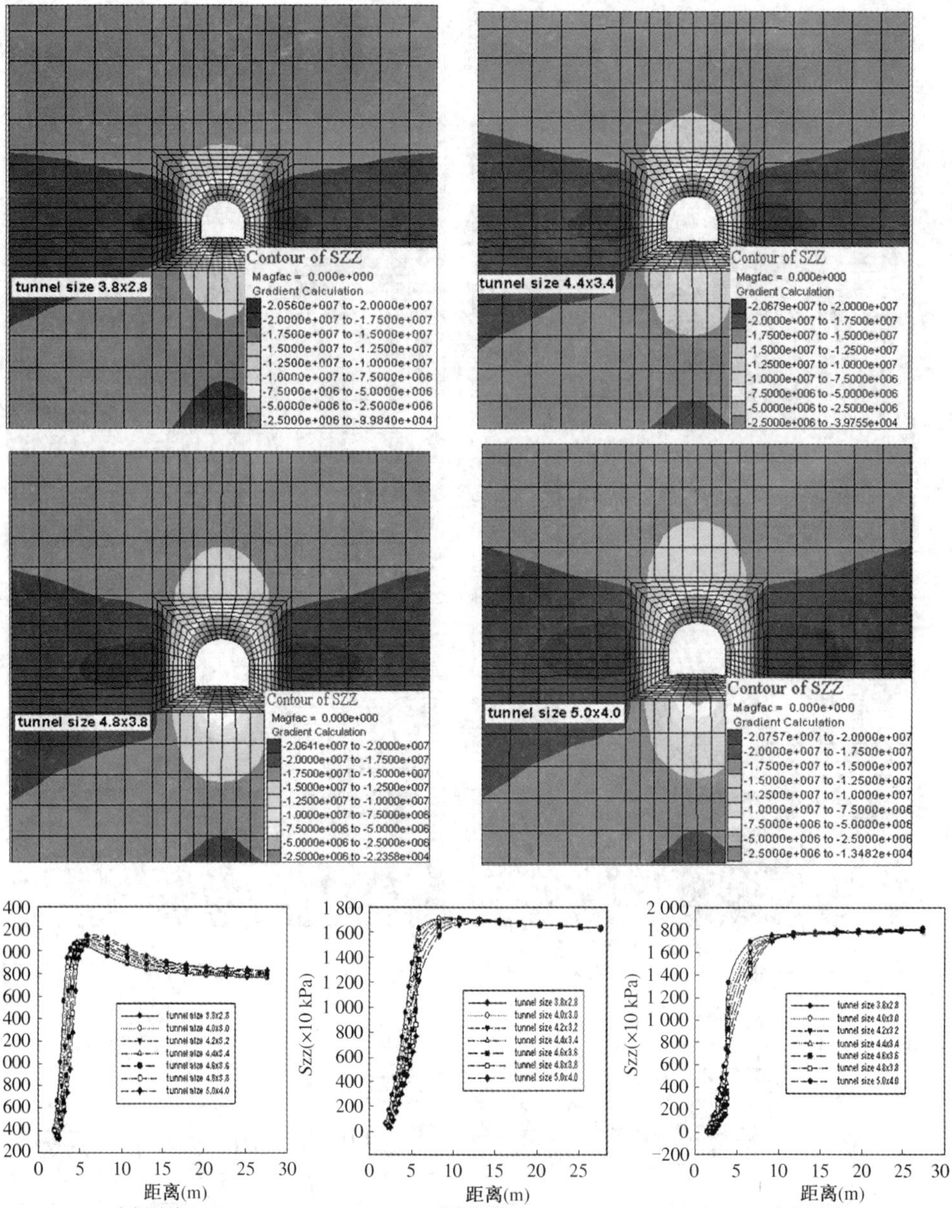

(a)测线1 *Szz*　　(b)测线2 *Szz*　　(c)测线3 *Szz*

图 7-27　不同巷道尺寸下巷道围岩的 *Szz* 应力变化规律

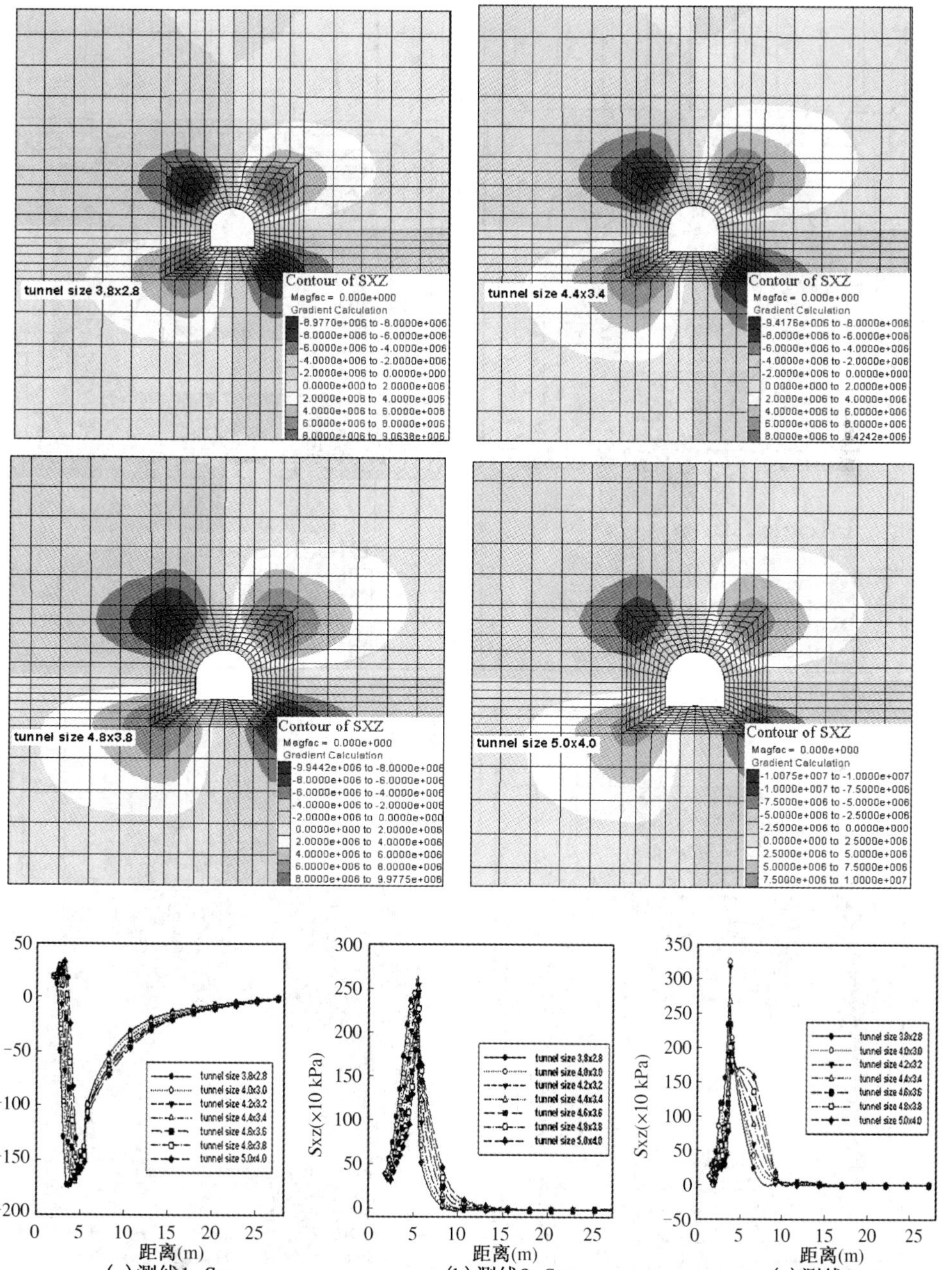

(a)测线1 Sxz　　(b)测线2 Sxz　　(c)测线3 Sxz

图 7-28　不同巷道尺寸下巷道围岩的 Sxz 应力变化规律

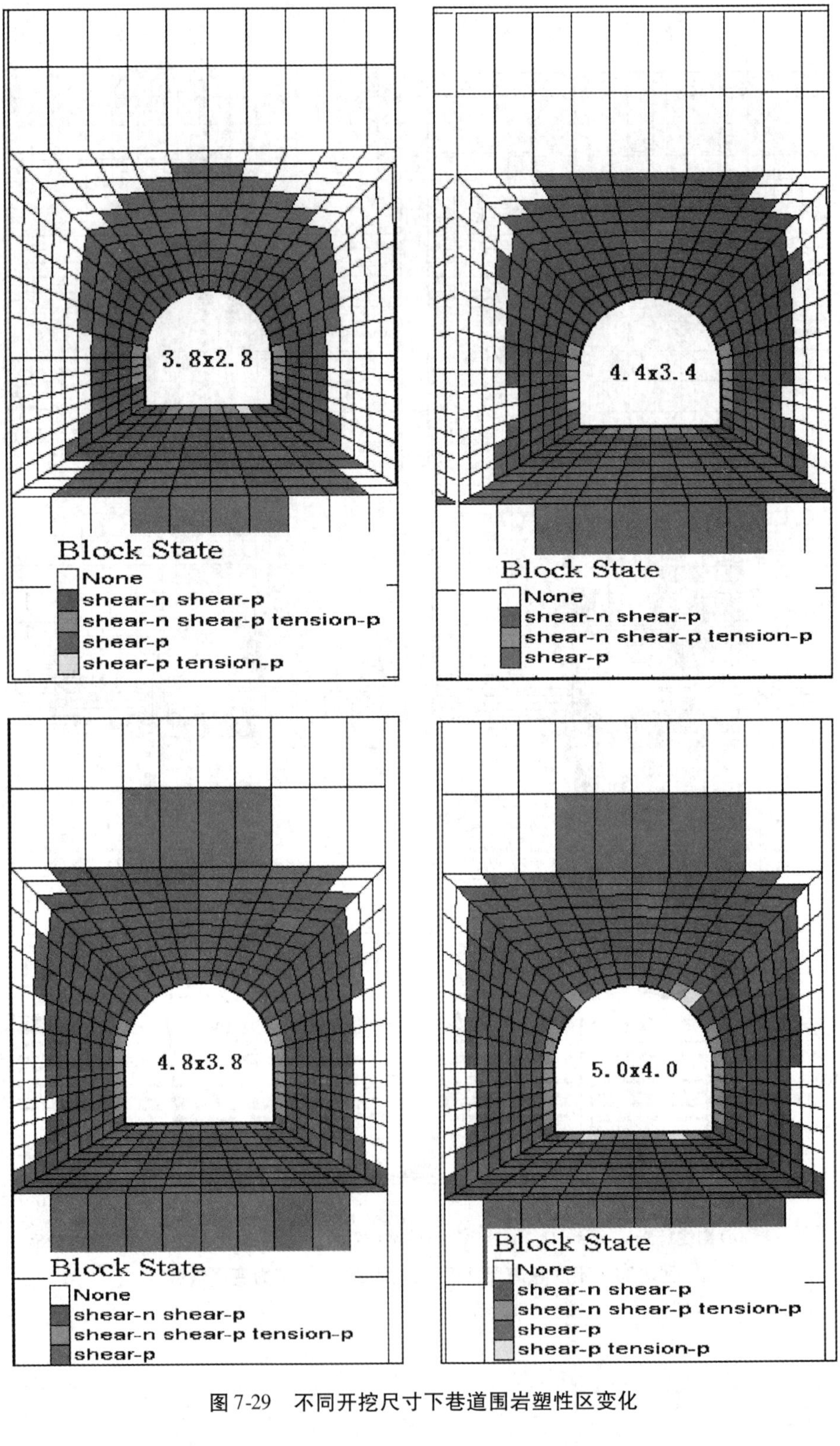

图 7-29　不同开挖尺寸下巷道围岩塑性区变化

1）巷道围岩位移变化特征与变形模量的关系

从图 7-30 可以看出，随着变形模量的增大，巷道围岩变形的位移量在减小，在变形模量小于 6 GPa 时，巷道围岩变形对变形模量的变化非常敏感，变形模量从 3 GPa 增加到 6 GPa，洞壁水平位移减少了 37.7 mm，而变形模量从 6 GPa 增加到 24 GPa，洞壁水平位移减少了 28.3 mm。

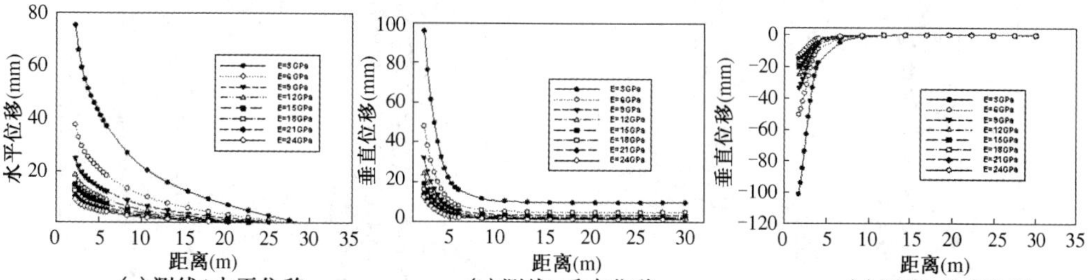

（a）测线1水平位移　（b）测线2垂直位移　（c）测线3垂直位移

图 7-30　不同变形模量下巷道围岩位移变化规律

2）巷道围岩应力变化特征与变形模量的关系

从图 7-31 中可以看出，变形模量在 3～24 GPa 变化时，巷道围岩应力 *S*xx、*S*zz 及剪应力 *S*xz 的大小和变化趋势基本上没有变化。

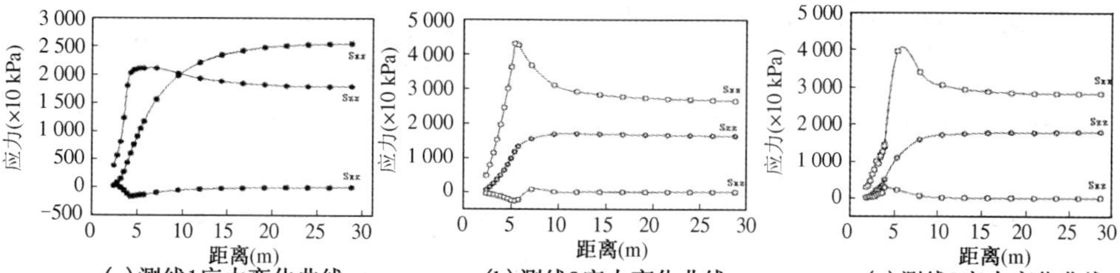

（a）测线1应力变化曲线　（b）测线2应力变化曲线　（c）测线3应力变化曲线

图 7-31　巷道围岩应力变化规律

3）巷道围岩塑性区变化特征与变形模量的关系

从图 7-32 中可以看出，变形模量从 3 GPa 增加到 24 GPa，达到塑性状态的单元个数变化不大，说明巷道围岩的破坏区域基本上没有变化。在巷道边帮和底板处均出现了张拉破坏单元。

2. 黏聚力

研究了变形模量为 0.5 MPa、1.5 MPa、2.0 MPa、2.5 MPa、3.0 MPa、3.5 MPa、4.0 MPa 时，巷道围岩的应力、位移及塑性区的变化规律。

1）巷道围岩位移变化特征与黏聚力的关系

从图 7-33 可以看出，随着黏聚力的增大，巷道围岩变形的位移值在减小。

2）巷道围岩应力变化特征与黏聚力的关系

（1）*S*xx 应力变化规律。

图 7-34 为不同黏聚力下巷道围岩的 *S*xx 应力变化规律。从应力变化曲线图中可以看出：*S*xx 应力在边帮附近一定范围内形成了应力释放区，在顶底板一定范围内形成了应力集中区。边帮应力 *S*xx 随着距离巷道中心距离的增加逐渐增大。顶底板 *S*xx 应力随着距离巷道中心距离的增加先增大然后减小，存在应力集中现象。应力集中的位置随着黏聚力的增加，向洞壁方向移近。

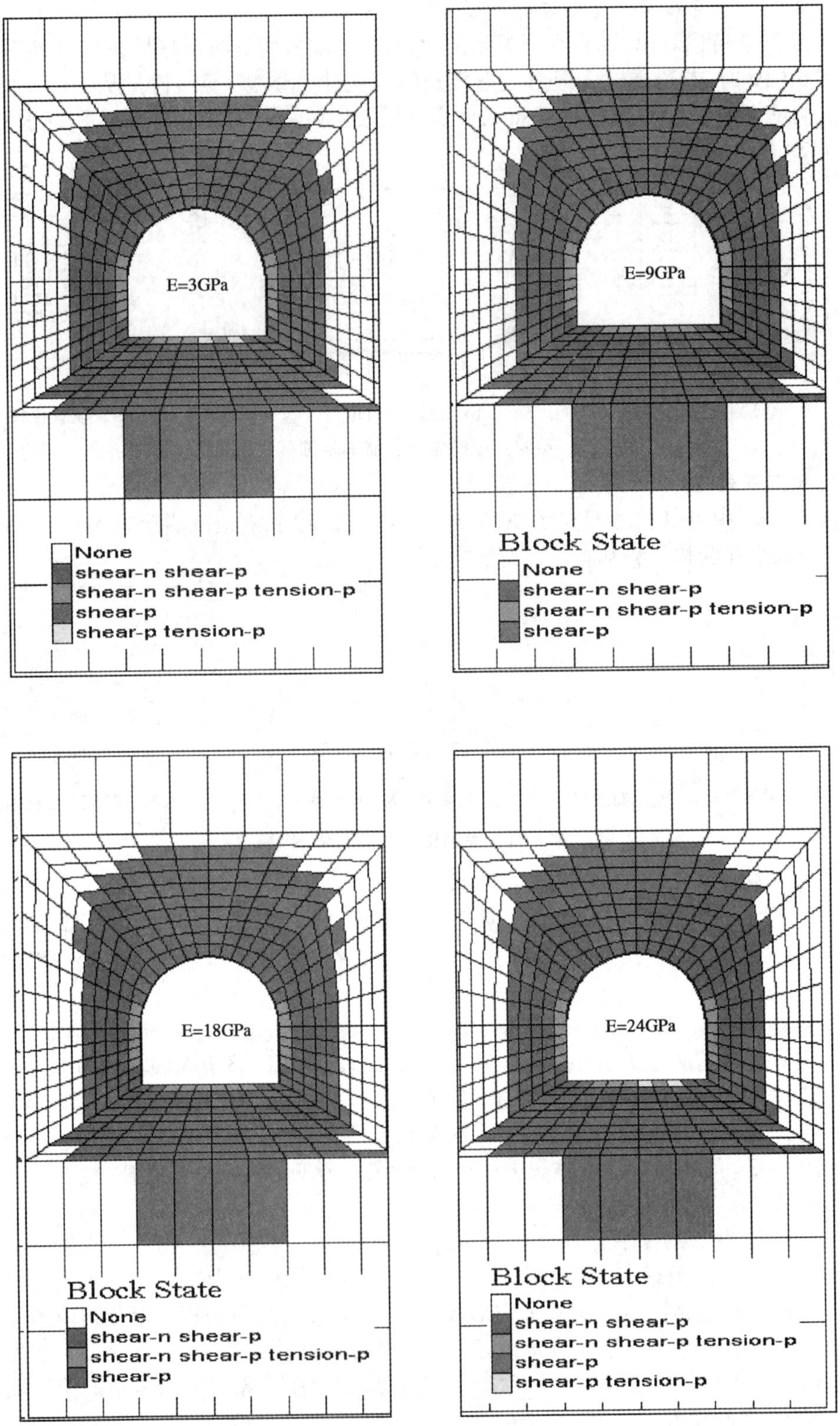

图 7-32　不同变形模量下巷道围岩塑性区变化规律

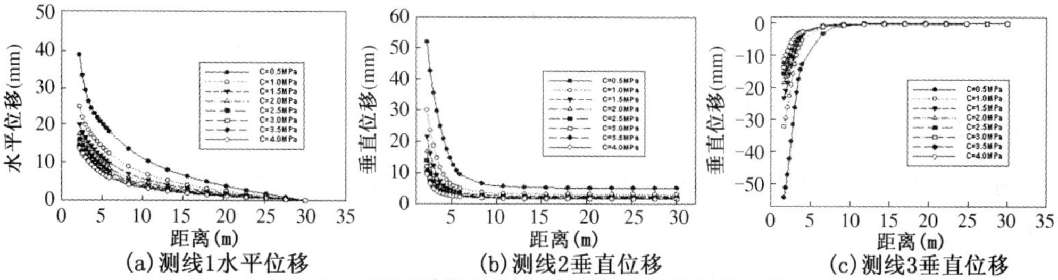

(a)测线1水平位移 (b)测线2垂直位移 (c)测线3垂直位移

图 7-33 不同黏聚力下巷道围岩的位移变化规律

(2)*S*zz 应力变化规律。

图 7-35 为不同黏聚力下巷道围岩的 *S*zz 应力变化规律。从应力变化曲线图中可以看出:边帮 *S*zz 应力在距离巷道中心 4.6 m 附近有应力集中现象,应力集中的位置随着黏聚力的增加,向洞壁方向移近。

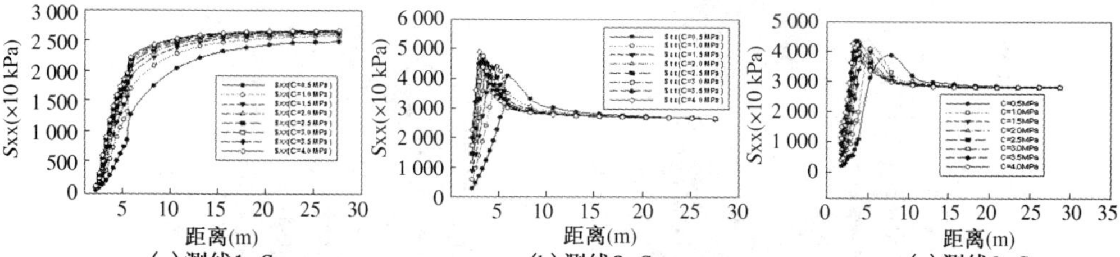

(a)测线1 Sxx (b)测线2 Sxx (c)测线3 Sxx

图 7-34 不同黏聚力下巷道围岩的 *S*xx 应力变化规律

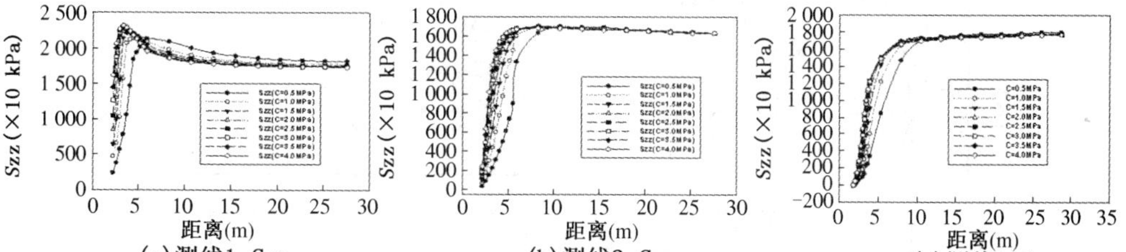

(a)测线1 Szz (b)测线2 Szz (c)测线3 Szz

图 7-35 不同黏聚力下巷道围岩的 *S*zz 应力变化规律

(3)*S*xz 应力变化规律。

图 7-36 为不同黏聚力下巷道围岩的 *S*xz 应力变化规律。从应力变化曲线图中可以看出:在巷道的边帮、顶底板都存在剪应力 *S*xz 集中的现象。当黏聚力增大时,所引起的剪应力 *S*xz 集中位置向洞壁方向移近。

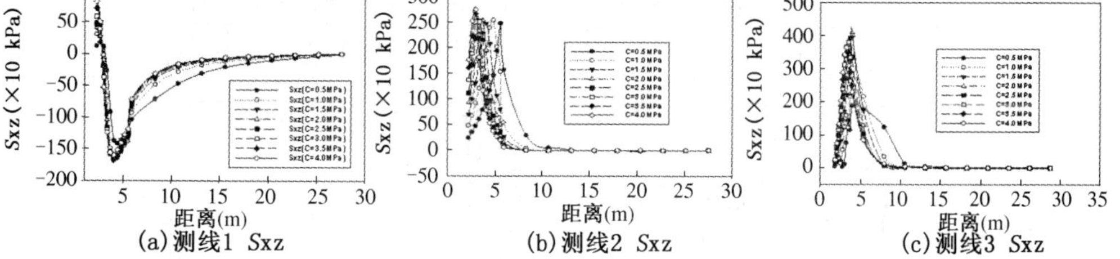

(a)测线1 Sxz (b)测线2 Sxz (c)测线3 Sxz

图 7-36 不同黏聚力下巷道围岩的 *S*xz 应力变化规律

3）巷道围岩塑性区变化特征与黏聚力的关系

从图 7-37 中可以看出，黏聚力从 0.5 MPa 增加到 4 MPa，塑性区范围明显减小，在巷道边帮和底板处均出现了张拉破坏单元。

3. 摩擦角

研究了摩擦角为 20°、25°、30°、35°、40°、45°、50°、55°时，巷道围岩的应力、位移及塑性区的变化规律。

1）巷道围岩位移变化特征与摩擦角的关系

不同摩擦角下巷道围岩的位移变化曲线见图 7-38。从图 7-38 中可以看出，在摩擦角小于 30°时，巷道边帮和顶底板位移变化范围比较大。

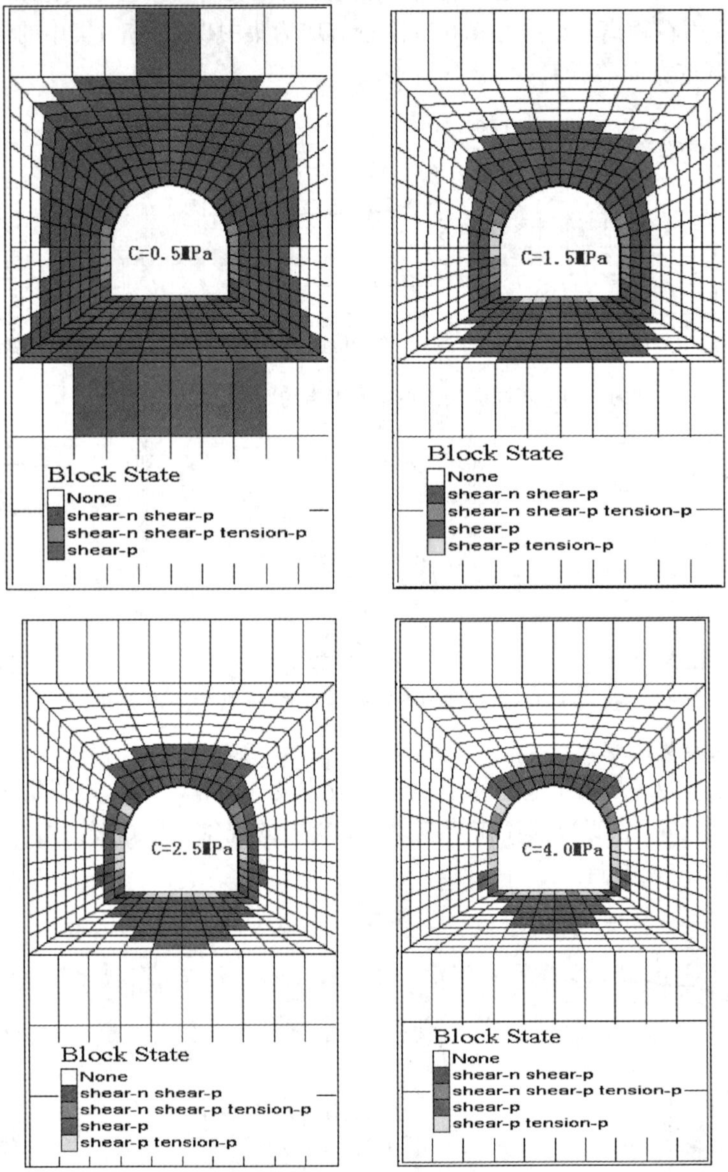

图 7-37　不同黏聚力下巷道围岩塑性区变化规律

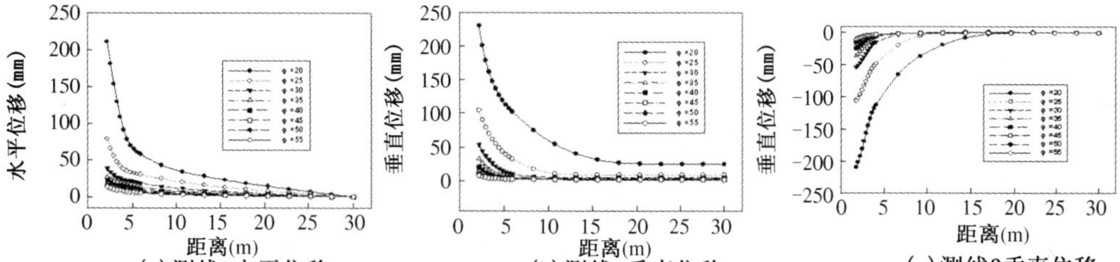

(a)测线1水平位移　(b)测线2垂直位移　(c)测线3垂直位移

图 7-38　不同摩擦角下巷道围岩的位移变化曲线

2)巷道围岩应力变化特征与摩擦角的关系

(1)*S*xx 应力变化规律。

图 7-39 为不同摩擦角下巷道围岩的 *S*xx 应力变化规律。从应力变化曲线图中可以看出:*S*xx 应力在边帮附近一定范围内形成了应力释放区,在顶底板一定范围内形成了应力集中区。边帮应力 *S*xx 随着距离巷道中心距离的增加逐渐增大。顶底板 *S*xx 应力随着距离巷道中心距离的增加先增大然后减小,存在应力集中现象。应力集中的位置随着摩擦角的增加,向洞壁方向移近。

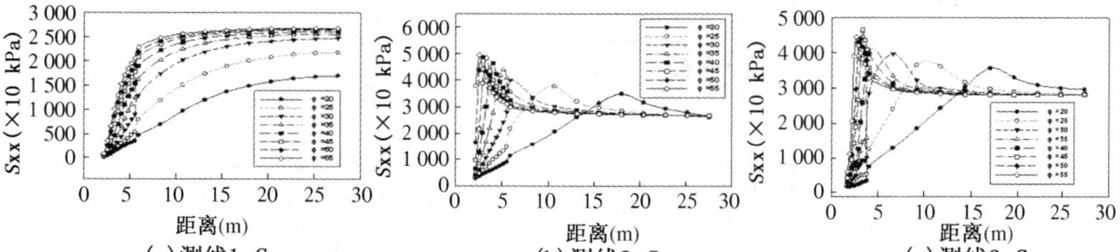

(a)测线1 *S*xx　(b)测线2 *S*xx　(c)测线3 *S*xx

图 7-39　不同摩擦角下巷道围岩的 *S*xx 应力变化规律

(2)*S*zz 应力变化规律。

图 7-40 为不同摩擦角下巷道围岩的 *S*zz 应力变化规律,从应力变化曲线图中可以看出:*S*zz 应力在边帮有应力集中现象,应力集中的位置随着摩擦角的增加,向洞壁方向移近,*S*zz 应力先增大然后减小。

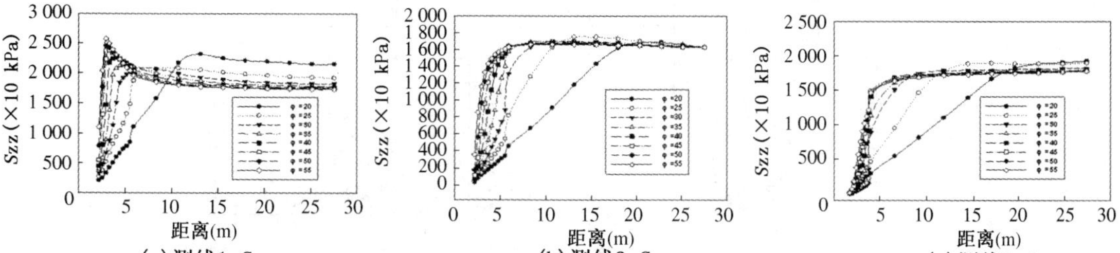

(a)测线1 *S*zz　(b)测线2 *S*zz　(c)测线3 *S*zz

图 7-40　不同摩擦角下巷道围岩的 *S*zz 应力变化规律

(3)*S*xz 应力变化规律。

图 7-41 为不同摩擦角下巷道围岩的 *S*xz 应力变化规律。从应力变化曲线图中可以看出:在巷道的边帮、顶底板都存在剪应力 *S*xz 集中的现象。当摩擦角增大时,所引起的

剪应力 Sxz 集中位置向洞壁方向移近。

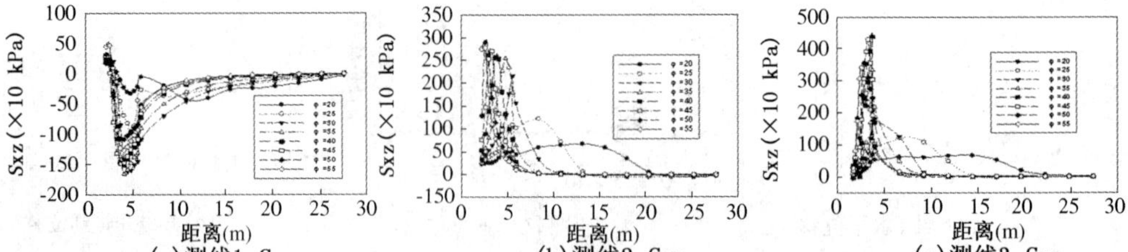

(a)测线1 Sxz　(b)测线2 Sxz　(c)测线3 Sxz

图 7-41　不同摩擦角下巷道围岩的 Sxz 应力变化规律

3)巷道围岩塑性区变化特征与摩擦角的关系

从图 7-42 中可以看出,摩擦角从 20°增加到 55°,塑性区范围明显减小。当摩擦角小于 30°时,在巷道的边帮和顶底板均出现了张拉破坏单元,而且塑性变形区比较大。当摩擦角大于 30°时,只在两帮和底板出现了张拉破坏单元,而且塑性区明显变小。

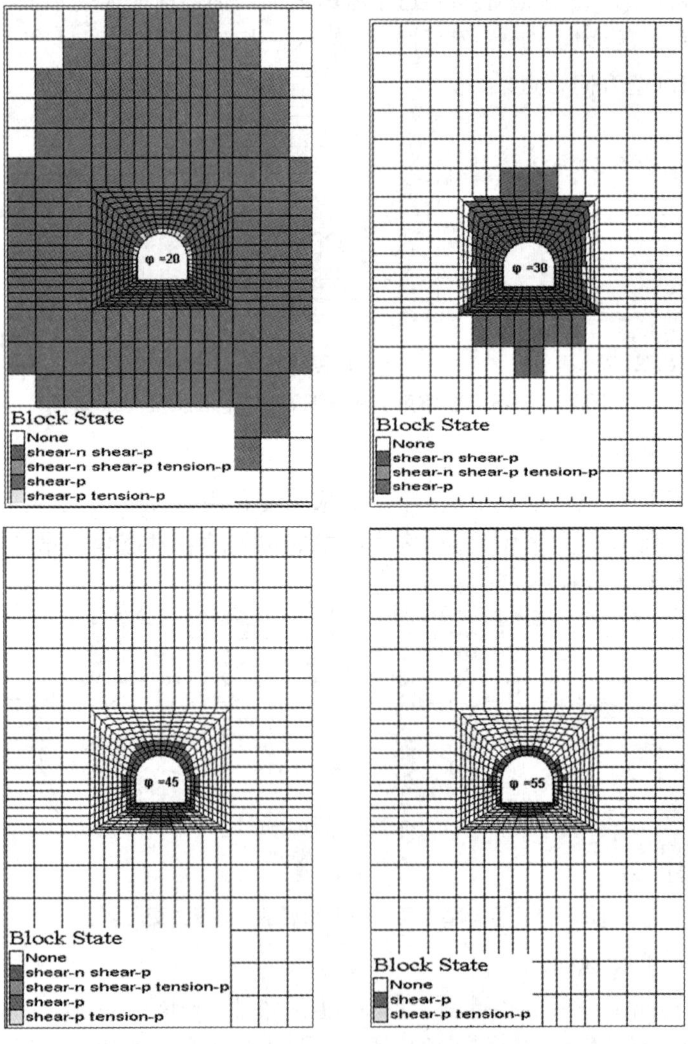

图 7-42　不同摩擦角下巷道围岩的塑性区变化

第八章 建筑基础工程

随着国民经济的发展和科学技术的进步，高层和超高层工业与民用建筑不断涌现。岩土工程师不仅要查明场地与地基的稳定性、地层结构、岩土性质、不良地质现象及地下水等情况，而且要确定地基承载力，预测建筑物的不均匀沉降，提出基坑支护结构设计、基础设计和地基处理方案。本章主要介绍目前建筑基础工程中常用的计算方法和程序，为分析资料、研究问题提供计算手段。

第一节 地基承载力的理论计算方法及程序

《建筑地基基础设计规范》（GB 5007—2002）给出了地基承载力特征值：由载荷试验测定的地基土压力变形曲线线性变形段内规定的变形所对应的压力值，其最大值为比例界限值。

确定地基承载力特征值的基本方法有理论计算方法、试验法和经验法。本节仅介绍理论计算方法。

理论计算地基承载力的方法很多，一般是根据地基土的抗剪强度指标和其他指标确定地基在达到某种临界稳定状态时的承载力值。

一、极限荷载法

Terzaghi 等考虑土体自重按极限平衡理论求出的极限承载力公式为

$$f_u = c_k N_c + \gamma_0 d N_d + \frac{1}{2}\gamma b N_b \tag{8-1}$$

式中 f_u——极限承载力，kPa；

c_k——基底下持力层黏聚力，kPa；

b、d——基础底面宽度和埋置深度，m；

γ——基底以下土的重度，地下水位以下取有效重度，kN/m^3；

γ_0——基底以上土的加权平均重度，kN/m^3；

N_b、N_c、N_d——承载力系数，根据基础底面以下土的内摩擦角标准值 φ_K 计算

$$\left.\begin{aligned} N_b &= 2(N_d + 1) + \tan\varphi_K \\ N_c &= (N_d - 1)\cot\varphi_K \\ N_d &= \exp(\pi\tan\varphi_K)\tan^2\left(\frac{\pi}{4} + \frac{\varphi_K}{2}\right) \end{aligned}\right\} \tag{8-2}$$

对于软土和松散砂，Terzaghi 建议调整抗剪强度指标，采用 $c' = \frac{2}{3}c_k$，$\varphi' = \arctan\left(\frac{2}{3}\tan\varphi_K\right)$代入式(8-2)得

$$f_u = \frac{2}{3} c_k N_c' + \gamma_0 d N_d' + \frac{1}{2} \gamma b N_b' \tag{8-3}$$

A. Vesic 提出了形状修正系数，对式(8-1)进行了修正

$$f_u = \frac{1}{2} N_b \eta_b b \gamma + N_d \eta_d \gamma_0 d + N_c \eta_c c_k \tag{8-4}$$

式中 η_b、η_c、η_d——基础形状系数；

其他符号意义同上。

由地基极限承载力可得到地基承载力特征值 f_{ak}

$$f_{ak} = \frac{f_u}{K} \tag{8-5}$$

式中 K——安全系数，一般 $K = 2 \sim 3$。

二、临塑状态计算法

基础承受一定的荷载时，地基土中会出现一定的塑性区。当偏心距 $e \leqslant 0.033b$ 时，此塑性区最大深度不大于 $b/4$。该临塑状态的地基土承载力特征值可按下式计算

$$f_{ak} = M_b \gamma b + M_d \gamma_0 d + M_c c_k \tag{8-6}$$

$$\left.\begin{aligned} M_b &= \frac{\pi}{4\cot\varphi_K + 4\varphi_K - 2\pi} \\ M_d &= \frac{\pi}{\cot\varphi_K + \varphi_K - \frac{\pi}{2}} + 1 \\ M_c &= \frac{\pi\cot\varphi_K}{\cot\varphi_K + \varphi_K - \frac{\pi}{2}} \end{aligned}\right\} \tag{8-7}$$

式中 f_{ak}——地基承载力特征值；

M_b、M_c、M_d——承载力系数；

c_k、φ_K——基底以下一倍基础宽度的深度范围土的黏聚力和内摩擦角标准值；

γ_0——基础埋深范围内各层土的加权平均重度(同前)。

式(8-6)是按条形基础荷载导出的，用于矩形局部荷载作用下的情况，偏于安全。

三、计算程序使用说明

本章附录 1 给出了上述计算公式的计算程序 TBCF，输入参数(自由格式)及变量说明如下：

DR0 (I)各层土的重度；

R 持力层土的重度

D 基础埋深

B 基础底面宽度

CK 黏聚力

FK 内摩擦角

K = 1 条形基础

K = 2 矩形基础

K = 3 圆形或方形基础

DB 基础宽度

输出计算结果为：f_{ak}，TFu(Terzaghi 公式)，VFu(A. Vesic 公式)

第二节　单支点桩墙支护结构设计计算

一、单支点桩墙支护结构设计计算理论

单支点桩墙支护结构因在顶端附近设有一内支撑或拉锚，可认为在支点处无水平移动而简化成一简支点，但桩墙下端的支撑情况则与其入土深度有关，因此单支点支护结构的计算与桩墙入土深度有关。

（一）入土较浅时单支点桩墙支护结构计算

当支护桩墙入土深度较浅时，桩墙前侧的被动土压力全部发挥，墙的底端可能有少许向前位移的现象发生。桩墙前后的被动土压力和主动土压力对支点的力矩相等，墙体处于极限平衡状态。此时桩墙可看做在支点铰支而下端自由的结构(见图 8-1)。

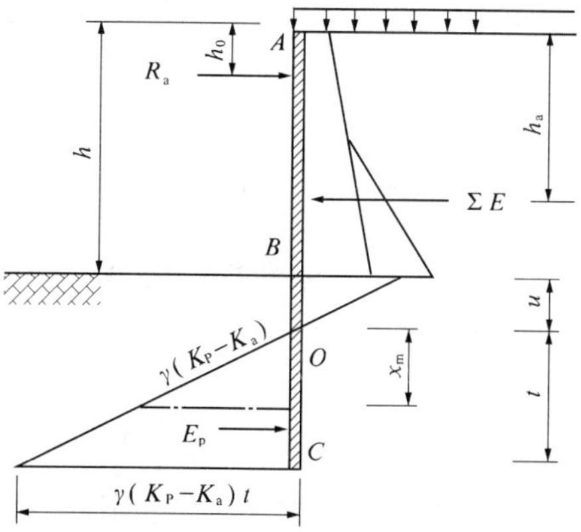

图 8-1　单支点桩墙(下端自由)计算简图

取单位墙宽分析，对于排桩则以每根桩的控制宽度作为分析单元。

桩墙的有效嵌固深度 t，根据对支点 A 的力矩平衡条件($\sum M_A = 0$) 求得

$$\sum E(h_a - h_0) - E_p(h - h_0 + u + \frac{2}{3}t) = 0 \tag{8-8}$$

由上式经试算可求出 t。桩墙在基坑底以下的最小插入深度 t_c 可按下式计算确定。

$$t_c = u + (1.1 \sim 1.4)t \tag{8-9}$$

支点 A 处的水平力 R_a 根据水平力平衡条件求出

$$R_a = \sum E - E_p \tag{8-10}$$

根据最大弯矩截面的剪力等于零，可求得最大弯矩截面距土压力零点的距离 x_m

$$x_m = \sqrt{\frac{2(\sum E - R_a)}{\gamma(K_p - K_a)}} \tag{8-11}$$

由此可求出最大弯矩

$$M_{max} = \sum E(h - h_a + u + x_m) - R_a(h - h_0 + u + x_m) - \frac{1}{6}\gamma(K_p - K_a)x_m^3 \tag{8-12}$$

(二)入土较深时单支点桩墙支护结构计算

当支护桩墙入土较深时,桩墙的底端向后倾斜,墙前墙后均出现被动土压力,支护桩在土中处于弹性嵌固状态,相当于上端简支而下端嵌固的超静定梁。工程上常采用等值梁法来计算。

等值梁法的基本原理如图8-2所示。一根一端固定另一端简支的梁(见图8-2(a)),弯矩的反弯点在 b 点,该点弯矩为零(见图8-2(b))。如果在 b 点切开,并规定 b 点为左端梁的简支点,这样在 ab 段内的弯矩保持不变,由此,简支梁 ab 称之为图8-2(a)中 ac 梁 ab 段的等值梁。

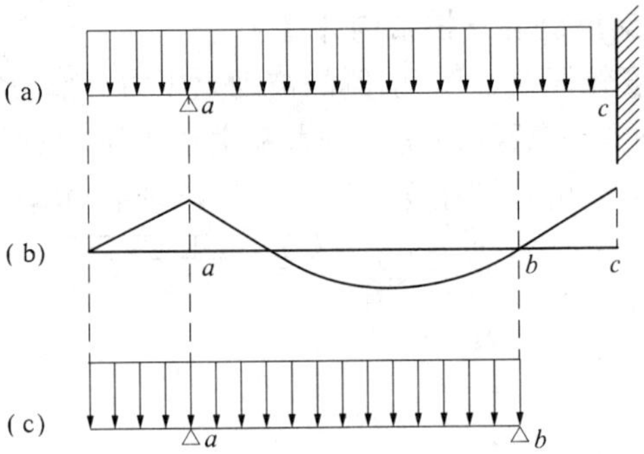

图8-2 等值梁法基本原理

等值梁法应用于单支点桩墙计算,计算简图如图8-3所示,其计算步骤如下:

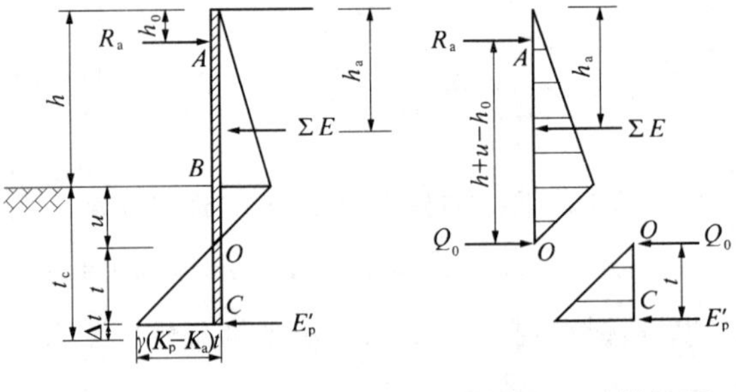

图8-3 单支点桩墙(下端固定)等值梁法计算简图

(1)确定正负弯矩反弯点的位置。实测结果表明,净土压力为零点的位置与弯矩零点位置很接近,因此可假定反弯点就在净土压力为零点处,即为图8-3中的 O 点。它距基坑底面距离 u 根据作用于墙前后侧土压力为零的条件求出。

(2)由等值梁 AO 根据平衡方程 $\sum M_O = 0$ 和 $\sum M_A = 0$ 计算支点反力 R_a 和 O 点剪力 Q_0

$$R_a = \frac{\sum E(h - h_a + u)}{(h - h_0 + u)} \tag{8-13}$$

$$Q_0 = \frac{\sum E(h_a - h_0)}{h - h_0 + u} \tag{8-14}$$

(3)取桩墙下段 OC 为隔离体，取 $\sum M_c = 0$，可求出有效嵌固深度 t

$$t = \sqrt{\frac{6Q_0}{\gamma(K_p - K_a)}} \tag{8-15}$$

而桩墙在基坑底以下的最小插入深度 t_c 仍可按式(8-9)确定。

(4)由等值梁 AO 求算最大弯矩 M_{max}。由于作用于桩墙上的力均已求得，M_{max} 可以很方便地求出。

二、单支点桩墙支护结构设计计算实例

某基坑开挖深度 $h = 8.0$ m。采用单支点桩锚支护结构，支点离地面距离 $h_0 = 1.0$ m，支点水平间距 $S_h = 2.0$ m。地基土层参数加权平均值为：重度 $\gamma = 18$ kN/m^3，内摩擦角 $\varphi = 28°$，黏聚力 $c = 0$，地面超载 $q_0 = 20$ kPa。用等值梁法计算桩墙的入土深度 t、水平支锚力 R_a 和最大弯矩 M_{max}。

等值梁法计算结果如图 8-4、图 8-5 所示。图 8-4(a)是支护结构上的土压力分布图，计算得到的支点力 R_a 为 283.37 kN；图 8-4(b)是支护结构的弯矩分布图，最大弯矩是 695.74 kN·m；图 8-4(c)是支护结构的剪力分布图，最大弯矩位置即剪力为 0 的点位于地面以下 5.62 m，计算得到的桩墙入土深度是 8 m。

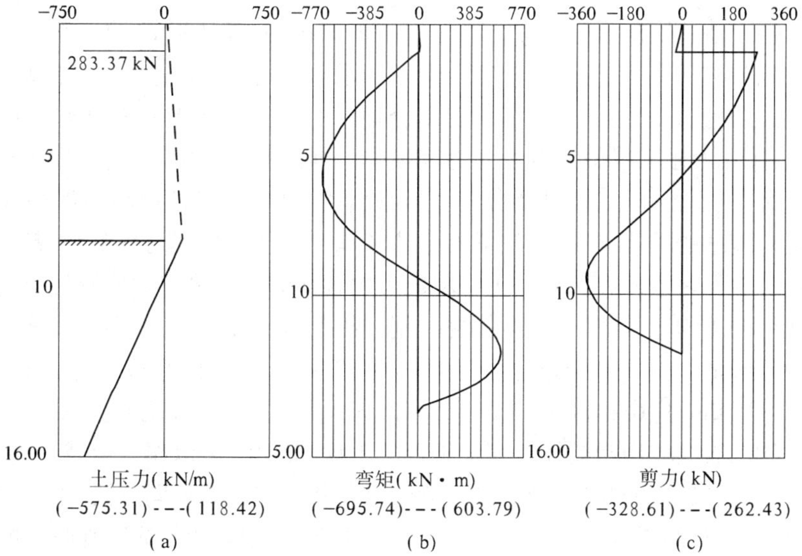

图 8-4　支护结构上土压力分布和弯矩分布、剪力分布图

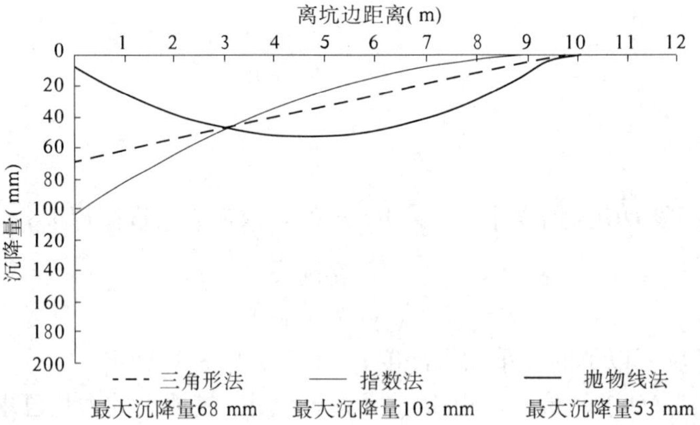

图 8-5 地表沉降

三角形法、指数法和抛物线法的原理见文献。

第三节 复合地基承载特性数值分析

一、复合地基模拟计算的基本思路

复合地基的特点是地基中的加强体与地基中的自然体共同承担外部荷载的作用。加强体一般采用桩式(也称纵向加强体),有时也采用垫式(也称横向加强体)。加强体的材料、强度、刚度、尺寸以及形式和部位是影响复合地基承载特性及工作机理的重要因素。大量实践经验与研究成果所揭示的一系列特性规律,应该成为计算机模拟分析的基础,也是检验计算分析合理性的依据。

为了在复合地基模拟分析中综合考虑地基加固机理、破坏形式,桩、土、台共同工作,以及施工方式与桩材特性,从而确定复合地基的承载能力,揭示复合地基的承载特性,优化设计参数,下面就介绍谢定义等编制的复合地基有限元—无界元三维非线性分析程序的基本思路:①用有限元模拟近桩区应力较集中范围内的受力形态,用无界元反映地基半无限特性。②在桩、土和桩、台以及台、土之间设置接触单元以模拟相对滑移和摩阻力的发挥。③复合地基的桩体,桩间及桩下的土体和承台各部分分别划分单元,各单元间用位移协调或接触单元联系,以反映桩、土材料的不同置换效应和垫层效应及桩与台的遮拦作用与加强作用的影响。④散体桩、柔体桩及刚体桩的根本差异通过桩体材料的特性常数来反映。为考虑散体桩的挤密效应,可用桩体施工后的尺寸和地基处理后的土性指标。散体桩的排水固结效应由排水固结理论计算。⑤深层搅拌桩和高压旋喷桩在施工过程中对桩径外土体的胶结作用和散体桩实际桩径的不规则变化,可以作为承载力的安全储备,暂不考虑。⑥桩体破坏的侧向鼓胀、竖向刺入以及整体破坏等不同形式,不是预先模拟的条件,而是检验计算结果合理性的依据。⑦复合地基的强度和沉降可根据模拟计算所得的应力场、应变场进一步分析。当基础上的作用荷载施加时,可以得出复合地基的压力—沉降关系曲线。它可以与地基中屈服区域的大小和形态一起,作为确定地基承载力的依据。当已有现场荷载试验的压力—沉降曲线时,可以通过试算来反推更为符合实际的地基各材料的土性参数，或检验计算方法的可行性和可靠性。⑧如果在计算中改变材料参数或桩、土、台的设计参数，不仅可以探讨它们的变化对承载特性等所引起的变化，而且可以优化设计参数，收到相应的技术经济效益。

二、复合地基承载能力的模拟分析

本节对某工程的复合地基进行计算，并将计算结果与现场荷载试验的结果相比较。

某工程地基为湖沼相沉积的黏土和淤泥，厚4.0～5.0 m，其下为河流相沉积的粉土、砂砾层。为简化计算，典型的地基可等效地划分为黏土、淤泥和砂土三层。黏土和淤泥的厚度分别为2.0 m和3.7 m，重度为18.3 kN/m^3 和16.8 kN/m^3，砂土无实测资料。各层土按厚度加权得出的有关土性指标列于表8-1中，表中各参数的含义见第二章第三节的双曲线模型。

表8-1　地基和碎石桩材料的计算指标

土层	土名	c (0.1 MPa)	φ (°)	R_f	k	n	μ	K_{urs} (kPa/m)	K_{av} (kPa/m)
1	黏土	0.40	11.9	—	—	—	—	—	—
		0.40	11.9	0.8	106.8	0.41	0.38		
		0.42	11.9	0.8	161.3	0.41	0.38	326.7	220
2	淤泥	0.18	10.3	—	—	—	—	—	
		0.18	10.3	0.79	54.1	0.71	0.38		
		0.19	11.0	0.79	54.9	0.71	0.38	210	165
3	砂土		—	—	—	—	—	—	
		0	33	0.7	250	0.40	0.33		
			35	0.7	400	0.60	0.33	800	500
碎石桩		0	38	0.87	800	0.4	0.32	1 600	

该工程地基采用振冲碎石桩加固。碎石桩采用正方形满堂布设，桩距为1.5 m，平均桩径为0.95 m。对于天然地基曾做了1.5 m×1.5 m的荷载试验。对于复合地基曾做了2个4根桩3 m×3 m的荷载试验和2个1.5 m×1.5 m单桩的荷载试验。试验的布设和计算结果如图8-6～图8-8所示。

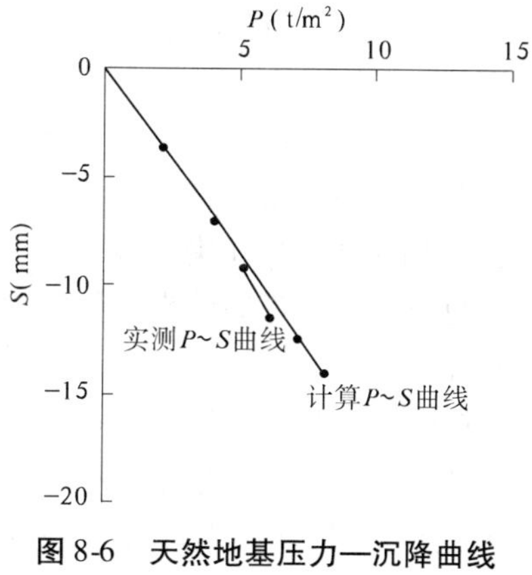

图8-6　天然地基压力—沉降曲线

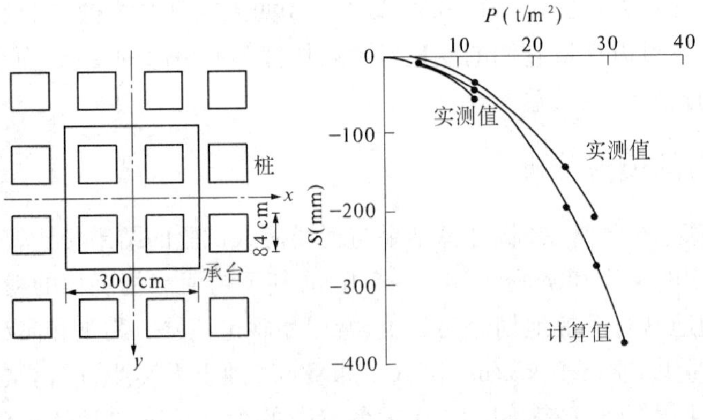

(a)　　　　　　(b)

图 8-7　复合地基 3 m×3 m 荷载试验的布设与结果

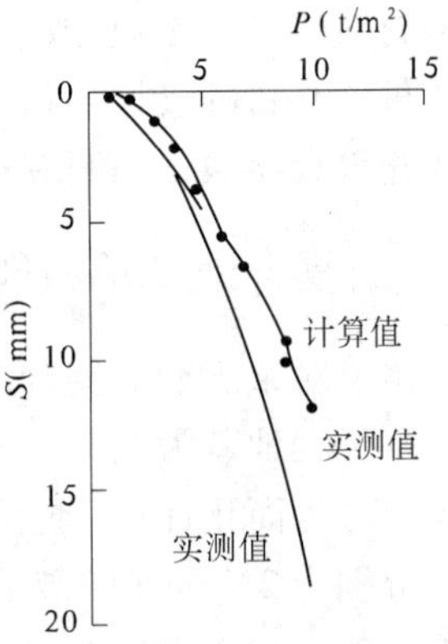

图 8-8　复合地基单桩荷载试验成果

Duncan－Zhang 模型参数通过天然地基的荷载试验由反分析求取。反分析时,先参考已有经验范围或经验公式选定各参数的初始值,然后逐级施加荷载,得出各级荷载下承台的压力—沉降($P \sim S$)曲线,与实测曲线对比,反复调整参数,重新计算,直至 $P \sim S$ 的实测曲线与计算曲线相符合。此时相应的非线性参数即为地基土的代表值(见表 8-1 中)。

当按复合地基 4 根桩试验的条件计算时,考虑到上述土性,其天然的土性指标会因设置振冲碎石桩有所变化(这种变化在砂土中可能较大,黏土和淤泥中较小),故应略作调整。桩体材料的参数通过对复合地基的试算确定,以其 $P \sim S$ 的计算曲线与实测曲线相一致为标准。在图 8-7 中计算曲线所对应的各材料参数如表 8-1 所示。接触单元中所用的切向劲度系数 K_s 为 908 kPa/m,出现屈服后 K_{urs} = =10 kPa/m。

采用上述参数按复合地基单桩试验的条件计算时,如图 8-8 所得到的 $P \sim S$ 计算曲线与实测曲线相当一致。

三、复合地基承载特性的模拟分析

前文计算了一个散体桩式复合地基。如果分析它在地基荷载加到 24 t/m² 时,XZ 剖面(Y=75 cm)在 X 方向的位移等值线图(见图 8-9)则可以看出:承台下面桩明显地侧向膨胀,最大膨胀量达 8.7 mm,承台的“遮拦”作用约束了桩顶的侧向位移,使膨胀最大的部位在桩顶下方约 2 m 处;同时,侧向膨胀只发生在桩的外侧(与单桩情况不同),围护桩对桩侧向膨胀的约束也很明显。如果 XZ 剖面在分析 Z 方向的位移等值线(见图 8-10)则可以看出,地基的竖向位移大部分集中在两围护桩之间的 3 m 深度以上(表明荷载板的影响范围主要在 1 倍板宽之内)。由于 2 m 之下有软弱淤泥层存在,因此在这个部位出现明显的刺入现象。图 8-11 所示的竖向应力等值线表明了桩顶部有明显的应力集中现象,但沿顶部向下衰减很快。同时,土体上的应力在桩内侧略大于桩外侧,反映了群桩的围护作用和承台遮拦作用。至于桩侧表面上的摩阻力和正应力,可由相应深度接触单元形心处应力值的图 8-12 看出,两个内侧面和两个外侧面受到桩台的遮拦作用,相邻土体基本上与桩一起变形,发挥的摩阻力较小,而桩外侧面却能与周围土体产生滑移,故摩阻力发挥较大。不论内侧、外侧,尽管桩上部的正应力较大,但发挥的摩阻力却较小,桩台阻止了上部摩阻力的发挥。桩内侧面出现的负值摩阻力表明桩与土在上部几乎同步变形,同时在下部土体的变形有可能大于桩体,使桩下曳。

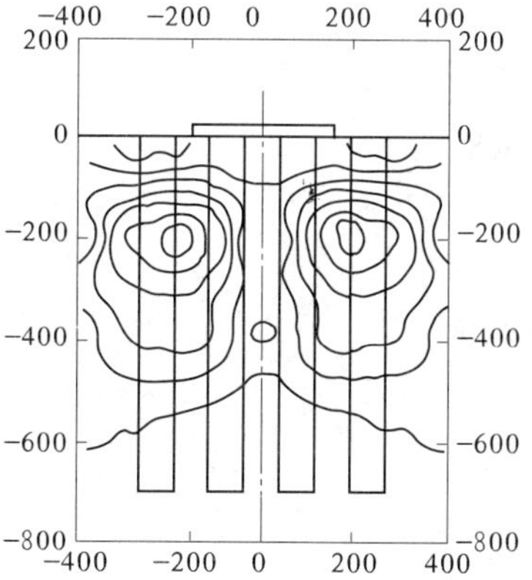

图 8-9 *XZ* 剖面在 *X* 方向的位移等值线图

($Y=75$ cm,$P=24$ t/m^2,单位:cm)

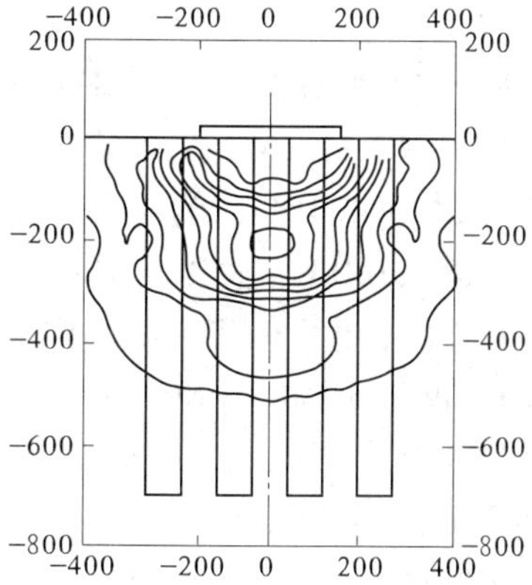

图 8-10 *XZ* 剖面在 *Z* 方向的位移等值线图

($Y=75$ cm,$P=24$ t/m^2,单位:cm)

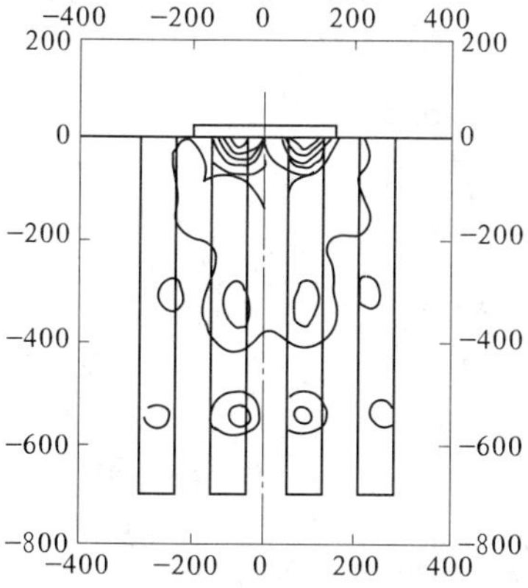

图 8-11 竖向应力 σ_s 的等值线图

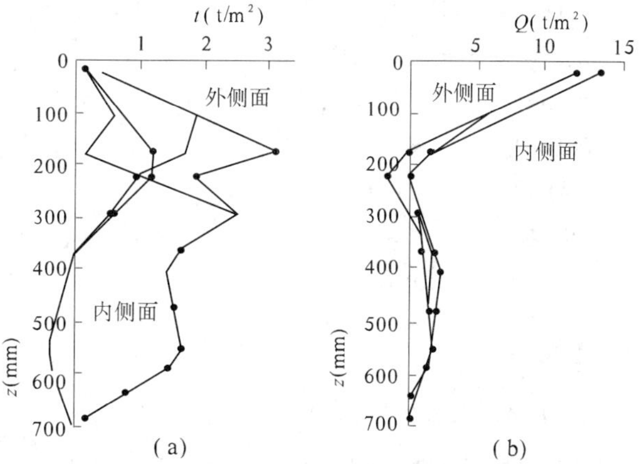

图 8-12 桩表面摩阻力和正应力的分布

附录1　地基承载力特征值理论计算法 TBCF

```
C      THIS PROGRAMME IS FOR CALCULATION THEORICAL
C      BEARING CAPCCITY OF FOUNDATION
       REAL MB,MC,MD,L,NB,NC,NQ,KXC,KXD,KXB
       DIMENSION DR0(20)
       OPEN(5,FILE='TBCF.DAT',STATUS='OLD')
       OPEN(6,FILE='TBCF.OUT',STATUS='NEW')
       READ(5,*)M,(DR0)(I),I=1,M)
       READ(5,*)R,D,B,CK,FK
       READ(5,*)K,DB,L
       WRITE(6,1)M,(DR0(I),I=1,M)
       WRITE(6,2)R,D,B,CK,FK
       WRITE(6,3)K,DB,L
1      FORMAT(1X,'M=',I3,1X,5(F5.2,1X,))
2      FORMAT(1X,'R=',F(6.2,1X,'D=',F6.2,1X,'B=',F6.2,1X,'CK=',F6.
       2,1X,'FK=',F6.2)
3      FORMAT(1X,'K=',I2,1X,'DB=',F6.2,1X,'L=',F6.2)
       R0=0
       FAIK=FK*3.1415926/180.0
       DO 4 I=1,M
       R0=R0+DR0(I)
4      CONTINUE
       R0=R0/M
       COTFAIK=1.0/TAN(FAIK)
       A=(COTFAIK+FAIK-0.5*3.1415926)
       MB=3.1415926/(4.0*A)
       MD=1+3.1415926/A
       MC=3.1415926/(A*TAN(FAIK))
       fv=MB*R*B+MD*R0*D+MC*CK
       WRITE(6.5)fv
5      FORMAT(1X,'GBJ7-89 fv=',F10.0)
       A1=TAN(FAIK)
       A2=3.14159*A1
       A3=(TAN(0.5*3.1415926+0.5*FAIK))**2
       NQ=A*EXP(A2)
       NC=(NQ-1)*COTFAIK
```

```
      NB =2.0 * (NQ +1) * A1
      Pfu = CK * NC + R0 * D * NQ
      Tfu = Rfu +0.5 * R * B * NB
      A4 = DB/L
      IF(K.EQ.1) THEN
      KXR =1.0
      KXQ =1.0
      KXC =1.0
      END IF
      IF(K.FQ.2) THEN
      KXR =1.0 -0.4 * A4
      KXQ =1.0 + A4
      KXC =1.0 + A4 * ND/NC
      END IF
      IF(K.EQ.3) THEN
      KXR =0.6
      KXQ =1 + A1
      KXC =1 + NQ/NC
      END IF
      Vfu = CK * NC * KXC + R0 * D * NQ * KXQ +0.5 * R * B * NB * KXR
      WRITE(6,6)Pfu
      WRITE(6,7)Tfu
      WRITE(6,8)Vfu
6     FORMAT(1X,'L,Prand,Reissner method Pfu = ',F10.0)
7     FORMAT(1X,'Buisman,Terzaghi method Tfu = ',F10.0)
8     FORMAT(1X,'A.S.Vesic,method Vfu = ',F10.0)
      STOP
      END
```

第九章　渗　流

第一节　渗流计算方法简述

一、概述

渗流是一门与水力学和岩土力学有着密切联系的学科，随着近代科学技术的发展，渗流在基本理论、计算方法和应用方面都得到较大的发展，逐渐形成了一门专门学科，已能用来解决各种复杂的工程问题。渗流对水工建筑物的安全和正常工作有着密切的联系，许多水工建筑物的失事都与渗流有关。根据我国对241座大型水库曾发生的1 000件工程安全问题的统计，其中37.1%是由于渗流引起的。

堤防工程渗流计算的目的是了解渗流作用下堤防工程的安全可靠性，或者说是确定合理的堤坝剖面形式、尺寸及渗流控制措施，以保证堤防工程在渗流作用下的安全可靠性。具体地说，就是通过渗流计算，在求得渗流场水头分布后，来确定渗流水力坡降，以此作为渗透稳定性评判的依据；确定浸润线的位置及渗流动水压力，以此作为堤坡稳定性评判和渗控设计的依据。

1852～1855年，法国工程师达西(H. Darcy)通过垂直圆管中的砂土渗水性试验，建立了著名的达西定律，由此奠定了渗流控制计算理论的基础。此后，许多学者在堤坝渗流计算方面进行了不懈的努力，建立了比较完善的堤坝渗流计算理论体系，迄今为止的堤坝渗流计算方法可概括为流体力学法、水力学法和数值法。

二、渗流的基本理论

(一)渗流计算的任务

渗流计算的任务可归纳如下：

(1)计算通过建筑物(如土质堤坝)及其地基的渗流量，以确定建筑物上游水库的渗漏损失水量，分析其对水库蓄水的影响，以及是否需要采取其他防渗措施，以减少渗漏损失。

(2)计算土石坝坝体内的浸润线，以便分析土石堤坝坝坡的稳定性。

(3)计算建筑物及其地基内的各点处的水头和压力，以确定在建筑物及其地基内的应力的分布和变化，用以预测产生渗透变形的可能性。

(4)计算作用在建筑物地面上的扬压力，以便分析建筑物的稳定性及采取的防渗、排渗措施。

(5)计算建筑物及其地基内的各点处的渗透流速和水力坡降，特别是渗流逸出处的渗透流速和水力坡降，以便分析建筑物及其地基的渗透稳定性，确定所采取的防渗、排渗措施。

(二)渗流计算的方法

渗流计算的方法很多,但是归纳起来分为两大类,即理论分析法和试验分析法(见图9-1)。

- 渗流计算方法
  - 理论分析法
    - 解析法
      - 直接解法、复变函数法
      - 组合法、水力学法
    - 数值法
      - 有限单元法
      - 有限差分法、边界单元法
    - 图解法
  - 试验分析法
    - 砂槽(土槽)模型法
    - 黏滞流模型法(缝隙水槽法)
    - 水利网模型法、水力积分仪法
    - 电拟试验法
    - 电阻网模拟法

图9-1 渗流计算方法

理论分析法又可以分为流体力学法和水力学法两类。流体力学是根据流体的基本原理及渗流的边界条件直接解渗流问题的一种方法,计算结果比较精确,可以计算渗流场中的任意一点处的渗流要素(如渗透水头、渗透压力、渗透坡降、渗透流速和通过任意截面的渗流量),但是这种计算方法比较复杂,目前只能对几种比较简单的渗流边界进行解答。水力学法是建立在对渗流条件某些假定基础上的一种方法,计算比较简单,能用于计算各种实际渗流问题,但这种方法只能得出渗流场中某一渗流截面上的平均渗流要素,而不能计算出渗流场中任意一点处的渗流要素,同时由于其基本假定与实际情况有一定的出入,所以计算结果存在一定的误差。为了弥补这一缺陷,目前采取的方法是用流体力学的方法和试验方法的成果对水力学法进行局部的修正,以计算精度。

从计算上来看,理论分析法又可分为解析法、数值法和图解法。其中,解析法又可分为直接解法、复变函数法、组合法和水力学法,数值法又可分为有限单元法和差分法两种。

下面详细介绍一下各种方法。

1. 直接解法

直接解法是采用直接解渗流基本微分方程的方法来计算渗流要素的一种方法。

2. 复变函数法

复变函数法是利用复变函数保角变换理论,将实际的渗流问题变化为一个已有解答的区域,从而使问题获得解答的方法。

3. 图解法

图解法是采用绘制渗流区域线和等势线的网状图形(即流网),并据以计算渗流要素的方法。

流网是研究平面渗流问题最有用而最全面的流动图案,有了流网,整个场的问题就得到了解决。对于平面问题,就是说和这个流网相平行的其他各个平面上的流动图案都具有相同的式样,其法线方向的速度等于零。流线在稳定渗流情况下表示水质点的运动路线;等势线表示势能或水头的等值线,即每一根等势线上的测压管水位都是齐平的,而不同等势线间的差值表示从高位势向低位势的趋势。流网具有以下性质:①势线和流线相互正交;②如果流网各等势线间的差值相等,各流线间的差值也相等,则各个网格的长宽比为常数。由上述流网的性质分析可知,流线越密集的部位流速越大,等势线越密的部位水力坡降越大。从流网图可以计算得到渗流场内的各点的压力、水力坡降、流速以及渗流场的渗流量等各值,实际工程中更加重要的下游出口坡降以及闸坝底板的浮托力或扬压力等均可求得。流网的制作方法有试验法、手绘法和计算法三种。

4. 组合法

组合法是一种计算建筑物底面透水地基渗流的方法,它是将建筑物复杂的地下轮廓划分成几个形状简单的渗流区段或基本部件,或者说认为整个渗流区域是由上述渗流区段或部件组成的,而这些渗流区段或部件均已有理论解答,因此利用这些区段或部件已有的解答,即可解决整个地基的渗流问题。根据计算中对渗流区域的划分方式的不同和解题方法的不同,组合法又可分为分段法、基本部件法和阻力系数法三种。

5. 有限差分法

有限差分法是将渗流基本方程转换为差分方程,并采用逐步逼近的计算方法来求得渗流场中的各点处的水头。

有限差分法是一种古老的数值计算方法,它是从物理现象引出的相应微分方程,再经过离散化得到差分方程。也就是说,它是以系数的差分公式解微分方程的方法,其前提是未知函数是连续变化的。

有限差分的基本思想是:用渗流区内有限个离散的点的集合代替连续的渗流区,在这些离散点上用差商去近似代替微分方程中的导数,将微分方程及其定解条件转化为以未知函数在离散点上的近似值为未知量的代数方程(即差分方程),从而得到微分方程在这些离散点上的近似解。

用差分法求解渗流问题的大致步骤如下。

1)剖分渗流区(即离散化)

把渗流区按某种几何形状,如矩形、任意多边形等,剖分成网格系统,如图9-2所示。研究区的边界可用最近的格线近似表示。矩形格线 x 方向上的格距 Δx 和 y 方向上的格距 Δy 通常称为空间步长。离散点的确定方法通常有两种:①将离散点置于网格中心,这种点通常称为格点,而每个网格相当于一个小的均匀域,如图9-2(a)所示;②将离散点置于网格的交点上,如图9-2(b)所示,这种离散点通常称为节点或结点,这种网格又称为节点网格。这两种网格用哪一种都可以,但要注意的是,一个节点网格不是均衡区。除此以外,对时间也要进行离散,将连续时间分成相同或不同的时间段 Δt_n,通常称为时间步长,记 $t_n = \Delta t_1 + \Delta t_2 + \cdots + \Delta t_n (n = 1,2,3,4,\cdots,n)$,称为时刻或时间水平。

有限差分法就是求不同离散点上的不同时刻的水头值。

2)建立离散问题的差分方程

差分方程可由两种途径建立。一种是建立渗流的基本运动方程,然后用差商代替微分方程中的导数,从而将定解问题转化为差分方程来求解;另一种方法是利用水量均衡原理直接建立每一个均衡区的差分均衡方程。这两种方法各有优点,前者是容易估计误差,而后者是物理意义明确。

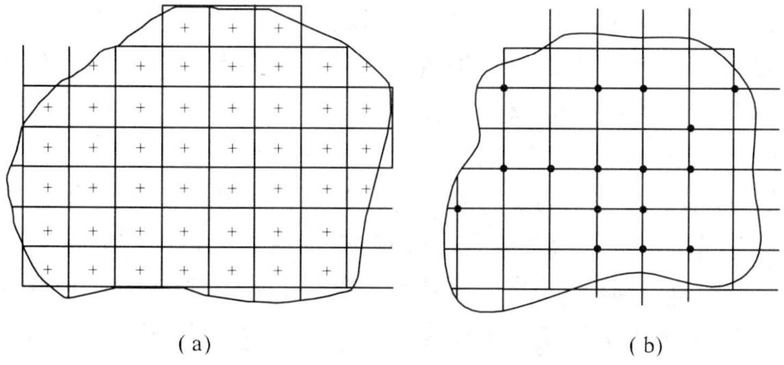

图 9-2　渗流区剖分图

3)求差分方程的解

差分方程是一组由几个节点组成的线性方程,用解线性代数方程的方法求出差分方程的解答。

6. 有限单元法

有限单元法是将实际的渗流场离散为有限个以节点相互联系的单元体,并首先求得单元体节点处的水头,同时假定在每个单元体内的渗透水头呈线形变化,因而可以求得渗流场中任意一点处的水头和其他的渗流要素。

有限单元法是适应电子计算机而发展起来的一种比较新颖和有效的数值计算方法,其具体原理后面将有详细的论述。

7. 边界单元法

边界单元法又称边界积分方程法。古典的边界解是用影响函数来建立方程的,而边界元是在求解边界积分的基础上,采用了与有限单元类似的单元剖分和线形插值,只不过它不是对研究区进行离散,而且只是剖分所研究区域的边界。此外,边界元所选取的试函数与有限单元法也不同。边界单元法要求所选取的试函数要满足控制方程,边界条件可以是近似的。而有限元却不要求满足方程,只要求满足边界条件就行。

边界元适用于线形的均质域,特别适合于无限域,所以有时边界元也称为大单元或无限单元;对于非均质或非稳定问题的求解,则不如有限单元法灵活。边界元是利用格林原理,把整个域的积分换成本域的边界积分。

8. 水力学法

水力学法是建立在对渗流条件做某些假定基础上的一种方法,计算比较简单,能用于计算各种实际渗流问题,但这种方法只能得出渗流场中某一渗流截面上的平均渗流要素,而不能计算出渗流场中任意一点处的渗流要素,同时由于其基本假定与实际情况有一定的出入,所以计算结果存在一定的误差。为了弥补这一缺陷,目前采取的方法是用流体力学的方法和试验方法的成果对水力学法进行局部的修正,以提高计算精度。

9. 模型试验法

物理模拟法是解决复杂渗流问题的另一种模拟方法。它与数值法相比较,其具有解题和试验的双重性,它的最大特点是可以从试验中直接观察到渗流现象,而且不必了解描述渗流规律的微分方程。而数值模拟法没有直观性,它是从物理现象抽象出来的。所以说,物理模拟较数值模拟更容易掌握。但物理模拟方法要制作实验室模型,其工作量大,费用高,有时观测困难,致使对试验结果造成一定误差。常用的方法有渗流槽模拟、水电比拟、电阻网模拟及窄缝槽模拟、薄膜模拟等。

1)渗流槽模拟试验

渗流槽又称砂槽。其方法的实质就是将自然界中的水文地质实体按照一定比例缩制成模型,然后对模型中的各渗流要素进行观测,再将观测得到的结果按统一比例尺放大,从而得到与实体相对应的运动要素。这种方法在水工上经常用到,故又称为水工模型。

为了保证研究的模型能够重演天然渗流的真实过程,必须按几何相似、运动相似和动力相似设计模型,同时还要保证边界条件完全一致,即透水边界与透水边界对应,各水边界与各水边界对应。该法的主要任务是确定渗流流量和研究渗流动态。

2)水电比拟试验(连续介质的电模拟方法)

水电比拟试验法是以导电介质中电流的流动与地下水在多孔介质中的运动来模拟数学上描述上的相似性为基础而设计的。其核心问题是以电场模拟代替一定比例缩小的渗流区域,根据电模型中测得的各点的电位值绘制等电位线,以模拟渗流场相应点的水头值和等水头线。利用这种相似可以计算出渗流场中的渗流量等渗流要素。它比起渗流槽模拟试验来说,其优点是:①装置简单,可以方便地利用电学仪器进行测量;②迅速准确,模拟技术容易掌握;③可以制作出适宜观测和操作的大小适中的模型;④应用范围广,可以灵活地模拟较多的实际问题。

3)稳定渗流地电阻网模拟试验

稳定渗流地电阻网模拟试验法和连续介质的电模拟方法基本相同,区别在于前者以集中的电阻元件构成的网络来代替导电液、导电纸等连续介质。优点是不需要专门制作模型,只需要在模型区域内布置适当的电阻,而且精度高,又便于研究非均质岩层内的渗流。

4)非稳定渗流的网络模拟试验

非稳定渗流的网络模拟试验主要有两种方法:一种是阻-容网络模拟,即"R-C"网络,用电阻来模拟含水层的透水性,用电容储存、释放电量来模拟含水层中水的储存和释放;另一种方法是"R-R"网络模拟,它和"R-C"网络的不同之处是用时间电阻来模拟含水层的储水性。"R-C"网络模拟和"R-R"网络模拟能很好地解决具有复杂边界条件的非均质含水层中的非稳定渗流问题,近年来在国内外获得了广泛的应用。

第二节 渗流基本概念

一、含水层、多孔介质

(一)含水层

通常把含有水并能允许大量水通过的岩层称为含水层;反之,不允许水通过的岩层称为隔水层,如黏土,虽然含水,但不能允许水通过,一般情况下把黏土也当成隔水层。介于含水层与隔水层之间的透水性较差，其中流体运动速度滞缓的岩层又称为弱透水层。因为水在岩层的空隙中是贮存并运动的，在渗流力学中，把这样的岩层称为多孔介质。多孔介质是带有孔洞的固体，并且有以下特点：

(1)多相物质占据一定的空间。在多相物质中，至少有一相不是固体，可能是气相和(或)液相。固相称为骨架，在多孔介质范围内没有固体骨架的那一部分空间叫空隙空间或孔隙空间。

(2)在多孔介质所占据的范围内，固相应遍及整个多孔介质，在每个表征体之中必须存在固体颗粒。多孔介质的一个基本特点是固体骨架的比表面积较大，构成空隙空间的空隙比较狭窄。

(3)至少构成空隙空间的某些孔洞应当相互连通。

从上述特点或定义看出，含有孔隙水的松散沉积物，含有裂隙水的遍布于整个含水层细小的节理、裂隙及含有岩溶水的一些微小溶洞、溶孔等都看成多孔介质。

(二)地下水

广义地下水是指埋藏在地面以下岩石空隙中的水，狭义地下水是指潜水面以下的重力水，也就是通常对地下水的定义。按地下水在地面以下的垂直分布，可概括为两个带：非饱和带(即包气带)和饱和带，如图9-3所示。非饱和带通常又由三部分组成，即上部土壤水带、中间过渡带(渗水带)和毛管水带。

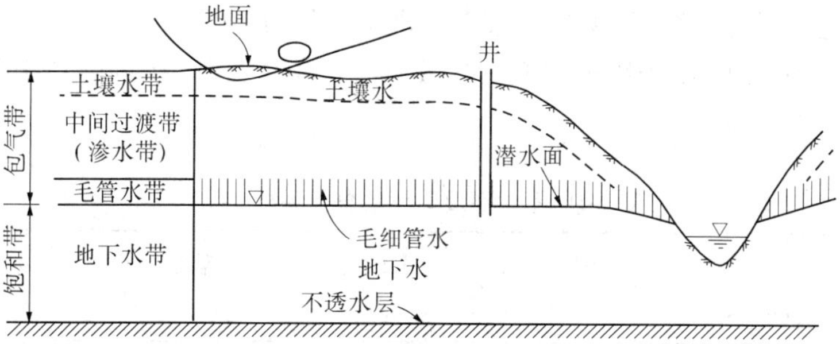

图9-3 地面以下水的分布

饱和带位于潜水面以下，这部分又称地下水带，主要由重力水组成，所以也叫重力水带。就地下水存在的形式，又可分为结合水、薄膜水、毛细水、重力水。在工程渗流力学中，饱和带中的重力水和部分非饱和带中的毛管水、薄膜水等为主要研究对象。

(三)渗流

地下水在多孔介质中运动，由于多孔介质中孔隙、裂隙大小、形状很复杂，地下水质点在其中运动毫无规律，有些地方甚至不连续，所以研究地下水就不能像研究地表水一样直接研究水质点的运动，而只能用统计方法，忽略个别质点的运动，研究具有平均性质的运动。

所谓统计方法，其实就是一种假想水流代替在多孔介质中运动着的真实流体，以通过对假想水流的研究，来达到了解真实水流体平均运动规律的目的。这种假想水流一方面认为，它是连续地充满整个介质空间(包括空隙空间及骨架占据的空间)；另一方面认为，它通过过水断面的流量与真实水流通过该断面的流量相同，它在断面上的水头及压力与真实水流的水头和压力相等，它在多孔介质中运动时所受的阻力等于真实水流所受的阻力。满足这些条件的假想水流称为渗流。我们把渗流所占据的空间称为渗流场，描述渗流的参数又称为渗流运动要素，如压力 P、速度 U 及水头 H 等。

二、流体与多孔介质的性质

(一)流体的物理性质

1. 密度、重度、比重

单位体积内具有的质量称为密度，以 ρ 表示，量纲为$[ML^{-3}]$。单位体积的重量称为重度，量纲为$[FL^{-3}]$或$[M^2L^{-2}T^{-2}]$。4 ℃时液体的密度和纯水密度之比称为液体比重。

2. 流体的黏度

流体不同于固体，只要施加切应力流体就会连续变形，通常把这种连续变形称为流动，而把流体阻止任何变形的性质叫黏滞性。液体沿着一固体平面壁作平行直线运动。由于液体具有黏滞性的缘故，靠近壁面附近流速较小，远离壁面处流速较大，因而各个不同液层的流速大小就不相同。

液体的黏滞性可以下面形式表示：

$$\nu = \frac{\mu}{\rho}$$

式中　ν——运动黏滞系数，量纲为$[L^2T^{-1}]$，常用单位为 cm^2/s。

ν 随温度和压力变化，但随压力变化甚微，对温度敏感，表 9-1 列出黏滞系数 ν 和温度的对应值。

表 9-1　不同温度时运动黏滞系数 ν 值

温度(℃)	ν (cm^2/s)	温度(℃)	ν (cm^2/s)	温度(℃)	ν (cm^2/s)
0	0.017 75	16	0.011 18	35	0.007 25
2	0.016 74	18	0.010 62	40	0.006 59
4	0.015 68	20	0.010 10	45	0.006 03
6	0.014 73	22	0.009 89	50	0.005 56
8	0.013 87	24	0.009 19	55	0.005 15
10	0.013 10	26	0.008 77	60	0.004 78
12	0.012 39	28	0.008 39		
14	0.011 76	30	0.008 03		

3. 表面张力

当液体与另一种物质(气体)相接触时，在它们之间存在一种自由界面能，这种界面能是由于各相内部的分子与接触面处的分子间向内的引力差引起的。若具有自由能的表面可以收缩，则自由界面能就以界面张力的形式表现出来，也称表面张力。表面张力是指自由表面上液体分子,因受邻近质点分子引力作用,被拉向液体内部,使自由表面上液体分子受到极其微小的拉力,用 σ 表示,单位一般采用 N/m。不同液体 σ 值是不同的,同一种液体 σ 值随温度升高而减小。表面张力仅在自由表面存在,液体内部没有,所以它只是一种局部现象,在一般工程计算中常被忽略。但在某些情况下,如研究非饱和带中水分运动,表面张力就是一个很重要的因素。毛管现象就是表面张力作用的结果,可用下面的实验证明:

我们把细玻璃管插入盛有水或水银的容器中,管内液体借毛管作用(即表面张力)上升或下降,如图 9-4 所示,毛管上升高度值 h 的大小与管径大小及液体性质有关。管内径愈小,毛管上升值就愈大,这种现象称为毛管现象。毛管现象及表面张力对研究非饱和渗流是有重要意义的。

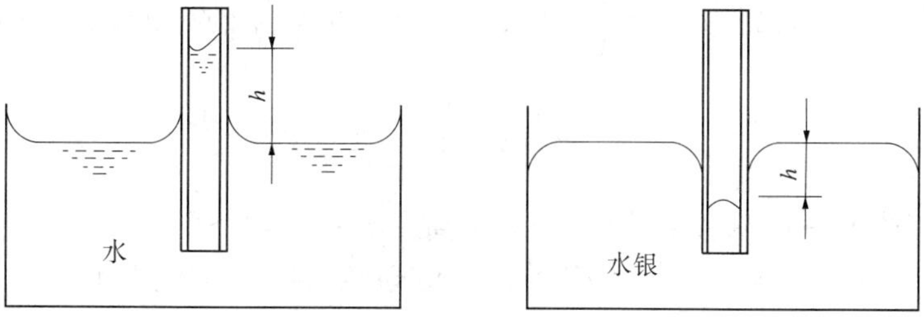

图 9-4　毛管现象

(二)多空介质的性质

1. 多空介质的孔隙性

多孔介质是带有孔洞的物体,所以它具有孔隙性。在工程上常用孔隙率 n 和孔隙比 e 来表示。孔隙率(度)是指孔隙的体积与多孔介质总体积之比。

孔隙率或孔隙比大小取决于多孔介质中骨架的粒径分布和孔径分布。此外,还与土颗粒的组成、不均匀系数有关,也与颗粒的排列形状有关。一般天然土 n 多为 30% ~ 40%,表 9-2 表示几种天然沉积物的孔隙率的典型值。

表 9-2　几种天然沉积物的孔隙率的典型值(据 Todd 1959)

沉积物	孔隙率(%)	沉积物	孔隙率(%)
泥炭土	60 ~ 80	中细粒混合砂	30 ~ 35
土壤	50 ~ 60	砾石	30 ~ 40
黏土	45 ~ 55	砂砾石	30 ~ 35
粉砂	40 ~ 50	砂岩	10 ~ 20
中粗粒混合砂	35 ~ 40	页岩	1 ~ 10
均质砂	30 ~ 40	石灰岩	1 ~ 10

2. 多空介质的压缩性

在天然条件下,一定体积的多孔介质总要承受上覆岩层荷重的压力。在压应力的作用下,多孔介质可表现出压缩性。多孔介质的压缩性可以用多孔介质的压缩系数 α 表示。多孔介质的压缩性实质上是在有效应力作用下引起的孔隙体积的压缩。因此,在一般情况下,多孔介质又表现出弹性,即上覆荷重减小,或孔隙水压力增大时,孔隙率又可以恢复。但在极端压密的压力下,多孔介质就会表现出不可逆的变化,这是由于骨架发生变形和破坏,这是不能恢复的。

三、渗流作用力

渗流不仅对于某一接触面作用有压力或浮力,而且颗粒骨架本身也受到孔隙水流的浮力和拖曳力作用。因此,渗流对介质的作用力除研究整体介质四周表面所受压力外,还须进一步研究骨架之间的孔隙水作用力,以及它们之间的转化关系。下面分别说明。

(一)岩土体接触面上静水压力分布

从流体的静力学可知,对于静止的连续介质或重力场中的均匀流动,压力的变化满足:

$$-\frac{\partial p}{\partial z}=\gamma,\quad \frac{\partial p}{\partial x}=\frac{\partial p}{\partial y}=0$$

在均质流体中,一般密度 ρ 为常数,对于高度 $z_2-z_1=h>0$,则 $z+p/\gamma=$ 常数或 $p_2-p_1=\gamma(z_1-z_2)$。因为高度 z_2 的自由表面上为大气压,所以 $p_2=0$,则有

$$p\equiv p_1=\gamma h$$

在饱和的多孔介质中,如果上面两个方程的变数在多孔介质的表征单元体上取平均值,则这两个方程也成立。就是说,在多孔介质中,渗流对某一接触面上的静水压力服从流体的静水压力分布,即任一点上的静水压力 $p=\gamma h$ 。

(二)骨架间渗流作用力

在饱和的多孔介质中,地下水在孔隙中运动,它对颗粒骨架的稳定性将发生破坏作用。地下水作用在颗粒表面上的力一般可概括为两部分:一是垂直颗粒周界表面的水压力,二是与颗粒表面相切的内摩阻力(即切力)。这两个力的合力 f_0 称为渗流作用力。该力作用在每个颗粒骨架上的大小和方向各不相同,如果考虑体积为 V 的土体,则可将其中各颗粒骨架所受的力 f_0 求和后再除以体积 V, 即可得单位土体中颗粒骨架所受的渗流作用力:

$$f=\left(\sum \bar{f_0}\right)/V$$

总单位渗流作用力是渗流力学中的一个基本问题,也是研究渗透变形问题(管涌、流土、淤填等)所必备的基本知识。另外,还可通过力的分析计算来分析土体或个别颗粒的稳定性。

1. 静水压力与浮力

固体颗粒淹没于水中,由于静水压力作用结果而产生浮力,使颗粒的重量减轻。同样对于一定体积的多孔介质,只要孔隙彼此连通,并全部充满水时,由于各点的静水压力存在,故使多孔介质整体也将受到浮力,且等于各颗粒所受浮力的累加总和。按照阿基米德原理,单位体积多孔介质中颗粒所受浮力或上举力 f_1 应等于固体颗粒所排出同体积的水重,即 $f_1=(1-n)\gamma_w$,此处 n 为多孔介质的孔隙率,γ_w 为水的重度。显然,此时单位体积的多孔介质有效重量为实际重量减去所受的浮力,称为潜水重或浮重度 γ'。如果以 γ_s 表

示固体颗粒的重度，则其浮重度为：

$$\gamma' = (1-n)\gamma_s - (1-n)\gamma_w = (1-n)(\gamma_s - \gamma_w)$$

式中，$(1-n)\gamma_s$ 称为土的干重度，以 γ_d 来表示，则上式又可以表示为：

$$\gamma' = \gamma_d - (1-n)\gamma_w$$

如果我们不从单个颗粒来考虑，而是从多孔介质整体来考虑问题，也可以得到上式的结果。应说明一点，这里所说的浮容重或潜水重，一部分因为它直接由颗粒接触点传递压力，完全作用在介质骨架上而影响介质骨架结构变形，故称为有效应力。另一部分压力为静止状态下孔隙中水压力，它是借助于粒间孔隙中的水传递压力，对介质骨架的结构形成以及力学性质不发生影响，因此可以称这种水的荷重为中性压力。饱和的多孔介质某剖面上的任一点总的应力也可以认为是由介质骨架间有效应力与孔隙水传递的中性压力两部分组成，即

$$\sigma = \sigma' + p$$

2. 动水压力与渗透力

在饱和的多孔介质中，当出现水头差 ΔH 时，水就通过粒间孔隙流动，我们把这种促使流动的水头差称为驱动水头。在渗流场中沿流线方向任取一个长为 $\mathrm{d}L$、截面面积为 $\mathrm{d}A$ 的微分单元体，如图 9-5 所示，当地下水通过多孔质流动时，作用在微分单元体上的力为：

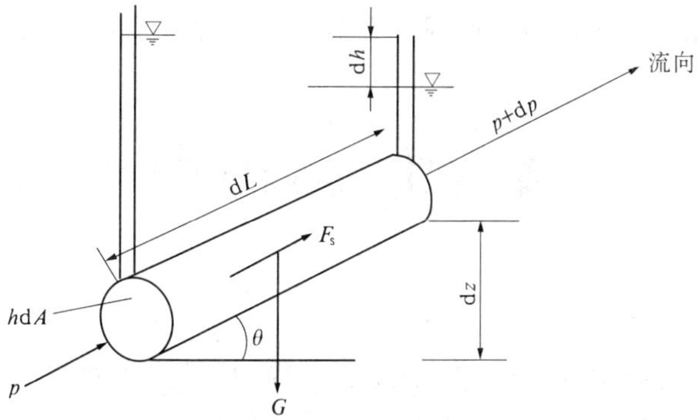

图 9-5　单位渗透力

(1)单元体两端孔隙中水压力(表面力)。其差为

$$-\mathrm{d}pn\mathrm{d}A = \gamma_w(-\mathrm{d}h + \mathrm{d}z)n\mathrm{d}A$$

(2)单元体孔隙中水的重力 G 在流线上的分力，即 $-\gamma_w n\mathrm{d}A\mathrm{d}L\dfrac{\mathrm{d}z}{\mathrm{d}L}$。

(3)地下水所受的阻力。即土颗粒骨架对孔隙水流摩擦阻力，其反力也就是水流作用于骨架的渗透力，它均匀地分布于微分单元体内。设 f_s 为单位体积多孔介质内孔隙中水所受到的阻力，则该微分单元体中水流受到沿流线方向总的阻力为 $F_s = -f_s\mathrm{d}A\mathrm{d}L$。

除上述各力外，还须考虑颗粒骨架承受水压力后再传递给地下水流的两个反力。

(4)单元体两端颗粒截面上的水压力。其差值为

$$-\mathrm{d}p(1-n)\mathrm{d}A = \gamma_w(-\mathrm{d}h + \mathrm{d}z)(1-n)\mathrm{d}A$$

(5)单元体受静水浮力,并以同样大小反作用于水体,在流线上的分力为 $-\gamma_w(1-n)\mathrm{d}A\mathrm{d}L\dfrac{\mathrm{d}z}{\mathrm{d}L}$。

略去惯性力,上述诸力的和应等于零,则得单位体积多孔介质沿流线方向所受渗透力或单位渗透力 f_s:

$$f_s = -\gamma_w \frac{\mathrm{d}h}{\mathrm{d}L} = \gamma_w J$$

从上述推导可以看出,渗透力是一种体积力,普遍作用到渗流场中所有的颗粒骨架上。由此可知,渗透力是由水流的外力转化为均匀分布的内力或体积力,或者说由动水压力转化为体积力的结果。以上两个渗流的作用力,关系着土体的渗透稳定性,对于岩土体的渗透变形研究有着重要意义。虽然静水压力所产生的浮力不直接破坏土体,但能使土体有效重量减轻,降低了抵抗破坏的能力,因而也是一个消极的破坏力。至于动水压力所产生的渗透力或渗流冲刷力,则是一个积极的破坏力,它与渗透破坏的程度成直接的比例关系。

3. 孔隙水压力

在土力学及一些有关文献中经常遇到孔隙水压力的概念,在此做一归纳。所谓孔隙水压力,是指多孔介质的孔隙中充水的压力,一般包括无压渗流的静水压力和承压水的超静水压力。也相当于以上我们介绍的两个渗流作用力,即静水压力和动水压力,只是从不同的角度研究,应用于不同领域。孔隙水压力由于不直接传递压力于骨架颗粒而称为中性力,但却影响粒间应力变化。因此,研究孔隙水压力对地面沉降、边坡稳定、渗透变形等均有重要意义。

第三节　达西定律

一、达西定律试验

1856 年,法国工程师 H. Darcy 在装满砂的圆筒中(见图 9-6)进行渗透试验。从试验中得到通过横截面 A 的渗流量 Q(单位时间的水体积)与横截面 A 及水头差 (H_1-H_2) 成正比,与渗透路径 L 成反比,可由下式表示:

$$Q = KA\frac{H_1-H_2}{L}$$

或者

$$v = \frac{Q}{A} = K\frac{H_1-H_2}{L} = KJ$$

式中　Q——流量;

v——断面上的平均渗透速度;

K——渗透系数。

上式称为达西(Darcy)定律。它指出渗透速度 v 与水力坡度 J 或渗透阻力成线性关系,故又称线性渗透定律。

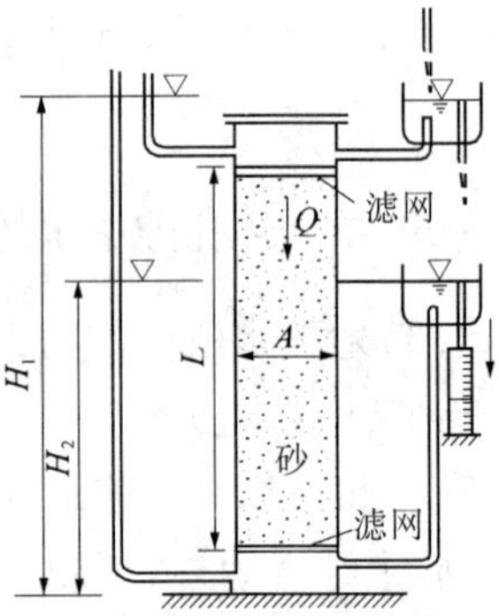

图 9-6　达西试验装置

二、达西定律的推导

达西定律代表线阻力的渗透定律，它可从多孔介质中渗流运动所遭遇的阻力关系推导出来。如沿流线方向 S 取的土柱单元微分体，长为 $\mathrm{d}s$，断面面积为 $\mathrm{d}A$；作用在单元土柱上的力有三个，即两端的孔隙水压力、孔隙水流的自重及水流受到颗粒孔隙的摩阻力 F。

沿土柱方向写渗流的三力平衡式（略去水流的惯性力）为

$$pn\mathrm{d}A-(p+\mathrm{d}p)n\mathrm{d}A-\gamma n\mathrm{d}s\mathrm{d}A\sin\theta-F=0$$

因为

$$\frac{\mathrm{d}z}{\mathrm{d}s}=\sin\theta;H=\frac{p}{\gamma}+z;\mathrm{d}p=\gamma(\mathrm{d}H-\mathrm{d}z)$$

代入上式则得

$$\frac{\mathrm{d}H}{\mathrm{d}s}-\frac{F}{\gamma n\mathrm{d}s\mathrm{d}A}=0 \tag{9-1}$$

引用斯托克斯对于一个颗粒上的层流阻力公式

$$D=\lambda\mu dv'$$

式中 D——拖曳力；

d——颗粒直径；

v'——颗粒周围孔隙水沿流向的局部平均流速；

μ——水的动力黏滞性；

λ——系数，取决于邻近颗粒的影响，对于无限水体中的圆球 $\lambda=3\pi$。

若设土柱中的颗粒数为 N，并用一个球体系数 β 表示时（圆球 $\beta=\pi/6$），则总阻力应为

$$F=ND=\frac{(1-n)\mathrm{d}A\mathrm{d}s}{\beta d^3}\lambda\mu dv'$$

将上式代入式(9-1)，并考虑到断面上的平均流速及水力坡度时，则得到

$$v=\frac{\beta n^2}{\lambda(1-n)}d^2\frac{\gamma}{\mu}J$$

令 $C=\dfrac{\beta n^2}{\lambda(1-n)}$，它只是决定于颗粒的几何形状和排列，故可将上式写为

$$v=Cd^2\frac{\gamma}{\mu}J$$

式中，Cd^2 为公认的本质渗透性，只与多孔介质的组成结构（颗粒大小、形状、排列）有关。若采用达西渗透系数 $K=Cd^2\dfrac{\gamma}{\mu}$，即得一般的达西定律形式 $v=KJ$。

三、达西定律的适用范围

许多研究者都曾指出，随着渗透速度（比流量）的增大，达西定律即渗透速度与水力坡度 J 之间的线性关系便不再成立。导致这一结论的典型试验结果如图 9-7 所示。

由此看来确实有必要规定一下达西定律的适用范围。我们先讨论达西定律适用的上限。作渗透速度 v 和水力坡度 J 的关系曲线，如图 9-7 所示。若符合达西定律，则为直线。直线的斜率为渗透系数的倒数。但图 9-7 上的曲线表明，只有当按式 $Re=\frac{vd}{\nu}$计算的 Re 不超过 1 ~ 10 时，地下水的运动才符合达西定律。因此，当渗透速度由低到高时，可把多孔介质中的地下水运动状态分为三种情况：

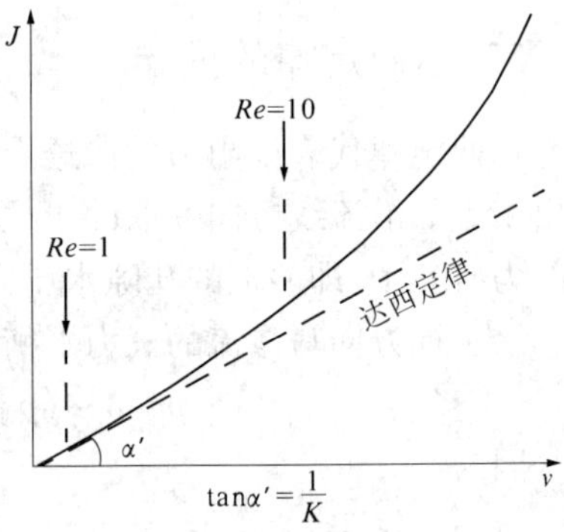

图 9-7　渗透速度和水力坡度的试验关系

(1)当地下水低速度运动时，即 Re 小于1 ~ 10 的某个值，为黏滞力占优势的层流运动，适用达西定律。

(2)随着 Re 的增大，一般 Re 在 10 ~ 100 时，为一个过渡区。在该区的下部，从黏滞力起主要作用的层流状态逐渐变为惯性力起支配作用的另一种层流状态。而该区的上部流动则变为紊流状态。

(3)紊流区。当 Re 很大时，为紊流运动。

达西定律的下限终止于黏土中的微小流速的渗流，它是由土颗粒周围结合水薄膜的流变学特性所决定的。一般黏土中的渗透，只有在较大的水力坡降作用下突破结合水的堵塞才开始发生渗流，所以存在一个起始坡降问题。在开始渗透时，由于有效过水断面的变动，而不符合达西线性阻力定律；直到最后的渗透断面构成为止，才按照达西定律形成直线变化。起始坡降随着黏土的密实度增加(或含水量的减少)而增加(见表 9-3)。密实黏土的起始坡降可达 20 ~ 30 以上。

表 9-3　各种含水量黏土的起始坡降和形成达西定律的临界坡降

黏土含水量 ω(%)	渗透系数 K(cm/s)	起始坡降	临界坡降
29. 1	0.72×10^{-8}	22. 8	42
32. 2	1.03×10^{-4}	12. 8	31
34. 5	5.32×10^{-8}	7. 3	22. 2
39. 3	11.20×10^{-8}	3. 1	14. 8
42. 1	15.20×10^{-8}	0	8. 5

第四节　渗流基本方程

在本章第三节中我们根据能量守恒的原理建立了流速和水头损失之间的关系，即达西定律 $v=-K\mathrm{grad}h$。从达西定律看出，一个方程中有两个未知数 v 和 h，故仍需用另一个方程来求解，即连续性方程。有了这两个方程，我们就可以建立渗流基本方程，结合定解条件，求解不同的渗流问题。

一、渗流连续性方程

渗流连续性方程可从质量守恒原理出发来建立方程。在渗流场中取出一单元体，如图 9-8 所示，设各边长分别为 Δx、Δy、Δz，并和坐标轴平行；设渗流沿坐标轴方向的分速度分别为 v_x、v_y、v_z，液体的密度为 ρ，则单位时间内通过垂直于坐标轴方向的单位面积的水流质量分别为 ρv_x、ρv_y、ρv_z，则单位时间内由 $abcd$ 面流入单元体的质量为 $\rho v_x\Delta y\Delta z\Delta t$，通过 $a'b'c'd'$ 面流出单元体的质量为 $\left(\rho v_x+\frac{\partial}{\partial x}\rho x_x\Delta x\right)\Delta y\Delta z\Delta t$，因此沿 x 轴方向流入和流出单元体的质量差为

$$\rho v_x\Delta y\Delta z\Delta t-\left(\rho v_x+\frac{\partial}{\partial x}\rho v_x\Delta x\right)\Delta y\Delta z\Delta t=-\frac{\partial(\rho v_x)}{\partial x}\Delta x\Delta y\Delta z\Delta t$$

根据质量守恒原理，它应等于单元体内液体质量随时间的变化量。单元体内液体所占的体积为 $n\Delta x\Delta y\Delta z$，其中 n 为孔隙度，相应单元体内液体质量为 $\rho n\Delta x\Delta y\Delta z$。所以，在 Δt 时间内，单元体内液体质量的变化量为 $\frac{\partial}{\partial t}[\rho n\Delta x\Delta y\Delta z]\Delta t$，在连续条件下，上述两式应该相等，所以 $-\left[\frac{\partial(\rho v_x)}{\partial x}+\frac{\partial(\rho v_y)}{\partial y}+\frac{\partial(\rho v_z)}{\partial z}\right]\Delta x\Delta y\Delta z=\frac{\partial}{\partial t}[\rho n\Delta x\Delta y\Delta z]$ 称为渗流的连续性方程，也称为可压密介质中的质量守恒方程。

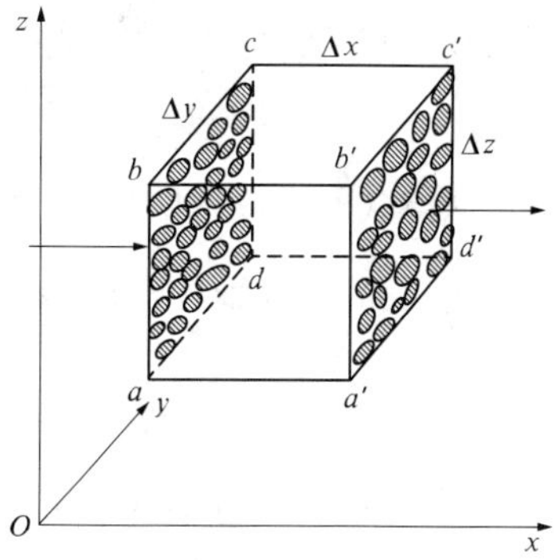

图 9-8　渗流场单元体

式中的右端项计算比较困难，具体应用时为了简化计算往往作一些假设：只有垂直可压密的情形。

在一些工程中，垂直方向上的变化是很重要的。下面我们仅考虑垂直方向上的压缩来研究式右端项的实质。当含水层的侧向受到限制，可假设 $\Delta x\Delta y$ 为常量，于是只有水的密度 ρ、孔隙度 n 和单元体高度 Δz 三个量随压力而变化，式右端可以改写成

$$\frac{\partial}{\partial t}[\rho n\Delta x\Delta y\Delta z]=\left[n\rho\frac{\partial(\Delta z)}{\partial t}+\rho\Delta z\frac{\partial n}{\partial t}+n\Delta z\frac{\partial\rho}{\partial t}\right]\Delta x\Delta y \tag{9-2}$$

式右端三项分别代表单元体骨架颗粒和孔隙体积以及流体的密度的改变速率，前两项可表示为颗粒之间的有效应力，第三项可表示为流体压力，就是说有效应力 σ' 作用于单元体，孔隙水压力 p 压缩水体。现把单元体当成弹性体而考虑压缩性如下：

在多孔介质的压缩过程中，可以认为固体颗粒体积的压缩可以忽略不计，即 $(1-n)V_b=$ 常数，故有

$$d[(1-n)V_b]=dV_b-n dV_b-V_b dn=0$$

$$(1-n)dV_b=V_b dn$$

$$\frac{dV_b}{V_b}=\frac{dn}{1-n}$$

若含水层侧向受限制，只有垂直方向上压缩，即只有单元体垂直方向上长度 Δz 的变化，有

$$\frac{dV_b}{V_b}=\frac{d(\Delta z)}{\Delta z}=\frac{dn}{1-n}$$

由式可知,多孔介质压缩系数 $\alpha=-\frac{1}{V_b}\cdot\frac{dV_b}{dp}$,并考虑到有效应力 $d\sigma'$的变化和水压强 dp 的变化大小相等,方向相反,即互为消涨的两个分量,故有:

$$\frac{d(\Delta z)}{\Delta z}=\frac{dn}{1-n}=-\alpha d\sigma'=\alpha dp$$

所以得

$$d(\Delta z)=\Delta z\cdot\alpha dp \tag{9-3}$$

$$dn=(1-n)\alpha dp \tag{9-4}$$

第三项 $d\rho$ 表示孔隙水的密度的变化,同样可引用水的压缩系数 β 来表示。由式知,水的压缩系数 $\beta=\frac{1}{\rho}\frac{d\rho}{dp}$,因此有

$$d\rho=\rho\beta dp \tag{9-5}$$

将式(9-3)~式(9-5)代入式(9-2),得

$$\frac{\partial}{\partial t}(\rho n\Delta x\Delta y\Delta z)=\left[n\rho\Delta z\alpha\frac{\partial p}{\partial t}+\rho\Delta z(1-n)\alpha\frac{\partial p}{\partial t}+n\Delta z\rho\beta\frac{\partial p}{\partial t}\right]\Delta x\Delta y$$

$$=\rho(\alpha+n\beta)\frac{\partial p}{\partial t}\Delta x\Delta y\Delta z$$

于是连续性方程式又可写成

$$-\left[\frac{\partial(\rho v_x)}{\partial x}+\frac{\partial(\rho v_y)}{\partial y}+\frac{\partial(\rho v_z)}{\partial z}\right]\Delta x\Delta y\Delta z=\rho(\alpha+n\beta)\frac{\partial p}{\partial t}\Delta x\Delta y\Delta z \tag{9-6}$$

因为水头 $H=z+\frac{p}{\gamma}=z+\frac{p}{\rho g}$,故

$$p=\gamma(H-z)=\rho g(H-z)$$

$$\frac{\partial p}{\partial t}=\rho g\frac{\partial H}{\partial t}+Hg\frac{\partial \rho}{\partial t}-zg\frac{\partial \rho}{\partial t}=\rho g\frac{\partial H}{\partial t}+(H-z)g\frac{\partial \rho}{\partial t}$$

或

$$\frac{\partial p}{\partial t}=\rho g\frac{\partial H}{\partial t}+\frac{p}{\rho}\frac{\partial \rho}{\partial t}$$

将式(9-5)代入上式得

$$\frac{\partial p}{\partial t}=\frac{\rho g}{1-\beta p}\frac{\partial H}{\partial t}$$

因为水的压缩系数很小,$1-\beta p\approx 1$,所以

$$\frac{\partial p}{\partial t}=\rho g\frac{\partial H}{\partial t} \tag{9-7}$$

将式(9-7)代入式(9-6),且展开式(9-6)左端有

$$\left[-\rho\left(\frac{\partial v_x}{\partial x}+\frac{\partial v_y}{\partial y}+\frac{\partial v_z}{\partial z}\right)-\left(v_x\frac{\partial \rho}{\partial x}+v_y\frac{\partial \rho}{\partial y}+v_z\frac{\partial \rho}{\partial z}\right)\right]\Delta x\Delta y\Delta z=\rho^2 g(\alpha+n\beta)\frac{\partial H}{\partial t}\Delta x\Delta y\Delta z$$

上式中,左端后一项比前一项要小得多,可以略去,故上式变为

$$-\rho\left(\frac{\partial v_x}{\partial x}+\frac{\partial v_y}{\partial y}+\frac{\partial v_z}{\partial z}\right)\Delta x\Delta y\Delta z=\rho^2 g(\alpha+n\beta)\frac{\partial H}{\partial t}\Delta x\Delta y\Delta z$$

略去相同因素得

$$\frac{\partial v_x}{\partial x}+\frac{\partial v_y}{\partial y}+\frac{\partial v_z}{\partial z}=\rho g(\alpha+n\beta)\frac{\partial H}{\partial t} \tag{9-8}$$

上式表示渗流在运动过程中渗透速度与水头的关系,是由 Jacb. Bear 在 1950 年给出的。考虑多孔介质是不可压缩时,上式就变为

$$\frac{\partial v_x}{\partial x}+\frac{\partial v_y}{\partial y}+\frac{\partial v_z}{\partial z}=0 \tag{9-9}$$

该式表明在同一时间内流入均衡单元体的水体积等于流出去的水体积，即体积守恒。此时,把渗流当成刚性液体,即为不可压缩的流体在刚性介质中流动的连续性方程。当地下水的流动为稳定时,就可以得到上述结果。

二、渗流基本微分方程

(一)可压密介质中渗流基本微分方程

据达西定律在各向同性的介质中有

$$v_x=-K_x\frac{\partial H}{\partial x};v_y=-K_y\frac{\partial H}{\partial y};v_z=-K_z\frac{\partial H}{\partial z}$$

代入式(9-8),得

$$\frac{\partial}{\partial x}\left(K_x\frac{\partial H}{\partial x}\right)+\frac{\partial}{\partial y}\left(K_y\frac{\partial H}{\partial y}\right)+\frac{\partial}{\partial z}\left(K_z\frac{\partial H}{\partial z}\right)=\rho g(\alpha+n\beta)\frac{\partial H}{\partial t}$$

设 $\mu_s=\rho g(\alpha+n\beta)$,则上式有

$$\frac{\partial}{\partial x}\left(K_x\frac{\partial H}{\partial x}\right)+\frac{\partial}{\partial y}\left(K_y\frac{\partial H}{\partial y}\right)+\frac{\partial}{\partial z}\left(K_z\frac{\partial H}{\partial z}\right)=\mu_s\frac{\partial H}{\partial t} \tag{9-10}$$

式中,μ_s 为贮水率或称单位贮存量,其量纲为$[L^{-1}]$。其值表示单位体积多孔介质,当水头降低一个单位时,由多孔介质压缩及水的膨胀所释放出来的水量。

一般情况下,水的压缩系数 β 很小,为 5×10^{-5} cm²/kg,颗粒骨架的压缩系数 $\alpha=1\times10^{-5}$ cm²/kg,都远远小于孔隙的压缩。所以,多孔介质中的压缩可以近似看成为孔隙体积的压缩,由孔隙压缩系数得

$$\alpha_p=-\frac{1}{V_v}\frac{dV_v}{dp}$$

在侧向受限的情况下,孔隙体积的压缩也只考虑垂直方向上的变形,则

$$\frac{dV_v}{V_v}=\frac{d(\Delta z)}{\Delta z}=-\alpha_p dp=\alpha_p d\sigma' \tag{9-11}$$

用弹性模量 E_c 表示为

$$E_c=\frac{1}{\alpha_p}=\frac{d\sigma'}{d(\Delta z)/\Delta z}$$

则垂直压缩的相对变形为

$$\frac{d(\Delta z)}{\Delta z}=\alpha_p d\sigma' \tag{9-12a}$$

当此相对压缩完全体现在孔隙比的改变 Δe 时，则有

$$\frac{\mathrm{d}(\Delta z)}{\Delta z}=\frac{\Delta e}{1+e} \tag{9-12b}$$

上式表示单元体的相对压缩，或单位高度土体排出水的相对量。设孔隙比的改变 Δe 正比于有效应力的改变 $\mathrm{d}\sigma'$，即

$$\Delta e=\alpha_{\mathrm{v}}\mathrm{d}\sigma' \tag{9-13}$$

式中　α_{v}——垂直压缩系数，在土力学中可以根据压缩试验求得。

由式(9-12a)、式(9-12b)、式(9-13)则得

$$\frac{1}{E_{\mathrm{c}}}=\frac{\alpha_{\mathrm{v}}}{1+e}$$

因此，贮水率又可以用下面任一等式表示

$$\mu_{\mathrm{s}}=\rho g(\alpha+n\beta)\approx\rho g\alpha_{\mathrm{p}}=\frac{\rho g}{E_{\mathrm{c}}}=\frac{\alpha_{\mathrm{v}}\rho g}{1+e} \tag{9-14}$$

对于各向异性介质来说，如把坐标轴的方向取得和各向异性介质的主方向一致，则有

$$\frac{\partial}{\partial x}\left(K_{xx}\frac{\partial H}{\partial x}\right)+\frac{\partial}{\partial y}\left(K_{yy}\frac{\partial H}{\partial y}\right)+\frac{\partial}{\partial z}\left(K_{zz}\frac{\partial H}{\partial z}\right)=\mu_{\mathrm{s}}\frac{\partial H}{\partial t} \tag{9-15}$$

对于均质各向同性的含水层来说，可以进一步简化为

$$\frac{\partial^2 H}{\partial x^2}+\frac{\partial^2 H}{\partial y^2}+\frac{\partial^2 H}{\partial z^2}=\frac{\mu_{\mathrm{s}}}{K}\frac{\partial H}{\partial t} \tag{9-16}$$

式(9-16)右端项在土力学中又可以用固结系数 C_{v} 来表示

$$C_{\mathrm{v}}=\frac{K(1+e)}{\alpha_{\mathrm{v}}\rho g}=\frac{K}{\mu_{\mathrm{s}}} \tag{9-17}$$

则式(9-16) 在土力学中又可写成固结方程

$$\frac{\partial^2 H}{\partial x^2}+\frac{\partial^2 H}{\partial y^2}+\frac{\partial^2 H}{\partial z^2}=\frac{1}{C_{\mathrm{v}}}\frac{\partial H}{\partial t} \tag{9-18}$$

在二维情况下，含水层具有一定厚度 M，此时渗流基本方程又可改写成下面形式：

非均质
$$\frac{\partial}{\partial x}\left(T\frac{\partial H}{\partial x}\right)+\frac{\partial}{\partial y}\left(T\frac{\partial H}{\partial y}\right)=\mu^{*}\frac{\partial H}{\partial t} \tag{9-19}$$

均质
$$\frac{\partial^2 H}{\partial x^2}+\frac{\partial^2 H}{\partial y^2}=\frac{\mu^{*}}{T}\frac{\partial H}{\partial t} \tag{9-20}$$

式中　μ^{*}——贮水系数，且 $\mu^{*}=\mu_{\mathrm{s}}M$，其物理意义是当水头降低一个单位时，从单位面积、厚度为 M 的柱体中释放出来的水量，如图 9-9 所示；

T——导水系数，其值为 $T=KM$。

如果化为柱坐标，则式(9-16)变为

$$\frac{1}{r}\frac{\partial}{\partial r}\left(r\frac{\partial H}{\partial r}\right)+\frac{1}{r^2}\frac{\partial^2 H}{\partial\theta^2}+\frac{\partial^2 H}{\partial z^2}=\frac{\mu_{\mathrm{s}}}{K}\frac{\partial H}{\partial t} \tag{9-21}$$

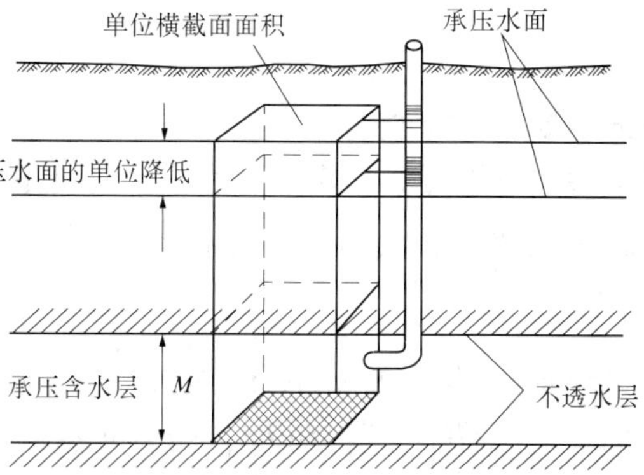

图 9-9　承压含水层贮水系数示意图

上述方程就是可压缩介质中渗流基本微分方程，也可以称为承压含水层的非稳定运动方程。在推导过程中从实用观点出发除已经谈到的假设外，还假设：①水流服从达西定律；② K 不因 $\rho=\rho(p)$ 的变化而改变；③μ_s 和 K 不受 n 变化（由于骨架变形）的影响。

上述诸方程均是在质量守恒原理基础上建立起来的，它反映了地下水在多孔介质中运动的质量守恒关系。它表明单位时间内流入、流出单位体积含水层的水量差值等于同一时间内单位体积含水层弹性释放（或弹性贮存）的水量，这些方程还通过应用达西定律反映了地下水运动中的能量守恒与转化关系。由此可见，基本微分方程用数学的形式表达了渗流区中任何一个“局部”都必须满足质量守恒和能量守恒这两条基本定律。这一结论也适用于下面将要提到的一些基本微分方程。

有了这些基本概念就可以灵活地把基本微分方程应用于解决实际渗流问题。虽然方程中没有考虑抽水、注水、越流补给、沿断裂带流入水量等对含水层的影响，但要解决这些问题是不困难的。既然方程的左端项代表单位时间内从各个方向流入单位体积含水层的水量的总和，那我们只要在建立水均衡的连续性方程时在方程中加一项来表示这些交换水量就行了。其结果是在式(9-15)、式(9-16)、式(9-18)、式(9-19)、式(9-20)等的左端加一项 W，通常称为源汇项。它一般是位置和时间的函数。当从含水层抽水或从垂直方向有水流出含水层时，W 为负值，表示汇；当向含水层注水或从垂直方向有水流入含水层时，W 为正值，表示源。但要注意的是，对于三维问题，W 表示单位时间从单位体积含水层流入或流出（包括抽水、注水）的水量；对于二维问题，W 表示单位时间在垂直方向从单位面积含水层中流入或流出的水量。如由式(9-15)得

$$\frac{\partial}{\partial x}\left(K\frac{\partial H}{\partial x}\right)+\frac{\partial}{\partial y}\left(K\frac{\partial H}{\partial y}\right)+\frac{\partial}{\partial z}\left(K\frac{\partial H}{\partial z}\right)+W=\mu_s\frac{\partial H}{\partial t} \tag{9-22}$$

由式(9-19)得

$$\frac{\partial}{\partial x}\left(T\frac{\partial H}{\partial x}\right)+\frac{\partial}{\partial y}\left(T\frac{\partial H}{\partial y}\right)+W=\mu^*\frac{\partial H}{\partial t} \tag{9-23}$$

在有些文献中，以 $\frac{1}{a}$ 代替 $\frac{\mu^*}{T}$，即令 $a=T/\mu^*$，a 称为压力传导系数（导压系数）。于是式(9-20)有下列形式

$$\frac{\partial^2 H}{\partial x^2}+\frac{\partial^2 H}{\partial y^2}=\frac{1}{a}\frac{\partial H}{\partial t} \tag{9-24}$$

（二）不可压密介质中渗流基本方程

假设液体和固体骨架都不可压缩，即不可压缩的液体在刚性介质中运动（$\mu_s=0$ 和 $\rho=$常数），上述方程的右端项$\frac{\partial H}{\partial t}=0$，就可得到不可压密介质中的渗流基本方程，也称稳定渗流方程。

对于一般的非均质承压含水层来说，由式(9-16)得

$$\frac{\partial}{\partial x}\left(K\frac{\partial H}{\partial x}\right)+\frac{\partial}{\partial y}\left(K\frac{\partial H}{\partial y}\right)+\frac{\partial}{\partial z}\left(K\frac{\partial H}{\partial z}\right)=0 \tag{9-25}$$

对于均质各向同性的含水层来说，由式(9-17)得

$$\frac{\partial^2 H}{\partial x^2}+\frac{\partial^2 H}{\partial y^2}+\frac{\partial^2 H}{\partial z^2}=0 \tag{9-26}$$

稳定运动方程的右端都是零，意味着在单位时间内净流入均衡单元体的水量等于零，即同一时间内流入单元体的水量等于流出的水量，或者说多孔介质不可压缩。这个结论不仅适用于承压含水层，对潜水含水层和越流含水层中的稳定运动也是适用的。

同理，可以推导出有越流补给的渗流方程

$$\frac{\partial}{\partial x}\left(T\frac{\partial H}{\partial x}\right)+\frac{\partial}{\partial y}\left(T\frac{\partial H}{\partial y}\right)+K_1\frac{H_1-H}{m_1}+K_2\frac{H_2-H}{m_2}=\mu^*\frac{\partial H}{\partial t} \tag{9-27}$$

上面各式均是在不考虑弱透水的弹性释放和不可压缩的条件下导出的。

同理，可以推导出有自由水面变动的渗流微分方程

$$\frac{\partial}{\partial x}\left(K_{xx}\frac{\partial H}{\partial x}\right)+\frac{\partial}{\partial y}\left(K_{yy}\frac{\partial H}{\partial y}\right)+\frac{\partial}{\partial z}\left(K_{zz}\frac{\partial H}{\partial z}\right)=\mu_s\frac{\partial H}{\partial t} \tag{9-28}$$

第五节　非饱和渗流

我们知道，在非饱和带中除有固体骨架外，还有水和空气，为三相介质。由于在空隙中有空气的存在，使得地下水的渗透阻力加大，渗透性能减小。一般说来，非饱和带的渗透性远远小于饱和带，因此非饱和带中地下水运动可认为是做垂直渗透的。在该带中由于毛管张力的影响，压力值为负压。由于非饱和带处于负压状态，使得颗粒间距压密。这些对岩土的稳定性都是有利的。因此，在一些工程上对非饱和流一般不做深入的研究或是有意地忽略其影响，使得计算偏安全。如在工程中不考虑毛管水层的稳定性分析；研究农业排水，降低地下水位，不考虑毛管层厚度；等等。

但在有些方面，如地下水资源评价方面，环境保护方面研究污染物的运移规律，研究土壤盐化的机理方面等，研究非饱和带（包气带）中水的运动规律就显得很重要。例如，在地下水资源评价中，必须研究“三水”（大气水、地表水、地下水）的相互关系，而非饱和带的水的运动是转化的重要环节。这是因为降雨、灌溉水、地表水等的入渗是浅层地下水的主要补给来源，潜水蒸发则是浅层地下水消耗的主要途径，而入渗和蒸发都是发生在这个带中。同时，该问题的研究在环境保护方面也有一定意义。各种施加在地表的污染物

将随水一起运动，经过包气带进入地下水。因此，研究它的运动规律，对防止地下水污染有重要意义。此外，研究土坝在涨水时土体饱和浸湿过程中也有一定意义。

一、非饱和流动的基本知识

（一）含水量、饱和度

在非饱和流中，空隙的部分空间被空气占据，而另一部分才被水充填。我们可以用两个变量来表示某一时间处于多孔介质中单位体积内水分的相对含量。可用下式表示单元体积中水所占的体积：

$$\theta = \frac{(V_w)_0}{V_0} \quad (0 \leqslant \theta \leqslant n)$$

式中 θ——含水率；

$(V_w)_0$——典型单元体中水的体积；

V_0——典型单元的总体积。

可用下式表示岩石空隙空间中为水所占的部分占总孔隙体积之比。

$$S_w = \frac{(V_w)_0}{(V_v)_0} \quad (0 \leqslant S_w \leqslant 1)$$

式中 S_w——饱和度；

V_v——典型单元体之中空隙的总体积。

上述两式之间的关系为

$$\theta = nS_w$$

（二）界面张力

当一种液体与另一种物质（可以是液体，也可以是气体或固体）相接触时，由于各相内部分子和在接触面处的分子间向内的外力不同，在其界面上以张力形式表现出来的一种自由界面能，称为界面张力。界面张力的定义是，当物质 k 与物质 i 分离时，每分出单位面积所做的功。对于任何两种物质 i 和 k，其界面张力为常量。当物质 i 与气相接触时称为表面张力。

图 9-10 表示两种不相溶混的流体（气体和液体）与固体接触的关系。它们之间的平衡状态要求：

$$\sigma_{GL}\cos\theta + \sigma_{SL} = \sigma_{GS}$$

或者 $$\cos\theta = (\sigma_{GS} - \sigma_{SL})/\sigma_{GL}$$

式中 θ——接触角，它指固体界面与液气界面之间的夹角。

上式称为杨氏方程。该方程说明 $\cos\theta$ 是一个比值。它是以形成固体 S 和气体 G 之间单位界面所释放的能量与形成固体 S 和流体 L 之间单位面积界面所释放能量之差，相对于分离液体 L 和气体 G 之间单位面积所要求的能量之比。

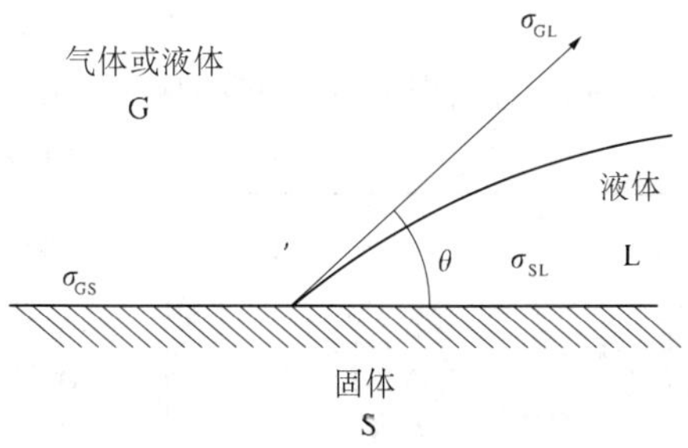

图 9-10 两种不相溶混的流体（气体和液体）与固体接触的关系

(三)毛管压力及毛管水头

为了便于对非饱和渗流规律的研究,早在50年前人们就将多孔介质的空隙假想为一束束均一的毛细管。非饱和带内的水分运移被看做是水分在一均一的或孔径不等的毛细管中运动。实践证明,这两种现象是极其相似的(见图9-11、图9-12)。

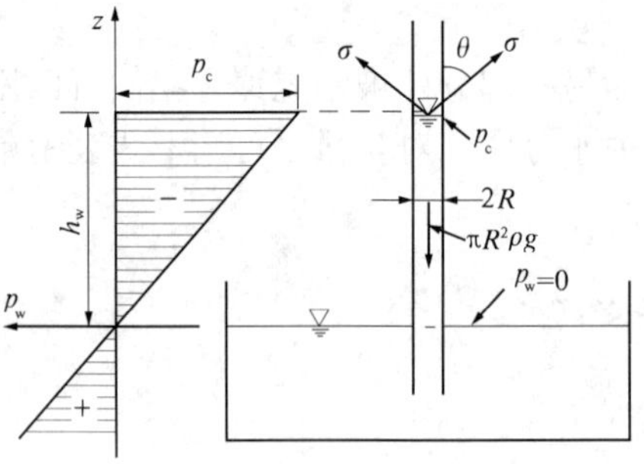

图9-11 毛细管现象

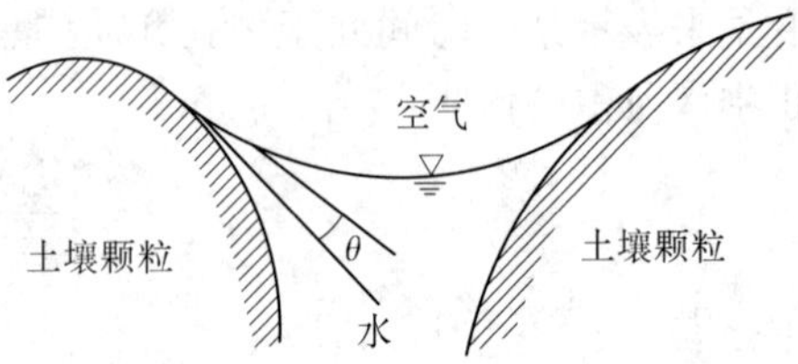

图9-12 实际土壤的微观现象

当多孔介质的孔隙中有两种不相溶混的流体(如水和空气)接触时,由于接触的两相间的界面张力,使得两种流体之间的压力存在不连续性,即存在压力差,这个压力差称为毛管压强。如假设孔隙中空气是在101 325 Pa(一个大气压)下,并取大气压强作为测量流体压强的基准,则 $P_a=0$,于是 $p_c=-p_w$。

从上面我们可以看出,在非饱和带孔隙中水处于负压状态。p 的大小取决于接触点上的曲率,同时取决于水的饱和度。这和我们在毛管现象中见到的在周围水面以上的毛管内压强是负的一样。在非饱和渗流中,毛细压力常常用毛管水头表示。由图9-11所示的毛管水柱上作用力的分析,我们得到

$$h_c\pi R^2\rho g=2\pi RT\cos\theta$$

$$h_c=2T\cos\theta/R\cdot\gamma$$

式中 T——表面张力;

ρ——水的密度;

R——毛管液面的平均半径;

θ——液面与管壁的接触角;

h_c——毛管上升的高度或者称毛细压力水头;

γ——容重。

不同土体的毛细上升高度经验值参见表9-4。

表9-4 不同土体的毛细上升高度经验值

土名称	颗粒直径 d_m(mm)	孔隙比	毛细水头(cm)	
			毛细升高	饱和毛细水头
粗砾	0.82	0.27	5.4	6
砂砾	0.20	0.45	28.1	20
细砾	0.30	0.29	19.5	20
粉砾	0.06	0.48	106.0	68
粗砂	0.11	0.27	82	60
中砂	0.03	0.36	165.5	112
细砂	0.02	0.48~0.66	239.6	120
粉土	0.006	0.93~0.95	359.2	180

二、非饱和流基本方程

(一)运动方程

流体在饱和带和非饱和带中的运动是不相同的。在饱和流中,渗透性能除和流体本身性质有关外,仅考虑了流体与骨架之间的阻力。但在非饱和状态下,除考虑上述这些因素外,还必须考虑水与空气间的阻力。由于在非饱和流中水与空气并存,介质中含水率愈高,即饱和程度愈高,介质中所含空气就愈少,空气对水在运动时产生的阻力就小;反之,空气对水在运动时产生的阻力就大。因此,在非饱和流中渗透系数 K 是含水率 θ 和饱和度 S_w 的函数 $K(\theta)$ 或 $K(S_w)$。正由于这个原因,才给非饱和流的研究带来很大困难。

1931 年,L. A. Richards 认为达西定律可以引申应用到非饱和流中。在笛卡儿直角坐标系中沿 x、y、z 三个坐标轴方向的渗透分速度为 v_x、v_y、v_z。

$$\left.\begin{aligned} v_x &= -K(\theta)\frac{\partial H}{\partial x} \\ v_y &= -K(\theta)\frac{\partial H}{\partial y} \\ v_z &= -K(\theta)\frac{\partial H}{\partial z} \end{aligned}\right\} \tag{9-29}$$

式中 H——非饱和流毛管的水头。

如果将上式中的毛管水头 H 用 $z-h_c$ 表示,则可以写成如下形式:

$$\left.\begin{aligned} v_x &= -K(\theta)\frac{\partial h_c}{\partial x} \\ v_y &= -K(\theta)\frac{\partial h_c}{\partial y} \\ v_z &= -K(\theta)\frac{\partial h_c}{\partial z} \end{aligned}\right\} \tag{9-30}$$

以上两式称为非饱和流达西定律微分形式。非饱和流的一般形式可用下式表示:

$$v = K(\theta)J \tag{9-31}$$

(二)基本微分方程

建立非饱和流基本微分方程的方法与饱和流一样:在非饱和流介质中取出一个微分单元体,边界分别为 dx、dy、dz,根据质量守恒定律和能量守恒原理建立微分方程。对于非饱和流,只要把饱和渗流的连续性方程右端的孔隙度 n 换成含水率 θ,方程仍然适用。

假设非饱和介质不变形,dx、dy、dz 也为常数,所以可以约去等式两边的 dx、dy、dz 得非饱和流的连续性方程

$$-\left(\frac{\partial \rho v_x}{\partial x} + \frac{\partial \rho v_y}{\partial y} + \frac{\partial \rho v_z}{\partial z}\right) = \frac{\partial \rho\theta}{\partial t} \tag{9-32}$$

在非饱和流动中,水的密度 ρ 变化很小,可当做常数,于是上面连续性方程(9-32)变为

$$-\left(\frac{\partial \rho v_x}{\partial x} + \frac{\partial \rho v_y}{\partial y} + \frac{\partial \rho v_z}{\partial z}\right) = \frac{\partial \theta}{\partial t} \tag{9-33}$$

将运动方程(9-29) 代入式(9-33)中,得

$$\frac{\partial\theta}{\partial t}=\frac{\partial}{\partial x}\left[K(\theta)\frac{\partial H}{\partial x}\right]+\frac{\partial}{\partial y}\left[K(\theta)\frac{\partial H}{\partial y}\right]+\frac{\partial}{\partial z}\left[K(\theta)\frac{\partial H}{\partial z}\right] \tag{9-34}$$

式(9-34)即为非饱和流的基本微分方程,称为 Richards 方程。

在饱和—非饱和流动中,常以压强 p 或水头 H 为因变量,有 $H=z+\frac{p}{\gamma}$,如果不忽略密度的变化,连续性方程可写作

$$\frac{\partial(\rho\theta)}{\partial t}+\mathrm{div}(\rho v)=0$$

再将 v 用运动方程(9-31)代入,重度 $\gamma=\rho g$,含水率 $\theta=nS_w$,则得

$$\frac{\partial}{\partial t}(\rho nS_w)=\nabla\cdot\left[\frac{\rho K(S_w)}{\mu}(\nabla p+\rho gK)\right]$$

该方程中,某些参数的取值范围如下:

饱和带 $\rho>0, S_w=1, K(S_w)=K=$ 常数

非饱和带 $p<0, S_w=S_w(p); S_{w0}\leqslant S_w<1; K=\begin{cases}K(S_w) & (S_w>S_{w0})\\ 0 & (0\leqslant S_w\leqslant S_{w0})\end{cases}$

以上考虑的模型都是单相流模型,只研究水的运动。即凡是水流到的地方,空气自然被排走。实际上岩石空隙是既存在空气也存在水的二相系统,也必然是更复杂的模型,这里就不介绍了,请读者参考有关的专著。

第六节 渗透系数及渗透系数张量

岩土体的渗透性是指岩土体允许透过流体(气体和液体)的能力,其定量指标可用渗透率、渗透系数、渗透率张量和渗透系数张量来描述。

土体的结构疏松,以孔隙为主(除黄土具有孔隙与裂隙双重介质特征外),孔隙的大小取决于岩性和土的颗粒堆积方式。一般来说,蒙古土的孔隙度最大,但孔径小,透水能力差,一般作为弱透水层或隔水层;砂土随颗粒增大,孔隙度大,渗透性好。

土体的渗流特点:

(1)土体渗透性大小取决于土颗粒的大小和排列方式,土体中颗粒愈细,渗透性愈差。

(2)大多数土体可看做多孔连续介质。

(3)土体的渗透性一般具有均质(或非均质)各向同性(黄土和裂隙化新土为各向异性)特点。

(4)一般土体渗流符合达西层流定律,对于粗颗粒的碎屑土体,如大砾石层渗流是紊流。

岩体以裂隙渗流为主,其渗流特点为:

(1)岩体渗透性大小取决于岩体中结构面的性质及岩块的岩性。

(2)岩体渗流以裂隙导水、微裂隙和岩石孔隙贮水为其特色。

(3)岩体裂隙网络渗流具有定向性。

(4)岩体一般看做非连续介质(对密集裂隙可看做等效连续介质)。

(5)岩体的渗流具有高度的非均质性和各向异性。

(6)一般岩体中的渗流符合达西层流定律(岩溶管道流一般属紊流,不符合达西定律)。

(7)岩体渗流受应力场影响明显。

(8)复杂裂隙系统中的渗流,在裂隙交叉处,具有"偏流效应",即裂隙水流经大小不等裂隙交叉处时,水流偏向宽大裂隙一侧流动。

一、渗透系数

岩土体介质的渗透系数也称为水力传导系数,是岩土体介质特征和流体特征的函数,它描述了岩土体介质和流体的一种平均性质。渗透系数可表征地下水流经空间上任一点的介质渗透性,也可表征某一区域内介质的平均渗透性,也可表征某一裂隙段上的渗透性。

渗透系数是渗流力学中一个重要的参数。从达西定律中可以定义为单位水力梯度的渗流速度,是一个标量,其量纲与速度量纲相同,表示流体通过孔隙骨架的能力。因此,它是和多孔介质骨架与流体两方面的特性有关的参数。与流体特性有关的是密度和黏滞系数;固体骨架特性与多孔介质空隙空间分布有关,对于松散孔隙多孔介质而言,固体骨架特性包括颗粒大小、级配、形状、弯曲程度、比表面积和孔隙率,对于坚硬岩石而言,尤其是裂隙介质,骨架特性是裂隙分布、裂隙隙宽、裂隙面粗糙程度与裂隙内充填程度等。

二、渗透系数张量

岩土体介质的渗透率张量和渗透张量场——在岩土体介质系统内,由于岩土体介质具有非均质各向异性,反映岩土体各向异性的渗透性能不能用一个标量来表示,而要用张量来描述岩土体介质各个方向上的不同渗透性能,这个量就称为岩土体介质的渗透率张量(Permeability Tensor)。岩土体介质的空间内不同点上渗透率张量构成了岩土体介质系统内介质的渗透率张量场(Permeability Tensorfield)。

当岩土体介质由多组裂隙组成,且其间岩块为不透水者时,裂隙组在裂隙网络中互相连通,一方向上裂隙组的裂隙水流丝毫不受另一方向裂隙组的裂隙水流的干扰,则岩土体介质裂隙的等效渗透率张量为(田开铭、万力,1989)

$$\boldsymbol{k} = \begin{bmatrix} \sum\limits_{i=1}^{M} \frac{b_i^3\lambda}{l_i}(1-a_{xi}^2) & \sum\limits_{i=1}^{M} \frac{b_i^3\lambda}{l_i}a_{xi}a_{yi} & \sum\limits_{i=1}^{M} \frac{b_i^3\lambda}{l_i}a_{xi}a_{zi} \\ \sum\limits_{i=1}^{M} \frac{b_i^3\lambda}{l_i}a_{yi}a_{xi} & \sum\limits_{i=1}^{M} \frac{b_i^3\lambda}{l_i}(1-a_{yi}^2) & \sum\limits_{i=1}^{M} \frac{b_i^3\lambda}{l_i}a_{yi}a_{zi} \\ \sum\limits_{i=1}^{M} \frac{b_i^3\lambda}{l_i}a_{zi}a_{xi} & \sum\limits_{i=1}^{M} \frac{b_i^3\lambda}{l_i}a_{zi}a_{yi} & \sum\limits_{i=1}^{M} \frac{b_i^3\lambda}{l_i}(1-a_{zi}^2) \end{bmatrix}$$

式中 $a_{xi} = \cos\beta_i \sin\alpha_i$;

$a_{yi} = \sin\alpha_i \sin\beta_i$;

$a_{zi}=\cos\alpha_i$；

a_i——第 i 组裂隙的倾向($0\leqslant\alpha_i\leqslant360°$)；

M——岩土体介质中裂隙的组数。

当裂隙为陡倾角，即 α 约 90°时，$a_{xi}=\cos\beta_i$，$a_{yi}=\sin\beta_i$，$a_{zi}=0°$，则(田开铭、万力，1989)

$$\boldsymbol{k}=\begin{bmatrix}\sum_{i=1}^{M}\frac{b_i^3\lambda}{l_i}\sin^2\beta_i & \sum_{i=1}^{M}\frac{b_i^3\lambda}{l_i}\cos\beta_i\sin\beta_i & 0\\ \sum_{i=1}^{M}\frac{b_i^3\lambda}{l_i}\cos\beta_i\sin\beta & \sum_{i=1}^{M}\frac{b_i^3\lambda}{l_i}\cos^2\beta_i & 0\\ 0 & 0 & 0\end{bmatrix}$$

当裂隙隙宽与密度十分整齐和规则，但方位杂乱无章，没有一个较其他方向突出的主渗透方向时，则岩土体介质的渗透率张量可表述为(田开铭、万力，1989)

$$\boldsymbol{k}=\frac{b^3\lambda}{l}\begin{bmatrix}k_{xx} & 0 & 0\\ 0 & k_{yy} & 0\\ 0 & 0 & k_{zz}\end{bmatrix}=\mathrm{diag}(k_{xx},k_{yy},k_{zz})$$

当岩土体介质中只发育唯一的一个方向裂隙组，且裂隙隙宽 b 为常量，裂隙间距 l 为常量，而 z 轴与裂隙面法向一致，x、y 轴在裂隙面上，则岩土体介质的渗透率张量可表述为(田开铭、万力，1989)

$$\boldsymbol{k}=\frac{b^3\lambda}{l}\begin{bmatrix}1 & 0 & 0\\ 0 & 1 & 0\\ 0 & 0 & 0\end{bmatrix}$$

当岩土体介质中发育有两个相交的方向裂隙组，其裂隙隙宽 b 为常量，裂隙间距 l 为常量，且 z 轴与不同方位裂隙面的交线一致，x、y 轴在裂隙面上，则岩土体介质的渗透率张量可表述为(田开铭、万力，1989)

$$\boldsymbol{k}=\frac{b^3\lambda}{l}\begin{bmatrix}1 & 0 & 0\\ 0 & 1 & 0\\ 0 & 0 & 2\end{bmatrix}$$

渗透系数张量是描述岩土体介质和介质内流动的流体在空间同一点上不同方向上的渗透性能的量。

岩土体介质的渗透系数张量场是指岩土体介质空间上不同点或不同小区域上平均渗透系数张量的集合。渗透率张量和渗透系数张量都是对称、二秩张量。前者仅与裂隙几何形状(包括裂隙隙宽、间距或密度、粗糙度等)有关；后者不仅与裂隙几何形状有关，而且与流体的性质(容重和黏滞性等)有关。

在实际的地下环境中，岩土体的渗透性能是变化的，主要是由于各种自然过程，如物理过程、化学过程、生物过程以及人类的工程改造过程，使得岩土体内固体骨架和空隙发生变化，固体骨架也可能由于溶解作用而改变渗透率，如岩溶地区溶蚀作用形成溶洞与溶蚀管道、盐岩的溶蚀作用等；黄土的湿陷性引起的黄土结构改变；人工地下开挖引起岩土体结构的改变；黏土的膨胀作用改变多孔介质渗透性，土壤干燥作用使黏土发生收缩而产生裂隙；由于化学沉淀作用使多孔介质堵塞（称做化学淤堵，Chernical Clogging）；由于生物生长、繁衍和死亡过程导致的多孔介质堵塞（称做生物淤堵，Biological Clogging），如生物膜水处理过程中生物膜污染问题、注水井的堵塞问题；由于水流携带细粒物质运动堵塞大孔隙导致多孔介质堵塞（称做物理堵塞，Physical Clogging），如膜法水处理过程中膜污染问题、水利工程中的土工织物的淤堵问题，等等。这些现象都会使多孔介质体系的渗透率减小，这些变化规律需要进一步深入研究。

第七节　裂隙介质渗流

由于裂隙介质渗流的发展较迟，所以在过去的计算中经常把岩基渗流当做各向同性的多孔介质渗流考虑问题。但必须指出的是，只有当裂隙系统不存在，或裂隙分布混乱而没有固定的方向，或已风化成松散体，或当所有裂隙被充分细的颗粒填满固结而具有与岩体本身相似的透水性时，才能被看做是各向同性的。可是这种情况在实际的岩基中并不是经常存在的。根据天然观测的大量资料分析得知，由于岩体构造上的节理性，会形成定向的裂隙系统，其渗流的主要特点为强烈的各向异性，甚至裂隙水流不完全服从达西定律。这样如果采用通常的多孔介质渗流的研究方法，就会造成对工程偏于不安全的结果。因此，随着高坝建设的发展，坝肩和坝基的岩石裂隙渗流已引起人们的重视。在核废物污染严重时，还需要对其埋藏在挖过的矿坑等地层深处加以处理，这也促进了岩石裂隙渗流研究的发展。

一、单个缝隙中水流阻力

岩石裂缝中的水流阻力计算属于水力学问题，可直接引用两平行板间水流的基本公式（见图9-13），当层流时，单位宽度上的缝隙流量为

$$q = bv_b = \frac{gb^3}{12\nu}J \tag{9-35}$$

式中　v_b——缝中水流速度；

b——裂缝张开宽度；

J——缝中水流的水力坡降；

g——重力加速度；

ν——运动黏滞性，$\nu = \mu/\rho$。

此式即缝隙流动的立方定律。

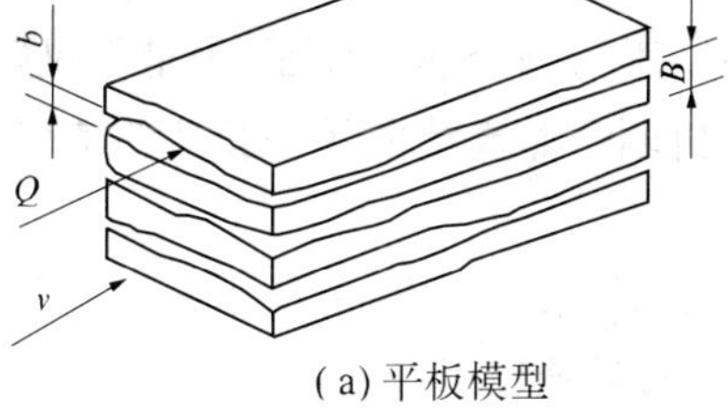

(a)平板模型

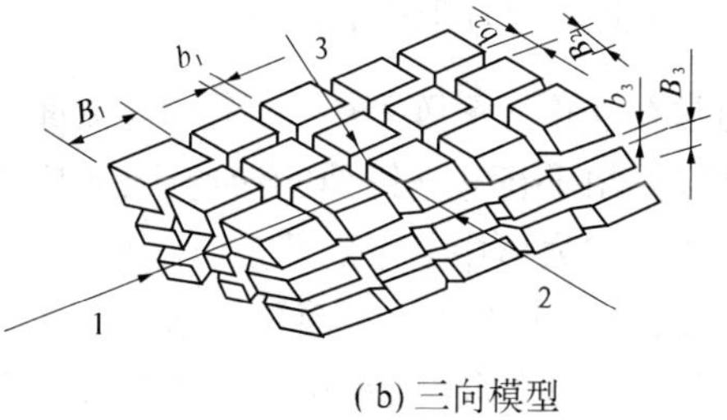

(b)三向模型

图9-13　裂缝网计算模型示意

若裂缝不是均匀的张开度，则上式的开口立方定律可取其平均值来代替单个值的立方计算其透水性或通过的流量，即

$$\overline{b^3} = \int_{b_{\min}}^{b_{\max}} b^3 f(b)\,\mathrm{d}b \tag{9-36}$$

式中 $f(b)$——裂缝张开度的分布函数，可以沿不平整的缝壁面进行跟踪扫描测定。

为了与水力学中管流公式的各种流态对比讨论方便起见，则可写成下面形式

$$J = \lambda_b \frac{1}{b}\frac{v_b^2}{2g} \tag{9-37}$$

或写成

$$v_b = \sqrt{\frac{2gb}{\lambda_b}}\sqrt{J} = K_b\sqrt{J} \tag{9-38}$$

式中摩阻系数 λ_b 只包括缝中水流沿程的摩擦损失，如果考虑各处的局部损失水头，可查阅一般的水力学书籍。

若为水力光滑缝隙中的层流，比较式(9-35)和式(9-36)可知摩阻系数为

$$\lambda_b = \frac{24}{bv_b/\nu} = \frac{24}{Re_b} \tag{9-39}$$

式中以缝宽 b 定义的雷诺数为

$$Re_b = \frac{bv_b}{\nu} \tag{9-40}$$

将式(9-39)代入式(9-37)即变为达西公式

$$v_b = \frac{gb^2}{12\nu}J = K_bJ \tag{9-41}$$

上式水力光滑缝中层流的渗透系数

$$K_b = \frac{gb^2}{12\nu}$$

为了对比引用各种流态的管流公式 $J = \lambda_D \frac{1}{D}\frac{v_b^2}{2g}$，必须注意到管流与缝流之间的对应量关系，因为水力半径 $R = D/4 = b/2$，故管直径 D 与缝宽 b 和它们所定义的雷诺数以及摩阻系数之间的对应关系应为

$$D = 2b, Re_D = 2Re_b, \lambda_D = 2\lambda_b$$

按照此种关系就可把光滑管和粗糙管中水流的试验公式转换为缝中水流公式。

二、非连续面网络中的流动

通常在非连续面阵列中，一个非连续面会终结于另一个非连续面，于是不仅要弄清楚如何计算一组平行非连续面的渗透率，还应当分析两个非连续面相遇交叉的情况，并且实际上还要研究岩体中复杂的非连续面网络。

首先，我们可以考察一简单网络某节点的流动情况，如图 9-14 所示。图 9-14 显示了节点、通道、流动的符号，利用连续性方程(即进去的必须出来)，有

$$Q_{14} + Q_{24} + Q_{34} = 0$$

先前给出的通过单一非连续面的流动方程，即 $Q=CHL$，可推广为 $Q_{ij}=c_{ij}(H_i-H_j)=c_{ij}H_i-c_{ij}H_j$。于是在第 i 个节点的水头可被表述为

$$H_j=\frac{\sum c_{ij}H_i}{\sum c_{ij}}$$

假设通过网络的流动是层流，于是可利用伯努利方程：

$$\text{总水头}=\frac{p}{\gamma}+z+\frac{v^2}{2g}$$

通常，由于流体流速很低，故流速项 $v^2/(2g)$ 可以被忽略，于是有

$$\text{总水头}=\frac{p}{\gamma}+z$$

所以，对于更复杂的非连续面阵列，利用上述分析的思路，我们可以联立求解针对每个节点建立的方程组，最终可以计算出通过每个通道的流量。

图 9-15 展示了对非连续面阵列模拟后的分析结果。图 9-15 中的数字表示每个节点的总水头。从这些数值可以看出，此网络具有使流体总体上从左到右流动的边界条件，不过，在图 9-15 中也可以看到，局部还是会有在相反方向上的特殊流动。

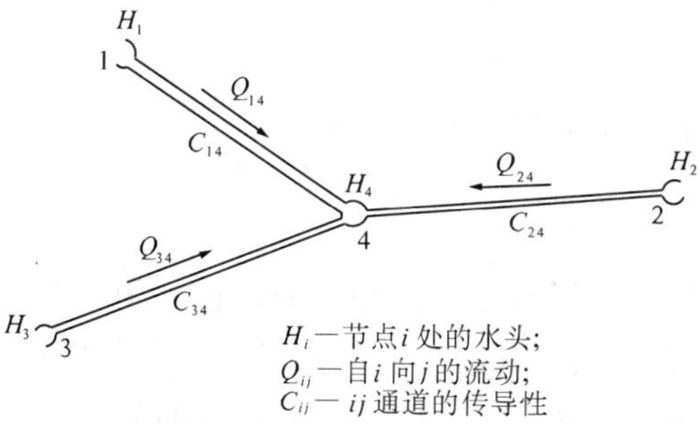

图 9-14　网络某节点处的流动

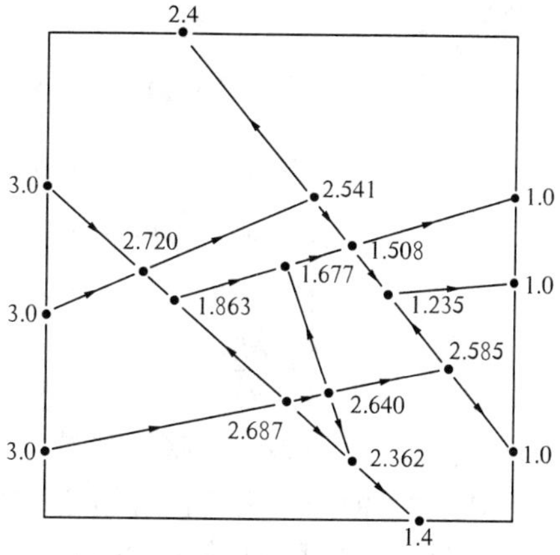

图 9-15　流过模拟非连续面阵列的节点水头值

当然，对于更复杂的网络结构，采用计算机数值模拟则变得非常必要。需要指出的是，此处所作的分析基本上是针对二维网络的，不能简单地将分析结果向三维情况推广，因为两个非连续面会在一交叉线处相遇，水头则会沿此线改变。不过，众多商业计算软件已经具备分析三维裂隙网络流动的能力（注意，这里用“裂隙”取代了水文地质学文献中的“非连续面”）。

第八节　岩溶管道介质渗流

岩溶是碳酸盐岩地区特有的地质现象。岩溶水是赋存于岩溶空隙的地下水。由于碳酸盐岩的岩性、原生孔隙和构造裂隙发育的差异性，导致后期地下水对该岩体溶蚀的差异，使得碳酸盐岩岩体的空隙中有悬殊的孔穴、管道、裂隙、孔隙以及洞穴同时存在，使在

同一岩溶水流系统中，无压水流与有压水流同时存在，层流和紊流并存。因此，岩溶水流系统与其他岩体的渗流特点大不相同。

根据岩溶水流系统中含水介质的空隙性，将岩溶水流系统分为四类，即溶隙介质渗流系统、溶隙－暗河水流系统、管道网络水流系统和埋藏型岩溶水流系统。

(1)溶隙介质渗流系统。

溶隙介质渗流系统是指以小的溶蚀孔隙和裂隙为主的岩溶含水介质与其中以层流渗流形式运动的地下水的综合。这类水流系统一般分布在我国北方地区。溶隙介质渗流系统中具有统一的地下水面，一般用连续介质渗流模型研究，也可用双重渗透介质渗流模型研究。

(2)溶隙－暗河水流系统。

溶隙－暗河水流系统是指小的溶蚀孔隙和裂隙与大的溶蚀管道共存组成的岩溶含水介质及其中的地下水的综合。这类水流系统一般分布在我国南方地区。在溶隙中地下水以层流渗流形式运动，而在溶蚀管道(连通的大管道与其间地下水形成暗河)地下水中以紊流形式运动，类似于河道中的水流运动。假定溶隙－暗河水流系统中溶隙含水介质是一种特效连续裂隙网络介质，它的渗透性能用裂隙网络的渗透系数张量描述，其渗流的数学模型为

$$\begin{cases} \nabla(K\ \nabla H)+Q=SS\dfrac{\partial H}{\partial t},t\geqslant t_0,(x,y,z)\in\Omega \\ H(x,y,z,t_0)=H_0(x,y,z),(x,y,z)\in\Omega \\ H(x,y,z,t)=H_1(x,y,z,t),(x,y,t)\in\Gamma_1,t\geqslant t_0 \\ H(x,y,z,t)=H_{\mathrm{river}}(x,y,z,t),(x,y,z)\in\Gamma_{\mathrm{river}},t\geqslant t_0 \\ K\dfrac{\partial H}{\partial n}=q(x,y,z,t),(x,y,z)\in\Gamma_2,t\geqslant t_0 \end{cases}$$

式中，$H_{\mathrm{river}}(x,y,z,t)$为岩溶暗河系统水头，暗河几何形状作为溶隙介质渗流的第一类水头边界处理，暗河中水头变化可用随机模型描述，也可以建立暗河流量与水头的关系式来预测水头分布，暗河的几何位置用地球物理探测方法确定，上式可用适当的数值方法求解。

(3)管道网络水流系统。

管道网络水流系统是指以溶蚀管道相互交叉形成的管状网络含水介质与其中的地下水的综合。岩溶管道网络是在原有裂隙网络的基础上进一步溶蚀而形成的，这类溶蚀管道比暗河型管道小，又比裂隙空隙大，在空间上可看做一个个圆管道状相互交织形成管网系统。管道网络水流大多以层流为主，也还有紊流。

一般按水力学中水管网的计算原理，或者在有限单元中把管道当做平面上的线单元处理。基于各段管路水头损失与流量的关系 $\nabla H=rq^{\alpha}$，可建立管道网络各节点流量的代数方程式。

对于稳定流而言，其方程组为

$$\left[\sum_{j=1}^{N_j}\left(\frac{1}{r_j}\Delta H_j\right)^{1/\alpha}\right]_i=0\quad(i=1,2,\cdots,N)$$

式中　r_j——水流阻力因数，$r_j = \dfrac{L_j}{K_j d_j}$；

　　K_j——第 j 管道的渗透系数，$K_j = \dfrac{\rho g d_j^2}{32\mu}$；

　　d_j——第 j 渗流管道直径；

　　L_j——第 j 管道的长度；

　　α——水流流态常数，当 $\alpha = 1$ 时为层流，否则为紊流。

对于非稳定流而言，其流量方程组为

$$\left[\sum_{j=1}^{N_j}\left(\frac{1}{r_j}\Delta H_j\right)^{1/\alpha}\right]_i + D_i\frac{\mathrm{d}H_i}{\mathrm{d}t} = 0 \quad (i = 1,2,\cdots,N)$$

其中

$$D_i = \frac{S_i}{2}\sum_{j=1}^{N_j} d_j L_j$$

(4)埋藏型岩溶水流系统。

在埋藏型岩溶地区进行大量地下水资源开采或进行矿区排水，将会引起岩溶塌陷，可能造成地表建筑物、道路、铁路等的破坏。因此，研究埋藏型岩溶水流系统模型，可以正确评价和预测人类活动对岩溶地下水动态的影响，进而预测可能出现的岩溶塌陷，以便合理指导地下水的开采。

以岩溶上覆松散层较厚为例说明其数学模型，当岩溶层与松散层接触带有一层较薄的弱透水层时，其上部松散层中地下水流数学模型为

$$\begin{cases}\dfrac{\partial}{\partial x}\left(Kh\dfrac{\partial H_1}{\partial x}\right)+\dfrac{\partial}{\partial y}\left(Kh\dfrac{\partial H_1}{\partial y}\right)=\mu_s\dfrac{\partial H_1}{\partial t}+\dfrac{K'}{M'}(H_1-H_2),(x,y)\in\Omega,t\geqslant t_0\\ H_1(x,y,t_0)=H_{10}(x,y),(x,y)\in\Omega\\ H_1(x,y,t)=H_{1b}(x,y,t),(x,y)\in\Gamma_1,t\geqslant t_0\\ T_1\dfrac{\partial H_1}{\partial n}=-q_1(x,y,t),(x,y)\in\Gamma_2,t\geqslant t_0\end{cases}$$

式中　μ_s——上覆松散含水层的给水度；

　　H_1——上覆松散含水层的水头；

　　H_{10}——上覆松散含水层的初始水头；

　　H_{1b}——上覆松散含水层的第一类边界水头；

　　q_1——上覆松散含水层的第二类边界流量；

　　K'、M'——岩溶含水层与上覆松散含水层之间弱透水层渗透系数和厚度。

$$\begin{cases}\dfrac{\partial}{\partial x}\left[T_2\left(\dfrac{\partial H_2}{\partial x}\right)^{1/\alpha}\right]+\dfrac{\partial}{\partial y}\left[T_2\left(\dfrac{\partial H_2}{\partial y}\right)^{1/\alpha}\right]=S\dfrac{\partial H_2}{\partial t}+\dfrac{K'}{M'}(H_2-H_1),(x,y)\in\Omega,t\geqslant t_0\\ H_2(x,y,t_0)=H_{20}(x,y),(x,y)\in\Omega\\ H_2(x,y,t)=H_{2b}(x,y,t),(x,y)\in\Gamma_1,t\geqslant t_0\\ T_2\left(\dfrac{\partial H_2}{\partial n}\right)^{1/\alpha}=-q_2(x,y,t),(x,y)\in\Gamma_2,t\geqslant t_0\end{cases}$$

式中　S——下覆岩溶含水层的释水系数；

H_2——下覆岩溶含水层的水头；

H_{20}——下覆岩溶含水层的初始水头；

H_{2b}——下覆岩溶含水层的第一类边界水头；

q_2——下覆岩溶含水层的第二类边界流量；

α——岩溶含水层中水流流态系数，紊流时 $\alpha=2$，层流时 $\alpha=1$。

第九节　渗透稳定性问题

一、渗透变形的类型

渗透变形的形式及其发生发展的过程，与地质条件、土颗粒级配、水力条件、防渗排渗措施等因素有关，通常归结为以下四种类型。

(1)管涌：在一定的渗流作用下，土体中的细颗粒沿着骨架颗粒所形成的孔隙管道移动或被渗流带走，这种现象叫管涌，它发生在砂砾料中。

(2)流土：在一定的渗流作用下，土体中的颗粒群同时起动而流失，它既可以发生在非黏性土中，也可发生在黏性土中。在非黏性土中的流土变形，表现为颗粒群的同时起动，诸如泉眼群、砂沸，土体翻滚最终被渗流托起；在黏性土中的流土变形，则表现为土块隆起膨胀、浮动、断裂等现象。

(3)接触冲刷：渗流沿着两种不同介质的接触面流动时，把其中颗粒层的细粒带走，这里所指的接触面，其方向是任意的。

(4)接触流土：渗流垂直于两种不同介质的接触面流动时，把其中一层的细粒移入另一层中，例如反滤层的淤塞就是这种变形。

对流土来说，作用力是单位土体的渗透力；对管涌来说，作用力是单个颗粒的渗透力。前者从渗流的层流条件导出，而后者则越出了层流的界限。这就显示出了质的不同，只是当土体中的细粒含量不断增加，直至将土体中骨架颗粒所形成的孔隙全部填满，形成一个实体时，管涌才转化为流土。土体孔隙中所含细粒的多寡，是影响渗透变形的关键。若孔隙中只有少量细粒，则细粒自由处在孔隙之中，只需在很小的渗流坡降作用下，细颗粒便将由静止状态起动而随渗流流失。若孔隙中细粒不断增加，虽然仍处在自由状态，但因阻力增大，则就需要较大渗流坡降才足以推动这些细粒运动。若孔隙全为细粒所填满，此时孔隙中的砂粒就像一个微小体积的砂土那样，互相挤在一起，阻力更大，渗流在这些砂位中的运动与一般砂土中的渗流运动完全一样，因而要推动这个砂体的运动，便是上述的流土变形，需要更大的渗流坡降。

对于任何水工建筑物及地基而言，渗透变形的形式可以是单一形式出现，也可以是多种形式伴随出现于各个不同部位，因此不要因为某种形式的渗透变形出现，而忽视了其他部位可能出现的渗透变形。

二、渗透变形的判断方法

在水利工程中确定土为管涌土还是非管涌土具有重要的意义，一般而言，首先用土的性质（即几何条件）来判定是否易发生渗透破坏，然后根据水动力条件确定临界水力梯度，进一步加以判断。

（一）用土的性质判断

1. 伊斯妥明娜法

首先进行土料的颗分，然后求得不均匀系数 η，即

$$\eta = d_{60}/d_{10} \tag{9-42}$$

式中 d_{10}——有效粒径，小于此种粒径的质量占总土质量的10%；

d_{60}——控制粒径，小于此种粒径的质量占总土质量的60%。

当不均匀系数 η 为

$$\left.\begin{array}{ll} \eta<10 & \text{流土} \\ \eta>20 & \text{管涌} \\ 10<\eta<20 & \text{流土或管涌} \end{array}\right\} \tag{9-43}$$

实践证明，用不均匀系数作为判别土料的渗透变形形式的指标，还不能够完全反映土的渗透性能，因而也是不够准确的。但是一般来说，用上述指标判别是较准的。

2. 用土的孔隙直径与填充料粒径之比来判别

巴特拉雪夫的研究证明，土体细颗粒 d 与土体平均孔径直径 d_0 之比：

$$\left.\begin{array}{ll} d_0/d \leqslant 1.8 & \text{非管涌土} \\ d_0/d > 1.8 & \text{管涌土} \end{array}\right\} \tag{9-44}$$

据实践，巴特拉雪夫提出用下式计算 d_0

$$d_0 = 0.026(1 + 0.15\eta)\sqrt{\frac{K}{n}} \tag{9-45}$$

式中 K——渗透系数，

n——土体的孔隙率。

3. 以土的细粒含量 p_c 来判别

流土或者管涌根据土的细粒含量，采用下列方法判别：

$$\left.\begin{array}{ll} p_c \geqslant \dfrac{1}{4(1-n)} \times 100 & \text{流土} \\ p_c < \dfrac{1}{4(1-n)} \times 100 & \text{管涌} \end{array}\right\} \tag{9-46}$$

式中 p_c——土的细颗粒含量，以质量百分率计（%）；

n——土的孔隙率（%）。

土的细粒含量可按下列方法确定，不连续级配的土，级配曲线中至少有一个粒径级的颗粒含量小于或等于3%的平缓段，粗细粒的区分粒径 d_f 以平缓段粒径级的最大和最小粒径的平均粒径区分，或以最小粒径为区分粒径，相应于此粒径的含量为细粒含量。

对于不均匀系数大于5的不连续级配土可采用下列方法判别：

$$\left.\begin{array}{ll} p_c \geqslant 35\% & \text{流土} \\ 25\% \leqslant p_c < 35\% & \text{过渡型} \\ p_c < 25\% & \text{管涌} \end{array}\right\} \tag{9-47}$$

土的不均匀系数 C_u 采用下式计算：

$$C_u = \frac{d_{60}}{d_{10}} \times 100 \tag{9-48}$$

接触冲刷宜采用下列方法：

对于双层结构的地基，当两层土的不均匀系数均等于或小于 10，且符合稀释规定的条件时，不会发生接触冲刷。

$$\frac{D_{10}}{d_{10}} \leqslant 10 \tag{9-49}$$

式中　D_{10}、d_{10}——较粗和较细一层土的颗粒粒径，mm，小于该粒径的土质量占总土质量的 10%。

接触流失宜采用下列方法判别：

对于渗流向上的情况，符合下列条件将不会发生接触流失。

(1)不均匀系数等于或者小于 5 的土层：

$$\frac{D_{15}}{d_{85}} \leqslant 5 \tag{9-50}$$

式中　D_{15}——较粗一层土的颗粒粒径，mm，小于该粒径的土质量占总土质量的 15%；

d_{85}——较细一层土的颗粒粒径，mm，小于该粒径的土质量占总土质量的 85%。

(2)不均匀系数等于或者小于 10 的土层：

$$\frac{D_{20}}{d_{70}} \leqslant 10 \tag{9-51}$$

式中　D_{20}——较粗一层土的颗粒粒径，mm，小于该粒径的土质量占总土质量的 20%；

d_{70}——较细一层土的颗粒粒径，mm，小于该粒径的土质量占总土质量的 70%。

(二)渗透破坏的临界水力坡降的确定

1. 流土的临界水力坡降的确定

流土的临界水力坡降用

$$J_{cr} = (G_s - 1)(1 - n) \tag{9-52}$$

计算，该式由太沙基提出，其计算的 J_{cr} 偏小。

2. 管涌的临界水力坡降的确定

计算管涌的临界水力坡降的公式迄今还不太成熟，这主要是：一方面发生管涌的渗流机理理论上还没有很好的解决；另一方面试验数据也很难测准，而且对于管涌发生的鉴别，也缺乏一个明确的标准。管涌的临界水力坡降值标志着土体中的细粒开始流失，表明了水工建筑物或者地基某处出现了薄弱环节。

管涌的临界水力坡降 J_{cr} 的确定有不同的方法：一种是通过试验，积累资料，绘制坡降与某些因素之间的关系曲线；另一种是在试验的基础上，求得发生管涌的临界水力坡降，例如下式

$$J_{cr} = 2.2(G_s - 1)(1 - n)^2 \frac{d_5}{d_{20}} \tag{9-53}$$

式中　J_{cr}——土的临界水力坡降；

G_s——土的颗粒密度与水的密度之比；

n——土的孔隙率(%)；

d_5、d_{20}——分别占总土质量的5%、20%的土粒粒径，mm。

3. 接触冲刷的临界水力坡降的确定

当渗流沿着不同土层接触面运动时，其临界水力坡降可按范吞德法计算。根据试验资料绘制 $J_c = f(d/D)$ 关系曲线，如图9-16所示，从关系曲线图中可以查的不同 d/D 比值下的临界坡降 J_c。

该法的适用范围为 $Re > 5\ 000$、$D > d$ 以及下层细粒没有任何黏聚力。

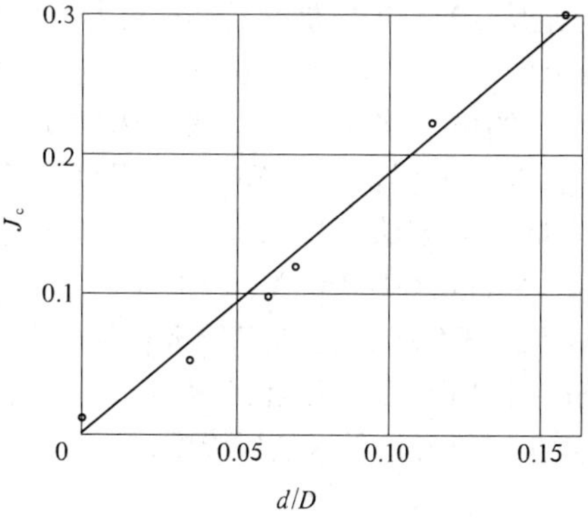

图9-16 $J_c \sim d/D$ 的关系曲线

4. 接触流土的临界水力坡降的确定

当渗流方向垂直于两个不同土层接触面自下而上运动时，其接触面上的临界速度 v_c 可根据伊菲巴什和科菲洛娃研究成果计算。

均质砂
$$J_c = \frac{v_c}{K} = 0.26\left(1 + 1\ 000\frac{d_{50}^2}{D_{50}^2}\right) \tag{9-54}$$

非均质砂
$$J_c = \frac{v_c}{K} = 0.26\eta^2\left(1 + 1\ 000\frac{d_{60}^2}{D_{60}^2}\right) \tag{9-55}$$

式中 d_{60}、d_{50}——下层细粒土含量为60%、50%的粒径，mm；

D_{60}、D_{50}——上层粗粒土含量为60%、50%的粒径，mm。

5. 无试验资料情况下允许渗透坡降的确定

对于没有试验资料的情况，无黏性土的允许渗透坡降可按表9-5给出的参数确定。

表9-5 无黏性土的允许渗透坡降

允许渗透坡降	渗透破坏形式					
	流土型			过渡型	管涌型	
	$C_u \leq 3$	$3 < C_u \leq 5$	$C_u > 5$		级配连续	级配不连续
$J_{允许}$	0.25~0.35	0.35~0.50	0.50~0.80	0.25~0.40	0.15~0.25	0.10~0.20

注：本表不适用于渗流出口有反滤层的情况。

第十章　GeoStudio 应用与实践

第一节　GeoStudio 软件介绍

加拿大 GEO-SLOPE 公司从 1977 年发展至今,已成为全球最大的岩土软件开发公司之一,用户覆盖全球 100 多个国家。GeoStudio 是一套专业、高效而且功能强大的适用于岩土工程和岩土环境模拟计算的仿真软件,是一套地质构造模型软件的整体分析工具,它包括 8 种专业分析软件,涉及岩土工程常用软件如下:SLOPE/W(边坡稳定性分析软件)集成了常用刚体极限平衡分析计算方法;SEEP/W(地下水渗流分析软件)是可处理非饱和土体渗流问题的二维商业化软件;SIGMA/W(岩土应力变形分析软件)可进行岩(土)体二维有限单元计算分析;QUAKE/W(地震响应分析软件)可进行线性、非线性土体的水平向与竖向耦合动态响应分析;SEEP3D(三维渗流分析软件)可进行三维渗流问题计算分析,将交互式三维设计引入饱和、非饱和地下水的建模中,可分析各种各样的地下水渗流问题。

GeoStudio 新功能如下。

(1)软件集成耦合分析。

GeoStudio 的一个突出优点就是它的所有软件都可以在同一环境下运行,这意味着只需建一个几何模型,就可以在所有软件中使用。例如,在一个软件里定义的模型的边界条件和材料特性都可以在其他软件中立即使用,不需要再定义模型的边界条件和材料特性。软件可以通过移动边界条件的先后顺序来进行分步分析。

在 GeoStudio 中,所有的数据都储存在已经定义好的相同格式的文件中,共享的分析数据可以对同一个问题进行不同要求的多种结果分析。从一种分析中得到的结果,可以把它应用于另外一种结果分析中;对每一种软件,GeoStudio 可以支持统一的数据格式。

(2)材料模型。

新的材料模型可应用于所有软件模块中,而且在 SIGMA/W 软件中还可以添加用户自定义的材料本构模型。材料模型和边界条件同几何模型是捆绑在一起的,而与网格无关。

(3)后处理功能。

等势线图生成功能:通过保存图形、线段及一系列的点来生成图形,还可以通过几何目标(线、点、面)或选择一段线和平面来生成结果图。

等势线动画演示功能:可以把随时间变化的等势线结果用动画显示出来。

基质吸力:在水位线之上可以指定最大的基质吸力,可以定义土水特征曲线,更真实地反映抗剪强度随基质吸力的变化。

多场耦合:用户可以对一个模型进行多种分析并把所有的分析数据都保存在一个数据文件中,这样有利于保持不同分析之间的联系。例如,在多个加固设计方案中找出某一个设计方案的整体稳定性最好。使用多场耦合分析功能,也能提高 SLOPE/W 同其他软件模块进行整体分析的能力。

绘图功能:将计算结果绘制成图形时,用户需要决定应该把哪几个变量放在同一张图中。比如,可以沿滑移面把总应力和有效正应力同时显示出来。用户还可以绘制很多图形并把它们保存为一个数据文件,这样只要打开数据文件,就可以立刻得到图形。

第二节　SEEP 模块应用

一、模型介绍

计算模型为一水库坝址区地基渗流计算,模型尺寸如图 10-1 所示,假设坝体和截渗墙为不透水材料,计算蓄水后坝基渗流情况。

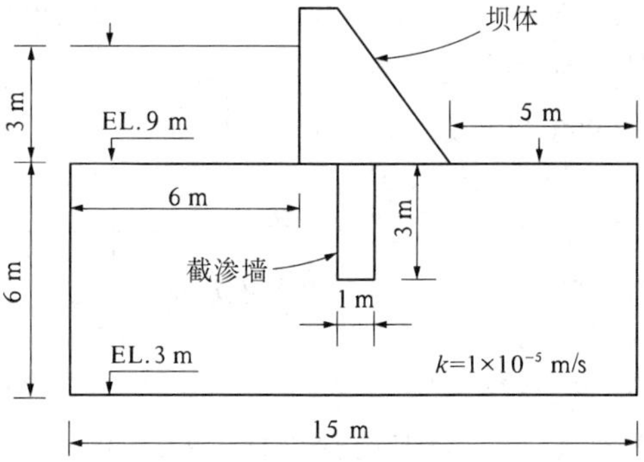

图 10-1　计算模型概化图

二、开始建模

(1)设置工作区域:从"Set" 菜单中选择"Page",将会出现下面的窗口(见图 10-2(a));在"Units"中选择"mm";在"Working Area"的"Width"中输入"260",在"Height"中输入"200";点击"OK"退出对话框。

(a)

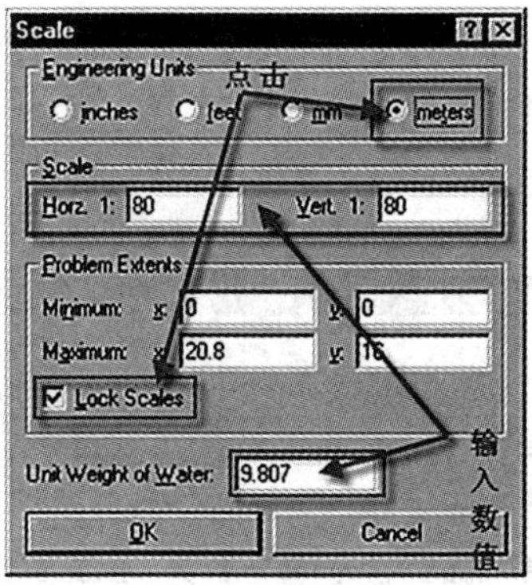

(b)

图 10-2　计算区域和比例尺的设置

(2)设置比例尺:从"Set" 菜单中选择"Scale",将会出现一窗口(见图 10-2(b));在"Engineering Units"中点击"meters";在"Scale"图框中的"Horz"后输入"80","Vert" 后输入"80";在"Problem Extents"图框中输入数值;点击"OK"退出对话框。

(3)设置网格间距:从"Set" 菜单中选择"Grid",在"Grid Spacing"中"X"后和"Y"后输入"1",点击"Display Grid"和"Snap to Grid",点击"OK"退出对话框。

（4）保存模型：从“File”菜单中选择“Save”；在“File name”中输入文件名，例如“LEARN”；点击“Save”退出对话框。

（5）输入模型范围：从“Sketch”菜单中选择“Line”；将光标依次移动到（3，3）、（18，3）、（18，9）、（3，9）、（3，3）并点击连接；同样地连接（13，9）、（10，13）、（9，13）、（9，9）；连接（10，9）、（10，6）、（11，6）、（11，9）；连接（3，12）、（9，12）后出现下图（见图10-3）。

（6）对模型的设置：从“Key In”菜单中选择“Analysis Setting”；在“Type”选项卡中点击“Steady-State”，然后点击“OK”；在“Control“选项卡中点击“2 – Dimensional”，然后点击“OK”。

（7）定义渗透系数：从“Key In”菜单中选择“Functions”并点击“Conductivity”；在“Function Number”中输入“1”，并点击“Edit”；按照图输入数据，并点击“View..”可看图；点击“OK”退出对话框。

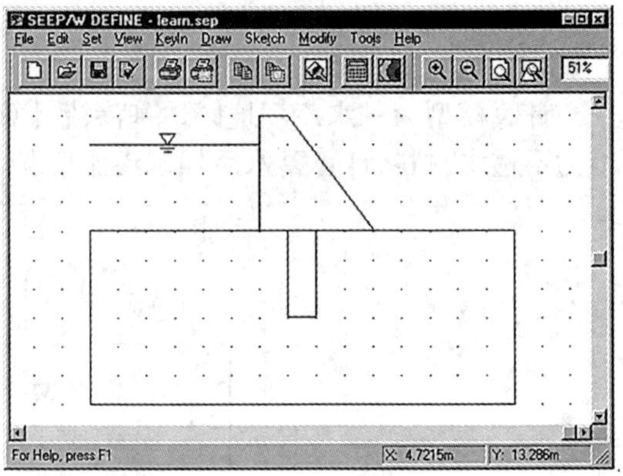

图10-3　计算模型

（8）定义材料属性：从“Key in“菜单中选择“Material Properties”；在“#”中输入“1”，在“K – Fn”中的下拉框中选择“1”，其他选择默认，点击“Copy”；点击“OK”保存材料设置，并退出对话框。

（9）剖分模型：从“Draw”菜单中选择“Elements”；选择“Quadrilateral regions”，并以此点击（3，3）、（10，3）、（10，9）和（3，9），然后会出现如图10-4（a）所示的对话框，并按照图10-4（a）设置输入，将会出现剖分图；重复上面的步骤，对其他区域进行剖分，完毕后出现图10-4；从“View”菜单中选择“Preferences”；默认设置，点击“OK”退出。

（10）设置边界条件：从“Draw”菜单中选择“Boundary conditions”；在“Action”中输入“12”，并点击上游单元的节点予以赋值；同理，对下游节点和流量节点进行赋值。

（11）绘制流量断面：点击，会出现图10-4，连接（10.5，2.5）和（10.5，6.5），并点击右键完成流量断面绘制。

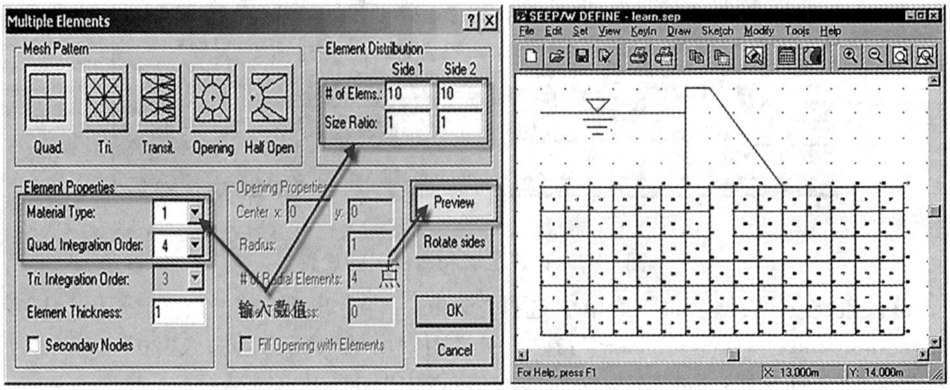

（a）　　　　（b）

图10-4　模型剖分图

(12)绘制坐标轴:点击,选择坐标轴,在适当区域绘制坐标轴。

(13)模型验证:从“Tools”中选择“Verify/Sort”,会出现图 10-5(a)所示对话框;点击“Verify/Sort”,出现图 10-5(b)所示。

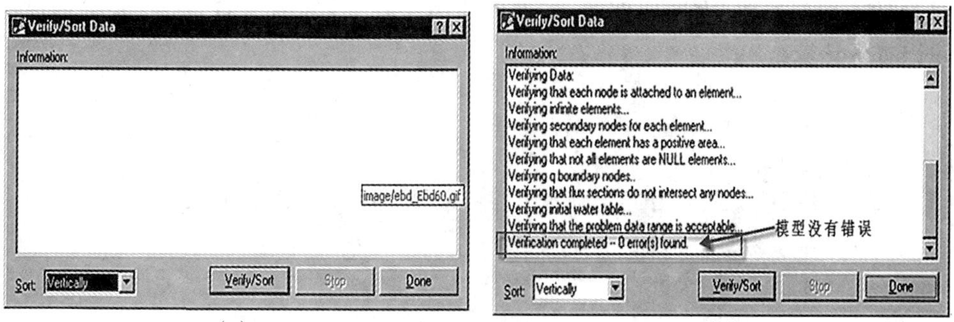

(a) (b)

图 10-5 模型验证图

三、模型求解

点击,出现对话框,点击“Start”,开始计算。

四、计算结果的显示

点击,可以显示计算结果。点击,出现如图 10-6(a)所示对话框,默认设置,点击“Apply”,出现如图 10-6(b)所示总水头云图。下拉“Contour Parameter”的下拉框,可以选择压力水头、水力梯度、流速云图等。

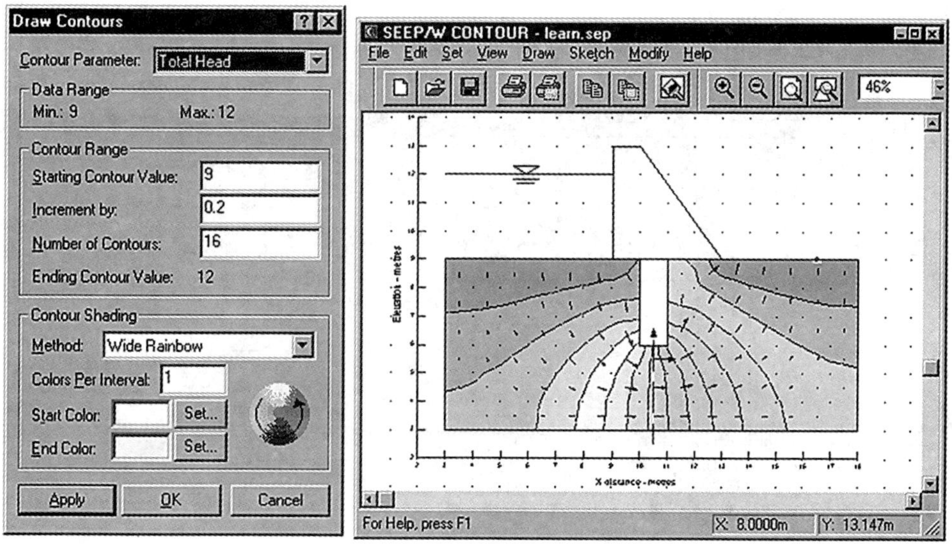

(a) (b)

图 10-6 模型计算结果云图

第三节　SIGMA 模块应用

（1）建立模型，首先完成页面、比例尺坐标轴设置，与 SEEP 章节相同。

（2）输入材料参数、边界条件等，依次完成模型建立，如图 10-7 所示，检验后进行计算，可以查看计算结果。

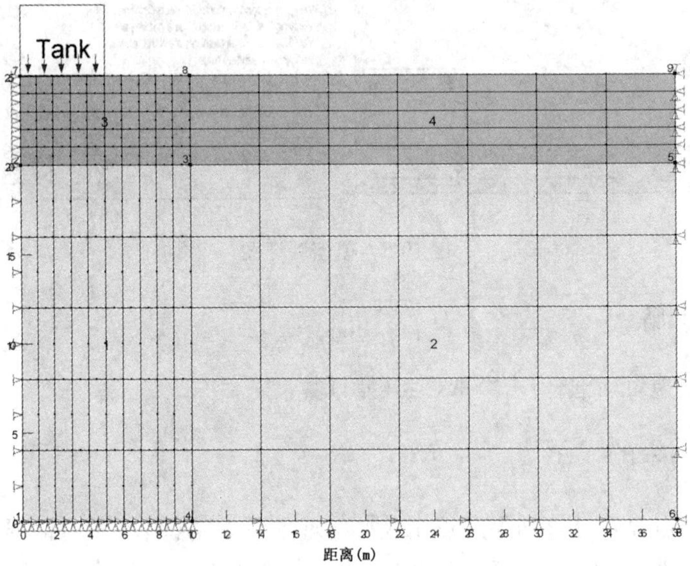

(a)

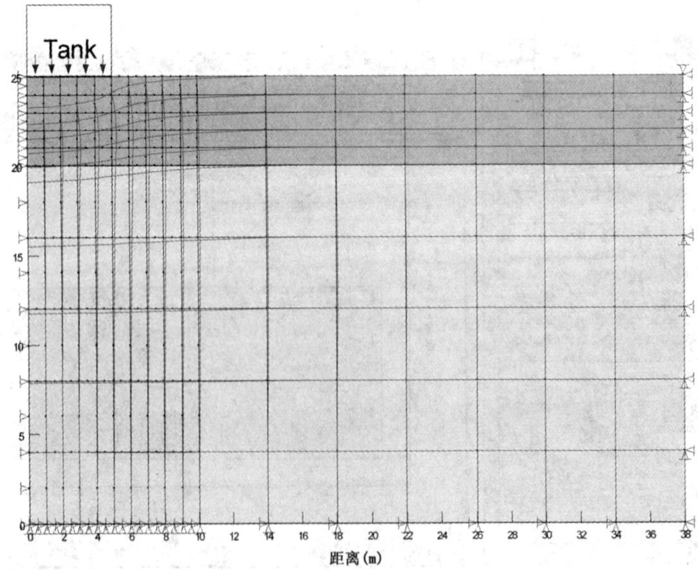

(b)

图 10-7　计算模型及计算结果

第四节　SLOPE 模块应用

（1）建立模型，首先完成页面、比例尺坐标轴设置，与 SEEP 章节相同。

（2）输入材料参数、边界条件等，完成模型建立，如图 10-8 所示，检验后进行计算，可以查看计算结果。

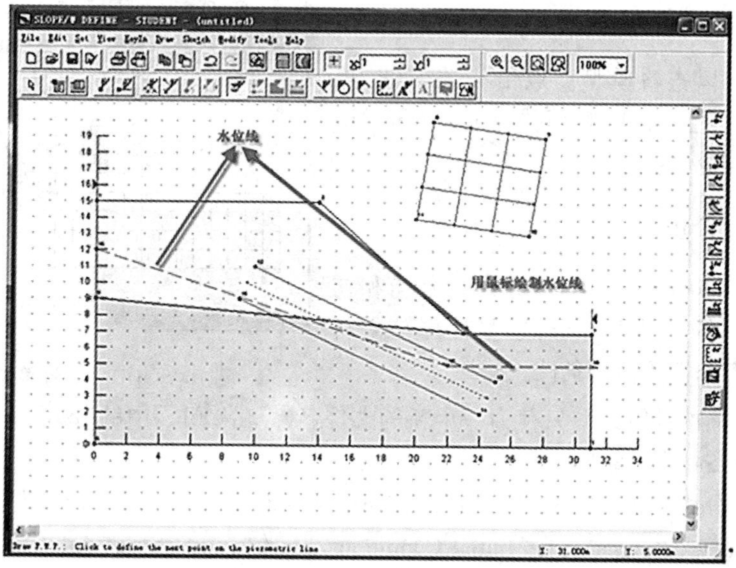

（a）

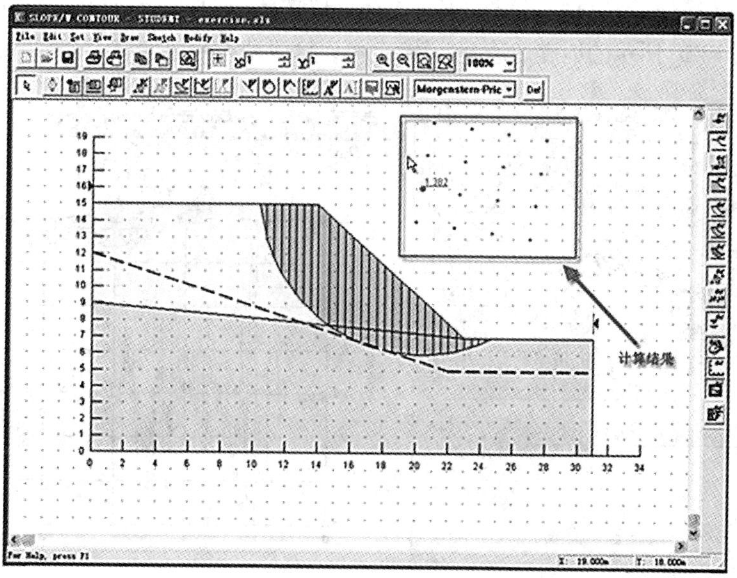

（b）

图 10-8　计算模型及计算结果

第五节　QUAKE 模块应用

一、建立计算分析模型

模型建立方法与 SEEP 基本相同，不再赘述，建立的模型如图 10-9 所示。

二、查看模型

求解后可以查看模型。点击相关按钮，可出现应力云图、位移云图等相关界面，与 SIGMA 模块类似，不再赘述。

三、动力分析

前面的计算分析，完成了初始应力场和初始孔隙水压力场的计算分析，这些计算结果将变成后面动力分析的初始条件。

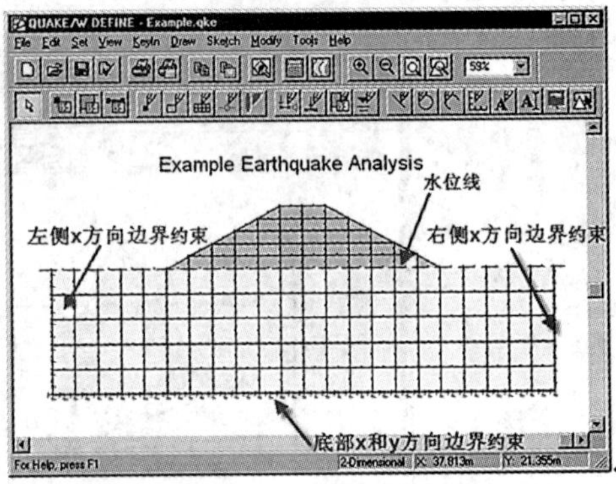

图 10-9　QUAKE 计算结果图

(1)把前面的计算结果另存为一个新的文件名，点击“File”中的“Save As”，输入新的文件名，点击“Save”完成另存。

(2)改变分析类型：从“Key In”中点击“Analysis Setting”，点击“Type”选项，在“Analysis Type”中选择“Dynamic”，在“Initial Conditions”中的“Initial Stress File“中，应用浏览按钮选择“LEARN－INI. qkz”作为初始条件。

(3)输入地震记录：出现对话框，点击“Import”按钮，选择“Example. acc”(软件内含的文件)，出现图 10-10 所示的地震加速度曲线，也可以修改地震峰值加速度和峰值加速度时间。

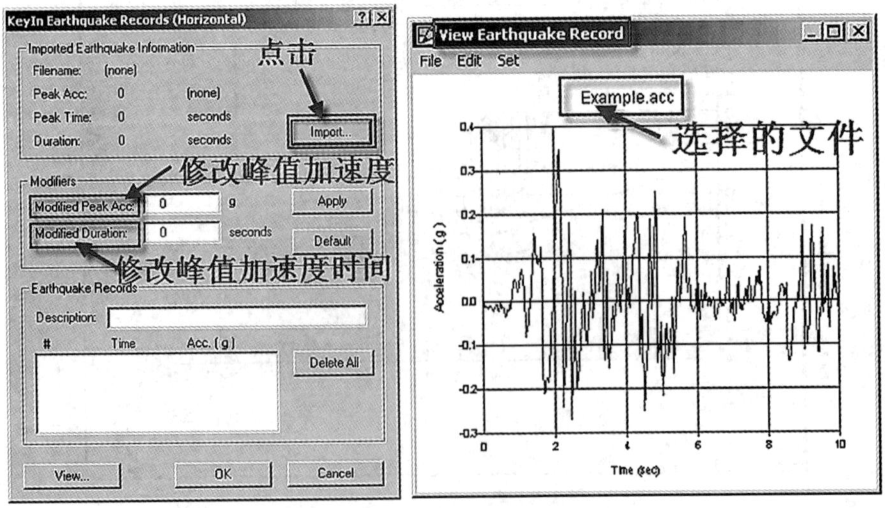

(a)　　　　(b)

图 10-10　地震记录输入及地震加速度曲线

(4)输入动力分析所需的材料属性：点击“Ks”和“Ka”对话框，接受默认设置。设置循环次数函数，按照图 10-11 所示选择 Ka 函数的输入，依次出现如图 10-11 所示对话框，设置孔隙水压力函数，点击“OK”，完成函数的设置。

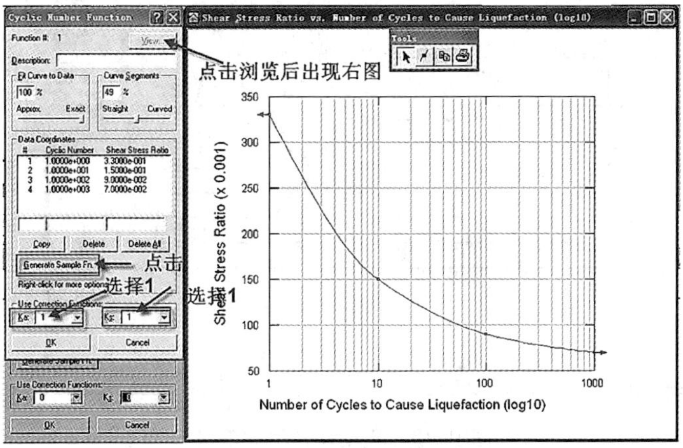

图 10-11　Ka 函数的输入

(5)输入材料动力属性：按照图 10-12 所示进行点击，完成材料动力属性输入。

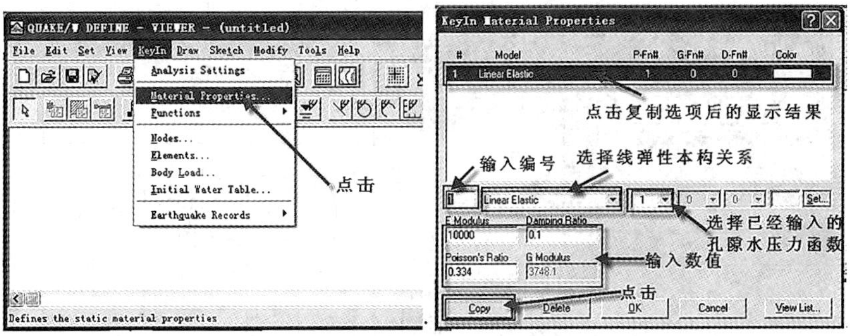

图 10-12　材料动力属性输入

(6)迭代计算设置：进行计算，点击“OK”，完成输入。完成计算过程监测设置、动力边界条件的设置和所有的动力分析设置，点击保存完成。点击计算按钮，进行计算。

四、计算结果浏览

(1)查看动力分析结果：按照图 10-13 进行分析，然后与静力分析类似，选择相应的计算结果云图。

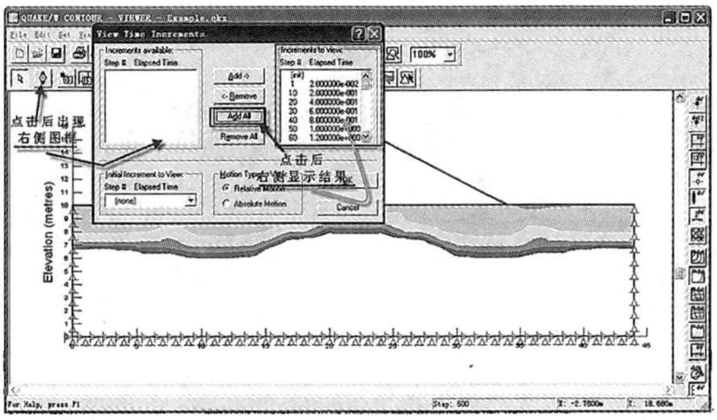

图 10-13　计算结果云图

(2)模拟动态响应:按照图 10-14 进行操作,后出现如图 10-14 所示结果。

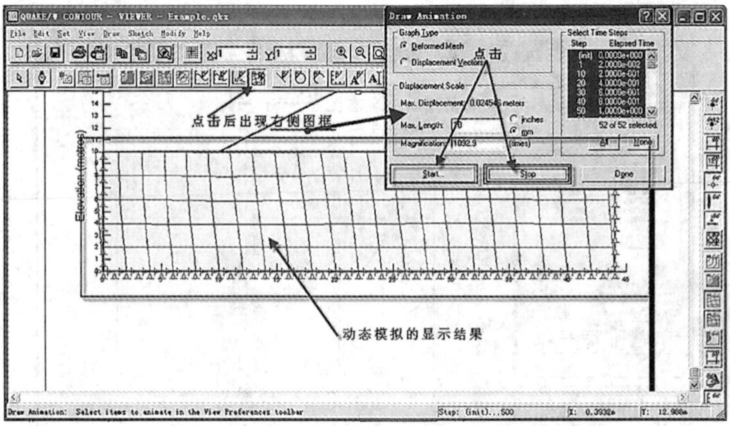

图 10-14　模型模拟动态响应

(3)查看节点监测结果:点击"Draw Nodel History"后出现如图 10-15 所示结果。

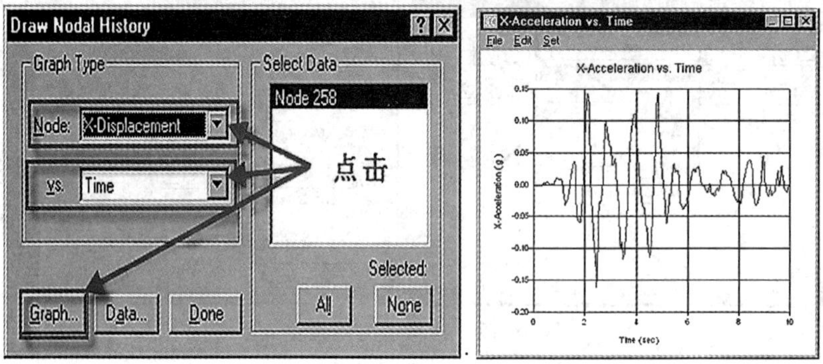

图 10-15　模型节点监测结果

其他结果的显示查看与此类似,不再赘述。

第十一章　ANSYS 应用与实践

第一节　ANSYS 软件介绍

有限元法是 20 世纪 50 年代在连续体力学领域——飞机结构的静力和动力特性分析中应用的一种有效的数值分析方法。同时，有限元法的通用计算程序作为有限元研究的一个重要组成部分，也随着电子计算机的飞速发展而迅速发展起来。在 20 世纪 70 年代初期，大型通用的有限元分析软件出现了，这些大型、通用的有限元软件功能强大，计算可靠，工作效率高，因而逐步成为结构分析中的强有力的工具。近 20 多年来，各国相继开发了很多通用程序系统，应用领域也从结构分析领域扩展到各种物理场的分析，从线性分析扩展到非线性分析，从单一场的分析扩展到若干个场耦合的分析。在目前应用广泛的通用有限元分析程序中，美国 ANSYS 公司研制开发的大型通用有限元程序 ANSYS 是一个适用于微机平台的大型有限元分析系统，功能强大，适用领域非常广泛。

ANSYS 是在 20 世纪 70 年代由 ANSYS 公司开发的工程分析软件。开发初期是为了应用于电力工业，现在已经广泛应用于航空、航天、电子、汽车、土木工程等各种领域，能够满足各行业有限元分析的需要。

初期版本的 ANSYS 软件功能单一，使用不便，但随着几十年的发展到现在，ANSYS 的最新版本已经达到 13.0，功能更加强大和完善，操作和使用也更加方便。图形用户界面（GUI）给用户学习和使用 ANSYS 提供了更加直观的途径。而命令流方式给高级用户提供了更为灵活和高效的分析手段。同时，ANSYS 提供的强大和完整的联机说明与系统详尽的联机帮助系统，使用户能够不断深入学习并完成一些深入的课题。

ANSYS 软件主要包括三个模块：前处理模块、分析计算模块和后处理模块。前处理模块提供了一个强大的实体建模及网格划分工具，用户可以方便地构造有限元模型；分析计算模块包括结构分析（可进行线性分析、非线性分析和高度非线性分析）、流体动力学分析、电磁场分析、声场分析、压电分析以及多物理场的耦合分析，可模拟多种物理介质的相互作用，具有灵敏度分析及优化分析能力；后处理模块可将计算结果以彩色等值线显示、矢量显示、粒子流迹显示、立体切片显示、透明及半透明显示（可看到结构内部）等图形方式显示出来，也可将计算结果以图表、曲线形式显示或输出。软件提供了 100 种以上的单元类型，用来模拟工程中的各种结构和材料。

ANSYS 13.0 具有以下新特性：

ANSYS 深入地把握了许多用户已经开始从单个物理场的仿真需求迈向多物理场、多学科的系统级仿真，集成在 ANSYS 统一的仿真环境 ANSYS Workbench 下，使得多物理场之间的耦合过程变得直观而简易。ANSYS 在仿真环境中增加了参数化设计，从网格、几何到边界条件等都可以作为参数。ANSYS 13.0 新增功能之一就是把 Microsoft Excel 作为一个组件集成在一起，用户可以利用 Excel 的数据处理技术来管理其参数。此外，在最新的 FLUENT 13.0 里,提供了一个形状优化的功能:MeshMorpher and Optimizer, 能实现对几何形状的优化。另外,还有一个伴随矩阵算法:Adjoint Solver,能给优化指明一个最有利的方向。在网格划分方面,ANSYS 13.0 提供了 Cutcell 的直角六面体网格技术,边界层用棱柱体来捕捉。Cutcell 可以在 ANSYS Meshing 里使用,也可以在 TGrid 里使用。同时,由于越来越多的用户进行大规模网格的计算,ANSYS Meshing 和 ICEMCFD 都提供了 SMP 架构下的并行网格划分功能,能大幅减少网格划分时间。在求解器方面,FLUENT 13.0 提供了拟瞬态松弛方法,能大大减少迭代步数;用势流法进行初始化,也要比传统的初场能更快得到收敛解。在耦合计算方面,FLUENT 13.0 可以和 ANSOFT 耦合,用 ANSOFT 计算的电磁场结果作为热源输出到 FLUENT 中。在并行计算方面,FLUENT 13.0 大幅改善了文件的读/写速度,同时优化了多核并行效率,相对 FLUENT 12.1,总体的并行效率有了明显提升。在湍流模型方面,FLUENT 13.0 新增了嵌入式 LES 模型和 SAS 模型,这两个模型都比 LES 模型需要更少的计算机资源,同时能对用户关心的涡的瞬态发展过程很好的捕捉。在欧拉多相流方面,FLUENT 13.0 提供了新的壁面沸腾模型,可以求解非平衡的过冷沸腾和过热蒸发问题。在欧拉多相流模型里还增加了壁面成膜模型,用来计算液滴在壁面形成液膜的过程。对多尺度气液两相流,FLUENT 13.0 的非均相群体平衡模型可以更好的求解。而新增加的 Level set 方法,可以替代 VOF 模型进行自由液面的捕捉,由于对自由表面张力的更好预测,Level set 方法模拟的气泡形状更加接近试验解。并且,新的 VOF 模型中,除稳定性的提高外,FLUENT 13.0 增加了数值海岸、高阶波浪的选项。对于拉格朗日多相流,新版本中的 DDPM 模型能将颗粒相的体积分数上限由以前 DPM 模型的 12%,提高到堆积密度。对于大颗粒运动的模拟,FLUENT 13.0 引入了 DEM 离散元模型,更有效的考虑颗粒间的碰撞和弹性力等影响。喷雾是工业中许多设备中发生的两相流现象,新增加的 KHRT 破碎模型对喷雾的模拟也有更好的效果。在化学反应流方面,FLUENT 13.0 增加了新的真实气体模型,描述跨临界和亚临界区域的气体状态方程。辐射模型方面,最大的改进是欧拉多相流模型和 DO、P1 辐射模型可以兼容,对于计算高温的多相流就可以考虑辐射换热了。CFX13.0 也增加了多个新的模型。在旋转机械方面,新增加的瞬态叶栅模型能在仅计算一个通道的情况下,得到瞬态的级间复杂流动干涉现象。对于 6DOF 刚体运动求解器来说,新增加的状态函数能更好的模拟诸如船在波浪中的晃动、导弹飞行中的姿态变化等现象。在拉格朗日两相流中,CFX13.0 增加了多组分液滴的蒸发;新版本可以考虑壁面粗糙度对颗粒的影响。对于欧拉多相流,除计算稳定性的提高外,增加了壁面凝结模型,可以计算诸如核事故时瞬态压力升高对凝结过程的影响。燃烧模型方面, CFX-RIF 小火焰库生成器,加入了液体燃料材料,计算如煤油、汽油和柴油的燃烧。此外,新增的 G-equation 燃烧模型以及火花点火模型能更好的模拟内燃机燃烧。湍流模型方面,CFX13.0 新增了 BCD(有界的中心差分格式),可以消除传统中心差分格式计算 LES/DES/SAS 时容易产生的非物理振荡涡。在多孔介质方面,CFX13.0 可以计算多孔介质的共轭导热,模拟如汽车尾部三元催化反应器中的温度场。另外,新增的条件 GGI 模型,允许用户设置 interface 的“开”“关”状态,用于模拟如阀门开关等现象。最后,CFX-Pre 新增加了界面客户定制功能,允许客户添加自己感兴趣的菜单。

作为 ANSYS FLUENT、CFX 统一的后处理模块,CFD-POST 13.0 能更好的支持 FLUENT 的计算结果,包括 DPM 模拟的结果后处理。针对新增加的瞬态叶栅模型,CFD-POST

增加了后处理宏，以计算其效率等宏观性质。新的后处理的速度也比以前的速度更快，尤其是两个方案进行对比的时候。如果你配备了支持 3D 技术的显卡和显示器，CFD-POST13.0 支持的 3D 功能可以直观的显示出立体的效果。

第二节　ANSYS 应用实例

一、建立模型

打开 ANSYS，在前处理模型中建模，Preprocessor/Modeling/Create/Keypoints/In Activecs，如图 11-1 所示。

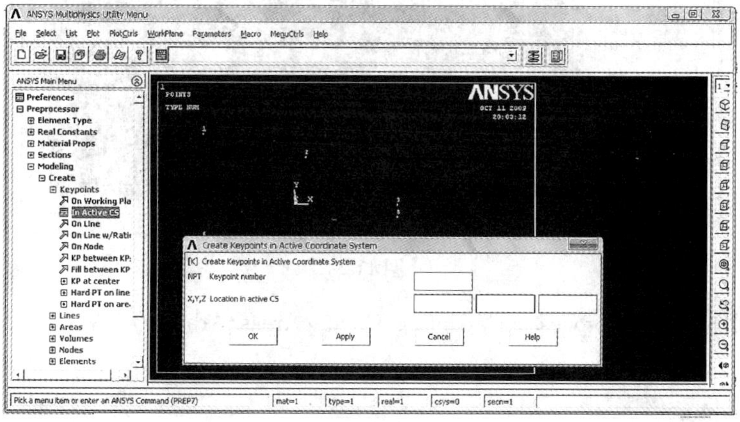

图 11-1

在对话框中输入关键点编号和坐标值，然后点击“Apply”，直到所有都输入完毕，点击“OK”，如图 11-2 所示。

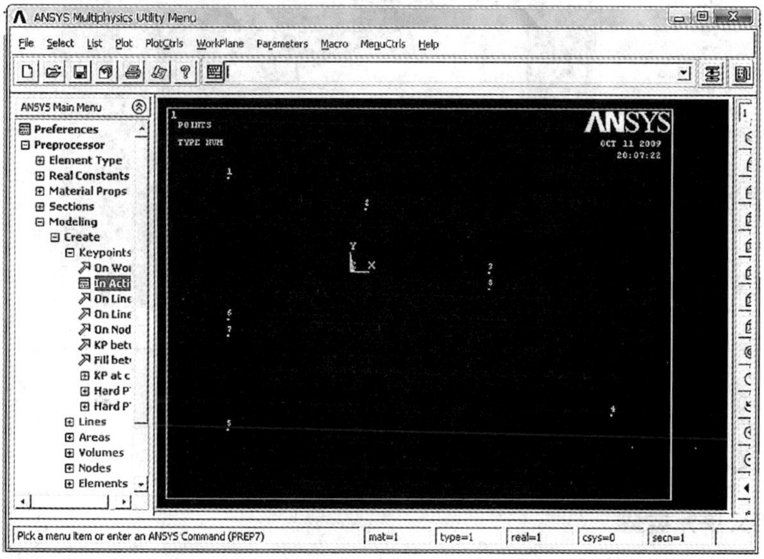

图 11-2

Preprocessor/Modeling/Create/Line/Lines/Straight Line，画直线，并依次将各点用直线连接起来。Preprocessor/Modeling/Create/Line/Splines/Spline Thru KPs，画曲线，并依次将各点用直线连接起来。如图 11-3 所示。

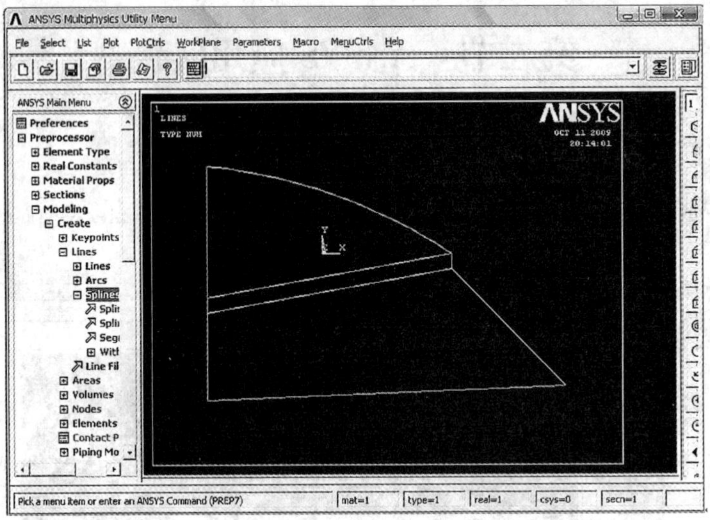

图 11-3

通过线生成面，Preprocessor/Modeling/Create/Areas/Arbitrary/By Lines，如图 11-4 所示。

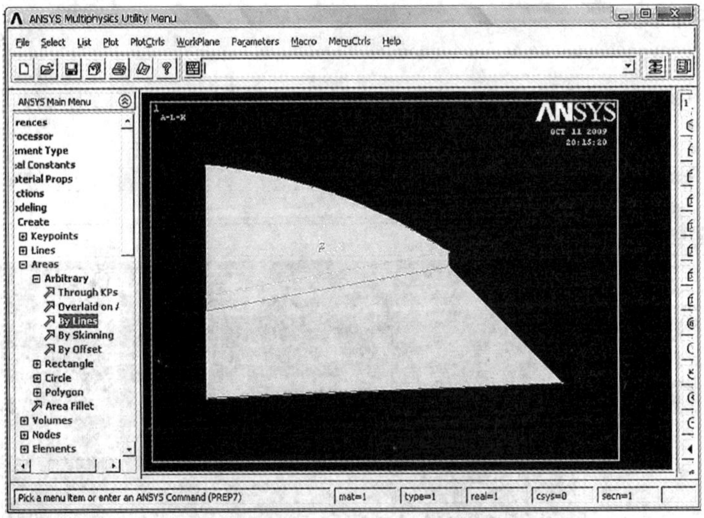

图 11-4

二、定义单元类型及其属性

（一）定义单元类型

Preprocessor/Element Type/Add/Edit/Delete，定义单元类型，在对话框中选择 add 添加单元类型，选择单元类型 solid/quad 4node 42（4 节点平面单元），如图 11-5 所示。

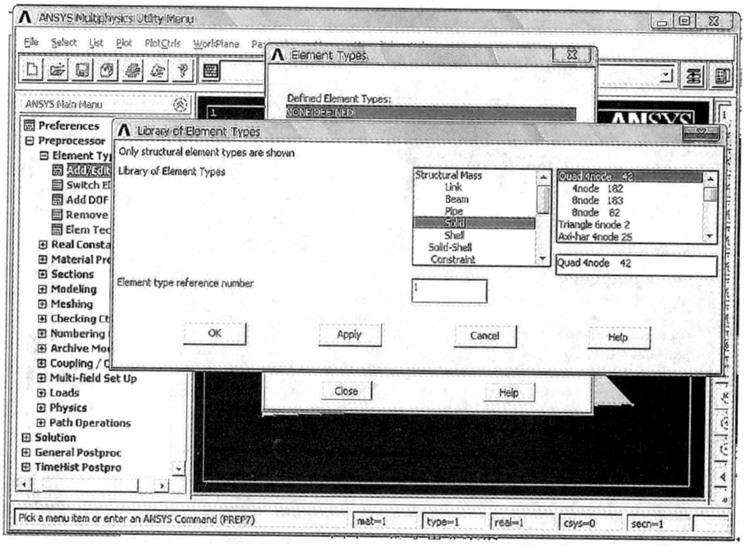

图 11-5

点击“Options…”，在对话框中为平面单元定义坐标系统和平面应力、平面应变、轴对称等分析问题的类型，此处边坡为平面应变问题，选择“Plane Strain”选项，如图 11-6 所示。

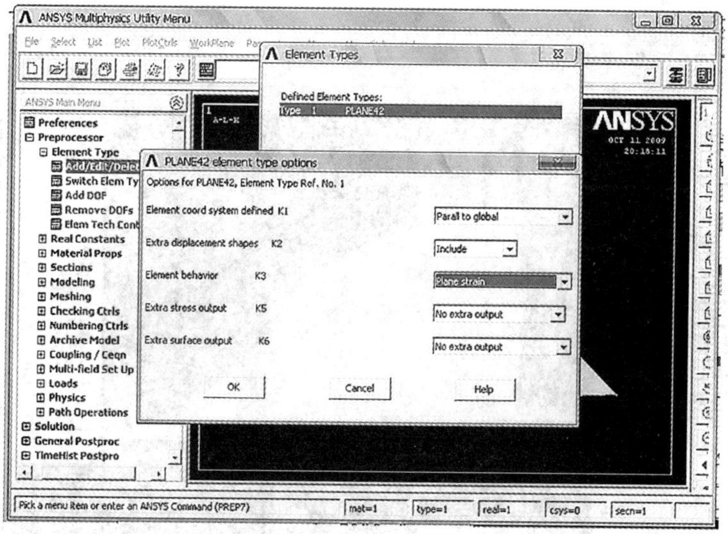

图 11-6

（二）定义单元属性

Preprocessor/Material Props/Material Models，点击将出现定义材料属性的对话框，可以添加材料编号，Structure/Liner/Elastic/Isotropic，在对话框中输入弹性模量和泊松比的值，如图 11-7 所示。Structure/Density，在对话框中输入材料的密度值。

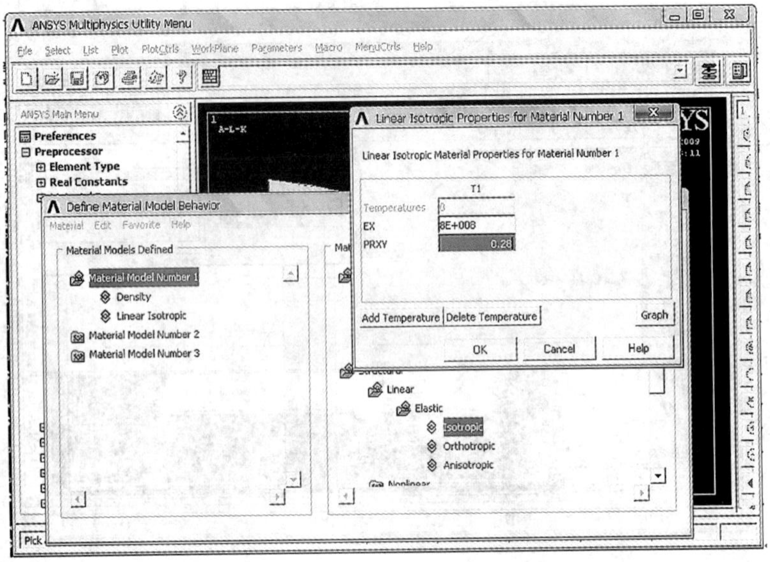

图 11-7

三、划分单元

Preprocessor/Meshing/Mesh Tool,在弹出的 mesh tool 中定义要划分的类型,可以选择材料编号,单元的类型,如图 11-8 所示。

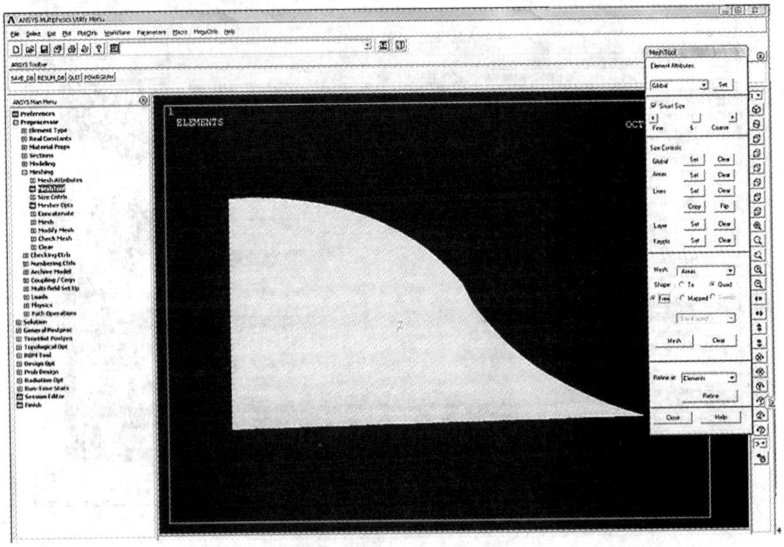

图 11-8

四、定义边界条件

边界条件分为位移边界条件和荷载边界条件。Solution/Define Loads/Apply/Structural/Displacement/On Lines,施加位移边界条件,如图 11-9 所示。

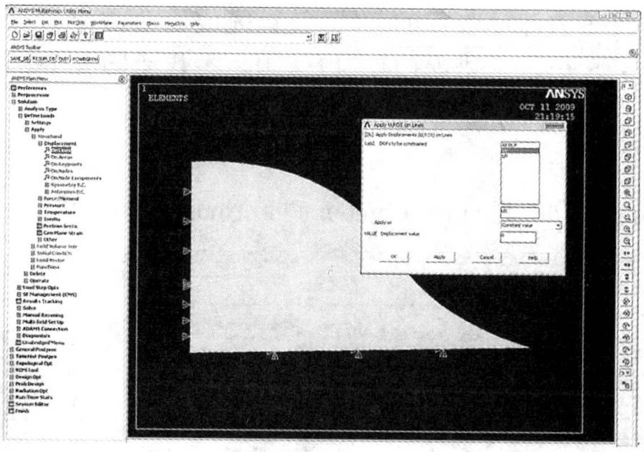

图 11-9

Solution/Define Loads/Apply/Structural/Inertia/Gravity，在对话框中输入重力加速度，如图 11-10 所示。

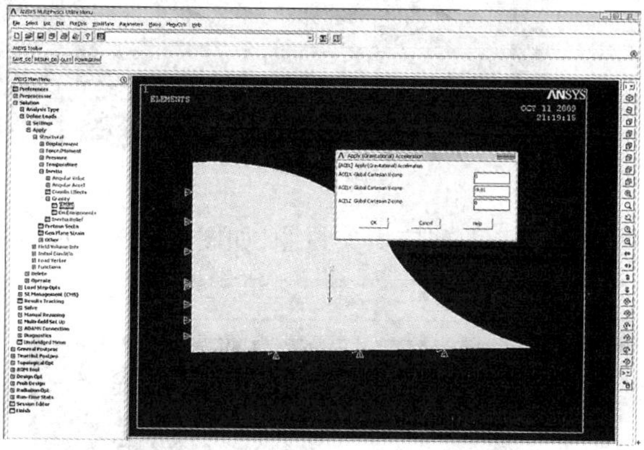

图 11-10

五、求解计算

初始计算前先定义计算分析类型，Solution/Analysis Type/New Analysis，在对话框中选择 static，确认求解信息后，点击 Solution/Solve/Current LS，点击“OK”进行计算，如图 11-11 所示。

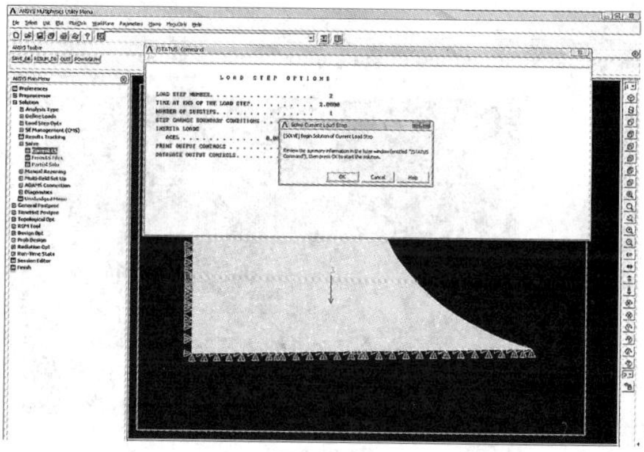

图 11-11

计算时,ANSYS 会显示计算收敛的曲线,计算完成后会弹出“Solution is done!”信息。如果计算不收敛,ANSYS 会给出错误信息,以便用户查找原因并分析改正。

六、计算结果分析

(1)General Postproc/Plot Results/Contour Plot/Nodal Solu/,位移云图如图 11-12 所示。

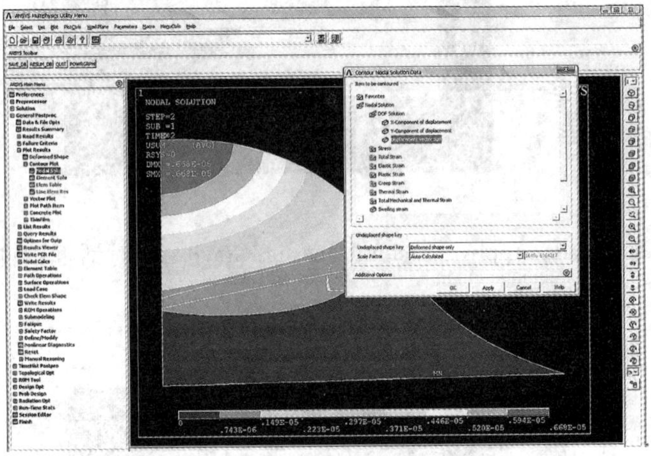

图 11-12

(2)相应地可以做出应力云图和应力矢量图,如图 11-13 所示。

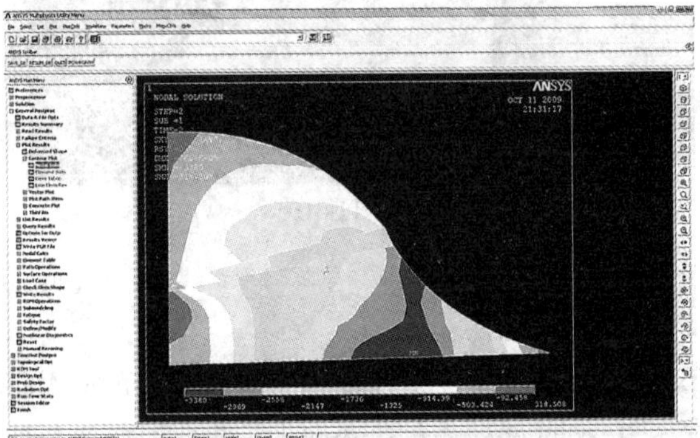

(a)

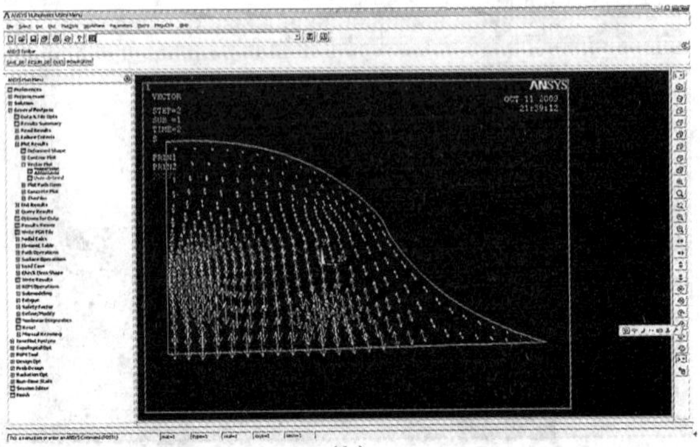

(b)

图 11-13

第三节　ANSYS 工程实例

一、水电站厂房区基本工程地质条件

水电站厂房位于花椒坡地，为地面式厂房，由主厂房、副厂房、安装间组成，长 58 m，宽 21 m，高 35.5 m，机组安装高程为 2 588.5 m。变电站位于厂房南侧。

（一）计算区地形地貌特征

厂房区位于硕多岗河左岸花椒坡村一带，海拔 2 590 ~2 650 m。厂房区北侧为基岩山体，上陡下缓，地形坡度 30° ~50°，植被发育，南侧为由崩坡积物形成的台地，上部地形坡度 20° ~40°，植被较发育，高程 2 610 m 以下（前缘部位）地形相对平缓，地形坡度为 10°左右，并多被开垦为农田，厂房即建于此台地上。右岸均为基岩山体，地形坡度 30° ~50°，植被发育。厂房区段岸坡无较大冲沟发育，地形相对完整。

（二）区内分布的主要地层组合

厂房区出露地层主要为石炭系上统灰色中厚层状结晶灰岩（C_3ls）和二叠系下统砂质板岩（P_1sl）及结晶灰岩（P_1ls）。结晶灰岩呈中厚层状，层理不明显，岩石坚硬，抗风化能力强。二叠系砂质板岩（P_1sl）以灰色（粉）砂质板岩夹泥质板岩为主，局部夹绢云母板岩和片岩，岩层呈薄层状，板理发育，板理厚 0.5 ~2 cm，岩石较软弱，风化强烈；地质测绘及钻孔揭示，在砂质板岩中有结晶灰岩（P_1ls）呈夹层或透镜体状分布，灰岩的岩石坚硬，风化较弱。工程地质横剖面如图 11-14 所示。

第四系松散堆积物有：崩坡积层（Q_4^{col+dl}）主要分布于左岸厂房处及后部山坡坡脚一带，高程 2 900 ~2 600 m 一带厚度一般为 10 ~25 m（ZK20 号钻孔揭示最厚达 33.1 m），高程 2 600 m 至河边厚度为 2 ~10 m，崩坡积物成分主要为碎石土（灰岩碎块、板岩岩屑及风化粉土），表层结构疏松，下部结构较密实，钻孔揭示，高程 2 600 m 以下碎石土的含泥量相对较高；在右岸河边局部也有少量崩坡积物堆积，厚度 2 ~10 m，成分与左岸相同；洪积层（Q_4^{pl}）分布于崩坡积物南侧靠近河床一带及台地局部地段的崩坡积物下部（个别钻孔中有揭示），厚度 4 ~4.5 m，成分主要为砂土、卵砾石，结构较疏松；冲积层（Q_4^{al}）主要分布于河床底部，厚度 1 ~2 m，成分主要为砂砾石。厂房区钻孔覆盖层厚度见表 11-1。

表 11-1　厂房区钻孔覆盖层厚度统计

孔号		ZK9	ZK10	ZK11	ZK12	ZK13	ZK18	ZK19	ZK20	ZK21	ZK29	ZK30
覆盖层厚度（m）	崩坡积	2.45	6.70	2.40	—	4.93	19.30	25.30	33.10	12.00	8.20	14.50
	洪积	—	—	4.10	4.50	—	—	—	—	—	—	—
	合计	2.45	6.70	6.50	—	4.93	19.30	25.30	33.10	12.00	8.20	14.50

（三）地质构造简况

厂房区位于山神庙后山复式背斜转折端西侧，岩层产状左岸为走向北西，倾向北东，

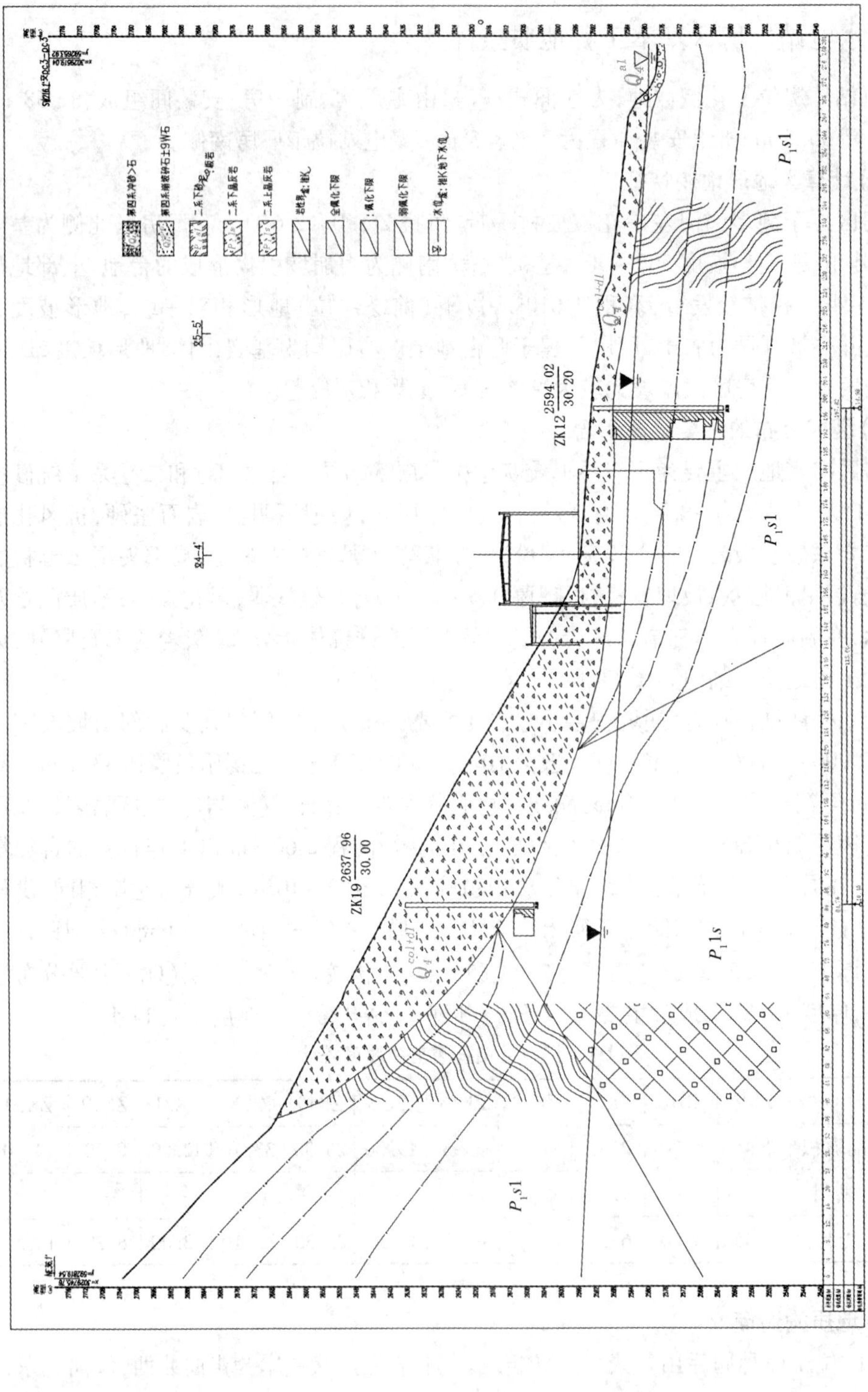

图 11-14　工程地质横剖面

倾角 25° ~55°，右岸为走向北西，近直立及倾向南西，倾角 55° ~90°。由河道两岸的岩层产状分析，在厂房附近沿顺河方向呈现为一背斜形态。

厂房区内仅见一条断裂花椒坡道班断裂（F_{2-2}），该断裂为一家村断裂（F_2）之派生断裂，在厂房区范围内呈弧形展布，其为沿上石炭统（C_3）与下二叠统（P_1）的接触面所形成的北倾压性断裂，倾角 31°。上石炭统 C_3 逆冲于下二叠统（P_1）之上。该断裂位于厂房北东 150 m，高程 2 725 m 以上。同时，该断层形成时代较早，未见有活动迹象，因此对厂房不会构成不利影响。

厂房区的裂隙划分为两组优势方向：

（1）NE75° ~80°SE∠25° ~85°，较发育，微张，充填物以碳酸盐岩细脉为主。

（2）NW310° ~320°NE（SW）∠50° ~85°，发育，宽张，延伸较长，充填物以泥质为主。

第（2）组裂隙切割第（1）组裂隙。

（四）基本水文地质条件

在厂房区左岸未发育地下水露头，部分勘探钻孔揭示的地下水埋深为 5 ~14 m，右岸岸坡地表有小股水流排向河床。推测厂房区的地下水主要为第四系覆盖层孔隙水及基岩裂隙水，水位埋深为 5 ~20 m，接受大气降雨补给，两岸的地下水均排泄给硕多岗河。

（五）岩体风化及物理地质现象

厂房区北侧石炭系灰岩中存在一崩塌体，其左缘距厂房上游侧边缘 70 m 左右。崩塌体后缘边界高程为 2 730 m，河边出露宽度约 120 m（平均宽度 100 m 左右），坡度为 35° ~40°；表层多见灰岩大块石（块石最大直径约 8 m），估计崩塌堆积物厚度 10 ~25 m，体积约 18 万 m^3，对现选定的厂房位置影响不大。

厂房范围内，基岩主要为二叠系下统砂质板岩（P_1sl），局部泥质板岩和结晶灰岩透镜体，岩体风化强烈。钻孔揭示，其全风化厚度为 2.7 ~14.6 m（个别钻孔无全风化层），强风化厚度为 3.5 ~21.3 m（见表 11-2）。

（六）岩石物理力学性质

根据进行的室内岩石物理力学性质试验，主要岩石物理力学参数见表 11-3、表 11-4、表 11-5。

表 11-2　厂房附近钻孔风化层厚度统计

孔号	岩性	全风化厚度（m）	强风化厚度（m）	说明
ZK9	泥质板岩	9.65	3.50	
ZK10	泥质及砂质板岩	14.60	21.30	
ZK11	泥质板岩	4.70	13.70	
ZK12	泥质板岩	14.30	10.20	
ZK13	泥质板岩及结晶灰岩透镜体	9.97	17.80	强风化层上部为灰岩，下部为板岩
ZK20	砂质板岩	—	6.40	
ZK21	砂质板岩	—	11.30	
ZK29	砂质板岩	3.40	6.00	
ZK30	砂质板岩	2.70	6.10	

表 11-3 厂房区板岩岩石物理性质指标

岩石名称	风化程度	干密度(g/cm^3)	饱和密度(g/cm^3)	自然吸水率(%)	饱和吸水率(%)
砂质、泥质板岩	弱风化、微风化	$\frac{2.82 \sim 2.78}{2.80}$	$\frac{2.81 \sim 2.78}{2.80}$	$\frac{0.18 \sim 0.07}{0.13}$	$\frac{0.23 \sim 0.08}{0.15}$

表 11-4 厂房区板岩抗压强度、变形模量等指标汇总

岩石名称	风化程度	抗压强度(MPa)		变形模量 E_{50}(万 MPa)		泊松比 μ_{50}		软化系数
		干燥	饱和	干燥	饱和	干燥	饱和	
砂质、泥质板岩	弱风化、微风化	$\frac{64.9 \sim 51.3}{57.9}$	$\frac{55.9 \sim 13.8}{38.5}$	$\frac{9.93 \sim 6.84}{7.98}$	$\frac{9.75 \sim 2.31}{6.59}$	$\frac{0.30 \sim 0.17}{0.25}$	0.27	0.67

表 11-5 厂房区板岩抗拉强度、抗剪(断)参数汇总

岩石名称	风化程度	抗拉强度(MPa)		抗剪断			抗剪		
		干燥	饱和	c'(MPa)	f'	φ'(°)	c(MPa)	f	φ(°)
砂质、泥质板岩	弱风化、微风化	2.8	$\frac{2.5 \sim 2.0}{2.2}$	8.1	1.3	52.4	2.0	0.77	37.6

注:抗拉强度为平行于层理的劈裂法试验。试验结果说明:厂房区板岩的软化系数为 0.67,属软化岩石,饱和抗压强度为 38.5 MPa,属软质岩石类。

(七)厂房区主要的工程地质问题

1. 厂房地基条件

厂房区所处位置地表为第四系崩坡积物,崩坡积物主要由灰岩岩块、板岩岩屑以及风化粉土组成,局部有直径为 1 ~ 2 m 的崩塌灰岩孤石,分布在高程 2 585 ~ 2 690 m 内,厂房附近厚度为 3 ~ 10 m。其下伏基岩为砂质板岩,局部有结晶灰岩透镜体,岩石风化较强烈,板岩全风化带厚度为 3 ~ 15 m,强风化带厚度为 3.5 ~ 21.0 m,灰岩无全风化,强风化带厚度为 3 ~ 7 m。覆盖层表层结构较疏松,下部结构密实。但其均匀性较差,接近厂房部位崩坡积物的泥质含量相对较高,不适宜作为厂房基础的持力层。全风化板岩的完整性极差,也不宜作为持力层。

施工中若将覆盖层及基岩中的全风化带挖除,下部的强风化带板岩岩体可作为厂房地基持力层,其承载力完全能够满足设计要求,承载力标准值为 0.6 ~ 0.8 MPa。

2. 边坡稳定性

厂房区位于崩坡积体前缘部位,崩坡积体由北西向延伸,呈一带状分布于山体坡脚,崩坡积体长约 1 km,宽 80 ~ 200 m,厚度为 2 ~ 20 m(上部边缘处和近河床部位较薄,花椒

坡村后高程 2 620 ~2 650 m 最厚，其中 ZK20 钻孔揭示厚度为 33.1 m)，崩坡积体的物质组成为板岩岩屑、灰岩岩块及风化粉土，表层结构疏松，下部结构较密实。基岩以二叠系下统 P_1(粉)砂质板岩(夹泥质板岩)为主，局部有灰岩透镜体，岩体风化强烈。

现厂房区的边坡属稳定自然边坡，但由于基坑开挖深度较大(基坑最大挖深近 20 m)，且开挖范围较大(开挖长度近 100 m，宽度大于 20 m)，如果施工开挖中将崩坡积物及下部的支撑岩(土)体挖除，将会对厂房北侧土质边坡的稳定性产生不利影响。由于崩坡积体内物质均一性甚差，尤其是含较大块石体(大于 2 m 者甚多)，所以很难挖出完整较好的坡面形态，建议施工时做好支护。

二、模拟工况及边界条件

(一)模拟工况

为了研究厂房后边坡在各种情况下的应力、位移分布，在模拟时对以下工况进行了计算，以反映在厂房运行时边坡的稳定性。图 11-15 为厂房后山坡处理平面图，图 11-16 为厂房后山坡处理纵剖面图，图 11-17 为边坡开挖及基坑开挖后的计算模型，表 11-6 为边坡开挖及基坑开挖后的计算参数。

根据工程边坡稳定性评价的需要，确定了如下的计算工况及荷载组合，分别为：

(1)原始状态。自重 + 地下水压力(+ 地震力)(GK1)。

(2)施工期。

厂房基坑开挖施工期荷载为：自重 + 地下水压力(+ 地震力)；后山坡开挖施工期荷载为：自重 + 地下水压力(+ 地震力)。又分为：

①1:1.5 时开挖顺序的影响(开挖时候的稳定性，分两步开挖，上部开挖为 GK2-1，第 2 步开挖为 GK2-2)。

②边坡按 1:1.5 方案开挖和基坑开挖后的稳定性(GK3)。

③抗滑桩施工后 + 基坑开挖后的稳定性(GK4)。

④边坡按 1:0.75 方案开挖和基坑开挖后的稳定性(GK5)。

(3)运行期。

⑤后山坡按 1:1.5 时开挖 + 基坑回填 + 厂房建设后的稳定性，荷载为：自重 + 地下水压力(+ 地震荷载)(GK6)。

⑥后山坡按 1:0.75 时开挖 + 基坑回填 + 厂房建设后的稳定性，荷载为：自重 + 地下水压力(+ 地震荷载)(GK7)。

根据国家地震局《中国地震动峰值加速度区划图》和《中国地震动反应周期区划图》，该区地震动峰值加速度为 0.2 g，动反应特征周期为 0.4 s。

(二)计算模型的边界条件

边坡的三维计算模型采用的边界条件为：在边坡下部的坡后、坡的上下游的外部剖面上施加三个方向的位移，并认为其位移等于 0；在坡面的最底面也认为三个方向的位移为 0。

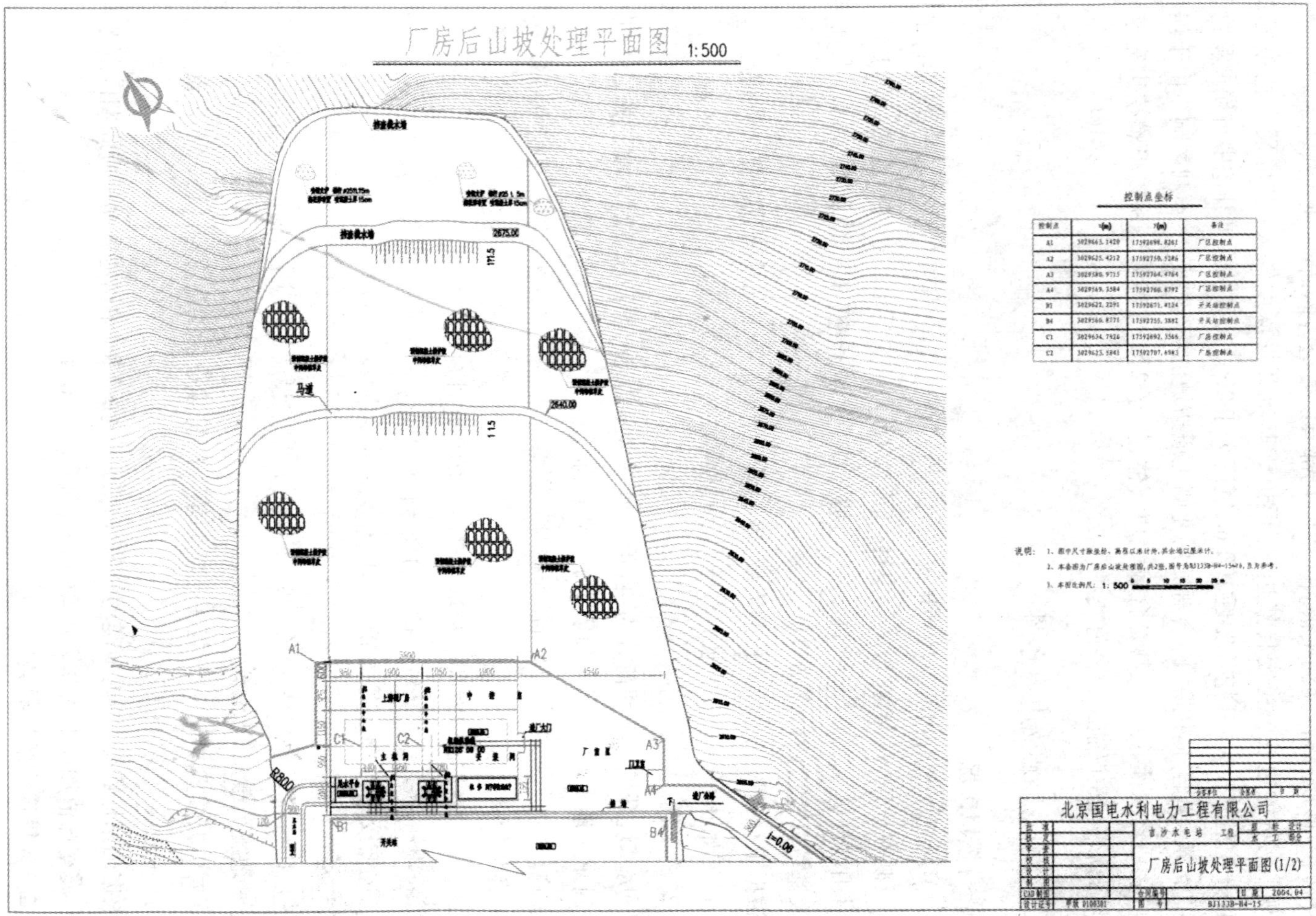

图 11-15 厂房后山坡处理平面图

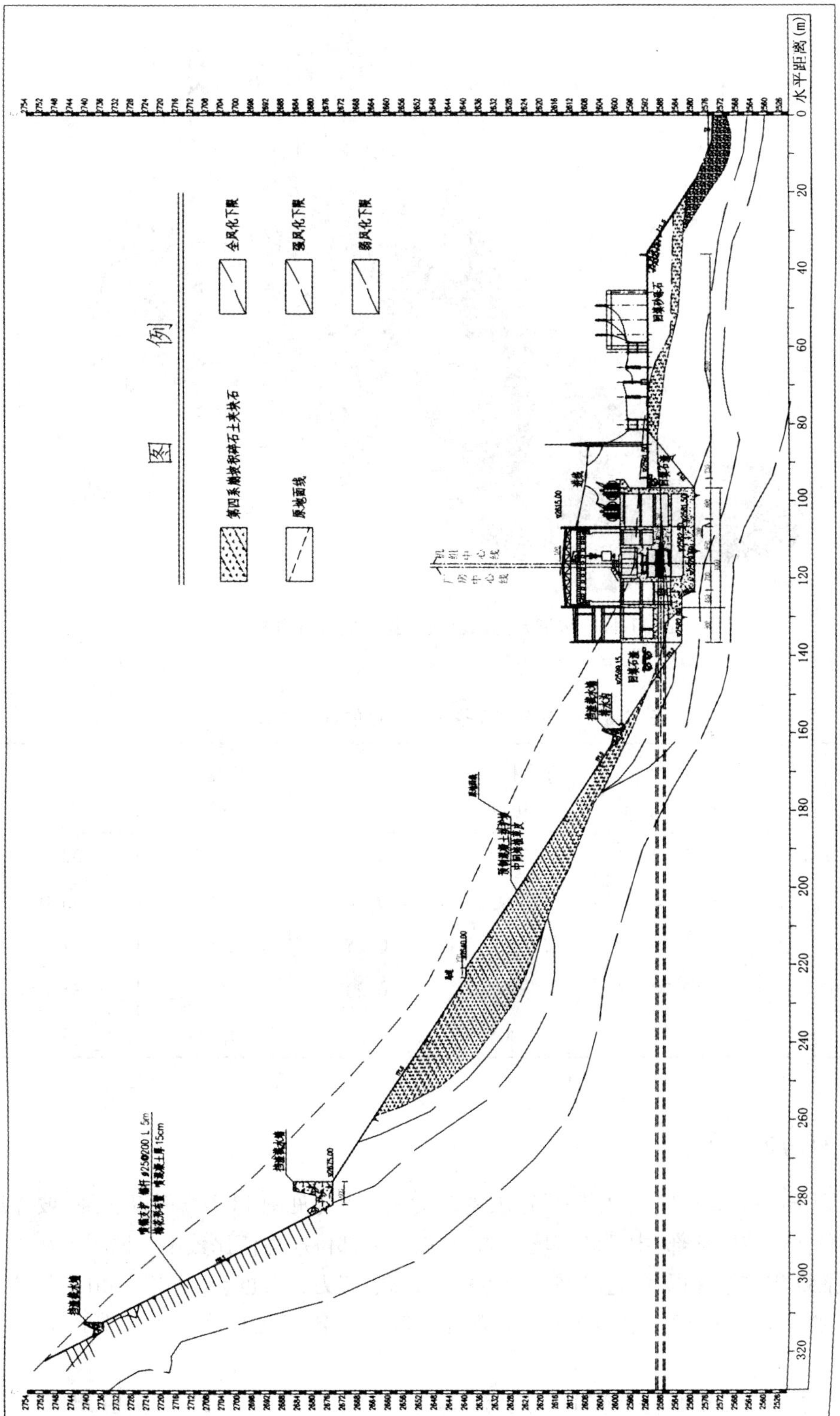

图 11-16 厂房后山坡处理纵剖面图

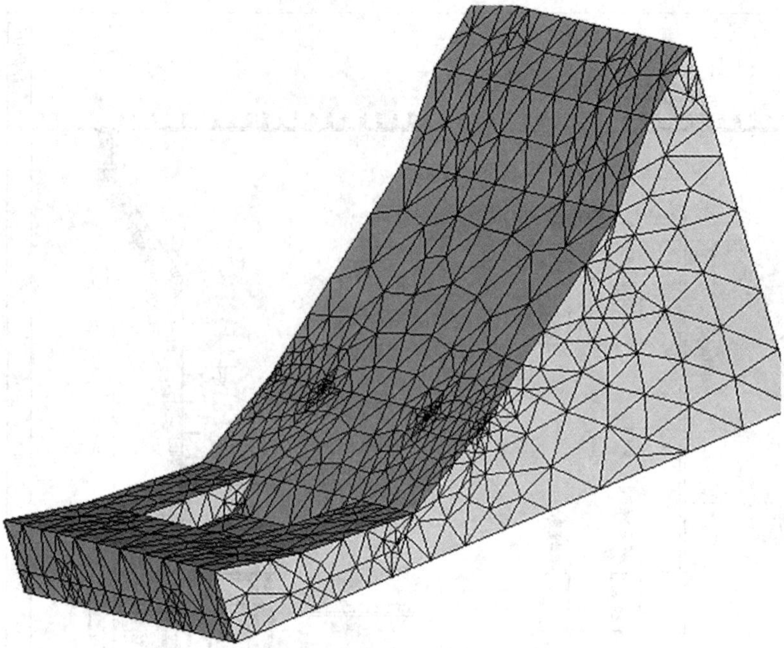

图 11-17　边坡开挖及基坑开挖后的计算模型

表 11-6　边坡开挖及基坑开挖后的计算参数

岩性	密度($\times 10^3$ kg/m^3)	弹性模量(GPa)	泊松比	内聚力(MPa)	摩擦角(°)
风化板岩	2.12	10.0	0.32	0.12	32.0
风化板岩(加固)	2.20	16.0	0.30	0.22	33.0
板岩	2.80	79.80	0.25	2.00	37.6
结晶灰岩	2.78	75.0	0.23	4.9	35.6
堆积物	1.97	0.20	0.33	0.008	30

三、总体应力分布

从边坡开挖和基坑开挖后厂房后边坡的应力矢量图(见图 11-18)可以看到,坡体应力主要分布在坡体的顶部、中部和基坑的周围,在其他部位应力值比较小。说明了在中部第四系松散堆积物挖除以后,边坡在一定范围内卸载,应力分布也有所变化。由于基坑的开挖,形成临空面,所以基坑的周围的应力也比较大。各工况具体结果及对比分析见表 11-7、表 11-8。

从第一主应力分布图(见图 11-19)上看,坡体第一主应力主要表现为负值,即坡体以受压应力为主,说明坡体在荷载为自重和地下水压力的情况下,坡体第一主应力主要表现为压应力。只在坡体的顶部出现了拉应力,最大达到 1.15 MPa。

在厂房后边坡的第三主应力分布图(见图 11-20)上可以看出:坡体的绝大部分应力值为负,负值表明为压应力。在坡体中部和基坑的底部压应力最大,压应力的绝对值为最大,最大达到 -1.71 MPa。

四、局部结果分析

(一)各个方向位移结果分析

从边坡开挖和基坑开挖后厂房后边坡的位移矢量图(见图 11-21)看,位移分布分为两个部分,第一部分在坡体上部,呈环状分布,中心的位移为负最大,向四周逐渐减小,位移值变化区间为 0.173 ~0 mm。第二个位移变化区间分布在基坑周围,由于基坑上部放坡比较平缓,所以位移变化很小,另一侧由于放坡比较陡,位移值相对比较大。

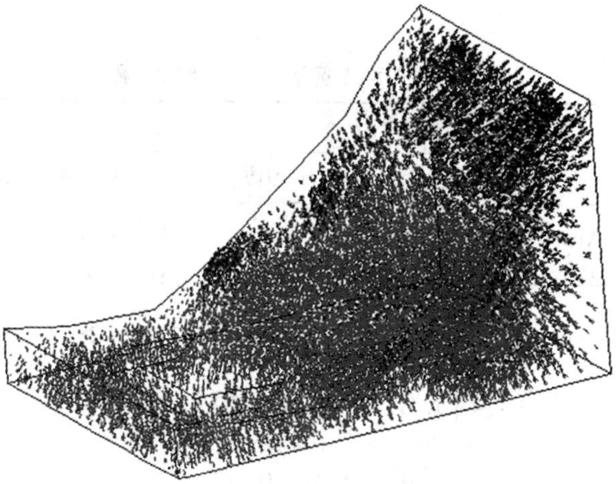

(a)

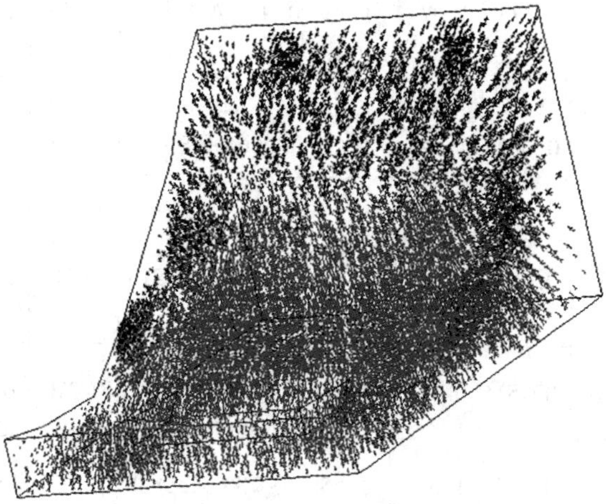

(b)

图 11-18 边坡开挖和基坑开挖后厂房后边坡的应力矢量图

从边坡开挖和基坑开挖后厂房后边坡竖直方向的位移看，位移以坡体中部为圆心，向四周呈环性分布，且向四周环逐渐变小，在中上部处位移值为最大，为 1.077 mm。从图 11-21上看，第四系松散堆积物部位的位移值明显大于其他部位的位移值。

(二)各个方向的应力分布

垂直河方向的应力分布为：坡体大部分受力为负值，只在坡体的后缘出现正值，说明坡体在垂直河方向的受力以压应力为主。最大拉应力出现在坡顶附近，在图 11-19 中显示为 *MX*，最大达到 0.552 MPa。最小应力分布于坡体中下部的表层，在图 11-19 中显示为 *MN*，最大达到 -0.54 MPa。

从竖直方向的应力分布图分析，坡体大部分受力为负值，说明坡体在竖直方向的受力以压应力为主，最大压应力出现在坡体底部，在图 11-20 中显示为 *MN*。只在坡体的后缘出现正值，最大拉应力远小于压应力的值。最大压应力为 -1.71 MPa，而最大拉应力为 0.11 MPa。

表 11-7　各种工况下的模拟计算结果

工况			无地震作用					有地震作用				
			最大位移(mm)			应力(MPa)		最大位移(mm)			应力(MPa)	
			总位移	垂直河向	竖直方向	σ_1	σ_3	总位移	垂直河向	竖直方向	σ_1	σ_3
自然	自然状态		3.803	3.73	0.012	1.24	0.197	53.071	28.59	37.68	32.80	14.90
施工期	1:1.5 分步开挖	1	1.52	0.034	1.493	1.37	0.157					
		2	1.991	0.937	1.789	1.24	0.118					
	1:1.5 开挖+基坑开挖		1.085	0.173	1.077	1.15	0.078 7	1.144	0.303	1.102	1.21	0.044 5
	抗滑桩+基坑开挖		2.064	0.662	1.978	1.42	0.066	28.981	10.695	27.399	1.58	0.116
	1:0.75 开挖+基坑开挖		2.039	0.650	1.956	1.39	0.078	23.813	10.705	21.957	1.59	0.114
运行期	1:1.5 方案		0.981	0.151	0.974	1.28	0.115	1.044	0.310	0.999	1.26	0.097
	1:0.75 方案		1.713	0.644	1.617	1.55	0.733	15.888	0.268	15.530	1.36	0.337

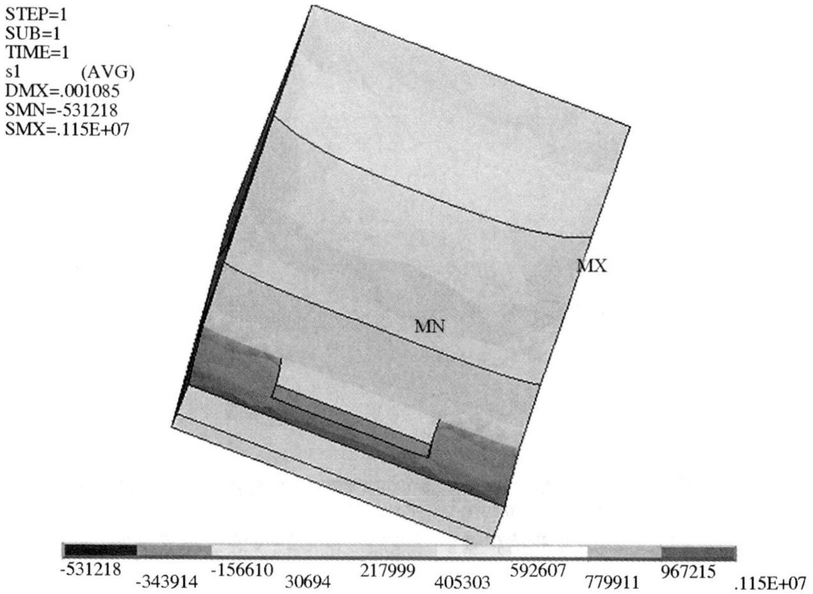

图 11-19　边坡开挖和基坑开挖后厂房后边坡的第一主应力分布

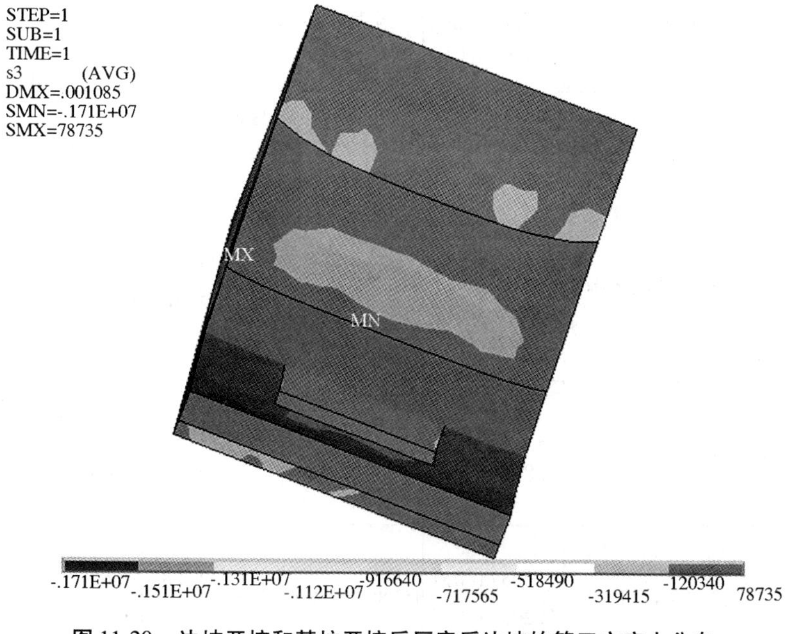

图 11-20　边坡开挖和基坑开挖后厂房后边坡的第三主应力分布

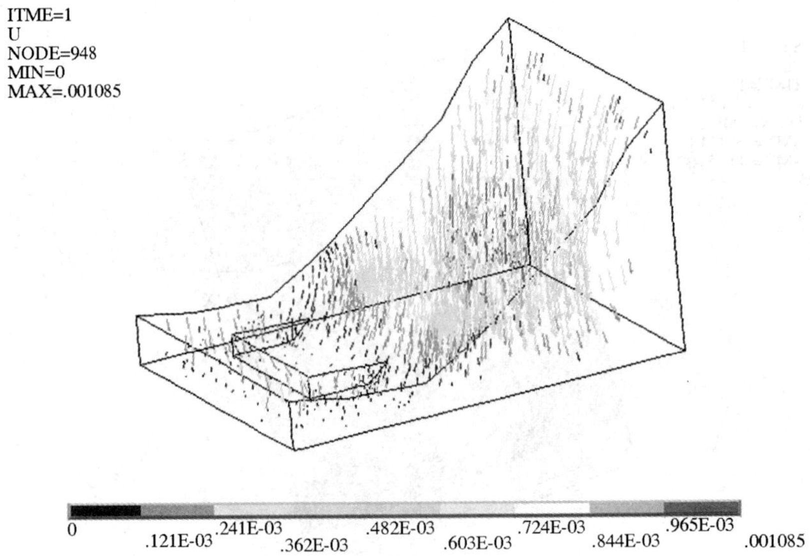

图 11-21　边坡开挖和基坑开挖后厂房后边坡的位移矢量图

表 11-8　3D 有限元模拟与极限平衡分析主要结果对比

工况		无地震作用					有地震作用					规范规定（GB 50330—2002）
		最大位移(mm)			安全系数（Janbu/推力传递法）		最大位移(mm)			安全系数（Janbu/推力传递）		
		总位移	垂直河向	竖直方向	天然	饱和	总位移	垂直河向	竖直方向	天然	饱和	
自然	自然状态	3.803	3.73	0.012	1.311 1.453	1.253 1.354	53.071	28.59	37.68	1.107 1.104	1.082 0.998	折线滑动 1.35、圆弧滑动 1.30
运行期	1∶1.5 方案	0.981	0.151	0.974	1.772 1.807	1.621 1.638	1.044	0.310	0.999	1.580 1.605	1.433 1.408	
	1∶0.75 方案	1.713	0.644	1.617	1.203 1.200	1.031 1.022	15.888	0.268	15.530	1.081 1.076	0.814 0.762	

第十二章 FLAC3D 应用与实践

第一节 显式有限差分法程序——FLAC

一、FLAC3D 的基本原理与步骤

FLAC3D(Fast Lagrangian Analysis of Continua)是可以完成“连续介质快速拉格朗日分析”的显式有限差分法。

拉格朗日元法是一种分析非线性大变形的数值方法,这种方法依然遵循连续介质的假设,利用差分格式,按时步积分求解,随着构形的变化不断更新坐标,允许介质有大的变形。与有限单元法相比,拉格朗日元法具有以下优点:

(1)对于塑性破坏和塑性流动模型,“混合离散化”方法能够准确地进行描述。这种方法与有限单元法常用的“降低完整性”的方法相比较从物理上来讲更为合理。

(2)全动态的分析使得它适合于解决物理上的不稳定过程问题。

(3)与隐式法相比,FLAC3D 在求解时采用了有限差分技术、空间离散技术以及动态求解技术。通过这三种方法,把连续介质的运动方程转化为在离散单元节点上的离散形式的牛顿第二定律,从而这些差分方程可用显式的有限差分技术来求解。采用显式差分解决方案在解决非线性问题上可以节省大量的机时,而且,它无须存储任何计算矩阵,这意味着:①大量的单元只需有限的计算机存储空间;②由于无须刚度矩阵的更新,计算大应变问题和计算小应变问题相比几乎不增加运算机时。概言之,拉格朗日元法的优点体现在解决非线性问题和大应变问题以及模拟物理上的不稳定过程上。

由于拉格朗日元法基于动力学方程,采用了动态求解方法,因此能够更好地用于模拟动态问题。

FLAC3D 软件是由美国 Itasca Consulting Group, Inc. 为地质工程应用而开发的连续介质显式有限差分计算软件三维版。该软件主要适用于模拟计算岩土体材料的力学行为及岩土材料达到屈服极限后产生的塑性流动,对大变形情况应用效果更好。

FLAC3D 具有一个功能强大的网格生成器,有 12 种基本形状的单元体可供选择,利用这 12 种基本单元体,几乎可以构成任何形状的空间立体模型。

FLAC3D 自身设计有 9 种材料本构模型:

(1)空模型(Null Model);

(2)弹性各向同性材料模型(Elastic, Isotropic Model);

(3)弹性各向异性材料模型(Elastic, Anisotropic Model);

(4)德拉克 - 普拉格弹塑性材料模型(Drucker - Prager Model);

(5)莫尔 - 库仑弹塑性材料模型(Mohr - Coulomb Model);

(6)应变硬化、软化弹塑性材料模型(Strain Hardening/Softening Mohr - Coulomb Model);

(7)多节理裂隙材料模型(Ubiquitous Joint Model);

(8)双曲型应变硬化、软化多节理裂隙材料模型(Bilinear Strain Hardening/Softening Ubiquitous Joint Model);

(9)修正的 Cam 黏土材料模型(Modified Cam - Clay Model)。

除上述本构模型外,FLAC3D 还可进行动力学问题、水力学问题、热力学问题等的数值模拟。

FLAC3D 的优点体现在它拥有功能强大的可以内嵌的 FISH 语言,用户可根据自身需求,自己设计材料的本构模型、屈服准则、支护方案、复杂形状的开挖方式等工作,可以根据自己的需要进行编程,定义本构关系,划分网格,布置动态监测点。

(一)基本概念定义

1. 符号的规定

在拉格朗日元算法公式中,介质中任意一点的矢量分量 x_i、u_i、v_i、dx_i/dt($i=1,2,3$)分别表示该点的位置、位移、速度以及加速度。a_i 表示矢量[a]的 i 分量,A_{ij}表示张量[A]的分量。a_i'表示 a 对 x_i 的偏导数。

2. 基本方程

(1)应力。

如果任意一点的应力状态可以用对称的应力张量 σ_{ij} 表示,那么在任意一个面上(单位法线矢量为[n])作用的拉力[t](规定拉力为正)都能够表达为

$$t_i = \sigma_{ij} n_j \tag{12-1}$$

(2)几何方程。

对于任一节点,应变速率张量 ξ_{ij}可以表达为

$$\xi_{ij} = \frac{1}{2}(v_{i,j} + v_{j,i}) \tag{12-2}$$

式中 v_i——节点速度矢量的 i 分量。

(3)运动方程。

根据弹性理论,运动方程可以表示为

$$\sigma_{ij,j} + \rho b_i = \rho \frac{dv_i}{dt} \tag{12-3}$$

式中 ρ——介质的密度;

b_i——体力密度。

在静态情形下,$d[v]/dt=0$,则式(12-3)变为

$$\sigma_{ij,j} + \rho b_i = 0 \tag{12-4}$$

(4)本构方程。

本构方程可以表示为

$$[\breve{\sigma}_{ij}] = H_{ij}(\sigma_{ij}, \xi_{ij}, k) \tag{12-5}$$

式中 $[\breve{\sigma}_{ij}]$——应力速率张量;

H_{ij}——函数表达式；

k——一个与加载历时有关的参数。

拉格朗日算法的基本计算环节包括应变速率的计算、应力的计算、速度和位移的计算以及对于大应变问题的网格更新。

(二)基本原理与步骤

1. 应变速率的计算

如图 12-1 所示的四面体单元，利用高斯定理将空间积分 $\int_V v_{i,j}\,\mathrm{d}V$ 转换为面积分，V 和 S 分别为四面体的体积和表面积，n_j 是四面体表面的外法线方向。

$$\int_V v_{i,j}\mathrm{d}V = \int_S v_i n_j \mathrm{d}S \tag{12-6}$$

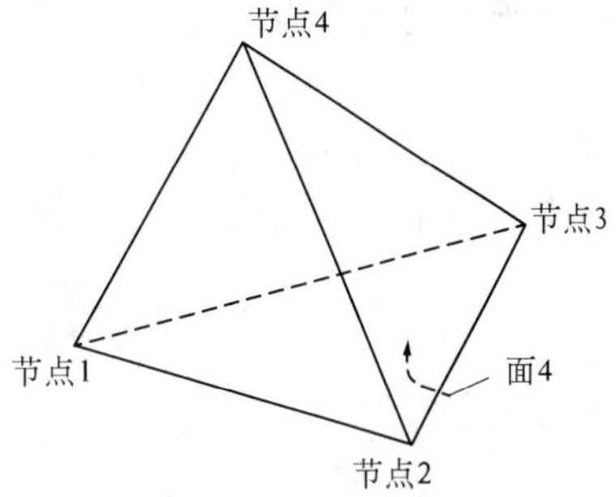

图 12-1 四面体单元

根据定积分的含义，式(12-6)可以写成

$$V v_{i,j} = \sum_{f=1}^{4} \overline{v_i}^{\langle f\rangle} n_j^{\langle f\rangle} S^{\langle f\rangle} \tag{12-7}$$

其中，上标$\langle f\rangle$表示该变量在f面上，$\overline{v_i}^{\langle f\rangle}$表示$\langle f\rangle$面上三节点速度分量 v_i 的平均值，因此有

$$\overline{v_i}^{\langle f\rangle} = \frac{1}{3}\sum_{l=1,l\neq f}^{4} v_i^l \tag{12-8}$$

式中 v_i^l——节点 l 上的速度分量 v_i。

把式(12-8)代入式(12-7)中，则有

$$V v_{i,j} = \frac{1}{3}\sum_{l=1}^{4} v_i^l \sum_{f=1,f\neq l}^{4} n_j^{\langle f\rangle} S^{\langle f\rangle} \tag{12-9}$$

根据高斯定理可知：

$$\sum_{f=1}^{4} n_j^{\langle f\rangle} S^{\langle f\rangle} = 0 \tag{12-10}$$

因此由式(12-9)可以求得 $v_{i,j}$：

$$v_{i,j} = -\frac{1}{3V}\sum_{l=1}^{4} v_i^l n_j^{\langle l\rangle} S^{\langle l\rangle} \tag{12-11}$$

从而应变速率的表达式可以写为

$$\xi_{ij} = -\frac{1}{6V}\sum_{l=1}^{4}(v_i^l n_j^{\langle l\rangle} + v_j^l n_i^{\langle l\rangle}) S^{\langle l\rangle} \tag{12-12}$$

这样就可以得到四面体单元每个节点的应变速率张量。

2. 运动方程在节点的表达

运动方程可写为

$$\sigma_{ij,j} + \rho B_i = 0 \tag{12-13}$$

其中体力定义为

$$B_i = b_i - \frac{\mathrm{d}v_i}{\mathrm{d}t} \tag{12-14}$$

通过有限差分近似,用在体力[B]作用下的连续常应变四面体单元对分析模型进行离散化处理。节点力$[f]^n(n=1,2,3,4)$可以利用虚功原理得到。

假定节点虚速度为$\delta[v]^n$(它将在四面体中引起一个线性速度场和一个常应变速率$\delta[\xi]$)。外力所做的功率可以表示为

$$E = \sum_{n=1}^{4} \delta v_i^n f_i^n + \int_V \delta v_i B_i \mathrm{d}V \tag{12-15}$$

内力所做的功率为

$$I = \int_V \delta \xi_{ij} \sigma_{ij} \mathrm{d}V \tag{12-16}$$

把应变速率的表达式(12-12)代入式(12-16),则

$$I = -\frac{1}{6}\sum_{l=1}^{4} (\delta v_i^l \sigma_{ij} n_j^{\langle l \rangle} + \delta v_j^{\langle l \rangle} \sigma_{ij} n_i^{\langle l \rangle}) S^{\langle l \rangle} \tag{12-17}$$

定义一个矢量T_i^l

$$T_i^l = \sigma_{ij} n_j^{\langle l \rangle} S^{\langle l \rangle} \tag{12-18}$$

那么式(12-17)变为

$$I = -\frac{1}{3}\sum_{l=1}^{4} \delta v_i^l T_i^l \tag{12-19}$$

把式(12-14)代入式(12-15),则有

$$E = \sum_{n=1}^{4} \delta v_i^n f_i^n + E^b + E^I \tag{12-20}$$

式中　E^b、E^I——体力ρb_i和惯性力所做的虚功率。

对于一个常体力来讲,E^b可以表示为

$$E^b = \rho b_i \int_V \delta v_i \mathrm{d}V \tag{12-21}$$

E^I可以表示为

$$E^I = -\int_V \rho \delta v_i \frac{\mathrm{d}v_i}{\mathrm{d}t} \mathrm{d}V \tag{12-22}$$

利用有限差分近似,假定在四面体内部速度场线性变化,这样便可以得到

$$\delta v_i = \sum_{n=1}^{4} \delta v_i^n N^n \tag{12-23}$$

其中,$N^n(n=1,2,3,4)$可以用局部坐标系x_1'、x_2'、x_3'表示为

$$N^n = c_0^n + c_1^n x_1' + c_2^n x_2' + c_3^n x_3' \tag{12-24}$$

其中,c_0^n、c_1^n、c_2^n、$c_3^n(n=1,2,3,4)$是常数,可通过求解下列方程得到:

$$N^n(x_1'^j, x_2'^j, x_3'^j) = \delta_{nj} \tag{12-25}$$

其中,δ_{nj}是克罗内克尔(Kronecker)函数。利用克莱姆法则(Cramer's rule)求解式(12-25)得c_0^n,有

$$c_0^n = \frac{1}{4} \tag{12-26}$$

这样便可以得到

$$E = \sum_{n=1}^{4} \delta v_i^n \left(f_i^n + \frac{\rho b_i V}{4} - \int_V \rho N^n \frac{\mathrm{d}v_i}{\mathrm{d}t} \mathrm{d}V \right) \tag{12-27}$$

利用虚功原理,得

$$-f_i^n = \frac{T_i^n}{3} + \frac{\rho b_i V}{4} - \int_V \rho N^n \frac{\mathrm{d}v_i}{\mathrm{d}t} \mathrm{d}V \tag{12-28}$$

对于微小的单元,式(12-28)最后一项可以表示为

$$\int_V \rho N^n \frac{\mathrm{d}v_i}{\mathrm{d}t} \mathrm{d}V = \left(\frac{\mathrm{d}v_i}{\mathrm{d}t} \right)^n \int_V \rho N^n \mathrm{d}V \tag{12-29}$$

利用式(12-24)、式(12-26),式(12-29)可以进一步表示为

$$\int_V \rho N^n \frac{\mathrm{d}v_i}{\mathrm{d}t} \mathrm{d}V = \frac{\rho V}{4} \left(\frac{\mathrm{d}v_i}{\mathrm{d}t} \right)^n \tag{12-30}$$

把式(12-30)中惯性力项中的 $\rho V/4$ 用节点虚质量 m^n 代替,这样

$$\int_V \rho N^n \frac{\mathrm{d}v_i}{\mathrm{d}t} \mathrm{d}V = m^n \left(\frac{\mathrm{d}v_i}{\mathrm{d}t} \right)^n \tag{12-31}$$

于是可以得到

$$-f_i^n = \frac{T_i^n}{3} + \frac{\rho b_i V}{4} - m^n \left(\frac{\mathrm{d}v_i}{\mathrm{d}t} \right)^n \tag{12-32}$$

如果用 $\langle l \rangle$ 表示节点 l 上的变量,$[\![\ ]\!]^{\langle l \rangle}$ 表示所有的含有节点 l 的四面体单元对某一变量的总贡献,那么节点上的牛顿第二定律可以表示为

$$F_i^{\langle l \rangle} = M^{\langle l \rangle} \left(\frac{\mathrm{d}v_i}{\mathrm{d}t} \right)^{\langle l \rangle} \quad (l = 1, 2, \cdots, n_n) \tag{12-33}$$

其中,n_n 表示节点总数,节点虚质量 $M^{\langle l \rangle}$ 定义为

$$M^{\langle l \rangle} = [\![m]\!]^{\langle l \rangle} \tag{12-34}$$

3. 应力的计算

利用本构方程的增量表达式

$$\Delta \breve{\sigma}_{ij} = H_{ij}^{*} (\sigma_{ij}, \Delta \varepsilon_{ij}) \tag{12-35}$$

其中

$$\Delta \varepsilon_{ij} = -\frac{\Delta t}{6V} \sum_{l=1}^{4} (v_i^l n_j^{\langle l \rangle} + v_j^l n_i^{\langle l \rangle}) S^{\langle l \rangle} \tag{12-36}$$

因此应力增量可以表示为

$$\Delta \sigma_{ij} = \Delta \breve{\sigma}_{ij} + \Delta \sigma_{ij}^{C} \tag{12-37}$$

其中,$\Delta \sigma_{ij}^{C}$ 为应力校正项,在小应变模式下可以不予考虑,在大应变情形下,

$$\Delta \sigma_{ij}^{C} = (\omega_{ik} \sigma_{kj} - \sigma_{ik} \omega_{kj}) \Delta t \tag{12-38}$$

其中

$$\omega_{ij} = -\frac{1}{6V} \sum_{l=1}^{4} (v_i^l n_j^{\langle l \rangle} - v_j^{\langle l \rangle} n_i^{\langle l \rangle}) S^{\langle l \rangle}$$

这样就可以由初始应力叠加应力增量获得新的应力。

4. 不平衡力的计算

节点不平衡力可以通过式(12-38)求得：

$$F_i^{\langle l\rangle} = [\![p_i]\!]^{\langle l\rangle} + p_i^{\langle l\rangle} \tag{12-39}$$

其中

$$[\![p_i]\!]^l = \frac{1}{4}\rho b_i V + \frac{1}{3}\sigma_{ij} n_j^{\langle l\rangle} S^{\langle l\rangle} \tag{12-40}$$

式中　l——节点编号；

$p_i^{\langle l\rangle}$——施加在节点 l 上的集中力。

对于静态问题，在不平衡力中加入非黏性阻力 $f_{(i)}^{\langle l\rangle}$。非黏性阻力可以用下式求得：

$$f_{(i)}^{\langle l\rangle} = -\alpha |F_i^l| \mathrm{sign}(v_{(i)}^{\langle l\rangle}) \tag{12-41}$$

$$\mathrm{sign}(y) = \begin{cases} 1 & (y>0) \\ -1 & (y<0) \\ 0 & (y=0) \end{cases} \tag{12-42}$$

式中　α——阻尼常数。

5. 速度和位移的计算

利用运动方程

$$\frac{\mathrm{d}v_i^l}{\mathrm{d}t} = \frac{1}{M^{\langle l\rangle}} F_i^{\langle l\rangle} \tag{12-43}$$

采用中心差分格式可以得到

$$v_i^{\langle l\rangle}\left(t + \frac{\Delta t}{2}\right) = v_i^{\langle l\rangle}\left(t - \frac{\Delta t}{2}\right) + \frac{\Delta t}{M^{\langle l\rangle}} F_i^{\langle l\rangle} \tag{12-44}$$

因此可以利用下式求得位移

$$u_i^{\langle l\rangle}(t + \Delta t) = u_i^{\langle l\rangle}(t) + \Delta t v_i^{\langle l\rangle}\left(t + \frac{\Delta t}{2}\right) \tag{12-45}$$

综上所述，拉格朗日算法的基本计算步骤可以归纳为图 12-2。

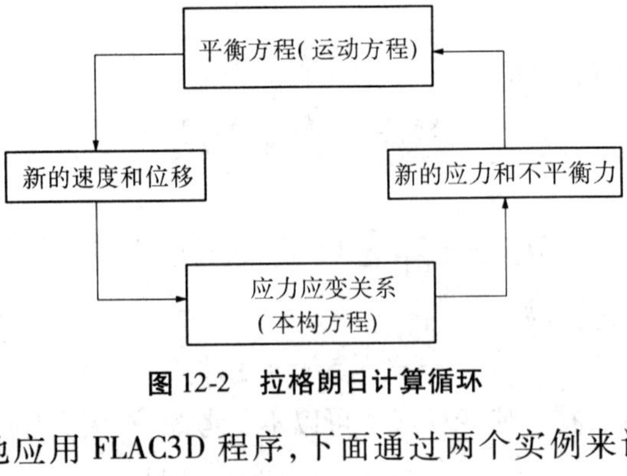

图 12-2　拉格朗日计算循环

为了方便、快捷地应用 FLAC3D 程序，下面通过两个实例来说明它的建模和计算过程。

二、FLAC3D 分析问题的基本步骤

(一) 问题的提出

在任意土体中开挖一20 m×30 m×5 m 基坑，进行应力、应变场的分析。根据对称性

取整体几何模型的一半进行分析，如图 12-3 所示。

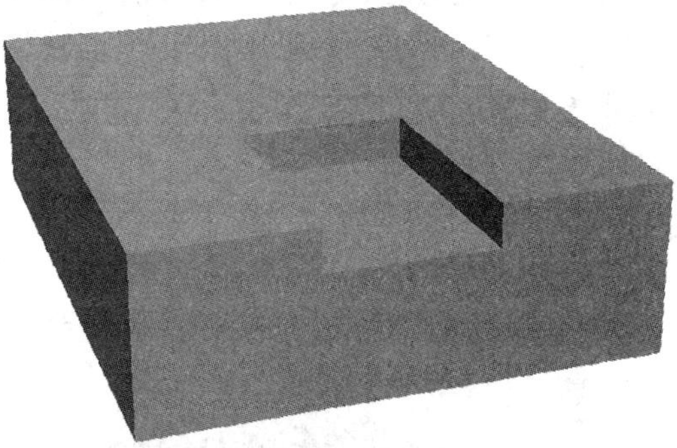

图 12-3　土体中开挖基坑的几何模型

（二）创建几何模型、划分网格

1. 重置系统

在建几何模型之前，要在 FLAC3D 的提示符下先输入以下命令：

```
FLAC3D>new
```

new 命令是在不退出 FLAC3D 时而开始一个新的分析计算任务，也就是系统重置。当输入 new 命令之后，窗口中会有如图 12-4 所示的回应。

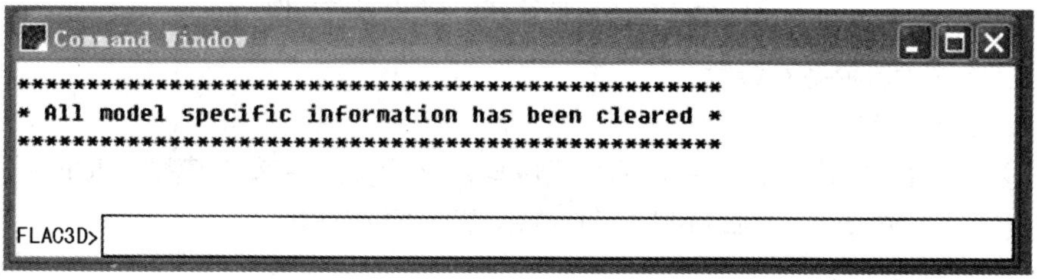

图 12-4　NEW 命令之后的回应

2. 创建几何模型，并划分网格

接着输入命令：

```
FLAC3D>generate zone brick size 60 80 20
```

该命令将产生在 *X* 轴 60 格、*Y* 轴 80 格、*Z* 轴 20 格的三维长方体网格。

3. 显示网格体

输入命令：

```
FLAC3D>Plot
```

```
Plot Base/0>show
```

为了在当前视图显示网格体或其他信息，还需要使用 Plot 的 Add 子命令，来增加条目。显示黄色的网格体可输入命令：

```
FLAC3D>add surface yellow
```

当前视图显示黑色的坐标系：

```
Plot Base/0>add axes black
```

此时，在键盘上按“x”“y”“z”小写字母键，可旋转当前视图中 X、Y、Z 轴，相应地“shift + x”、“shift + y”、“shift + z”则方向相反。字母“m”键或“shift + m”键则放大或缩小当前视图，当前视图大致如图 12-5 所示。

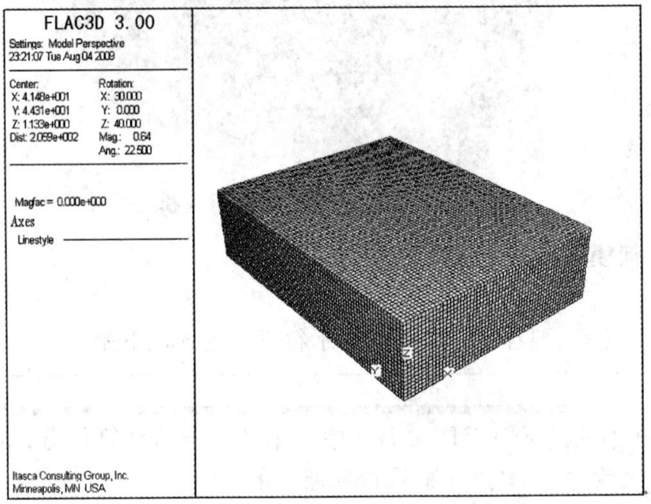

图 12-5　60 m × 80 m × 20 m 的网格体视图

(三) 定义材料模型及参数

1. 定义材料模型

在这个例子中，对网格体中的所有区域均定义为莫尔－库仑模型(Mohr－Coulomb Elastic－Plastic Model)。返回到 FLAC3D 提示符下，输入如下命令：

```
FLAC3D>model mohr
```

2. 定义材料参数

不同的材料模型，需要定义不同的材料参数，对于莫尔－库仑模型，用以下命令定义它的参数：

```
FLAC3D>Property density=2000 bulk=1e8 shear=0.3e8 friction=35
```

```
FLAC3D>property cohesion=1e4 tension=1e3
```

Property 命令用来定义本构模型的材料参数，可简写为 Pro。density 为土体密度，可简写为 dens。bulk 为体积模量，可简写为 bu。shear 为剪切模量，可简写为 sh。friction 为内摩擦角，可简写为 fric。cohesion 为黏聚力，可简写为 coh。tension 为抗拉强度。

(四) 加载及边界条件

1. 加载

该实例中，在土体外部不施加任何力，仅仅考虑土体的重力，为此需要设置模拟条件，即重力加速度，输入如下命令：

```
FLAC3D>set gravity 0 0 -9.81
```

set 命令用于设置 FLAC3D 的模拟条件控制条件。

2. 边界条件

设置边界条件，输入如下命令：

```
FLAC3D>fix x range x -0.1 0.1
```

```
FLAC3D>fix x range x 59.9 60.1
```

```
FLAC3D>fix y range y -0.1 0.1
```

```
FLAC3D>fix y range y 79.9 80.1
```

```
FLAC3D>fix z range z -0.1 0.1
```

以上命令是对几何模型中 6 个边界面中的 5 个面进行固定，即位移为 0。fix 命令的功能是保持网格节点指定参数（速度、压力和温度）的值不变，range 为指定的范围。

上面第一行命令的意思是，在范围 $x=-0.1$ 和 $x=0.1$（range x -0.1 0.1）这两个平面内所有网格节点保持在 x 轴方向的速度不变（fix x），因默认初始速度为 0，所以位移也为 0。其他行命令依此类推。

（五）求解

1. 监控变量

数值分析软件都是用迭代方法来进行计算的，在迭代过程中监控一些变量或参数的变化，用来判断分析是否正确，模型是否与实际相符，计算是否收敛、是否与已有结论一致等。

本实例监控两个参数，一个是点（20，25，20）在 z 方向的位移迭代变化，另一个是模型中最大不平衡力。如果最大不平衡力很小，说明记录的位移变成常数，达到平衡状态。命令如下：

```
FLAC3D>hist unbal
```

```
FLAC3D>hist gp zdisp 20,25,20
```

hist（history 的简写）命令式采样（或记录）迭代时模型中变量的值，一次只能设置一个变量。unbal（unbalanced 的简写）为最大不平衡力。gp（gridpoint 的简写）是指采样网格节点的有关值。zdisp（zdisplacement 的简写）为 z 轴方向的位移。

2. 求解

到此，模型初始化的平衡状态已准备就绪。FLAC3D 采用显式的时间步（timestep）动态求解。命令如下：

```
FLAC3D>solve
```

solve 命令为控制相关过程（力学、动力学、蠕变、流体等）的自动时间步，本实例的初始计算终止在 1581 步。

(六) 结果分析

1. 绘图显示监控变量

显示最大不平衡力的采样记录时，可输入如下命令：

```
FLAC3D>plot
```

```
Plot Base/0>history 1
```

最大不平衡力采样记录如图 12-6 所示，图中纵坐标为最大不平衡力，横坐标为迭代步数。

```
Plot Base/0>history 2
```

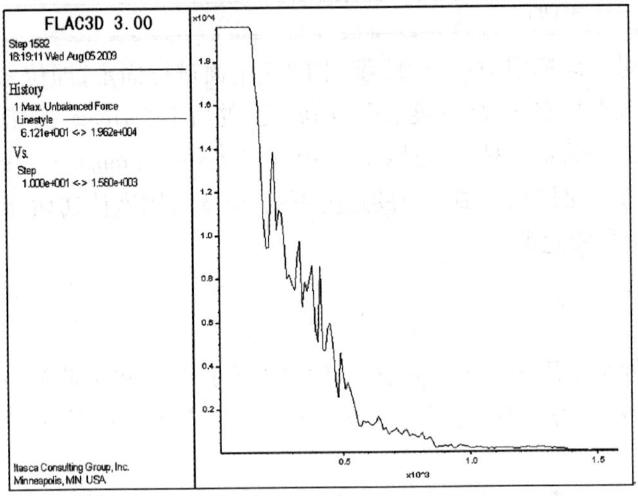

图 12-6　最大不平衡力采样记录

绘图显示指定点(20,25,20)的 z 向位移，可输入如下命令：

点(20,25,20)的 z 向位移采样记录如图 12-7 所示。

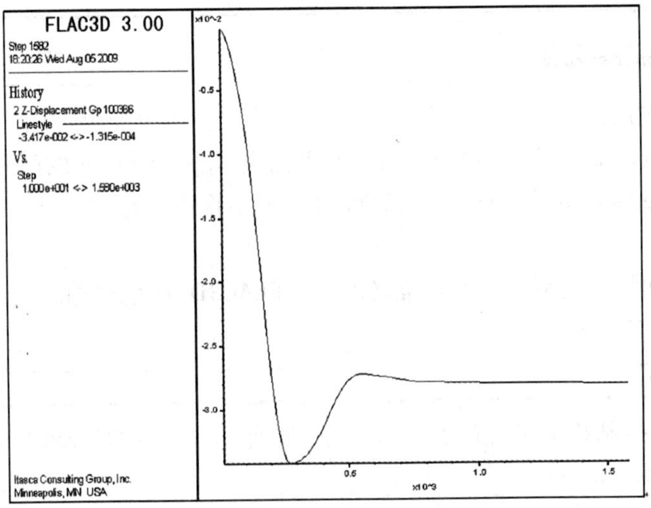

图 12-7　点(20,25,20)的 z 向位移采样记录

2. 等值线图

等值线图有很多,如位移、速度、压力、应力、温度等。

(1)位移等值线图。

本实例中,准备在一个名为“pit”的新视图中显示位移等值线。命令如下:

```
FLAC3D>plot
```

```
Plot Base/0>creat pit
```

```
Plot pit>add contour disp
```

```
Plot pit>add axes black
```

```
Plot pit>show
```

同样,按“x”、“y”、“z”小写字母键,可旋转当前视图中 X、Y、Z 轴,相应地“Shift + x”、“Shift + y”、“Shift + z”则方向相反。字母 “m” 键或“Shift + m” 键则放大或缩小当前视图,还可按“Ctrl + G”组合键来切换彩色图到灰色图,结果如图 12-8 所示。

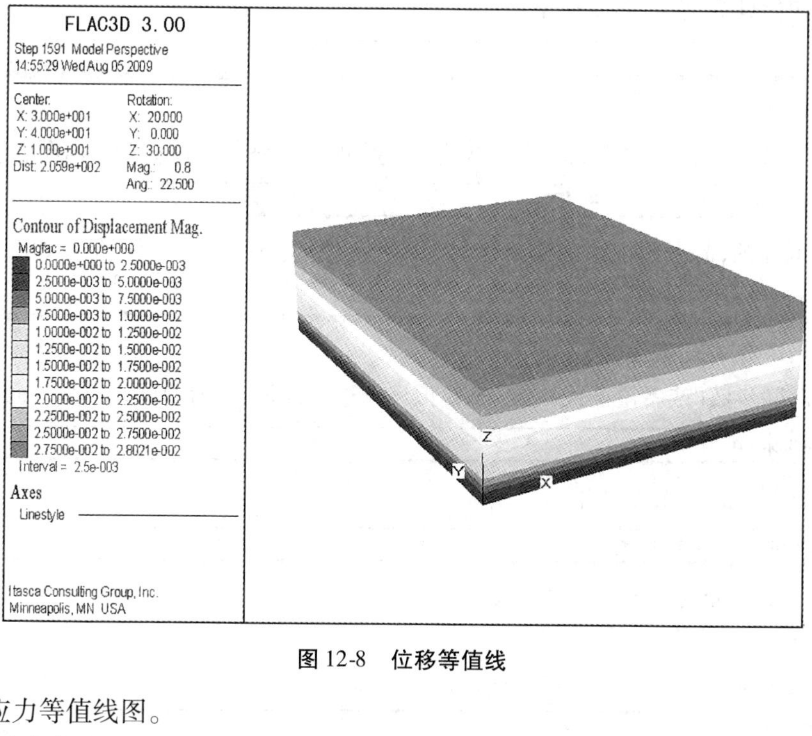

图 12-8 位移等值线

(2)应力等值线图。

绘制垂直应力(σ_{zz})等值线图,命令如下:

```
Plot pit>clear
```

```
Plot pit>add bcontour szz
```

bcontour 关键字为绘制指定区域的等值线图,垂直应力等值线如图 12-9 所示。

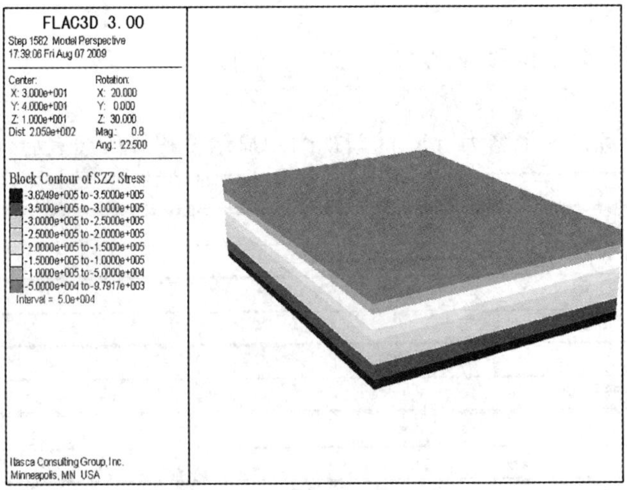

图 12-9　垂直应力等值线

(七)完成基坑开挖工作

1. 保存状态

保存初始计算结果,命令如下:

```
FLAC3D>save pitchushi.sav
```

2. 基坑开挖

现在可以进行基坑开挖模拟了,首先把系统中所有网格节点位移全部清零,输入命令:

```
FLAC3D>initial xdis=0 ydis=0 zdis=0
```

为模拟开挖,需把开挖掉的网格体材料模型设置成空(null)模型,命令如下:

```
FLAC3D>model null range x=20,40 y=0,30 z=15,20
```

3. 求解并保存结果文件

通过时间步数(或者说迭代次数)来模拟计算过程,即是所谓的显式求解。命令如下:

```
FLAC3D>step 1000
```

保存结果文件。命令如下:

```
FLAC3D>save pitresult.sav
```

4. 显示基坑开挖之后的等值线图

(1)竖向应力等值线图。

绘制竖向应力等值线图。命令如下:

```
FLAC3D>plot
```

```
Plot pit>clear
```

```
Plot pit>add contour szz
```

竖向应力等值线如图 12-10 所示。

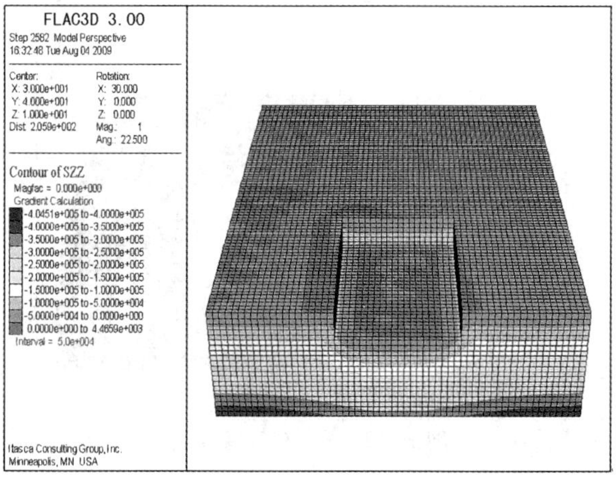

图 12-10　竖向应力等值线

(2)位移等值线图。

绘制位移等值线图。命令如下：

```
Plot pit>clear
```

```
Plot pit>add contour xdisp
```

X 向位移等值线如图 12-11 所示。

```
Plot pit>clear
```

```
Plot pit>add contour ydisp
```

Y 向位移等值线如图 12-12 所示。

```
Plot pit>clear
```

```
Plot pit>add contour zdisp
```

Z 向位移等值线如图 12-13 所示。

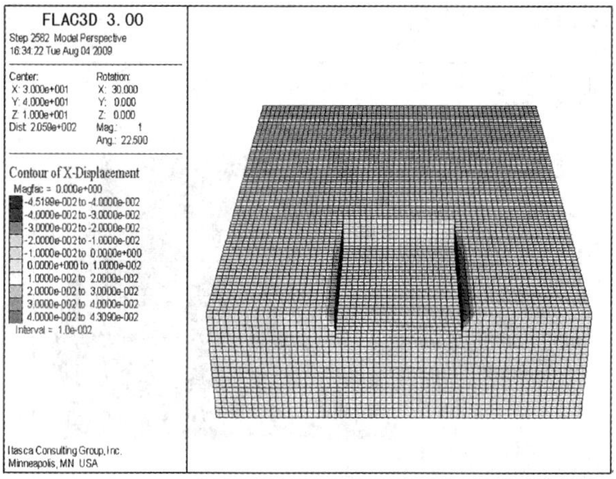

图 12-11　*X* 向位移等值线

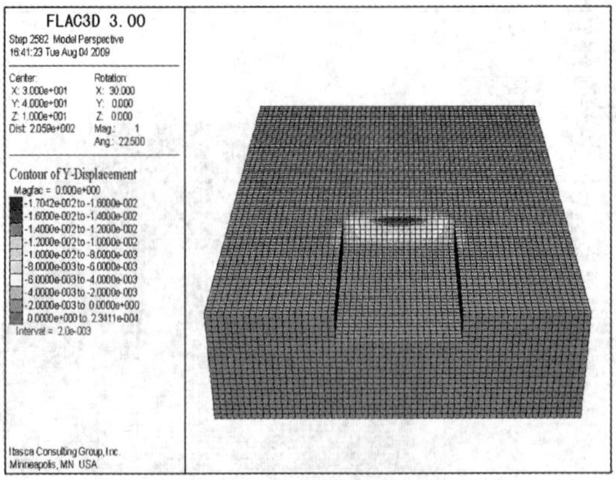

图 12-12　*Y* 向位移等值线

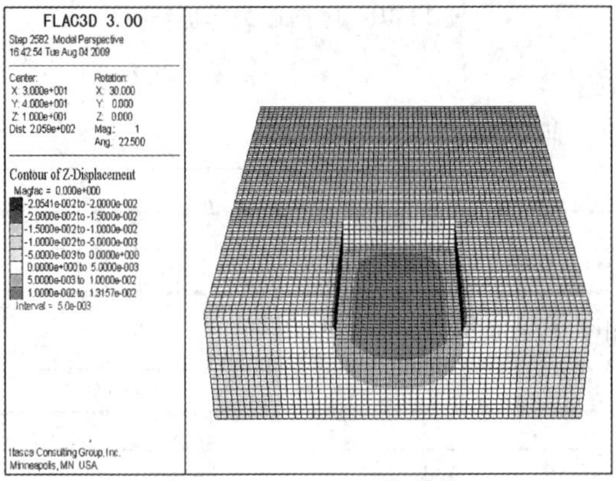

图 12-13　*Z* 向位移等值线

(3)剪应变增量等值线图。

绘制剪应变增量等值线。命令如下：

```
Plot pit>clear
```

```
Plot pit>add contour ssi
```

剪应变增量等值线如图 12-14 所示。

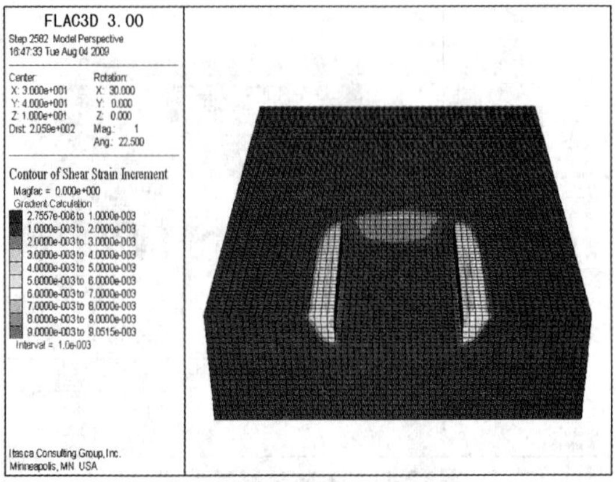

图 12-14　剪应变增量等值线

以上采用的是交互式命令方式，还可用数据文件命令流的方式（写成 txt 格式的文件，然后在 FLAC3D 程序中用“Call”命令调用该文件，运行即可）进行分析。

```
;基坑开挖命令流
gen zone brick size 60 80 20
model mohr
prop bulk 1e8 shear 0.3e8 dens 2000 fric 35 coh 10e3 tens 1e3
set grav 0,0, -9.81
fix x range x -0.1 0.1
fix x range x 59.9 60.1
fix y range y -0.1 0.1
fix y range y 79.9 80.1
fix z range z -0.1 0.1
hist unbal
hist gp zdisp 20,25,20
solve
save pitchushi.sav


pause
initial x dis 0.0 y dis 0.0 z dis 0.0
model null range x 20,40 y 0,30 z 15,20
step 1000
save pitresult.sav
ret
```

第二节　FLAC3D 实例

一、问题描述

以两类典型的土坡：黏土边坡和砂土边坡为例进行边坡应力、应变场分析，建立如图 12-15 所示的模型。

（1）黏土边坡：黏聚力 $c=100$ kPa，内摩擦角 $\varphi=26°$。

（2）砂土边坡：黏聚力 $c=0$，内摩擦角 $\varphi=35°$。

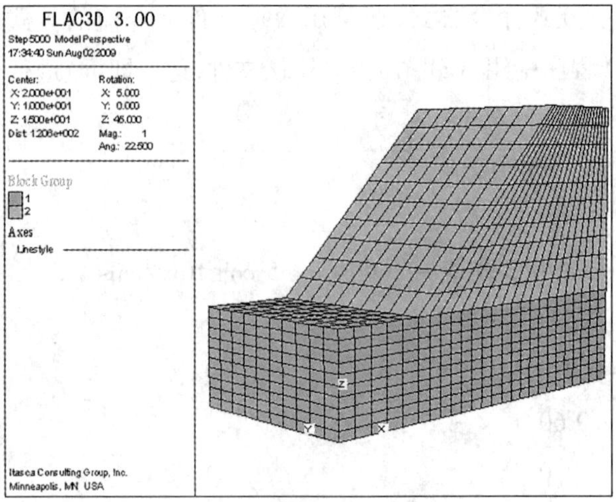

图 12-15　边坡模型及网格剖分

二、FLAC 模型及数据文件

```
gen zone brick size 20 10 10 p0 10 0 0 p1 40 0 0 p2 10 20 0 p3 10 0 10
group 1
gen zone brick size 20 10 10 p0 10 0 10 p1 40 0 10 p2 10 20 10 p3 30 0 30 &
                    p4 40 20 10 p5 30 20 30 p6 40 0 30 p7 40 20 30
group 2 range group 1 not
model mohr
prop dens 2300 bul 3.5e8 shea 2.0e8 cohesion 1e6 friction 40 rang group 1
prop dens 2000 bul 8.3e7 shea 3.8e7 cohesion 1e5 friction 26 rang group 2
;黏土边坡
prop dens 2000 bul 8.3e7 shea 3.8e7 cohesion 0 friction 35 rang group 2
;砂土边坡
fix x range x -0.1 0.1
fix x range x 39.9 40.1
fix y range y -0.1 0.1
fix y range y 19.9 20.1
fix x y z range z -0.1 0.1
set grav 0 0 -10
hist unbal
cycle 5000
save Clayslope.sav
```

;黏土边坡

save Sandslope. sav

;砂土边坡

三、计算结果

(1)黏土边坡的计算结果见图 12-16 ~ 图 12-20。

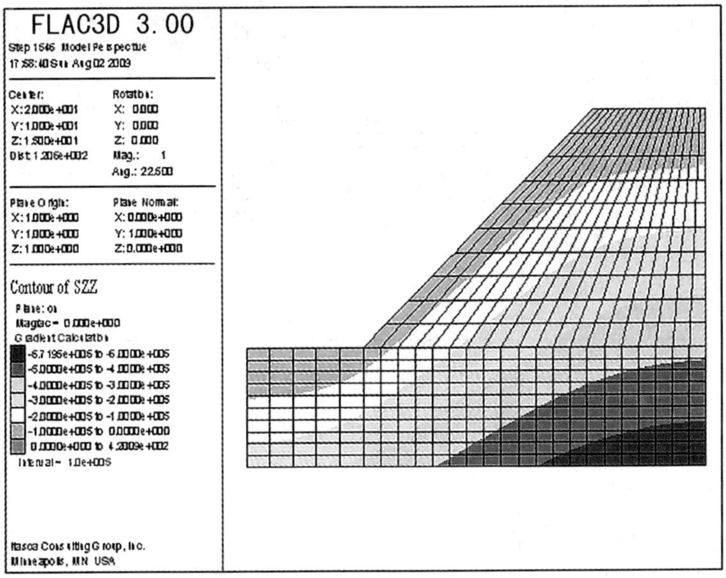

图 12-16　黏土边坡竖向应力

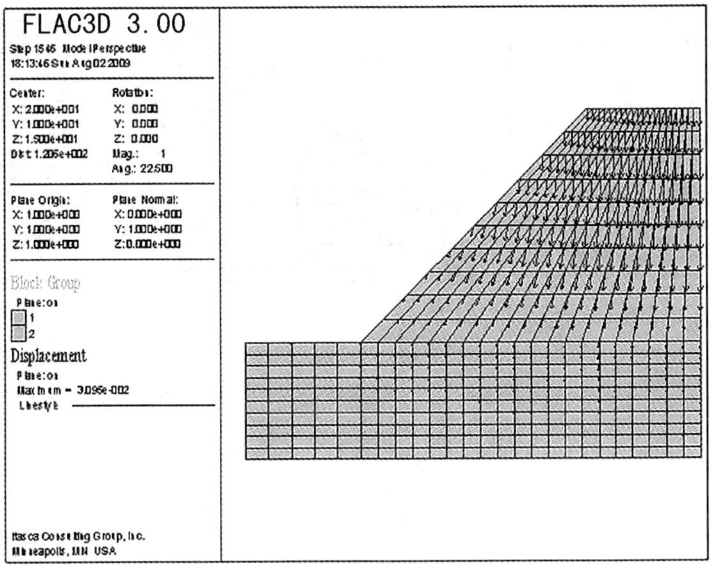

图 12-17　黏土边坡位移矢量

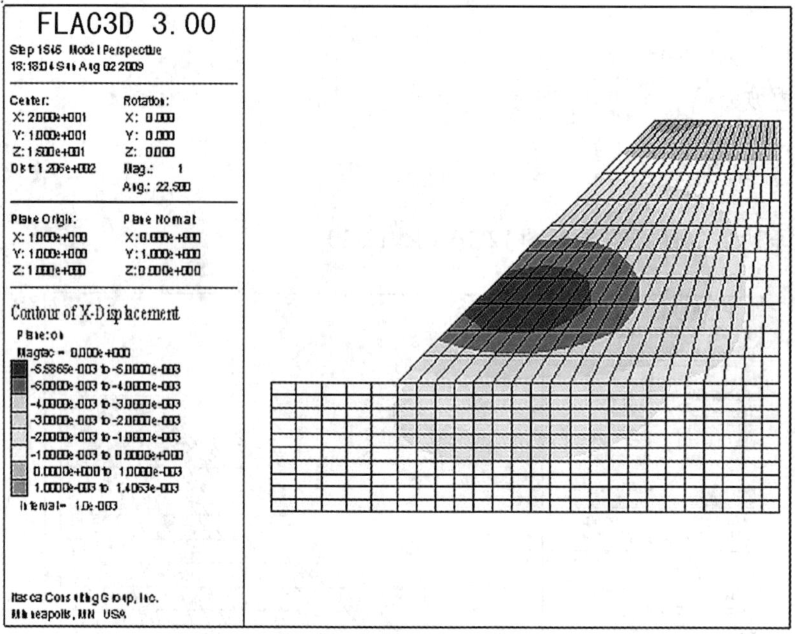

图 12-18　黏土边坡水平向位移

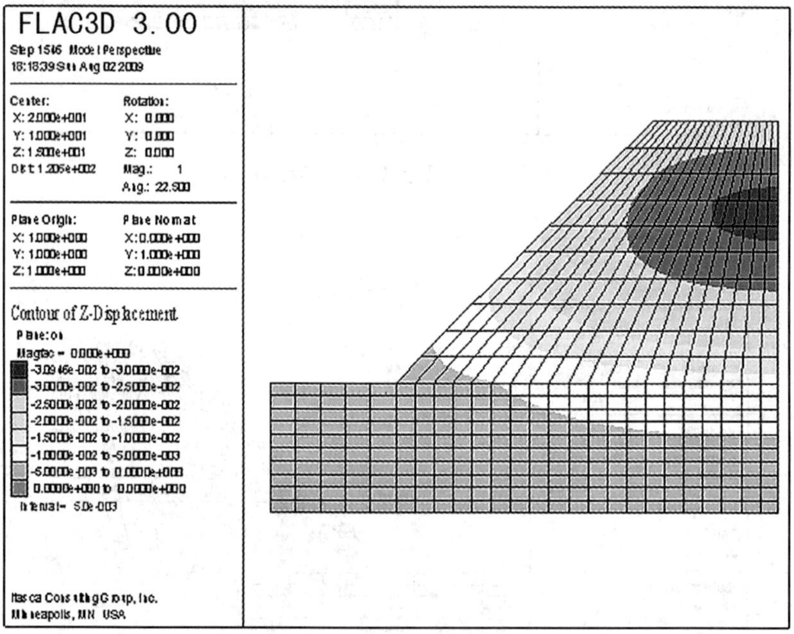

图 12-19　黏土边坡竖向位移

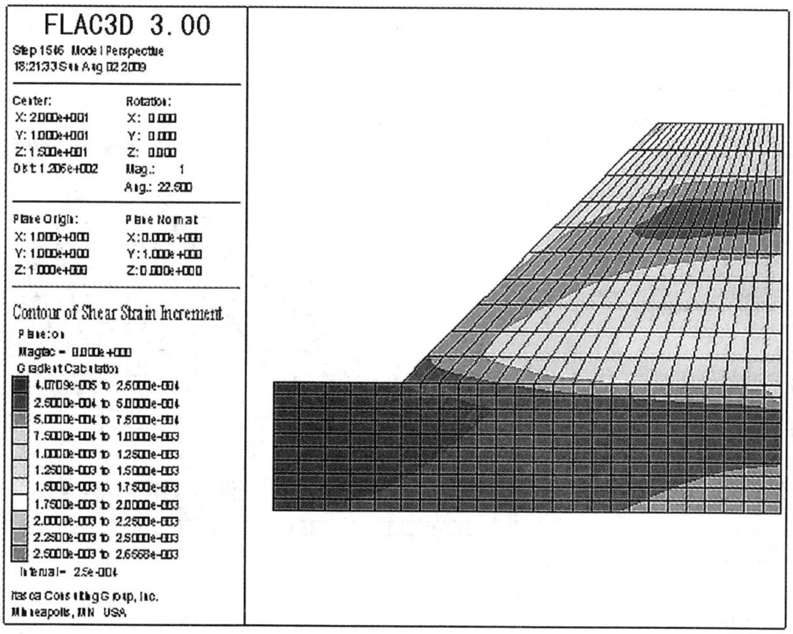

图 12-20　黏土边坡剪应变增量

(2)砂土边坡的计算结果见图 12-21 ~ 图 12-25。

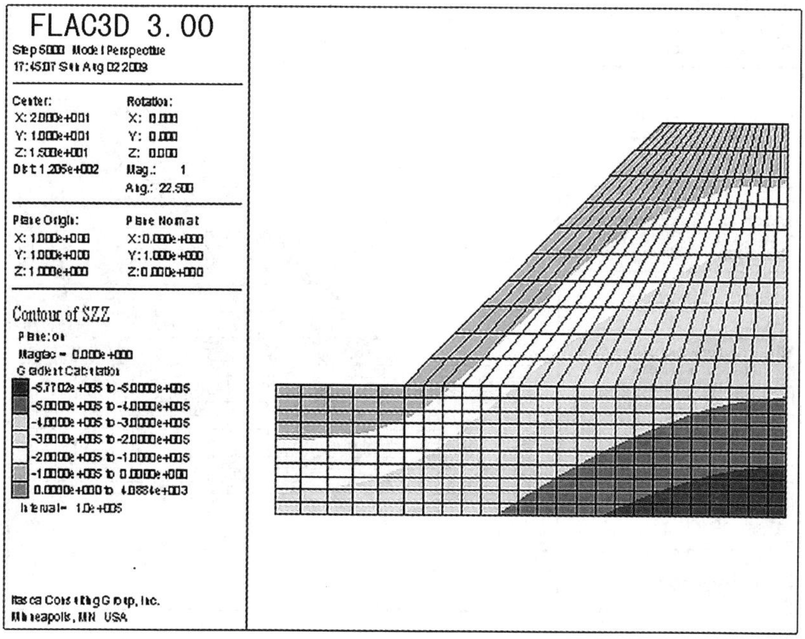

图 12-21　砂土边坡竖向应力

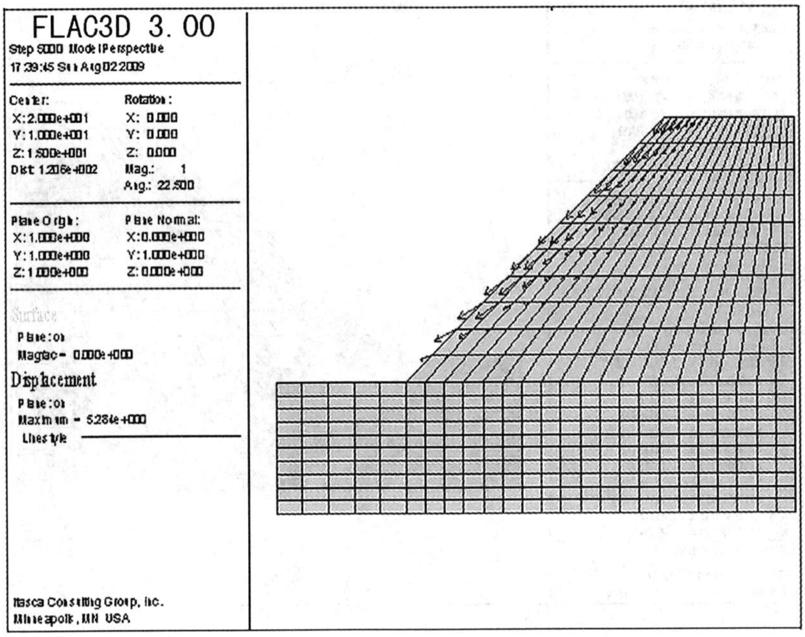

图 12-22　砂土边坡位移矢量

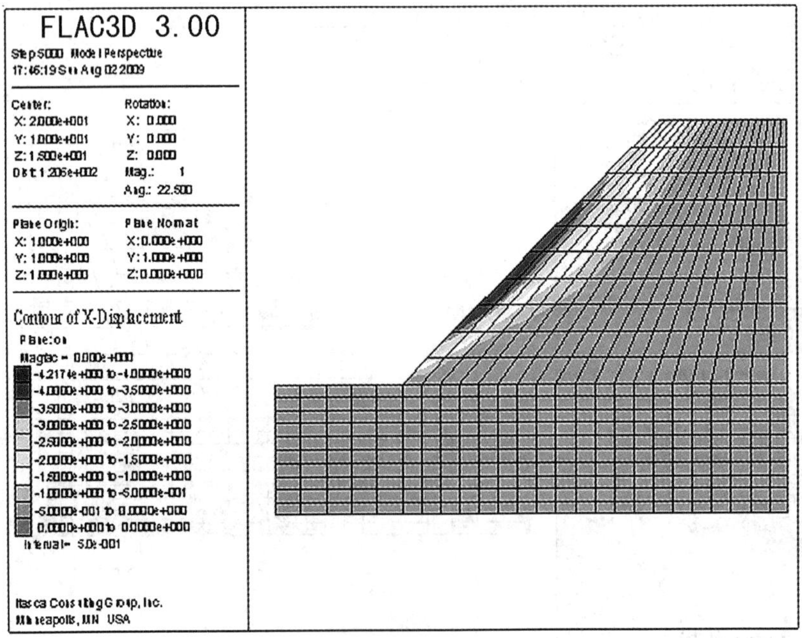

图 12-23　砂土边坡水平向位移

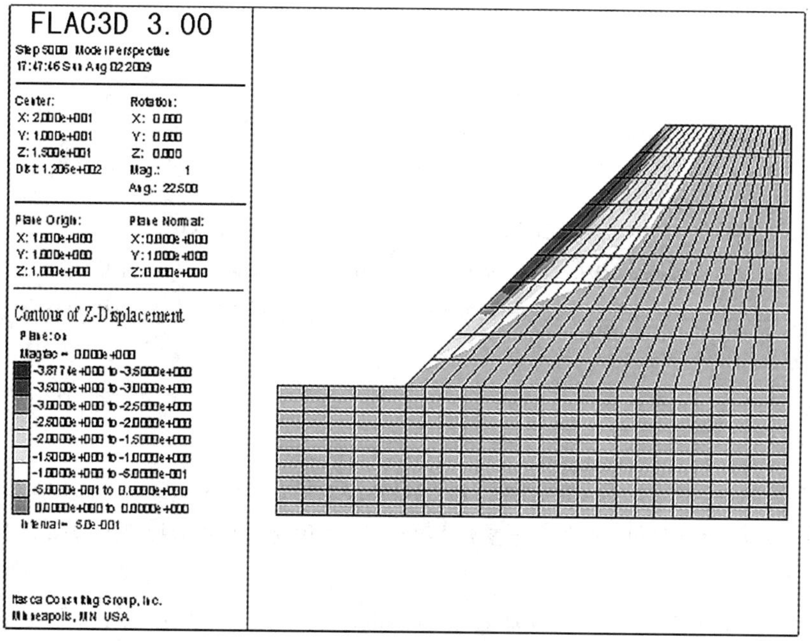

图 12-24　砂土边坡竖向位移

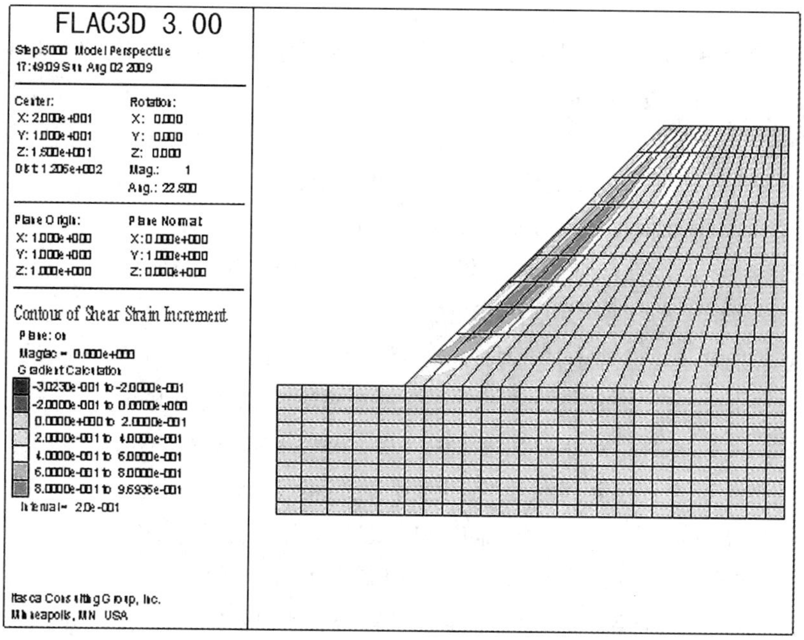

图 12-25　砂土边坡剪应变增量

参 考 文 献

[1] 张咸恭,王思敬,张倬元. 中国工程地质学[M]. 北京: 科学出版社,2000.

[2] R N Chowdhury. Development in Geotechnical Engineering[J]. Slope Analysis,1978(22).

[3] 黄志全,刘汉东,姜彤. 边坡系统演化的开放度研究[C]//第六届全国工程地质大会论文集. 工程地质学报,2000(18):475-477.

[4] 李华晔,黄志全,姜彤. 溪洛渡水电站岩体力学参数合理选取研究(Ⅱ)[R]. 郑州:华北水利水电学院,2001.

[5] 李华晔. 试论岩基抗滑稳定参数的数据分析与计算[J]. 华北水利水电学院学报,1990(2):30-39.

[6] 黄志全. 宝泉抽水蓄能电站岩体力学参数选取及边坡优化设计研究[D]. 郑州:华北水利水电学院,1996.

[7] Huang Zhiquan, et al. Determination of shear strength of a rock mass at Baoquan Pumped Storage Power Station[J]. Bulletin of the Engineering Geology and the Environment,1999(60):267-273.

[8] 李华晔,黄志全. 岩基抗剪参数随机 - 模糊法和小浪底抗剪参数计算[J]. 岩石力学与工程学报,1997,16(2):155-161.

[9] 谭文辉. 基于不确定性和非线性的高陡边坡稳定性研究[D]. 北京:北京科技大学,2002.

[10] 谷德振. 岩体工程地质力学基础[M]. 北京:科学出版社,1979.

[11] 孙玉科,古迅. 赤平极射投影在岩体工程地质力学中的应用[M]. 北京:科学出版社,1980.

[12] 孙玉科,倪会宠,姚宝魁. 边坡岩体稳定性分析[M]. 北京:科学出版社,1988.

[13] 陶振宇. 节理与断层岩石力学[M]. 武汉:中国地质大学出版社,1980.

[14] 罗国煜. 岩坡优势面分析理论与方法[M]. 北京:地质出版社,1992.

[15] 孙广忠. 岩体结构力学[M]. 北京:科学出版社,1998.

[16] 钱家欢,殷宗泽. 土工原理与计算[M]. 北京:中国水利水电出版社,1996.

[17] 刘汉东,贾金禄. 岩土工程数值计算方法[M]. 郑州:黄河水利出版社,1998.

[18] 薛守义,刘汉东. 岩体工程学科性质透视[M]. 郑州:黄河水利出版社,2002.

[19] 秦四清,张倬元,王士天,等. 非线性工程地质学导引[M]. 成都:西南交通大学出版社,1993.

[20] 赵国藩,曹居易,张宽权. 工程结构可靠度[M]. 北京:水利电力出版社,1984.

[21] 祝玉学. 边坡可靠性分析[M]. 北京:冶金工业出版社,1993.

[22] 刘汉东. 水电工程岩质高边坡安全度标准研究[J]. 华北水利水电学院学报,1998,19(1):40-44.

[23] 董聪. 现代结构系统可靠性理论及其应用[M]. 北京:科学出版社,2001.

[24] 赵国藩,金伟良,贡金鑫. 结构可靠度理论[M]. 北京:建筑工业出版社,2001.

[25] 中国建筑科学研究院. GBJ 68—84 建筑结构设计统一标准[S]. 北京:中国建筑工业出版社,1984.

[26] 中华人民共和国建设部. GB 50021—2001　岩土工程勘察规范[S]. 北京:中国建筑工业出版社,1995.
[27] 同济大学岩土工程系,等,译. 可靠性理论在地基基础方面的应用译文集[G]. 上海:同济大学出版社,1987.
[28] 吴世明,杨挺,周健,等. 岩土工程新技术[M]. 北京:中国建筑工业出版社,2001.
[29] 崔政权,李宁. 边坡工程——理论与实践最新发展[M]. 北京:中国水利水电出版社,2004.
[30] 加拿大矿物和能源技术中心. 边坡工程手册[M]. 北京:冶金工业出版社,1986.
[31] E Hoek,J W Bray. 岩石边坡工程[M]. 北京:冶金工业出版社,1983.
[32] 松尾稔. 地基工程学 - 可靠性设计的理论和实践[M]. 北京:人民交通出版社,1990.
[33] 高谦,王思敬. 龙滩水电站船闸高边坡的可靠度分析[J]. 岩石力学与工程学报,1991,10(1):83-95.
[34] 张社荣,贾世军,郭怀志. 岩石边坡稳定的可靠度分析[J]. 岩土力学,1999,20(2):57-66.
[35] 蔡为新. 基于随机有限元的平面框架结构的可靠度分析[D]. 哈尔滨:哈尔滨工业大学,2000.
[36] 闫强刚. 基于随机有限元的平面框架结构的可靠度分析[D]. 上海:同济大学,1999.
[37] 严春风. 岩质边坡可靠度分析方法及其在二滩龙山滑坡分析中的应用[D]. 重庆:重庆建筑大学,1998.
[38] 解守益. 三峡库区典型滑坡的可靠度研究[D]. 北京:中国科学院地质研究所,1995.
[39] 朱军. 非线性随机可靠度理论及其在重力坝应力和稳定分析中的应用[D]. 武汉:武汉水利电力大学,1999.
[40] 刘力平,雷尊宇,周富春. 地震边坡稳定分析方法综述[J]. 重庆交通学院学报,2001,20(3):83-88.
[41] Steven. L,Kvamer. . Geotechnical Earthquake Engineering[J]. Prentice-Hall Inc. ,U. S. A,1996.
[42] 王思敬. 地球内外动力耦合作用与重大地质灾害的成因初探[J]. 工程地质学报,2002,10(2):1-3.
[43] Terzaghi K. Mechanisms of landslide, Engineering Geology (Berdey) Volume[J]. Geological Society of America,1950.
[44] Seed H B. Consideration in the Earthquake-Resistant Design of Earth and Rockfill Dams[J]. Geotechniaue,1979,1(29):251-263.
[45] Seed. H. B. Soil Liquefaction and Cyclic Mobility Evaluation for Level Ground During Earthquake[J]. Journal of Geotechnical engineering Division,ASCE,1979,105(2):201-255.
[46] 林宗元. 岩土工程勘察设计手册[M]. 北京:中国建筑工业出版社,1996.
[47] 周健,白冰,徐建平. 土动力学理论与计算[M]. 北京:中国建筑工业出版社,2001.
[48] Newmark N M. Effect of Earthquake on Dams and Embankment[J]. Geotechnique,1965,15(2):139-160.
[49] Cundall P A. A computer model for simulating progressive large scale movements in blocky systems[J]. in Proceeding of symposium of international society of rock mechanics. Nancy France,1971.
[50] 王泳嘉,邢纪波. 离散单元法及其在岩土力学中的应用[M]. 沈阳:东北工学院出版社,1991.
[51] 魏群. 散体单元法的基本原理数值方法及程序[M]. 北京:科学出版社,1991.
[52] Tahtamoni W W, A. -H. A. S. , Reliability Analysis of Three-dimensional Dymanic Slope Stability and

Earthquake indeced Permanent Displacement[J]. Soil Dynamics and Earthquake Engineering,2000,19(2):91-114.
[53] Evert Hoek. 实用岩石工程技术[M]. 郑州:黄河水利出版社,2002.
[54] 徐其茂. 地貌要素对自然边坡稳定性的影响[C]//自然边坡稳定性分析研讨会论文集. 北京:地震出版社,1993.
[55] 蒋溥,戴丽思. 工程地震学概论[M]. 北京:地震出版社,1993.
[56] 张倬元,王士天,王兰生. 工程地质分析原理[M]. 北京:地质出版社,1993.
[57] 刘汉东,王思敬. 滑坡预测预报非线性动力学方法[J]. 华北水利水电学院学报,2001,22(3):123-126.
[58] 黄志全,张长存,姜彤,等. 滑坡预报的协同-分岔模型及其应用[J]. 岩石力学与工程学报,2002,21(4):498-501.
[59] 贺可强. 堆积层滑坡位移信息分析与失稳趋势判据的研究[D]. 北京:中国科学院地质与地球物理研究所,2003.
[60] 仪垂祥. 非线性科学及其在地学中的应用[M]. 北京:气象出版社,1995.
[61] 黄志全. 边坡演化的非线性机制及滑坡预测预报研究[D]. 北京:中国科学院地质研究所,1999.
[62] 石根华. 数值流形方法与非连续变形分析[M]. 裴觉民,译. 北京:清华大学出版社,1997.
[63] 周小义. 岩土工程中数值流形方法的应用与研究[D]. 重庆:重庆大学,2008.
[64] 刘建航,侯学渊. 基坑工程手册[M]. 北京:中国建筑工业出版社,1997.
[65] 陈中颐,张在明,陈愈炯,等,译. 非饱和土土力学[M]. 北京:中国建筑工业出版社,1997.
[66] 冯夏庭,李小春,焦玉永,等,译. 工程岩石力学上卷:原理导论[M]. 2 版. 北京:科学出版社,2009.
[67] 冯夏庭,李小春,焦玉永,等,译. 工程岩石力学下卷:实例问答[M]. 2 版. 北京:科学出版社,2009.
[68] 毛昶熙. 渗流计算分析与控制[M]. 2 版. 北京:中国水利水电出版社,2003.
[69] 郑秀清,樊贵盛,刑述彦. 水分在季节性非饱和冻融土壤中的运动[M]. 北京:地质出版社,2002.
[70] 郑颖人,陈祖煜,王恭先,等. 边坡与滑坡工程治理[M]. 北京:人民交通出版社,2007.
[71] 陈祖煜. 土质边坡稳定分析——原理、方法、程序[M]. 北京:中国水利水电出版社,2003.
[72] 张有天. 岩石水力学与工程[M]. 北京:中国水利水电出版社,2005.
[73] 顾尉慈. 渗流计算原理及应用[M]. 北京:中国建材工业出版社,2000.
[74] 陈祖煜,汪小刚,杨健,等. 岩质边坡稳定分析——原理、方法、程序[M]. 北京:中国水利水电出版社,2005.
[75] 周健,白冰,徐建平. 土动力学理论与计算[M]. 北京:中国建筑工业出版社,2001.